ANALYSIS 1

Differential- und Integralrechnung
für Funktionen einer reellen Veränderlichen

Lecture Notes Mathematik

ANALYSIS 1

Differential- und Integralrechnung für Funktionen einer reellen Veränderlichen

Rolf Rannacher

Institut für Angewandte Mathematik
Universität Heidelberg

HEIDELBERG
UNIVERSITY PUBLISHING

Über den Autor

Rolf Rannacher, Prof. i. R. für Numerische Mathematik an der Universität Heidelberg; Studium der Mathematik an der Universität Frankfurt am Main – Promotion 1974; Habilitation 1978 in Bonn; 1979/1980 Vis. Assoc. Prof. an der University of Michigan (Ann Arbor, USA), dann Professor in Erlangen und Saarbrücken – in Heidelberg seit 1988; Spezialgebiet „Numerik partieller Differentialgleichungen“, insbesondere „Methode der finiten Elemente“ mit Anwendungen in Natur- und Ingenieurwissenschaften; hierzu über 160 publizierte wissenschaftliche Arbeiten.

Bibliografische Information der Deutschen Nationalbibliothek
Die Deutsche Nationalbibliothek verzeichnet diese Publikation in der Deutschen Nationalbibliografie. Detaillierte bibliografische Daten sind im Internet unter http://dnb.ddb.de abrufbar.

Die Online-Version dieser Publikation ist auf den Verlagswebseiten von HEIDELBERG UNIVERSITY PUBLISHING http://heiup.uni-heidelberg.de dauerhaft frei verfügbar (open access).
urn: urn:nbn:de:bsz:16-heiup-book-317-4
doi: https://doi.org/10.17885/heiup.317.431

ISSN 2566-4816 (PDF)
ISSN 2512-4455 (Print)

ISBN 978-3-946054-69-6 (PDF)
ISBN 978-3-946054-68-9 (Softcover)

Inhaltsverzeichnis

Literaturverzeichnis

[1] O. Forster: *Analysis 1/2/3*, Vieweg, Braunschweig-Wiesbaden, 2007f.

[2] K. Königsberger: *Analysis 1/2*, Springer, Berlin-Heidelberg, 2004.

[3] H. Amann und J. Escher: *Analysis 1/2/3*, Birkhäuser, Basel, 2006f.

[4] W. Walter: *Analysis 1/2*, Teubner, Stuttgart, 2002f.

[5] H. Heuser: *Lehrbuch der Analysis 1/2*, Grundwissen Mathematik, Springer, Berlin-Heidelberg-New York 2008f.

[6] M. Fichtenholz: *Differential- und Integralrechnung 1/2/3*, Hochschulbücher für Mathematik, Deutscher Verlag der Wissenschaften, Berlin, 1992f.

[7] F. Erwe: *Differential- und Integralrechnung 1/2*, B.I.-Hochschultaschenbücher, Wissenschaftsverlag, Mannheim, 1969.

[8] H. Grauert und I. Lieb: *Differential- und Integralrechnung 1/2/3*, Heidelberger Taschenbücher Band 26, Springer, Berlin-Heidelberg-New York, 1976f.

[9] A. Ostrowski: *Vorlesungen über Differential- und Integralrechnung 1/2/3*, Birkhäuser, Basel-Stuttgart, 1982.

Ergänzende und weiterführende Literatur

[10] H. v. Mangoldt und K. Knopp: *Einführung in die Höhere Mathematik*, Band 1, S. Hirzel, Stuttgart 1971.

[11] R. Courant: *Vorlesungen über Differential- und Integralrechnung*, Springer, Berlin-Heidelberg-New York, 1971.

[12] D. Struik: *Abriss der Geschichte der Mathematik*, Vieweg, Braunschweig, 1967.

[13] John J. O'Conner und Edmund F. Robertson: *The MacTutor History of Mathematics Archive*, School of Mathematics and Statistics, University of St Andrews, Scotland, http://www-history.mcs.st-andrews.ac.uk/history/index.html, (2002).

[14] J. Dieudonné: *Grundzüge der modernen Analysis*, Vieweg, Braunschweig, 1971.

[15] S. Lang: *Analysis I*, Addison-Wesley, 1969.

[16] A. Overschelp: *Aufbau des Zahlsystems*, Vandenhoeck und Rupprecht, 1968.

[17] R. Rannacher: *Numerik 0: Einführung in die Numerische Mathematik*, Lecture Notes Mathematik, Heidelberg University Publishing, Heidelberg, 2017, https://doi.org/10.17885/heiup.206.281. 2017.

0 Vorwort

Die Differential- und Integralrechnung wurde, aufbauend auf früheren Ideen, fast zeitgleich von Newton[1] und Leibniz[2] „erfunden“. In der Folge entwickelten sich im englischsprachigen Raum der „Calculus“ und im deutschsprachigen Raum die „Analysis“. Hauptgegenstand sind „Grenzprozesse“ für Zahlen und Funktionen. In diesem dreiteiligen Analysiskurs wird die Differential- und Integralrechnung unter Berücksichtigung der beiden untrennbar verbundenen Gesichtspunkte „Berechnung“ und „Analyse“ dargestellt.

Der vorliegende erste Teil behandelt die traditionelle Differential- und Integralrechnung für Funktionen *einer reellen* Variable mit gelegentlichen Ausflügen in den Bereich der *komplexen* Zahlen. Die ersten drei Kapitel dienen dem Vertrautwerden mit den grundlegenden Begriffen und Denkweisen der Analysis. Am Anfang stehen in Kapitel 1 die mathematische „Sprache“ sowie die Zahlsysteme $\mathbb{N}$, $\mathbb{Z}$ und $\mathbb{Q}$ der *natürlichen*, der *ganzen* und der *rationalen* Zahlen. Durch einen Grenzprozess werden aus diesen in Kapitel 2 die Systeme $\mathbb{R}$ der *reellen* und $\mathbb{C}$ der *komplexen* Zahlen konstruiert. In diesen werden sich dann alle weiteren Betrachtungen abspielen. Dies beginnt in Kapitel 3 mit der Untersuchung der Konvergenz von *Folgen* und *Reihen* reeller (und komplexer) Zahlen:

$$(a_n)_{n\in\mathbb{N}}: \quad a_n \to a\,? \qquad \sum_{k=1}^{n} a_k \to \sum_{k=1}^{\infty} a_k\,? \quad (n\to\infty).$$

Danach werden in Kapitel 4 *Funktionen*

$$f: D\subset\mathbb{R} \to \mathbb{R}: \quad x \to y = f(x),$$

reeller Zahlen betrachtet und deren wichtigste Eigenschaften wie *Stetigkeit* und *Monotonie* untersucht. Die natürliche Fortsetzung ist dann die Frage nach der Konvergenz von *Folgen* und *Reihen* solcher Funktionen,

$$(f_n)_{n\in\mathbb{N}}: \quad f_n(x) \to f(x)\,? \qquad \sum_{k=1}^{n} f_n(x) \to \sum_{k=1}^{\infty} f_n(x)\,? \quad (n\to\infty).$$

Damit sind die Grundlagen für die eigentliche *Differential- und Integralrechnung* gelegt. Diese beginnt in Kapitel 5 mit der Einführung des Begriffes der *Ableitung* $f'(\cdot)$ einer Funktion als Grenzwert von *Differenzenquotienten*:

$$\frac{f(x+h)-f(x)}{h} \to f'(x) \quad (h\to 0).$$

Der resultierende Kalkül erlaubt es u.a., *Extremalstellen* (d. h. Maxima und Minima) von Funktionen durch Eigenschaften ihrer Ableitungen zu charakterisieren:

$$f'(x_0)=0,\ \ f''(x_0)\le 0 \quad\Rightarrow\quad f(x_0)=\max_{x\in D} f(x).$$

[1]Isaac Newton (1643-1727): Englischer Physiker und Mathematiker; wirkte an der Universität Cambridge und entwickelte u.a. die Grundlagen der klassischen Mechanik.

[2]Gottfried Wilhelm Leibniz (1646-1716): Deutscher Philosoph und Mathematiker; wirkte seit 1676 in Hannover und gilt als der letzte „Universalgelehrte“; war neben Newton der Begründer der Infinitesimalrechnung, deren heute gebräuchliche Formelsprache im wesentlichen auf ihn zurückgeht; suchte als Philosoph die Verbindung zwischen Philosophie und Naturwissenschaft.

Dies ist eine der wichtigsten Anwendungen der Analysis. Eine weitere wichtige Folgerung ist die Approximation einer Funktion durch Polynome in Form ihrer *Taylor-Reihe*

$$f(x) = \sum_{k=0}^{\infty} \frac{f^{(k)}(x_0)}{k!}(x - x_0)^k.$$

Kapitel 6 behandelte die *Integration* (oder Inhaltsmessung) von Funktionen. Das *Integral* einer Funktion wird dabei als Grenzwert endlicher Summen eingeführt:

$$\sum_{k=1}^{n} h_k^{(n)} f(x_k^{(n)}) \to \int_a^b f(x)\,dx \quad (n \to \infty).$$

Mit der Differentiation und Integration von Funktionen stehen die Grundkonzepte der klassischen Analysis bereit. Darauf aufbauend wird im abschließenden Kapiteln 7 die Approximation von periodischen Funktionen durch trigonometrische Polynome in Form ihrer *Fourier-Reihe*

$$f(x) = \tfrac{1}{2}a_0 + \sum_{k=1}^{\infty} \{a_k \sin(kx) + b_k \cos(kx)\},$$

behandelt.

Dieser erste Teil des Analysiskurses beschränkt sich auf die Betrachtung von Funktionen nur *einer* Variablen. Die Erweiterung dieser Theorie für Funktionen *mehrerer* Variablen, d. h. zur Analysis im $\mathbb{R}^n$, wird Gegenstand des zweiten Teils sein. Im dritten Teil wird dies dann schließlich zur Analysis in *unendlich* dimensionalen Funktionenräumen weiterentwickelt werden.

Wem dieser Stoff zu schwierig und unnütz vorkommt, mag sich mit folgenden Ausführungen von A. Schopenhauer[3] trösten: *Dass die niedrigste aller Geistestätigkeiten die arithmetische sei, wird dadurch belegt, dass sie die einzige ist, welche auch durch eine Maschine ausgeführt werden kann; wie denn jetzt in England dergleichen Rechenmaschinen bequemlichkeitshalber schon in häufigem Gebrauch sind. – Nun läuft aber alle analysis finitorum et infinitorum im Grunde doch auf Rechnerei zurück. Danach bemesse man den „mathematischen Tiefsinn, über welchen schon Lichtenberg (Georg C. Lichtenberg, 1742–1799) sich lustig macht, indem er sagt: „Die sogenannten Mathematiker von Profession haben sich, auf die Unmündigkeit der übrigen Menschen gestützt, einen Kredit von Tiefsinn erworben, der viel Ähnlichkeit mit dem von Heiligkeit hat, den die Theologen für sich haben.“*

Das Schreiben dieses Textes haben einige Mitarbeiter und Studenten durch Erstellen der Abbildungen und Korrekturlesen unterstützt. Besonderer Dank gebührt den Herren Thomas Richter, Winnifried Wollner und Rashed Zamni.

[3]Arthur Schopenhauer (1788-1860): Deutscher Philosoph; wirkte in Berlin und Frankfurt am Main; Das Zitat stammt aus Parerga und Paralipoména (Kleine philosophische Schriften), Band 2, „Vereinzelte, jedoch systematisch geordnete Gedanken über vielerlei Gegenstände“, in der von Julius Fraunstädter herausgegebenen Fassung von 1891, Kapitel III §35. (Dieser Abschnitt sowie das Ende des vorausgehenden §34 fehlen allerdings in der Originalausgabe von Schopenhauer, Verlag A. W. Hahn, Berlin 1851.)

1 Grundlagen der Analysis

1.1 Mathematische Sprache

Die Mathematische Sprache unterscheidet sich von der Umgangssprache des Alltags (und auch von den in vielen anderen Wissenschaften gebräuchlichen Sprechweisen) durch eine begriffliche Strenge, die oft als spitzfindig erscheinen mag. Diese ist aber unumgänglich, wenn man Aussagen über mathematische Gegenstände übersichtlich darstellen und mathematisch korrekt „beweisbar“ machen will. Am Ende eines solchen Beweises darf eigentlich keine Debatte mehr über die „Richtigkeit“ der Aussage sondern bestenfalls noch über ihre Wichtigkeit oder die Eleganz des Beweises möglich sein.

Mathematische Aussagen zeichnen sich durch folgende Eigenschaften aus:

- eindeutige Erklärung der verwendeten Begriffe;
- vollständige Angabe aller benötigten Voraussetzungen (und möglichst nur dieser);
- präzise Formulierung der Aussage unter Verwendung definierter Begriffe;
- vollständiger Beweis der Aussage unter Verwendung anerkannter logischer Schlussregeln auf der Basis der vereinbarten Voraussetzungen.

Dabei haben sich einige Sprechweisen eingebürgert, die in ihrer Bedeutung oft etwas von ihrer umgangssprachlichen Verwendung abweichen:

- *hinreichend - notwendig:* Folgt aus einem Satz von Voraussetzungen V die Gültigkeit einer Aussage E,

  $$V \;\Rightarrow\; E,$$

  so sagt man „*Wenn V gilt, dann gilt auch E* “, d. h. die Voraussetzungen V sind „hinreichend“ für die Gültigkeit von E. Umgekehrt ist die Gültigkeit von E „notwendig“ für die Gültigkeit von V, oder die Ungültigkeit von E impliziert die Ungültigkeit von V (in seiner Gesamtheit):

  $$\neg E \;\Rightarrow\; \neg V \quad (\neg \text{ „Negation“}).$$

  Verliert die Aussage E ihre Gültigkeit bei Weglassung irgend eines Teils der Voraussetzungen V, so sagt man „*E gilt genau dann, wenn V gilt*“. Dies darf nicht damit verwechselt werden, dass der vorgeschlagene Beweis bei Weglassung einer Voraussetzung nicht mehr funktioniert, die Aussage aber unter Umständen trotzdem gültig bleibt. Ferner ist es unzulässig, aus der Richtigkeit einer Folgerung auf die Richtigkeit der Annahme zu schließen; z. B.: Aus der falschen Annahme $-1 = 1$ ergibt sich durch Quadrieren die richtige Aussage $(-1)^2 = 1^2 = 1$.

- *ein - genau ein:* Bei Aussagen über die Existenz von Objekten mit gewissen Eigenschaften bedeutet die Aussage „*Es existiert ein a mit der Eigenschaft E* “, dass mindestens eines existiert, unter Umständen aber auch mehrere. Wenn wirklich nur ein einziges solches a existiert, sagt man „*Es existiert genau ein a* “.

- *o.B.d.A. (ohne Beschränkung der Allgemeinheit):* Häufig lassen sich Aussagen mit geringerem Aufwand beweisen, wenn man sie auf einen Spezialfall der durch die gemachten Voraussetzungen beschriebenen Situation einschränkt. Lässt sich der so vereinfachte Beweis dann „direkt" auch auf die allgemeine Situation übertragen, so wird diese Spezialisierung oft durch die Floskel „o.B.d.A." eingeleitet.

- *trivial (Folgerung):* Oft ergeben sich Folgerungen aus den gemachten Voraussetzungen durch einfache (offensichtliche) Argumente. Dies wird dann durch die Floskel *„Die Folgerung ist trivial."* ausgedrückt. Dabei ist die Klassifikation eines Arguments als „trivial" natürlich vom Wissensstand des Beweisführers abhängig und sollte daher in einführenden Texten vermieden werden.

Bei der Formulierung von Aussagen mit Hilfe von „Formeln", d. h. in abgekürzter mathematischer Notation, haben sich einige Konventionen eingebürgert:

- Die Symbole i, j, k, l, m, n werden meist als positive, ganzzahlige Indizes zum Markieren von Elementen von Mengen oder Folgen verwendet; z. B.: $\{a_k, k = 1, \ldots, m\}$ oder $(a_n)_{n\in\mathbb{N}}$. Die Symbole ε, δ stehen in der Regel für (beliebig) kleine positive Zahlen. Diese Konventionen sollten eingehalten werden, um die Erfassbarkeit der Inhalte mathematischer Aussagen zu erleichtern. (Der Alptraum des Analytikers sind Bezeichnungen der Art „ $n_\varepsilon \to 0$ für $\varepsilon \to \infty$ ".)

- Gleichheitssymbole „$=$" (ist gleich), „$\neq$" (ist ungleich) und „$:=$" (ist definiert durch):
$$2^3 = 8, \quad a + b = b + a, \qquad 2^3 \neq 7, \qquad A_n := \{1, 2, \ldots, n\}.$$

- Invarianz von Ausdrücken gegenüber Umbenennung von laufenden Indizes; z. B. in Summen (Summensymbol $\sum$) oder in Produkten (Produktsymbol $\prod$):
$$\sum_{k=1}^{n} a_k := a_1 + \cdots + a_n = \sum_{m=1}^{n} a_m, \qquad \prod_{k=1}^{n} a_k := a_1 \cdot \ldots \cdot a_n = \prod_{m=1}^{n} a_m.$$

- Ordnungssymbole „$<$" (kleiner), „$\leq$" (kleiner oder gleich), „$>$" (größer) und „$\geq$" (größer oder gleich) für Ordnungsbeziehungen:
$$2 < 3, \quad 2 \leq 3, \quad 3 > 2, \quad 3 \geq 2.$$

- Implikationssymbole „$\Rightarrow$" (dann gilt), „$\Leftrightarrow$" (dann und nur dann gilt):
$$a < b \;\Rightarrow\; a < b + 1; \qquad a < b \;\Leftrightarrow\; a + 1 < b + 1.$$

  Das Symbol „$:\Leftrightarrow$" bedeutet, dass der links stehende Ausdruck durch den rechts stehenden definiert ist.

1.2 Grundbegriffe aus Mengenlehre, Logik und Zahlentheorie

1.2.1 Elemente der Mengenlehre

„*Eine Menge ist eine wohldefinierte Zusammenfassung verschiedener Objekte zu einem Ganzen*“ (G. Cantor[1], 1885). Die Elemente einer „Menge“ sind definitionsgemäß alle von einander unterschieden. Ist ein Objekt a Element der Menge A, schreiben wir $a \in A$, andernfalls $a \notin A$. Wir beschreiben Mengen durch explizite Angabe ihrer Elemente oder durch eine charakterisierende Eigenschaft ihrer Elemente:

$$A := \{a, b, c, \dots\}, \qquad A := \{a |\ a \text{ hat die Eigenschaft } E.\}.$$

Für zwei Mengen A, B bedeutet $B \subset A$, dass $a \in B$ auch $a \in A$ impliziert, d. h.: B ist „Teilmenge“ von A oder „in A enthalten“. Die Teilmengeneigenschaft $B \subset A$ schließt die Möglichkeit $B = A$ ein. Die „leere Menge“ oder auch „Nullmenge“ wird mit $\emptyset$ bezeichnet; sie enthält keine Elemente und ist konventionsgemäß in *jeder* Menge als Teilmenge enthalten. Wir sagen, dass $B \subset A$ „strikte“ Teilmenge ist, wenn es ein Element $a \in A$ gibt mit $a \notin B$. Es gilt

$$B \subset A,\ A \subset B \quad \Rightarrow \quad A = B,$$

d. h.: Die beiden Mengen sind „gleich“, in Symbolen $A = B$. Das „Komplement B^c (in A)“ einer Teilmenge $B \subset A$ ist $B^c := \{a \in A |\ a \notin B\}$. Für Mengen sind „Vereinigung“, „Durchschnitt“ und „Differenz“ erklärt durch:

$$A \cup B := \{a |\ a \in A \ \text{ oder } \ a \in B\},$$
$$A \cap B := \{a |\ a \in A \ \text{ und } \ a \in B\},$$
$$A \setminus B := \{a |\ a \in A \ \text{ und } \ a \notin B\}.$$

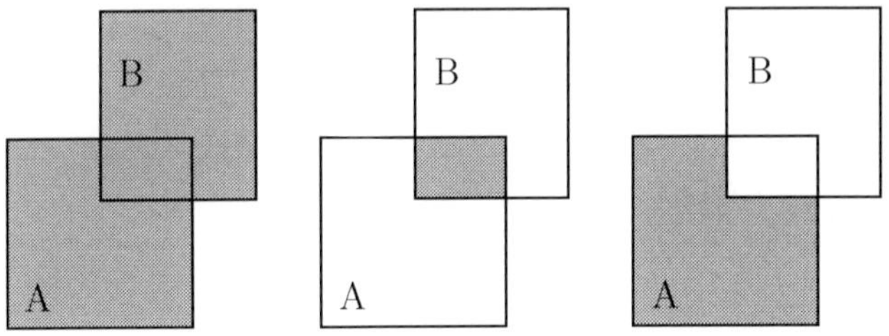

Abbildung 1.1: Vereinigung $A \cup B$, Durchschnitt $A \cap B$ und Differenz $A \setminus B$ von Mengen.

Für diese Verknüpfungen gelten die folgenden offensichtlichen Regeln:

$$(A \cup B) \cup C = A \cup (B \cup C), \qquad (A \cap B) \cap C = A \cap (B \cap C),$$
$$(A \cup B) \cap C = (A \cap C) \cup (B \cap C), \qquad (A \cap B) \cup C = (A \cup C) \cap (B \cup C),$$
$$A \cup \emptyset = A, \qquad A \cap \emptyset = \emptyset.$$

[1] Georg Cantor (1845–1918): Deutscher Mathematiker; Prof. in Halle; Begründer der Mengenlehre und der „Wissenschaft des Unendlichen“.

Für Paare von Mengen A, B kann die sog. „Produktmenge“ $A \times B$ gebildet werden:

$$A \times B := \big\{\{a,b\}|\ a \in A,\ b \in B\big\}.$$

Entsprechend definiert man das Produkt $A_1 \times \ldots \times A_n$ von n Mengen A_k, $k = 1, \ldots, n$.

Quantoren: Für Aussagen über die Elemente einer Menge verwendet man häufig den sog. „Allquantor“ $\forall$ und den „Existenzquantor“ $\exists$, z. B.:

Für alle Elemente $a \in A$, *in Symbolen „*$\forall\, a \in A$*“, gilt ....*

Es existiert ein Element $a \in A$, *in Symbolen „*$\exists\, a \in A$*“, mit der Eigenschaft ....*

Äquivalenzrelation: Eine „Äquivalenzrelation“ auf einer Menge A ist eine Beziehung zwischen ihren Elementen, in Symbolen $a \sim b$, mit den Eigenschaften

R_1 : Für je zwei $a, b \in A$ gilt entweder $a \sim b$ oder $a \not\sim b$ (Relation);

R_2 : $a \sim a$ (Reflexivität);

R_3 : $a \sim b \;\Rightarrow\; b \sim a$ (Symmetrie);

R_4 : $a \sim b,\ b \sim c \;\Rightarrow\; a \sim c$ (Transitivität).

Mit Hilfe einer Äquivalenzrelation lassen sich die Elemente einer Menge A in sog. „Äquivalenzklassen“ einteilen:

$$[a] := \{b \in A|\ b \sim a\}.$$

Das (beliebig gewählte) erzeugende Element a wird dann als ein „Repräsentant“ der Äquivalenzklasse $[a]$ bezeichnet.

Beispiel 1.1: Das einfachste Beispiel einer Äquivalenzrelation ist die „Gleichheitsrelation“ $A = B$ für Mengen oder Zahlen. Hier ist das Erfülltsein von Reflexivität, Symmetrie und Transitivität offensichtlich bzw. durch Definition gegeben.

Beispiel 1.2: Sei G die Menge der Geraden der euklidischen Ebene. Die Eigenschaft zweier Geraden, parallel zueinander zu sein, hat offenbar die Eigenschaften Reflexivität, Symmetrie und Transitivität und definiert damit eine Äquivalenzrelation auf G. Die zugehörigen Äquivalenzklassen bestehen dann jeweils aus allen zu einer bestimmten Geraden parallelen Geraden.

Beispiel 1.3: Für die Menge $\mathbb{N} \times \mathbb{N}$ der Paare $\{n, m\}$ natürlicher Zahlen wird durch

$$\{n,m\} \sim \{n',m'\} \quad :\Leftrightarrow \quad n + m' = n' + m \quad (\text{b.z.w. } n - m = n' - m')$$

eine Äquivalenzrelation definiert. Reflexivität und Symmetrie sind offensichtlich. Zum Nachweis der Transitivität beachten wir, dass für $\{n,m\} \sim \{n',m'\}$ und $\{n',m'\} \sim \{n'',m''\}$ gilt $n + m' = n' + m$ und $n' + m'' = n'' + m'$, woraus wir folgern

$$(n + \underline{m'}) + m'' = (n' + m) + m'' = (n' + m'') + m = (n'' + \underline{m'}) + m,$$

bzw. $n + m'' = m + n''$, was $\{n,m\} \sim \{n'',m''\}$ bedeutet. Die zugehörigen Äquivalenzklassen bestehen dann aus allen Paaren natürlicher Zahlen mit gleicher Differenz.

Bemerkung 1.1: In der obigen Definition einer Äquivalenzrelation wird der Begriff „Beziehung zwischen Elementen einer Menge" verwendet, welcher bisher eigentlich gar nicht definiert ist, für den man aber dennoch ein intuitives Verständnis hat. Um diesen formalen Makel zu beheben, kann man in der Sprache der Mengenlehre wie folgt vorgehen: *Zunächst ist eine „Relation" auf einer Menge* A *gegeben durch eine ausgezeichnete Teilmenge* $R \subset A \times A$ *ihrer Produktmenge mit der Setzung*

$$a, b \in A: \quad a \sim_R b \quad :\Leftrightarrow \quad \{a, b\} \in R.$$

Damit ist die Bedingung R_1 *erfüllt. Wenn zusätzlich die Bedingungen* R_2*,* R_3 *und* R_4 *erfüllt sind, so liegt eine „Äquivalenzrelation" vor.* Alternativ kann eine „Relation" auch als eine Abbildung R (s. folgende Definition) von der Produktmenge $A \times A$ in eine zweielementige Menge $\{1, 0\}$ eingeführt werden, wobei $a \sim b$ durch $R(\{a, b\}) = 1$ und $a \not\sim b$ durch $R(\{a, b\}) = 0$ definiert ist.

Abbildungen zwischen Mengen: Man spricht von einer (eindeutigen) „Abbildung" zwischen zwei Mengen A, B, wenn durch sie jedem Element („Urbild") $a \in A$ genau ein Element („Bild") $b \in B$ zugeordnet ist, d. h. in Symbolen:

$$f : A \to B, \quad a \in A \mapsto f(a) = b \in B.$$

Die Abbildung wird „injektiv" genannt, wenn gilt:

$$\forall\, a_1, a_2 \in A: \quad f(a_1) = f(a_2) \;\Rightarrow\; a_1 = a_2,$$

und „surjektiv", wenn gilt:

$$\forall\, b \in B: \quad \exists\, a \in A: \; b = f(a).$$

Eine injektive und surjektive Abbildung wird „bijektiv" genannt. Zu einer bijektiven Abbildung $f : A \to B$ existiert die sog. „Umkehrabbildung"

$$f^{-1} : B \to A, \quad a = f^{-1}(b) \;:\Leftrightarrow\; b = f(a),$$

und ist ebenfalls bijektiv.

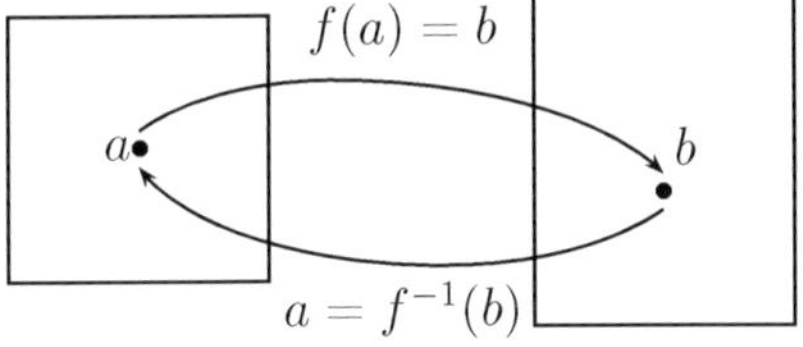

Abbildung 1.2: Abbildungen zwischen Mengen.

In der Analysis kommen auch „mehrdeutige" Abbildungen vor, welche einem Urbild x eine ganze Menge von Bildern $\{f(x)\}$ zuordnen. Allgemeiner kann man auch Abbildungen von ganzen Teilmengen auf andere Teilmengen betrachten. Im Rahmen dieser Einführung in die Analysis werden aber solche Konstruktionen vermieden.

Existieren auf den Mengen A und B gewisse Operationen $\oplus_A$ bzw. $\oplus_B$, z. B. Addition, Multiplikation oder Ordnungsrelationen, so heißt die Abbildung $f : A \to B$ „homomorph" ("strukturerhaltend"), wenn gilt

$$\forall\, a_1, a_2 \in A: \quad f(a_1 \oplus_A a_2) = f(a_1) \oplus_B f(a_2).$$

Ein bijektiver Homomorphismus wird „Isomorphismus" genannt. Zwei Mengen A und B mit Struktur werden in diesem Sinne als „gleichwertig" (oder „äquivalent" bzw. „ununterscheidbar") angesehen, in Symbolen $A \approx B$, wenn es zwischen ihnen einen Isomorphismus gibt, dessen Umkehrung ebenfalls Isomorphismus ist. Die beiden Mengen heißen dann „isomorph (zu einander)".

Die „Mächtigkeit" einer Menge ist die Anzahl ihrer Elemente; z. B. hat die Menge

$$A = \{a_1, a_2, a_3, a_4, a_5\}$$

die Mächtigkeit $\#A = 5$. Eine Menge ist „unendlich", wenn sie bijektiv auf eine ihrer echten Teilmengen abgebildet werden kann; in diesem Fall ist $\#A = \infty$. Die Menge der natürlichen Zahlen, $\mathbb{N} = \{1, 2, 3, \dots, n, \dots\}$, ist das prototypische Beispiel einer unendlichen Menge. Eine Teilmenge von $\mathbb{N}$ bilden die *geraden* natürlichen Zahlen; eine natürliche Zahl n heißt „gerade", wenn mit einer weiteren natürlichen Zahl m gilt: $n = 2m$. Die Menge $\mathbb{N}$ wird offenbar durch die Zuordnung $n \mapsto 2n$ bijektiv auf die Teilmenge der geraden natürlichen Zahlen abgebildet. Eine (unendliche) Menge, deren Elemente mit Hilfe der natürlichen Zahlen durchnummeriert werden kann, heißt „abzählbar (unendlich)" sonst „überabzählbar". Offenbar ist die Menge $\mathbb{N}$ und jede ihrer Teilmengen abzählbar. Wir werden später Mengen kennenlernen, die nicht abzählbar sind. Insbesondere ist für jede unendliche Menge A ihre „Potenzmenge" $\mathcal{P}(A) = \{B |\, B \subset A\}$, d. h. die Menge ihrer Teilmengen, überabzählbar.

Bemerkung 1.2: Der Umgang mit unendlichen Mengen bringt Aussagen mit sich, welche der Intuition zu widersprechen scheinen. Ein Beispiel ist das sog. *„Hilbertsche[2] Hotel": In einem Hotel mit (abzählbar) unendlich vielen Zimmern, welches voll belegt ist, muss ein weiterer wichtiger Gast untergebracht werden. Das Problem ist leicht lösbar. Man quartiere einfach den Gast in Zimmer 1 in Zimmer 2 um, den in Zimmer 2 in Zimmer 3 und so weiter. Allgemein wird der Gast in Zimmer n in Zimmer $n+1$ verlegt. Damit sind alle bisherigen Gäste untergebracht, und der neue Gast kann in das nun freie Zimmer 1 einziehen. Mit Hilfe einer ähnlichen Strategie könnten auch (abzählbar) unendlich viele neue Gäste in dem ursprünglich voll belegten Hotel untergebracht werden.*

Bemerkung 1.3: Bei der Definition von Mengen muss Vorsicht walten, um nicht mathematisch unsinnige, d. h. in sich widersprüchliche, Konstruktionen zu erhalten. Während

[2]David Hilbert (1862–1943): Bedeutender deutscher Mathematiker; wirkte in Königsberg und Göttingen; begründete u.a. den axiomatischen Aufbau der Mathematik; zum Wesen der Axiomatik (in der Geometrie) sagte er „Man muß jederzeit anstelle von Punkten, Geraden, Ebenen - Tische, Stühle, Bierseidel sagen können".

die Potenzmenge einer Menge noch ein sinnvoller Begriff ist, wird es bei Konstrukten der Art der *„Menge aller Mengen mit gewissen Eigenschaften“* gefährlich, wenn die erlaubten charakterisierenden Eigenschaften nicht gewissen Einschränkungen unterworfen werden. Die *„Menge aller Mengen, die sich nicht selbst als Element enthalten“* ist eine solche widersprüchliche Konstruktion: Denn enthält diese Menge sich selbst nicht als Element, so muss sie sich nach Definition gerade doch als Element enthalten: ein Widerspruch. Dieses Problem wird in der modernen Mengenlehre durch Restriktionen bei der Definition „erlaubter“ Mengen behoben ($\rightarrow$ *Mengenlehre*). Diese Beobachtung macht folgende pointierte Charakterisierung der Situation der Mathematik durch B. Russel[3] verständlich: *„Mathematik ist die Wissenschaft, bei der man weder weiß, wovon man spricht, noch ob das, was man sagt, wahr ist.“*.

1.2.2 Die natürlichen Zahlen

Die natürlichen Zahlen

$$\mathbb{N} = \{1, 2, 3, \dots, n, \dots\}, \qquad \mathbb{N}_0 := \mathbb{N} \cup \{0\},$$

werden, wie der Name schon ausdrückt, als „natürlich“ gegeben angesehen und bedürfen keiner weiteren Erläuterung. (Manche Autoren verwenden die Bezeichnung $\mathbb{N}$ auch für $\mathbb{N}_0$.) Der Mathematiker Kronecker[4] hat einmal gesagt, dass *„die natürlichen Zahlen der liebe Gott gemacht habe, der Rest sei Menschenwerk“*. Tatsächlich kann man alle anderen Zahlensysteme mengentheoretisch, ausgehend von den natürlichen Zahlen, konstruieren und ihre Eigenschaften aus denen der natürliche Zahlen ableiten. Dies wird im Folgenden in gewissem Umfang durchgeführt werden.

Man unterscheidet zwischen dem abstrakten Begriff einer „natürlichen Zahl“ und ihrer jeweiligen Darstellung; z. B. hat die Zahl „Acht“ in unserem dezimalen System die Darstellung 8, während sie im primitiven Strichsystem durch $||||||||$ und im römischen System durch VIII dargestellt wird. Neben der dezimalen Form mit der „Basis“ $b = 10$,

$$\begin{aligned} n &= n_k n_{k-1} \dots n_1 n_0, \qquad n_0, \dots, n_k \in \{0, 1, \dots, 9\}, \\ &:= n_k \cdot 10^k + n_{k-1} \cdot 10^{k-1} + \dots n_1 \cdot 10 + n_0, \end{aligned}$$

kommen noch analog gebildete Darstellungen zu den Basen $b = 60$ (Sumerer, 3. Jtsd. v. Chr.), $b = 20$ (Kelten und Mayas, 500 v. Chr. - 500 n. Chr.) und $b = 2$ sowie $b = 16$ (Binär- bzw. Hexadezimaldarstellung der modernen Informationsverarbeitung) vor.

---

[3]Bertrand A.W. Russel (1872–1970): Englischer Mathematiker und Philosoph; lieferte fundamentale Beiträge zu den logischen Grundlagen der Mathematik; Hauptwerk „Principia Mathematica“ (zus. mit A. N. Whitehead); erhielt 1950 den Nobel-Preis für Literatur; starkes Engagement in der Friedensbewegung.

[4]Leopold Kronecker (1823–1891): Deutscher Mathematiker; wirkte in Berlin als „Privatgelehrter“; betrieb die Arithmetisierung der Mathematik; wichtiger Vertreter des „Konstruktivismus“, welcher die generelle Verwendung des Widerspruchsbeweises und des „aktual Unendlichen“ in Form z. B. der allgemeinen reellen Zahlen ablehnt.

Auf $\mathbb{N}$ sind die arithmetischen Operationen „+“ (Addition) und „·“ (Multiplikation) erklärt. Für diese gelten u. a. die Regeln:

$$
\begin{aligned}
n+m &= m+n, \quad n\cdot m = m\cdot n && \text{(Kommutativität)}\\
(n+m)+k &= n+(m+k), \quad (n\cdot m)\cdot k = n\cdot(m\cdot k) && \text{(Assoziativität)}\\
(n+m)\cdot k &= n\cdot k + m\cdot k && \text{(Distributivität)}
\end{aligned}
$$

Im Folgenden werden wir zur Kennzeichnung der Multiplikation zweier Ausdrücke a und b in der Regel den Punkt weglassen, d. h.: $a\cdot b = ab$. Die allgemeine Gültigkeit der arithmetischen Grundregeln erscheint uns aus Gewohnheit gegeben. In der Mathematik ist die Verwendung von Gewohnheitsregeln natürlich nicht akzeptabel. Die übliche Vorgehensweise ist es, einen Satz von möglichst wenigen Grundannahmen zu formulieren, aus denen alle weiteren Aussagen mit Hilfe der vorher vereinbarten logischen Schlussweisen erhalten werden können. Diese Grundannahmen (sog. „Axiome“) sollen so einfach und offensichtlich sein, dass sie keiner weiteren Begründung bedürfen. Außerdem sollen die Axiome untereinander „widerspruchsfrei“ sein, d.h.: Aus ihnen dürfen sich keine offensichtlich falschen Aussagen der Art $1 = 2$ ableiten lassen. Für die natürlichen Zahlen wurde solch ein Axiomensystem von Peano[5] formuliert:

Peanosches Axiomensystem der natürlichen Zahlen:

1. Die Zahl 1 ist eine natürliche Zahl, d. h. $1\in\mathbb{N}$.

2. Zu jeder natürlichen Zahl n gibt es eine natürliche Zahl n' $(=: n+1)$ als „Nachfolger“ von n.

3. Die Zahl 1 ist nicht Nachfolger einer natürlichen Zahl.

4. $n' = m' \Rightarrow n = m$.

5. Enthält eine Teilmenge $M\subset\mathbb{N}$ die Zahl 1 und mit jedem $n\in\mathbb{N}$ auch den Nachfolger n', so ist $M=\mathbb{N}$.

Ausgehend von diesen Axiomen lassen sich die arithmetischen Grundoperation „+“ und „·“ auf $\mathbb{N}$ wie folgt rekursiv erklären:

$$
\begin{aligned}
n+1 &:= n', \quad n+m' := (n+m)'.\\
n\cdot 1 &:= n, \quad n\cdot m' := n\cdot m + n.
\end{aligned}
$$

Aus diesen Definitionen lassen sich alle Rechengesetze für die Addition und die Multiplikation ableiten. Man kann zeigen, dass jede Menge, welche die Peanoschen Axiome erfüllt, „isomorph“ bzgl. Addition und Multiplikation (d. h. nicht unterscheidbar) zur Menge der natürlichen Zahlen $\mathbb{N}$ ist. Ferner ist das System der Peanoschen Axiome „widerspruchsfrei“.

[5]Guiseppe Peano (1858–1932): Italienischer Mathematiker; Prof. in Turin; Beiträge zur Analysis, gewöhnlichen Differentialgleichungen, einer der Väter der Mathematischen Logik

Vollständige Induktion

Zum Beweis von Aussagen, die sich auf unendliche Mengen beziehen, verwendet man häufig das sog. Prinzip der „vollständigen Induktion“ („Induktionsschluss“). Seien E_n durch die natürlichen Zahlen $n \in \mathbb{N}$ „indizierte“ Aussagen. Der Induktionsschluß erlaubt es, die gleichzeitige Gültigkeit aller dieser Aussagen zu garantieren:

Satz 1.1 (Induktionsprinzip): *Es seien die folgenden Schritte vollzogen:*

1. Induktionsverankerung: Die Aussage E_1 *ist gültig.*

2. Induktionsschluß: Ist für ein $n \in \mathbb{N}$ *die Aussage* E_n *gültig, so folgt auch die Gültigkeit von* E_{n+1} .

Dann sind alle Aussagen E_n $(n \in \mathbb{N})$ *gültig.*

Beweis: Das Induktionsprinzip ist eine direkte Folgerung aus dem 5. Peanoschen Axiom. Dazu definieren wir die folgende Teilmenge $M \subset \mathbb{N}$:

$$M := \{n \in \mathbb{N} |\ E_n \ \text{ist gültig}\}.$$

Die Induktionsverankerung besagt dann, dass $1 \in M$, und die Induktionsannahme, dass aus $n \in M$ auch $n+1 \in M$ folgt. Folglich ist nach dem 5. Peanoschen Axiom $M = \mathbb{N}$.
Q.E.D.

Bemerkung 1.4: Der Induktionsschluss kann auch für jede Teilmenge $\mathbb{N}' = \{n \in \mathbb{N} |\ n \geq n_0\}$ mit „Anfangselement“ n_0 durchgeführt werden. Ferner ist die Bestätigung der Induktionsverankung wesentlich. Aus der Annahme z. B., dass $n > 100$ folgt auch $n+1 > 100$, was aber für allgemeine $n \in \mathbb{N}$ nicht richtig ist; es fehlt die Induktionsverankerung für $n = 1$.

Wir wollen die Arbeitsweise des „Induktionsbeweises“ anhand zweier einfacher Beispiele illustrieren. Da wir „rationale Zahlen“, d. h. „Brüche“, noch nicht formal eingeführt haben, wollen wir im Folgenden Ausdrücke der Form $r = n/m$ für $n, m \in \mathbb{N}$ als $mr = n$ verstehen.

Beispiel 1.4: Für die Summe der ersten n natürlichen Zahlen gilt die Formel

$$\sum_{k=1}^{n} k = \frac{n(n+1)}{2}. \tag{1.2.1}$$

Dies erschließt man mit Hilfe der vollständigen Induktion wie folgt: Die Aussage E_n ist gerade die Gültigkeit der Summationsformel für das jeweilige $n \in \mathbb{N}$. Die Induktionsverankerung ist wegen

$$\sum_{k=1}^{1} k = 1 = \frac{1 \cdot 2}{2}$$

gegeben. Als Induktionsannahme sei die Formel nun gültig für ein $n \in \mathbb{N}$. Dann ist

$$\sum_{k=1}^{n+1} k = \sum_{k=1}^{n} k + n+1 = \frac{n(n+1)}{2} + n+1 = \frac{n^2+n+2n+2}{2} = \frac{(n+1)(n+2)}{2}.$$

Die Formel ergibt sich nun nach dem Induktionsprinzip als richtig für alle n. Die Summationsformel läßt sich auch durch direkte Berechnung (scheinbar ohne Verwendung des Induktionsprinzips) erschließen. Dazu schreibt man (wie es angeblich schon der damals gerademal 6-jährige Gauß[6] in der Schule tat)

$$\sum_{k=1}^{n} k = \frac{1}{2}\Big\{\sum_{k=1}^{n} k + \sum_{k=1}^{n}(n+1-k)\Big\} = \frac{1}{2}\sum_{k=1}^{n}(k+n+1-k) = \frac{n(n+1)}{2}.$$

Das Prinzip, dass bei arithmetischen Aufgaben oft Nachdenken und Anwenden eines „Tricks“ viel stupide Rechnerei ersparen kann, gilt auch in mancher Übungsaufgabe zu diesem Text.

Beispiel 1.5: Für jede natürliche Zahl $x \neq 1$ gilt die sog. „geometrische Summenformel“

$$1 + x + x^2 + \cdots + x^n = \sum_{k=0}^{n} x^k = \frac{1-x^{n+1}}{1-x}. \tag{1.2.2}$$

Dies wird wieder mit vollständiger Induktion erschlossen. Für $n = 1$ ist die Aussage wegen $1 - x^2 = (1+x)(1-x)$ offensichtlich richtig. Ist sie nun für ein $n \in \mathbb{N}$ richtig, so folgt

$$\sum_{k=0}^{n+1} x^k = \sum_{k=0}^{n} x^k + x^{n+1} = \frac{1-x^{n+1}}{1-x} + x^{n+1} = \frac{1-x^{n+1}+x^{n+1}(1-x)}{1-x} = \frac{1-x^{n+2}}{1-x},$$

d. h.: Sie ist auch für $n+1$ richtig, womit das Induktionsprinzip anwendbar ist. Die geometrische Summenformel gilt auch für die noch einzuführenden rationalen, rellen und komplexen Zahlen.

Die exakte Formulierung der vollständigen Induktion als logisches Beweisprinzip geht wohl auf Pascal[7] zurück, obwohl es schon seit Euklid verschiedendlich in speziellen Situationen verwendet wurde. Das Induktionsprinzip ist nicht nur wichtig als Beweisargument sondern auch als Mittel zur rekursiven Definition von Eigenschaften oder Beziehungen zwischen den Elemente unendlicher Mengen. Die einfachen Potenzen einer Zahl x lassen sich so z. B. rekursiv definieren durch

$$x^0 := 1, \quad \forall n \in \mathbb{N} : x^n := x^{n-1}x.$$

Dieses Prinzip steckt auch hinter der obigen, rekursiven Definition der Addition und Multiplikation ausgehend von den Peanoschen Axiomen.

[6] Carl Friedrich Gauß (1777–1855): Bedeutender deutscher Mathematiker, Astronom und Physiker; wirkte in Göttingen.

[7] Blaise Pascal (1623–1662): Französischer Mathematiker und Philosoph; Prof. in Paris; arbeitete u. a. über Kegelschnitte, Kombinatorik und Wahrscheinlichkeitsrechnung; baute 1642 die erste Rechenmaschine.

1.2.3 Das Prinzip des Widerspruchsbeweises

Sei E eine Aussage über Elemente einer Menge A. Ist die Aussage „wahr“, so ist ihre Negation „falsch“. Die Negation ihrer Negation ist wieder die ursprüngliche Aussage. Dabei wird es als selbstverständlich angesehen, dass eine „vernünftige“ Aussage dieser Art entweder *wahr* oder *falsch* ist; ein Drittes gibt es nicht (lateinisch: „Tertium non datur“). Diese fundamentale Annahme und ihre verschiedenen, durch das Prädikat „vernünftig“ charakterisierten Interpretationen sind Gegenstand tiefgehender Forschung zu den Grundlagen der Mathematik ($\rightarrow$ *Mathematische Logik*).

Beispiel 1.6: Für die Menge $A = \mathbb{N}$ ist die Aussage *„Das Produkt von je zwei ungeraden natürlichen Zahlen ist ungerade“* wahr. Ihre Negation *„Es gibt zwei ungerade natürliche Zahlen, deren Produkt gerade ist“* ist also falsch.

Bei Aussagen, die mit Hilfe des All- und des Existenz-Quantors formuliert sind, folgt die Aufstellung der Negation festen Regeln. Die Beherrschung derselben ist für die korrekte Durchführung von Beweisen wichtig.

Beispiel 1.7: Die wahre Aussage *„Für jedes $k \in \mathbb{N}$ gibt es ein $n_k \in \mathbb{N}$, so dass gilt $n_k > k^2$“*, oder in Symbolen:

$$\forall k \in \mathbb{N} \; \exists n_k \in \mathbb{N} : \; n_k > k^2,$$

hat die Negation *„Es gibt ein $k \in \mathbb{N}$, so dass für alle $n \in \mathbb{N}$ gilt $n \le k^2$“*, bzw. in Symbolen:

$$\exists k \in \mathbb{N} \; \forall n \in \mathbb{N} : \; n \le k^2.$$

Der Beweis, dass eine Aussage *richtig* ist, lässt sich häufig leichter dadurch führen, dass ihre Negation als *falsch* bewiesen wird. Dies ist insbesondere bei Aussagen für Elemente *unendlicher* Mengen der Fall. Einen solchen Beweis nennt man „Widerspruchsbeweis“.

Beispiel 1.8: Eine natürliche Zahl p $(p \neq 1)$ wird „prim“ genannt, wenn sie nur durch sich selbst und die Eins teilbar ist (z. B.: $p = 2, 3, 5, 7, 11, 13, 17, 19, \dots$). Jede natürliche Zahl lässt sich als Produkt von Primzahlen darstellen (Beweis Übungsaufgabe). Die Behauptung ist nun, dass es unendlich viele solcher „Primzahlen“ gibt. Der *Widerspruchsbeweis* beginnt mit der (zu widerlegenden) Annahme, dass es nur endlich viele Primzahlen gibt. Diese seien ihrer Größe nach nummeriert: $p_1, p_2, \dots, p_N$. Jenseits der größten Primzahl p_N soll es also nach Annahme keine weitere Primzahl geben. Wir betrachten nun die Zahl

$$p := \prod_{n=1}^{N} p_n + 1 = p_1 \cdot p_2 \cdot \ldots \cdot p_N + 1. \tag{1.2.3}$$

Wegen $p_k \geq 2$ $(k = 1, \ldots, N-1)$, ist sicherlich $p > p_N$. Ferner kann p wegen

$$p - \prod_{n=1}^{N} p_n = 1$$

nicht durch irgend eine der N Primzahlen p_n teilbar sein. Da sich nun p als Produkt von Primzahlen darstellen lässt, muss es selbst prim sein. Dies ist aber ein Widerspruch zur Annahme, dass p_N die größte Primzahl ist. Woraus die Falschheit der Widerspruchsannahme bzw. die Richtigkeit der ursprünglichen Behauptung folgt. Wir betonen, dass ohne die spezielle Widerspruchsannahme durch (1.2.3) nicht notwendig eine Primzahl gegeben ist; z. B.: $2{\cdot}3{\cdot}5{\cdot}7{\cdot}11{\cdot}13 + 1 = 30031 = 59{\cdot}509$. Die Unendlichkeit der Menge der Primzahlen wurde bereits von dem griechischen Mathematiker Euklid[8] erkannt.

Bemerkung 1.5: Die Primzahlen haben Mathematiker schon seit jeher fasziniert. Ein wichtiges Hilfsmittel ist die Tatsache, dass sich jede natürliche Zahl auf eindeutige Weise (bis auf die Reihenfolge) als Produkt von Primzahlpotenzen darstellen läßt:

$$n = p_1^{k_1} \cdot \ldots \cdot p_m^{k_m},$$

mit paarweise verschiedenen p_i und $k_j \in \mathbb{N}$, Es ist erstaunlich, dass es zu den so übersichtlichen natürlichen Zahlen eine Reihe von sehr einfach zu formulierenden, aber auch heute noch ungeklärten Fragen gibt:

1. Man spricht von einem „Primzahlpärchen“ $\{p, p+2\}$, wenn beide, p und $p+2$, prim sind. Beispiele von Primzahlpärchen sind $\{11, 13\}, \{17, 19\}, \{29, 31\}$ und $\{87, 89\}$. Es ist unbekannt, ob es nur endlich viele oder unendlich viele solcher Primzahlpärchen gibt. Es ist sogar noch nicht einmal klar, ob man dies mit den Mitteln der „elementaren“ Zahlentheorie entscheiden kann. Dies lässt das gerade formulierte Prinzip des „Tertium non datur“ etwas fragwürdig erscheinen. Mit diesen kritischen Fragen zu den Grundlagen der Mathematik beschäftigt sich die sog. „Metamathematik“.

2. Die Beispiele $6 = 3+3$, $10 = 5+5$, $12 = 5+7$ oder $100 = 29+71$ legen die Vermutung nahe, dass sich jede gerade natürliche Zahl $n > 2$ als Summe zweier Primzahlen darstellen lässt. Diese sog. „Goldbachsche [9] Vermutung“ ist bis heute ungeklärt.

1.2.4 Grundlegendes über Zahlenmengen

Auf der Menge $\mathbb{N}$ der natürlichen Zahlen sind die elementaren arithmetischen Operationen Addition „$a + b$“ und Multiplikation „$a \cdot b$“ sowie unter gewissen Voraussetzungen auch die Subtraktion „$a - b$“ und Division „a/b“ erklärt. Subtraktion und Division sind nicht für alle Paare natürlicher Zahlen erklärt, d. h.: Die natürlichen Zahlen sind bzgl.

[8]Euklid (ca. 355–290 v. Chr.): Griechischer Philosoph und Mathematiker; wirkte in Alexandria; sein mehrbändigen Lehrbuch „Die Elemente“ faßte die Grundlagen der klassischen Geometrie zusammen; von ihm stammt das klassische mathematische Ausdrucksschema „Voraussetzung - Behauptung - Beweis“.

[9]Christian Goldbach (1698–1764): Deutscher Mathematiker und Historiker; wirkte in St. Petersburg und Moskau; lieferte u.a. Beiträge zur Zahlentheorie.

dieser Operationen „unvollständig“. Dies kann man auch so ausdrücken, dass für gegebene $n, m \in \mathbb{N}$ z. B. die Gleichung

$$n + x = m \tag{1.2.4}$$

nicht immer durch $x \in \mathbb{N}$ lösbar sind. Um diese Beschränkung zu beseitigen, werden die natürlichen Zahlen zunächst zu den „ganzen“ Zahlen (inkl. der Null) erweitert:

$$\mathbb{Z} := \{0, \pm n,\ n \in \mathbb{N}\}.$$

Diese Zahlmengenerweiterung ist, wenn man sie mathematisch präzise formulieren will, ein recht komplizierter Prozess. Zunächst gilt es, überhaupt zu definieren, was eine „negative“ natürliche Zahl $-n$ ist. Wir verstehen darunter genau genommen die Zahl, mit der die Gleichung $n + (-n) = 0$ gelöst wird. Diese Erklärung ist aber formal nicht eindeutig, da $-n$ auch die Gleichung $(2n) + 2(-n) = 0$ löst. Zur Beseitigung dieser Mehrdeutigkeit verwendet man das Hilfsmittel der Äquivalenzrelation. Wie schon oben in Beispiel 1.3 gezeigt wurde, wird auf $\mathbb{N} \times \mathbb{N}$ eine Äquivalenzrelation definiert durch

$$\{n, m\} \sim \{n', m'\} \quad :\Leftrightarrow \quad n + m' = n' + m.$$

Die zugehörigen Äquivalenzklassen $[\{n, m\}]$ bilden dann eine Menge, in welche die Menge der natürlichen Zahlen $\mathbb{N}$ durch die Setzung

$$n \in \mathbb{N} \mapsto \{2n, n\} \in [\{2n, n\}]$$

„eingebettet“ werden kann. Die Äquivalenzklasse $[\{n, m\}]$ korrespondiert im Fall $n > m$ zur natürlichen Zahl $n - m \in \mathbb{N}$, im Fall $n = m$ zur „neutralen“ Zahl 0 und im Fall $n < m$ zu einer „neuen“ Zahl $n - m = -(m - n)$, welche als „negative“ natürliche Zahl bezeichnet wird. In diesem Sinne kann man die Menge $\mathbb{Z}$ der Äquivalenzklassen $[\{n, m\}]$ von Paaren natürlicher Zahlen als Menge der ganzen Zahlen definieren. Für diese werden weiter die vertrauten Bezeichnungen $a = \pm n$ oder $a = 0$ verwendet. Man muss sich dabei aber im Klaren darüber sein, dass die „negative Zahl“ $-n \in \mathbb{Z}$ ihre eigentliche Erklärung erst als Lösung der Gleichung $n + (-n) = 0$ erhält.

In $\mathbb{Z}$ hat die Gleichung (1.2.4) die (eindeutige) Lösung $x = m - n$. Die Menge $\mathbb{Z}$ ist offenbar vollständig bzgl. der Subtraktion. Sie ist aber noch unvollständig bzgl. der Division. Dies wiederum besagt, dass für beliebige $b, y \in \mathbb{Z},\ b \neq 0$, die „lineare“ Gleichung

$$b \cdot x = y \tag{1.2.5}$$

nicht immer durch ein $x \in \mathbb{Z}$ lösbar ist. Diese letzte Beschränkung wird durch die Einführung der „rationalen“ Zahlen

$$\mathbb{Q} = \{r/s,\ r \in \mathbb{Z},\ s \in \mathbb{N}\}$$

behoben. Bei genauerem Hinsehen, zeigt sich, dass die Erzeugung der rationalen Zahlen aus den ganzen Zahlen dabei wieder mit Hilfe einer Äquivalenzrelation erfolgt. Für Paare von Zahlen $\{r, s\}, \{r', s'\} \in \mathbb{Z} \times \mathbb{N}$ wird durch

$$\{r, s\} \sim \{r', s'\} \quad :\Leftrightarrow \quad rs' = r's.$$

wieder eine Äquivalenzrelation definiert (Übungsaufgabe). Die zugehörigen Äquivalenzklassen $[\{r,s\}]$ bzw. ihre Repräsentanten $\{r,s\}$ werden dann als „rationale“ Zahlen definiert, welche man in der üblichen Form als Quotient schreibt:

$$\{r,s\} \mapsto \frac{r}{s} \in \mathbb{Q}.$$

Man sollte aber in Erinnerung behalten, dass es sich dabei wirklich nur um eine Konvention der Schreibweise handelt; die mathematische Bedeutung liegt in der obigen Definition als Äquivalenzklasse von Paaren ganzer Zahlen.

Die ganzen Zahlen lassen sich durch die Setzung

$$r \in \mathbb{Z} \to \{r,1\} \in [\{r,1\}]$$

in diese Menge $\mathbb{Q}$ einbetten. Im Folgenden werden wir für rationale Zahlen stets die übliche Bezeichnung $a = r/s$ als Quotient ganzer Zahlen verwenden, wobei die Konvention verwendet wird, dass $r \in \mathbb{Z}$ und $s \in \mathbb{N}$; d. h.: Der Zähler r beinhaltet das Vorzeichen $\pm$. Ferner werden Zähler r und Nenner s als „teilerfremd“ angenommen; andernfalls kann dies durch „Kürzen“ hergestellt werden.

In $\mathbb{Q}$ hat die lineare Gleichung (1.2.5) die (eindeutige) Lösung $x = y/b$. Die Menge $\mathbb{Q}$ ist nun vollständig bzgl. der vier elementaren arithmetischen Operationen (bis auf die unzulässige Division durch Null):

$$a = \frac{r}{s},\ b = \frac{u}{v} \in \mathbb{Q} \quad \Rightarrow \quad \left\{ \begin{array}{l} a+b = \frac{r}{s} + \frac{u}{v} := \frac{rv+su}{sv} \\ a-b = \frac{r}{s} - \frac{u}{v} := \frac{rv-su}{sv} \\ a \cdot b = \frac{r}{s} \cdot \frac{u}{v} := \frac{ru}{sv} \\ a/b = \frac{r}{s} / \frac{u}{v} := \frac{rv}{su} \ (u \neq 0) \end{array} \right\}.$$

Man sagt, dass $\mathbb{Q}$ mit den Operationen „+“ und „·“ einen „Körper“ bildet (nach Dedekind[10]). Ein solcher Körper ist charakterisiert durch die Existenz sog. „neutraler Elemente“ 0 und 1 für die Addition ($a + 0 = a$) und die Multiplikation ($a \cdot 1 = a$) sowie die Gültigkeit der folgenden Axiome:

(I) Regeln der Addition und Multiplikation:

1. $a + b = b + a, \quad a \cdot b = b \cdot a$ (Kommutativität)
2. $(a + b) + c = a + (b + c), \quad (a \cdot b) \cdot c = a \cdot (b \cdot c)$ (Assoziativität)
3. $(a + b) \cdot c = a \cdot c + b \cdot c$ (Distributivität)

sowie durch die Lösbarkeit der Gleichungen (1.2.4) und (1.2.5). Aus diesen Grundtatsachen ergeben sich die bekannten Regeln der Arithmetik; z. B. die binomischen Formeln

$$(a \pm b)^2 = a^2 \pm 2ab + b^2, \quad a^2 - b^2 = (a + b)(a - b).$$

[10]Richard Dedekind (1831–1916): Deutscher Mathematiker; Prof. in Braunschweig; wichtige Beiträge zur Zahlentheorie.

Als Körper ist $\mathbb{Q}$ „nullteiler-frei“, d. h.: Für beliebige $a, b \in \mathbb{Q}$ folgt aus $a \cdot b = 0$ notwendig, dass $a = 0$ oder $b = 0$ ist (Folgerung aus der Lösbarkeit der Gleichung $ax = b,\ a \neq 0$). Eine eingehendere Diskussion der Eigenschaften von solchen „Körpern“ ist nicht Gegenstand dieses Kurses ($\rightarrow$ *Algebra*).

(II) Regeln der Ordnungsrelationen:
In $\mathbb{Q}$ ist der Begriff der „Positivität“ erklärt durch Auszeichnung einer Teilmenge

$$\mathbb{Q}_+ := \{a \in \mathbb{Q} |\, a = r/s,\ r, s \in \mathbb{N}\}.$$

Dies erlaubt die Definition einer „Ordnungsrelation“ für Paare $\{a, b\} \in \mathbb{Q}$ durch

$$a < b \quad (a \text{ „kleiner“ } b) \quad :\Leftrightarrow \quad b - a \in \mathbb{Q}_+.$$

Entsprechend wird definiert $\{b > a\}\ :\Leftrightarrow\ \{a < b\}$, $\{a \le b\}\ :\Leftrightarrow\ \{a < b \text{ oder } a = b\}$ und $\{b \ge a\}\ :\Leftrightarrow\ \{a \le b\}$. Für je zwei $a, b \in \mathbb{Q}$ gilt genau eine der Relationen $a < b,\ a = b,\ a > b$. Für diese Ordnungsrelationen gelten die vertrauten Regeln:

1. $a < b,\ b < c \quad \Rightarrow \quad a < c$ (Transitivität).
2. $a < b \quad \Rightarrow \quad a + c < b + c,\ c \in \mathbb{Q}, \quad a \cdot c < b \cdot c,\ c \in \mathbb{Q}_+$.

Hieraus folgt insbesondere für zwei Zahlen $a, b \in \mathbb{Q}$, für die man $a \ge b$ und $b \ge a$ gezeigt hat, dass notwendig $a = b$ ist. Ferner ergibt sich für beliebige Zahlen $a, b \in \mathbb{Q}$ mit $a, b > 0$ die bekannte Beziehung

$$a < b \quad \Leftrightarrow \quad \frac{1}{a} > \frac{1}{b},$$

auf deren formale Ableitung aus den Axiomen wir verzichten wollen.

Für natürliche Zahlen $n > m$ gibt es einen „größten gemeinsamen Teiler“ $\mathrm{ggt}(n, m)$, den man mit dem „euklidischen Algorithmus“ bestimmt. Dieser basiert auf der eindeutigen Darstellbarkeit $n = pm + r$ mit einem $p \in \mathbb{N}_0$ und einem „Rest“ $r \in \mathbb{N}_0$ mit $0 \le r < m$.

Euklidischer Algorithmus

1. Bestimme r_1 und p_0, so dass $r_0 := m,\ n = p_0 r_0 + r_1,\ r_1 < r_0$,
2. Für $k \in \mathbb{N}$ bestimme r_{k+1} und p_k, so dass $r_{k-1} = p_k r_k + r_{k+1},\ r_{k+1} < r_k$.

Da nach Konstruktion $r_{k+1} < r_k$ ist, muss der Prozess nach spätestens $l \le m$ Schritten mit Rest $r_l = 0$ abbrechen. Dann ist $r_{l-1} = \mathrm{ggt}(n, m)$, da aus $r_{l-2} = p_l r_{l-1}$ folgt, dass r_l alle vorausgehenden r_k und damit sowohl m als auch n teilt. Gäbe es einen größeren gemeinsamen Teiler von n und m, so hätte der euklidische Algorithmus schon früher abbrechen müssen.

Satz 1.2 (Dezimalbruchdarstellung): *Jede rationale Zahl a besitzt eine endliche oder periodische Dezimalbruchdarstellung der Form*

$$a = \pm(a_0 + 0,d_1 \dots d_s) \quad :\Leftrightarrow \quad a = \pm\Big(a_0 + \sum_{k=1}^{s} d_k \cdot 10^{-k}\Big), \quad \textit{bzw.}$$

$$a = \pm(a_0 + 0,d_1\dots d_s\overline{d_{s+1}\dots d_{s+t}}) := \pm(a_0 + 0,d_1\dots d_s\,\underbrace{d_{s+1}\dots d_{s+t}}\underbrace{d_{s+1}\dots d_{s+t}}\dots),$$

mit einem ganzzahligen Anteil $a_0 \in \mathbb{N}_0$ *und „Ziffern"* $d_1,\dots,d_s \in \{0,1,\dots,9\}$. *Umgekehrt stellt jede Dezimalbruchzerlegung dieser Art eine rationale Zahl dar. Dabei ist bei periodischen Dezimalbrüchen die Periode* $\overline{9}$ *nicht zugelassen, d. h.: Es wird identifiziert:*

$$a_0 + 0,d_1\dots d_{k-1}d_k\overline{9} := a_0 + 0,d_1\dots d_{k-1}(d_k+1), \quad d_k < 9.$$

Beweis: i) Eine rationale Zahl $a = r/s$ mit teilerfremden $r \in \mathbb{Z}$ und $s \in \mathbb{N}$ kann nach der üblichen Divisonsregel in einen Dezimalbruch umgewandelt werden. Dabei treten „Reste" auf, die aber höchstens $s-1$ verschiedene Werte annehmen können. Bei Auftreten des Restes Null bricht der Prozess ab, und wir erhalten einen endlichen Dezimalbruch. Andernfalls müssen sich die Reste einmal wiederholen, und wir erhalten einen periodischen Dezimalbruch.

ii) Ein endlicher Dezimalbruch stellt offenbar eine rationale Zahl dar. Ein periodischer Dezimalbruch lässt sich in der Form

$$a = \pm(a_0 + 0,d_1\dots d_s + 0,\overline{d_{s+1}\dots d_{s+t}}\cdot 10^{-s})$$

schreiben. Es genügt also, zu zeigen, dass periodische Dezimalbrüche der Art $0,\overline{d_1\dots d_s}$ rationale Zahlen darstellen. Nach den üblichen Regeln der Division ist nun aber

$$0,\overline{d_1\dots d_s} = \frac{d_1\dots d_s}{\underbrace{9\dots9}_{s\text{-mal}}},$$

so dass auch der periodische Dezimalbruch eine rationale Zahl darstellt. Q.E.D.

Auf $\mathbb{Q}$ ist der „Absolutbetrag" definiert:

$$|a| := \left\{\begin{array}{ll} a & \text{für } a > 0 \\ 0 & \text{für } a = 0 \\ -a & \text{für } a < 0 \end{array}\right\}.$$

Dieser kann als eine Abbildung $|\cdot| : \mathbb{Q} \to \mathbb{Q}$ angesehen werden, welche die folgenden charakteristischen Eigenschaften besitzt:

1. $|a| = 0 \;\Leftrightarrow\; a = 0$ (Definitheit).
2. $|a\cdot b| = |a|\,|b|$ (Multiplikativität).
3. $|a+b| \le |a| + |b|$ (Subadditivität oder sog. „Dreiecksungleichung").

Die Definitheit und die Multiplikativität ergeben sich unmittelbar aus der Definition. Die Dreiecksungleichung folgt bei Beachtung von $\pm a \le |a|$ aus

$$a + b \le |a| + |b|, \quad -(a+b) \le |a| + |b|.$$

Eine Abbildung mit diesen Eigenschaften wird auf einem Vektorraum „Norm“ und auf einem Körper „Bewertung“ genannt. Sie dient z. B. zur Messung des „Abstandes“ $|a-b|$ zweier Zahlen $a,b \in \mathbb{Q}$; offenbar impliziert $|a-b|=0$ notwendig $a=b$. Aus der Definition ergeben sich unmittelbar die weiteren Rechenregeln

$$|-a| = |a|, \qquad \left|\frac{a}{b}\right| = \frac{|a|}{|b|} \quad \text{für } b \neq 0.$$

Eine wichtige Eigenschaft des Absolutbetrags ist die Ungleichung

$$\big||a|-|b|\big| \leq |a-b|, \tag{1.2.6}$$

welche man aus folgenden Beziehungen erhält:

$$|a| = |a-b+b| \leq |a-b| + |b|, \qquad |b| = |b-a+a| \leq |b-a| + |a|.$$

1.3 Elemente der Kombinatorik

Für die natürlichen Zahlen $n \in \mathbb{N}$ ist die „Fakultät“ $n!$ rekursiv definiert durch

$$1! := 1, \qquad \forall n \in \mathbb{N}: \ (n+1)! := (n+1)\, n!,$$

bzw. etwas weniger formal $n! := 1 \cdot 2 \cdot 3 \cdot \ldots \cdot n$. Die Fakultät $n!$ wächst mit n enorm schnell an; z. B. ist $10! = 3.628.800$ und $1000! > 4{\cdot}10^{2.568}$. Es ist häufig praktisch, auch mit der Fakultät von 0 arbeiten zu können. Dazu setzt man $0! := 1$, was verträglich mit der Rekursionsformel $(n+1)! = (n+1)\, n!$ ist.

Satz 1.3 (Permutationen): *Die Anzahl der möglichen Anordnungen (oder „Permutationen“) der Elemente einer Menge A mit Mächtigkeit $\#A = n$ ist $n!$.*

Beweis: Wir bezeichnen die Elemente der Menge mit $1,2,3,\ldots,n$. Für $n=1$ gibt es die eine Anordnung $\{1\}$ und für $n=2$ die zwei Anordnungen $\{1,2\},\{2,1\}$. Die Behauptung ist damit für $n=1$ und $n=2$ bewiesen (Induktionsverankerung). Zum Schluss von n nach $n+1$ beachten wir, dass die Klasse (bzw. „Menge“) derjenigen Anordnungen der Elemente $\{1,\ldots,n{+}1\}$, die das Element k auf Platz eins haben bei beliebiger Anordnung der anderen Elemente, nach Induktionsannahme $n!$ Anordnungen enthält. Es gibt nun $n+1$ solcher Klassen. Die Anzahl aller Anordnungen der Elemente $\{1,\ldots,n,n+1\}$ ist also $(n+1)n! = (n+1)!$, was zu zeigen war. Q.E.D.

Lemma 1.1 (Binominalkoeffizienten): *Die Anzahl der k-elementigen Teilmengen einer nicht leeren Menge A mit Mächtigkeit $\#A = n$ ist im Fall $1 \leq k \leq n$:*

$$\binom{n}{k} := \frac{n(n-1)\ldots(n-k+1)}{k!},$$

und im Fall $k=0$:

$$\binom{n}{0} := 1.$$

Beweis: Statt des üblichen formalen Induktionsbeweises verwendet wir ein „direktes“ Argument, das aber versteckt doch Elemente der Induktion beinhaltet.

i) Es sei zunächst $k \neq 0$. Zur Bildung k-elementiger Teilmengen stehen für ein erstes Element einer Teilmenge alle n Elemente der Menge zur Auswahl; für ein zweites Element bleiben dann noch $n-1$ Elemente zur Auswahl, u.s.w. Insgesamt hat man $n(n-1)\cdots(n-k+1)$ Möglichkeiten, k-elementige Teilmengen herzustellen. Dabei ergeben solche Möglichkeiten dieselbe k-elementige Teilmenge, die sich nur in der Reihenfolge der ausgewählten k Elemente unterscheidet. Nach dem Permutationssatz ist also die gerade errechnete Anzahl durch $k!$ zu dividieren. Für die gesuchte Anzahl erhalten wir damit den behaupteten Ausdruck.

ii) Für $k = 0$ ist die leere Menge $\emptyset$ die einzige 0-elementige Teilmenge. Die gesuchte Zahl ist also 1.

Q.E.D.

Beispiel 1.9: Zur Bestimmung der Gewinnchancen beim Lottospiel „6 aus 49“ ist der Binomialkoeffizient für $n = 49$ und $k = 6$ auszuwerten. Dies ergibt

$$\binom{49}{6} = \frac{49 \cdot 48 \cdot 47 \cdot 46 \cdot 45 \cdot 44}{1 \cdot 2 \cdot 3 \cdot 4 \cdot 5 \cdot 6} = 13.983.816,$$

was nicht gerade zum Lottospielen motiviert.

Satz 1.4 (Binomische Formel): *Die „binomische Formel“ besagt, dass für beliebige Zahlen $a, b \in \mathbb{Q}$ und $n \in \mathbb{N}$ gilt:*

$$(a+b)^n = \sum_{k=0}^{n} \binom{n}{k} a^{n-k} b^k, \tag{1.3.7}$$

bzw. ausgeschrieben:

$$(a+b)^n = \binom{n}{0} a^n + \binom{n}{1} a^{n-1} b + \binom{n}{2} a^{n-2} b^2 + \cdots + \binom{n}{n-1} a b^{n-1} + \binom{n}{n} b^n.$$

Beweis: i) Wir stellen zunächst ein paar Eigenschaften der Binomialkoeffizienten bereit. Nach Definition gilt die Beziehung

$$\begin{aligned}\binom{n}{k} &= \frac{n(n-1)\dots(n-k+1)}{k!}\\ &= \frac{n(n-1)\dots(n-k+1)(n-k)!}{k!(n-k)!} = \frac{n!}{k!(n-k)!} = \binom{n}{n-k}.\end{aligned}$$

Weiter besteht die Rekursionsformel

$$\binom{n+1}{k+1} = \binom{n}{k} + \binom{n}{k+1}. \tag{1.3.8}$$

Für $k = 0$ ist dies offensichtlich richtig,

$$\binom{n+1}{1} = 1 + n = \binom{n}{0} + \binom{n}{1},$$

und für $k \geq 1$ ergibt es sich wie folgt:

$$\begin{aligned}\binom{n}{k} + \binom{n}{k+1} &= \frac{n(n-1)\cdots(n-k+1)}{k!} + \frac{n(n-1)\cdots(n-k+1)(n-k)}{k!(k+1)} \\ &= \frac{n(n-1)\cdots(n-k+1)(k+1+n-k)}{(k+1)!} \\ &= \frac{(n+1)n\cdots(n+1-k)}{(k+1)!} = \binom{n+1}{k+1}.\end{aligned}$$

ii) Der Beweis der binomischen Formel erfolgt durch Induktion nach n. Für $n = 1$ ist sie offenbar richtig. Sei sie richtig für ein $n \geq 1$. Dann gilt

$$\begin{aligned}(a+b)^{n+1} &= (a+b)(a+b)^n \\ &= (a+b)\left\{\binom{n}{0}a^n + \binom{n}{1}a^{n-1}b + \cdots + \binom{n}{n-1}ab^{n-1} + \binom{n}{n}b^n\right\} \\ &= \binom{n}{0}a^{n+1} + \binom{n}{1}a^n b + \cdots + \binom{n}{n-1}a^2b^{n-1} + \binom{n}{n}ab^n \\ &\quad + \binom{n}{0}a^n b + \binom{n}{1}a^{n-1}b^2 + \cdots + \binom{n}{n-1}ab^n + \binom{n}{n}b^{n+1} \\ &= \binom{n+1}{0}a^{n+1} + \binom{n+1}{1}a^n b + \cdots + \binom{n+1}{n}ab^n + \binom{n+1}{n+1}b^{n+1} \\ &= \sum_{k=0}^{n+1}\binom{n+1}{k}a^{n+1-k}b^k.\end{aligned}$$

Durch Induktion ergibt sich dann die Behauptung. Q.E.D.

Mit Hilfe der Rekursionsformel (1.3.8) können ausgehend von

$$\binom{n}{0} = \binom{n}{n} = 1$$

die Binomialkoeffizienten explizit berechnet werden. Diese Rechnung führt auf das sog. „Pascalsche Dreieck“[11], in welchem sich jeder Eintrag als Summe der beiden darüber

[11] Das nach Blaise Pascal (1623–1662) benannte „Dreieck“ taucht bereits in einem Lehrbuch der Arithmetik von 1527 auf, und war den Arabern bereits im 13. Jahrhundert bekannt.)

stehenden Einträge ergibt:

$$\begin{array}{llllllllllllll}
n=0: & & & & & & & 1 & & & & & & \\
n=1: & & & & & & 1 & & 1 & & & & & \\
n=2: & & & & & 1 & & 2 & & 1 & & & & \\
n=3: & & & & 1 & & 3 & & 3 & & 1 & & & \\
n=4: & & & 1 & & 4 & & 6 & & 4 & & 1 & & \\
n=5: & & 1 & & 5 & & 10 & & 10 & & 5 & & 1 & \\
n=6: & 1 & & 6 & & 15 & & 20 & & 15 & & 6 & & 1 \\
\ldots & & & & & & & \ldots & & & & & &
\end{array}$$

Bemerkung 1.6: Der allgemeine binomische Lehrsatz ist hier zunächst nur für Zahlen $a,\, b \in \mathbb{Q}$ formuliert worden. Er ist aber auch auf der im nächsten Kapitel zu konstruierenden größeren Menge der „reellen“ Zahlen gültig.

1.4 Übungen

Übung 1.1 (Aufgabe zur Mengenlehre):
Man gebe Schnitt $A \cap B$, Vereinigung $A \cup B$ und Differenz $A \setminus B$ der folgenden Paare von Mengen an:

$$\begin{aligned}
&a) \quad A = \{1,2,3,5,6,7,8,10\}, \quad B = \{3,4,9,10\},\\
&b) \quad A = \{n \in \mathbb{N} |\, n \le 100\}, \quad B = \{n \in \mathbb{N} |\, n > 5\},\\
&c) \quad A = \{n \in \mathbb{N} |\, n \text{ Primzahl}\}, \quad B = \{n \in \mathbb{N} |\, n \text{ ungerade}\}.
\end{aligned}$$

Übung 1.2 (Aufgabe zum Widerspruchsbeweis):
Zum formalen Nachweis der Aussage

$$\forall\, a \in \mathbb{Q} \;\; \exists\, n_a \in \mathbb{N} \;\; \forall\, n \ge n_a : \; n > a.$$

mit einem Widerspruchsargument ist ihre Negation zu bilden. Wie sieht diese aus?

Übung 1.3 (Aufgabe zum Widerspruchsbeweis):
Man zeige durch einen Widerspruchsbeweis, dass eine natürliche Zahl n, für welche n^2 gerade ist, selbst gerade sein muss.

Übung 1.4 (Aufgabe zur Mächtigkeit von Mengen):
Man zeige mit Hilfe vollständiger Induktion, dass für eine Menge A mit der Mächtigkeit $\#A = n$ die zugehörige Potenzmenge $\mathcal{P}(A) := \{B |\, B \subset A\}$ die Mächtigkeit $\#\mathcal{P}(A) = 2^n$ hat.

Übung 1.5 (Aufgabe zu Abbildungen):
Man untersuche, ob die folgenden Abbildungen injektiv, surjektiv oder bijektiv sind:

1. $f : \mathbb{N} \to \mathbb{N}, \quad f(n) := n^2\,;$

2. $f : \mathbb{Q} \to \mathbb{Z}, \quad f(r/s) := r\,;$

3. $f : \mathbb{N}_0 \to \mathbb{N}, \quad f(n) := n + 1\,.$

Übung 1.6 (Aufgabe zur vollständigen Induktion):
a) Man rekapituliere den Induktionsbeweis für die Gültigkeit der Gleichung

$$\sum_{k=1}^{n} k = \frac{n(n+1)}{2}.$$

b) Man zeige durch Induktion die Gleichung

$$\sum_{k=1}^{n} k^2 = \frac{n(n+1)(2n+1)}{6}.$$

c) Man versuche, eine Formel für die folgende Summe abzuleiten (z. B. durch einen Blick ins Vorlesungsskriptum):

$$\sum_{k=1}^{n} k^3 = ?$$

Man beweise die Formel durch vollständige Induktion.

Übung 1.7 (Aufgabe zu Äquivalenzrelationen):
a) Man rekapituliere die Definition einer Äquivalenzrelation für die Elemente a einer Menge A.

b) Man verifiziere, dass für Paare $\{r, s\}, \{r', s'\} \in \mathbb{Z} \times \mathbb{N}$ durch

$$\{r, s\} \sim \{r', s'\} \quad :\Leftrightarrow \quad rs' = r's$$

eine Äquivalenzrelation definiert ist. Welche Menge erhält man mit den zugehörigen Äquivalenzklassen? Man gebe für jede dieser Äquivalenzklassen einen „Repräsentanten“ an.

Übung 1.8 (Aufgabe zum Widerspruchsbeweis):
a) Man rekapituliere den „klassischen“ Widerspruchsbeweis, dass die Menge der Primzahlen unendlich ist. Dazu gebe man insbesondere einen detaillierten Beweis für die Aussage, dass sich jede natürliche Zahl als Produkt von Primzahlen schreiben lässt.

b) Man zeige, dass für jede Primzahl p die Gleichung $x^2 = p$ keine rationale Lösung besitzt, d. h. die Quadratwurzel $\sqrt{p}$ ist irrational.

Übung 1.9 (Aufgabe zu Abbildungen zwischen Mengen):
Man konstruiere eine bijektive Abbildung zwischen den Mengen $\mathbb{N}$ und $\mathbb{N} \times \mathbb{N}$. (Hinweis: Man betrachte die Paare $\{n, m\} \in \mathbb{N} \times \mathbb{N}$ als Koordinaten von Punkten eines Gitters mit Maschenweite 1 in der Tafelebene und nummeriere diese auf geeignete Weise durch.)

Übung 1.10 (Aufgabe zur Kombinatorik):
Wie groß ist die Chance, beim Lotto 6-aus-49 den Gewinn „5 Richtige mit Zusatzzahl“ zu ziehen?

Übung 1.11 (Aufgabe zur Kombinatorik):
Man beweise durch vollständige Induktion die allgemeine *polynomische* Formel:

$$(a_1 + \ldots + a_m)^n = \sum_{\substack{\nu_1,\ldots,\nu_m \in \mathbb{N}_0 \\ \nu_1+\ldots+\nu_m = n}} \frac{n!}{\nu_1! \cdot \ldots \cdot \nu_m!}\, a_1^{\nu_1} \cdot \ldots \cdot a_m^{\nu_m} .$$

(Hinweis: Die Gültigkeit der allgemeinen *binomischen* Formel kann vorausgesetzt werden.)

2 Die reellen und die komplexen Zahlen

2.1 Von den rationalen zu den reellen Zahlen

Die rationalen Zahlen ergaben sich durch Erweiterung der Menge der natürlichen Zahlen, um allgemeine lineare Gleichungen mit ganzzahligen Koeffizienten lösen zu können. Weiterer Vervollständigungsschritte werden notwendig, wenn wir kompliziertere Gleichungen lösen wollen. Die allgemeine „quadratische" Gleichung

$$a + bx + cx^2 = y \tag{2.1.1}$$

ist nicht für beliebig gewählte $a, b, c \in \mathbb{Q}$ durch ein $x \in \mathbb{Q}$ lösbar. Dazu geben wir das folgende Beispiel.

Lemma 2.1 (Irrationalität der Quadratwurzel): *Die quadratische Gleichung*

$$x^2 = 2 \tag{2.1.2}$$

besitzt keine rationale Lösung.

Beweis: Angenommen, es gäbe eine rationale Lösung $x := \sqrt{2} = r/s$ mit (teilerfremden) Zahlen $r \in \mathbb{Z}$ und $s \in \mathbb{N}$. Für diese ist dann notwendig $r \neq 0$ und

$$r^2 = 2s^2, \quad \tfrac{1}{2}r^2 = s^2.$$

Also muss r^2 und damit auch r gerade sein. Damit sind auch $\frac{1}{2}r^2$ und s^2 gerade. Nun ist aber wegen der Teilerfremdheit s und folglich auch s^2 ungerade, was einen Widerspruch ergibt. Folglich kann die Gleichung (2.1.2) keine rationale Lösung haben. Q.E.D.

Bemerkung 2.1: Das obige Lemma besagt, dass die Zahl 2 keine rationale Quadratwurzel besitzt. Diese Tatsache hat eine wichtige geometrische Interpretation. Nach dem Satz von Pythagoras[1] ist im rechtwinkligen Dreieck die Summe der Flächeninhalte der Kathedenquadrate gleich dem Flächeninhalt des Hypotenusenquadrats, d. h.: $a^2+b^2=c^2$. Bezogen auf das Einheitsdreieck impliziert dies $1+1=c^2$ bzw. $c=\sqrt{2}$. Die Entdeckung von Eudoxos[2], dass $\sqrt{2}$ nicht rational und damit die Kathede und Hypotenuse im Dreieck „inkommensurabel" (d. h. nicht mit gleicher Einheit messbar) sind, war eine der bedeutendsten (und verwirrendsten) Entdeckungen der antiken griechischen Mathematik. Hierbei wird aber mit dem Begriff der „Länge" einer Strecke sehr naiv umgegangen, da dieser zunächst gar nicht definiert ist, d. h. die „Zahl" $\sqrt{2}$ so nicht erklärt werden kann.

[1]Pythagoras (um 580 v. Chr.): Griechischer Philosoph und Mathematiker aus Samos; lehrte hauptsächlich in Kroton (Italien); Begründer des Ordens der „Pythogoreer"; der Inhalt des ihm zugeordneten geometrischen Satzes war in Indien und Mesopotamien bereits früher (ohne) Beweis bekannt.

[2]Eudoxos (um 400 v. Chr.): Griechischer Astronom und Philosoph aus Knidos; erkannte bereits die Krümmung der Erdoberfläche.

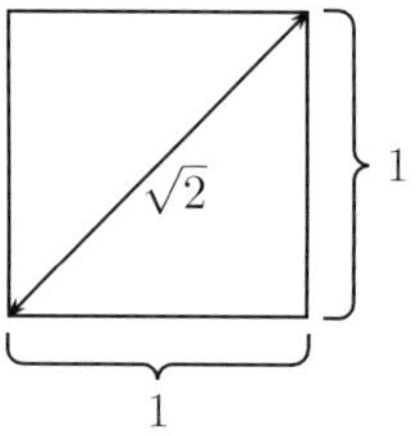

Abbildung 2.1: Geometrische „Definition“ von $\sqrt{2}$.

Bemerkung 2.2: Man beachte, dass eine quadratische Gleichung für bestimmte Koeffizienten sehr wohl in $\mathbb{Q}$ lösbar sein kann, z. B. hat die quadratische Gleichung $x^2 = 4$ die rationalen Lösungen $x = 2$ und $x = -2$.

Nun ist es möglich, rationale Zahlen zu konstruieren, welche die Gleichung $x^2 = 2$ mit zunehmender Genauigkeit erfüllen, d. h. gewissermaßen Approximationen für „$\sqrt{2}$“ sind. Das elementare Verfahren, die Quadratwurzel aus 2 anzunähern, baut rekursiv eine Einschließung durch Dezimalbrüche auf. Dabei wird die folgende Eigenschaft rationaler Zahlen verwendet

$$a, b \geq 0, \ a^2 < b^2 \quad \Rightarrow \quad a < b,$$

welche man leicht mit Hilfe der Beziehung $b^2 - a^2 = (b-a)(b+a)$ gewinnt. Die Konstruktion beginnt bei dem Paar $a_1 := 1,4$ und $b_1 := 1,5$ mit der Eigenschaft

$$a_1 < b_1, \quad a_1^2 = 1,96 < 2 < 2,25 = b_1^2.$$

Wir betrachten nun zwei Fälle:

Fall a) Es liege für ein $n \in \mathbb{N}$ eine Einschließung

$$a_n = 1, d_1 d_2 \dots d_{n-1} d_n < b_n = 1, d_1 d_2 \dots d_{n-1}(d_n + 1), \quad a_n^2 < 2 < b_n^2,$$

mit $d_k \in \{0, 1, \dots, 9\}$, $k = 1, \dots, n-1$ und $d_n \leq 8$ vor. Die nächste Einschließung gewinnen wir dann durch den Ansatz $a_{n+1} := 1, d_1 \dots d_n d_{n+1}$ mit Hilfe der Bedingung:

$$d_{n+1} \in \{0, 1, \dots, 9\} \text{ möglichst groß, aber } a_{n+1}^2 < 2,$$

und setzen

$$b_{n+1} := \begin{cases} 1, d_1 \dots d_n(d_{n+1} + 1) & \text{für } d_{n+1} \leq 8, \\ 1, d_1 \dots (d_n + 1)0 & \text{für } d_{n+1} = 9. \end{cases}$$

Nach Konstruktion ist dann

$$a_n \leq a_{n+1} < b_{n+1} \leq b_n, \quad a_{n+1}^2 < 2 < b_{n+1}^2.$$

Fall b) Es liege für ein $n \in \mathbb{N}$ eine Einschließung

$$a_n = 1, d_1 d_2 \dots d_{n-1} d_n < b_n = 1, d_1 d_2 \dots d_{m-1}(d_m + 1)0 \dots 0, \quad a_n^2 < 2 < b_n^2,$$

mit $d_k \in \{0,1,\dots,9\}$, $k = 1,\dots,m-1$, $d_m \le 8$ und $d_{m+1} = \dots = d_n = 9$ vor. Die nächste Einschließung gewinnen wir dann durch den Ansatz $a_{n+1} := 1,d_1\dots d_n d_{n+1}$ mit Hilfe der Bedingung:

$$d_{n+1} \in \{0,1,\dots,9\} \text{ möglichst groß, aber } a_{n+1}^2 < 2,$$

und setzen

$$b_{n+1} := \begin{cases} 1,d_1\dots d_n(d_{n+1}+1) & \text{für } d_{n+1} \le 8, \\ 1,d_1\dots(d_m+1)0\dots0 & \text{für } d_{n+1} = 9. \end{cases}$$

Der Fall (b) kann nur endlich oft hintereinander auftreten, da andernfalls (gemäß der Konvention für die Behandlung von $\bar{9}$) $a_n = b_n$ ab einem gewissen n wäre. Dies würde aber wegen $a_n^2 \le 2 \le b_n^2$ implizieren, dass $a_n^2 = 2$ im Widerspruch zur Irrationalität von $\sqrt{2}$. Nach Konstruktion gilt dann in beiden Fällen:

$$a_n \le a_{n+1} < b_{n+1} \le b_n, \quad a_{n+1}^2 < 2 < b_{n+1}^2.$$

Auf diesem Wege erhalten wir zwei Folgen $(a_n)_{n\in\mathbb{N}}$ und $(b_n)_{n\in\mathbb{N}}$ mit den Eigenschaften:

$$1,4 = a_1 \le \dots \le a_n \le a_{n+1} < b_{n+1} \le b_n \le \dots \le b_1 = 1,5.$$

Konkret erhalten wir die Dezimalbrüche

$$\begin{array}{llll} a_1 = 1,4 & a_2 = 1,41, & a_3 = 1,414, & \dots, \\ b_1 = 1,5 & b_2 = 1,42, & b_3 = 1,415, & \dots. \end{array}$$

Da der Abstand

$$b_n - a_n \le 10^{-n}, \quad n \in \mathbb{N},$$

immer kleiner wird, sollte man damit die ominöse „Zahl" erfassen können. Im Folgenden werden wir diese Idee zur Konstruktion des Körpers $\mathbb{R}$ der „reellen" Zahlen, der auch die gesuchte $\sqrt{2}$ enthält, präzisieren.

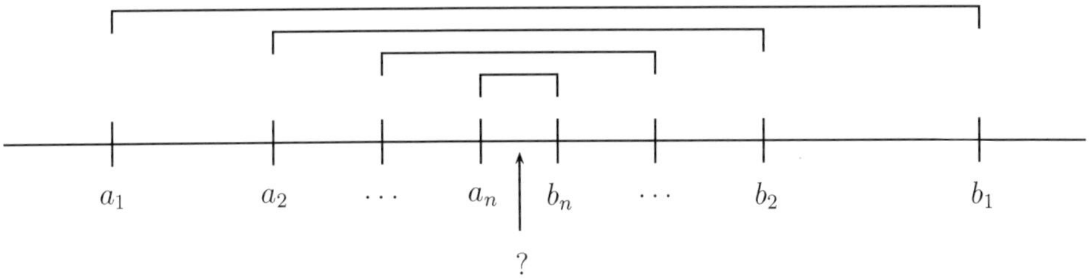

Abbildung 2.2: Intervallschachtelung der Lösung von $x^2 = 2$ ($x = \sqrt{2}$).

Bemerkung 2.3: An dieser Stelle stoßen wir auf eine kritische Stelle in der formal „exakten" Begründung der Analysis. Unsere Antwort auf die Frage, ob als „Limes" des obigen

Einschachtelungsprozesses, d. h. ob zwischen allen $a_n <? < b_n$ wirklich „etwas“, nämlich die Zahl $\sqrt{2}$, oder nur „Leere“ liegt ist eine philosophische Frage. Dabei hilft uns auch nicht die physikalische Anschauung, d. h. die Betrachtung der Zahlengerade oder des Kreidestriches an der Tafel, da gerade hier die Quantisierung von Raum und Zeit Teil der modernen Naturbeschreibung ist. Wir folgen hier aus Nützlichkeitserwägungen der heute herrschenden „idealistischen“ Tradition und nehmen die „Zahl“ $\sqrt{2}$ als Resultat des Schachtelungsprozesses als real existent an. Eine Analysis, die nur mit den rationalen Zahlen und damit gebildeten Intervallschachtelungen als Objekten auskommt, wäre sehr unhandlich und würde die Verwendung des mathematischen Kalküls bei der Naturbeschreibung wesentlich erschweren.

Eine Menge $(a_n)_{n\in\mathbb{N}}$ nummerierter (d. h. angeordneter) rationaler Zahlen wird „Folge“ genannt; z. B. ist $(1+1/n)_{n\in\mathbb{N}}$ in diesem Sinne eine Folge. Offenbar kommen die Elemente dieser Folge für größer werdendes n immer näher an die 1. Dies schreiben wir als

$$1+\frac{1}{n} \to 1 \;\; (n\to\infty) \qquad \text{b.z.w.} \qquad \lim_{n\to\infty}\Big(1+\frac{1}{n}\Big) = 1,$$

und nennen die Folge „konvergent“ gegen 1. Allgemein heißt eine Folge $(a_n)_{n\in\mathbb{N}}$ „konvergent“ gegen einen „Limes“ a, wenn gilt

$$|a_n - a| \to 0 \;\; (n\to\infty),$$

was auch kurz als $a_n \to a\ (n\to\infty)$ geschrieben wird. Im Falle, dass

$$|a_n| \to \infty \;\; (n\to\infty),$$

heißt sie „strikt divergent“. Diese Aussage wird durch folgendes überprüfbare Kriterium nach Cauchy[3] präzisiert:

Definition 2.1 (Cauchysches Konvergenzkriterium): *Eine Folge $(a_n)_{n\in\mathbb{N}}$ ist „konvergent“ gegen einen Limes a, wenn es zu jedem (beliebig kleinen) $\varepsilon > 0$ ein $n_\varepsilon \in \mathbb{N}$ gibt, so dass*

$$|a_n - a| < \varepsilon \quad \textit{für } n \ge n_\varepsilon,$$

bzw. in Quantorenschreibweise:

$$\forall \varepsilon > 0 \; \exists n_\varepsilon \in \mathbb{N} \; \forall n \ge n_\varepsilon : \; |a_n - a| < \varepsilon.$$

Sie ist „strikt divergent“, wenn

$$|a_n| > \frac{1}{\varepsilon} \quad \textit{für } n \ge n_\varepsilon.$$

[3]Augustin Louis Cauchy (1789–1857): Ingenieur, Physiker und bedeutendster französischer Mathematiker seiner Zeit; wirkte an der École Polytechnique und der Sorbonne in Paris; gilt als Begründer der modernen Analysis und der Funktionentheorie.

Bemerkung 2.4: Für Beweiszwecke ist es wichtig die präzise Negation der Aussage „*Die Folge* $(a_n)_{n\in\mathbb{N}}$ *konvergiert gegen den Grenzwert* a" zu kennnen. Diese lautet in Worten: Es existiert ein $\varepsilon > 0$, so dass es zu jedem $n \in \mathbb{N}$ ein $n_{\varepsilon,n} \ge n$ gibt mit $|a_{n_{\varepsilon,n}} - a| \ge \varepsilon$, bzw. in Quantorennotation:

$$\exists \varepsilon > 0 \;\; \forall n \in \mathbb{N} \;\; \exists n_{\varepsilon,n} \ge n: \;\; |a_{n_{\varepsilon,n}} - a| \ge \varepsilon.$$

Abbildung 2.3: Zum Cauchyschen Konvergenzkriterium.

In dieser Definition kann o.B.d.A. $0 < \varepsilon \le 1$ angenommen werden. Natürlich sind nicht alle Folgen konvergent, wie die trivialen Beispiele $(n)_{n\in\mathbb{N}}$ und $((-1)^n)_{n\in\mathbb{N}}$ zeigen. Die erste Folge ist strikt divergent, während die zweite zwar beschränkt ist, aber keinen eindeutigen Limes hat. Eine Folge $(a_n)_{n\in\mathbb{N}}$ mit Limes $a = 0$ heißt „Nullfolge"; z. B. ist die Folge $(1/n)_{n\in\mathbb{N}}$ eine Nullfolge.

Lemma 2.2 (Nullfolge): *Eine Folge* $(a_n)_{n\in\mathbb{N}}$ *von Zahlen* $a_n \ne 0$ *ist Nullfolge genau dann, wenn die Folge* $(1/a_n)_{n\in\mathbb{N}}$ *der Reziproken strikt divergiert.*

Beweis: Ist $(a_n)_{n\in\mathbb{N}}$ Nullfolge, so gibt es zu beliebig gewähltem $\varepsilon > 0$ ein $n_\varepsilon \in \mathbb{N}$, so dass $|a_n| < \varepsilon$ ist für $n \ge n_\varepsilon$. Dies ist gleichbedeutend mit $|1/a_n| = 1/|a_n| > 1/\varepsilon$, woraus wir schließen, dass $(1/a_n)_{n\in\mathbb{N}}$ strikt divergiert. Q.E.D.

Für eine konvergente Folge $(a_n)_{n\in\mathbb{N}}$ mit Limes a konvergieren auch die zugehörigen Absolutbeträge:

$$\lim_{n\to\infty} |a_n| = |a|.$$

Dies folgt mit Hilfe der Dreiecksungleichung aus

$$\big||a_n| - |a|\big| \le |a_n - a| \to 0 \;\; (n \to \infty).$$

Eine konvergente Folge ist also notwendig „beschränkt", d. h.: Es gibt eine Konstante $K \in \mathbb{Q}_+$, so dass

$$|a_n| \le K, \quad n \in \mathbb{N}.$$

Die mit einer unendlichen Teilmenge $\mathbb{N}' = \{n_k,\, k \in \mathbb{N},\, n_{k+1} > n_k\} \subset \mathbb{N}$ gebildeten Folge $(a_{n_k})_{k\in\mathbb{N}}$ nennt man „Teilfolge" von $(a_n)_{n\in\mathbb{N}}$. Offenbar sind alle Teilfolgen einer konvergenten Folge ebenfalls konvergent mit demselben Limes.

An dem obigen Beispiel der approximierenden Folge für $\sqrt{2}$ sehen wir, dass es anscheinend Folgen gibt, die zwar inhärent zu konvergieren scheinen, aber dennoch keinen Limes in $\mathbb{Q}$ haben. Dies gibt Anlass zur Definition einer sog. „Cauchy-Folge" (oder auch „Fundamentalfolge"):

Definition 2.2 (Cauchy-Folge): *Eine Folge $(a_n)_{n\in\mathbb{N}}$ heißt „Cauchy-Folge", wenn sie inhärent konvergent ist, d. h.: Zu jedem (beliebig kleinen) $\varepsilon > 0$ gibt es ein $n_\varepsilon \in \mathbb{N}$, so dass gilt:*

$$|a_n - a_m| < \varepsilon \quad \text{für } n, m \geq n_\varepsilon.$$

Lemma 2.3: *Jede gegen einen Limes a konvergente Folge $(a_n)_{n\in\mathbb{N}}$ ist notwendig eine Cauchy-Folge. Eine Cauchy-Folge ist notwendig beschränkt.*

Beweis: i) Sei $(a_n)_{n\in\mathbb{N}}$ konvergent mit Limes a. Dann gibt es zu beliebig gegebenem $\varepsilon > 0$ ein $n_\varepsilon \in \mathbb{N}$, so dass für $n, m \geq n_\varepsilon$:

$$|a_n - a| < \tfrac{1}{2}\varepsilon, \quad |a_m - a| < \tfrac{1}{2}\varepsilon.$$

Hieraus folgt mit Hilfe der Dreiecksungleichung

$$|a_n - a_m| = |a_n - a + a - a_m| \leq |a_n - a| + |a - a_m| < \tfrac{1}{2}\varepsilon + \tfrac{1}{2}\varepsilon = \varepsilon,$$

d. h.: Die konvergente Folge ist Cauchy-Folge.

ii) Sei $(a_n)_{n\in\mathbb{N}}$ Cauchy-Folge. Angenommen, die Folge ist nicht beschränkt. Dann gibt es eine Teilfolge $(a_{n_k})_{k\in\mathbb{N}}$ mit $|a_{n_k}| \to \infty \ (k \to \infty)$. Aus dieser kann man eine weitere, gleichfalls mit $(a_{n_k})_{k\in\mathbb{N}}$ bezeichnete, Teilfolge extrahieren mit der Eigenschaft

$$|a_{n_{k+1}}| > 2|a_{n_k}|, \quad k \in \mathbb{N}.$$

Damit gilt dann

$$|a_{n_{k+1}} - a_{n_k}| \geq |a_{n_{k+1}}| - |a_{n_k}| > |a_{n_k}| \to \infty \quad (k \to \infty),$$

im Widerspruch zur Cauchy-Folgeneigenschaft. Q.E.D.

Bemerkung 2.5: Das obige Beispiel der approximierenden Folge für die Lösung von $x^2 = 2$ zeigt, dass nicht jede Cauchy-Folge eine Limes in $\mathbb{Q}$ haben muss. In diesem Sinne ist der Körper $\mathbb{Q}$ also nicht *vollständig*.

Lemma 2.4: *Seien $(a_n)_{n\in\mathbb{N}}$ und $(b_n)_{n\in\mathbb{N}}$ Cauchy-Folgen.*

i) Dann sind auch die Summen- und Produktfolgen $(a_n + b_n)_{n\in\mathbb{N}}$ und $(a_n b_n)_{n\in\mathbb{N}}$ Cauchy-Folgen, und im Falle der Konvergenz $\lim_{n\to\infty} a_n = a$ und $\lim_{n\to\infty} b_n = b$ gilt

$$\lim_{n\to\infty} \{a_n + b_n\} = a + b, \qquad \lim_{n\to\infty} \{a_n b_n\} = ab. \tag{2.1.3}$$

ii) Gilt für alle Folgenelemente $|b_n| \geq \alpha > 0$, so ist auch die Quotientenfolge $(a_n/b_n)_{n\in\mathbb{N}}$ Cauchy-Folge und hat im Falle der Konvergenz mit $|b| > 0$ den Limes

$$\lim_{n\to\infty} \frac{a_n}{b_n} = \frac{a}{b}. \tag{2.1.4}$$

iii) Gilt ferner $a_n \leq b_n$ für fast alle $n \in \mathbb{N}$, so folgt für die Limiten

$$a \leq b. \tag{2.1.5}$$

Bemerkung 2.6: Die Sprechweise „*für fast alle* $n \in \mathbb{N}$“ bedeutet in diesem Zusammenhang „*für alle* $n \in \mathbb{N}$ *bis auf möglicherweise endlich viele Ausnahmen*“. Später kann die Bedeutung dieser Sprechweise aber noch eine andere sein (z. B. im Zusammenhang mit „messbaren“ Mengen).

Beweis: Sei K eine gemeinsame Schranke der beiden gegebenen Cauchy-Folgen. Für beliebiges $\varepsilon > 0$ gibt es nun Indizes n_ε^a und n_ε^b, so dass für $n, m \geq n_\varepsilon^a$ bzw. $n, m \geq n_\varepsilon^b$:

$$|a_n - a_m| \leq \tfrac{1}{2}\varepsilon, \qquad |b_n - b_m| \leq \tfrac{1}{2}\varepsilon.$$

i) Dann ist für $n, m \geq n_\varepsilon := \max\{n_\varepsilon^a, n_\varepsilon^b\}$:

$$\begin{aligned} |(a_n+b_n) - (a_m+b_m)| &= |(a_n-a_m) + (b_n-b_m)| \\ &\leq |a_n-a_m| + |b_n-b_m| \leq \tfrac{1}{2}\varepsilon + \tfrac{1}{2}\varepsilon = \varepsilon, \end{aligned}$$

d. h.: Die Folge $(a_n + b_n)_{n\in\mathbb{N}}$ ist Cauchy-Folge. Weiter gilt

$$\begin{aligned} |a_nb_n - a_mb_m| &= |(a_n-a_m)b_n + a_m(b_n-b_m)| \\ &\leq |a_n-a_m|\,|b_n| + |a_m|\,|b_n-b_m| \\ &\leq |b_n|\,\tfrac{1}{2}\varepsilon + |a_m|\,\tfrac{1}{2}\varepsilon \leq K\varepsilon\,. \end{aligned}$$

Also ist auch die Produktfolge Cauchy-Folge. Dabei stört der zusätzliche Faktor K in der Ungleichung nicht.

Bemerkung: Der eben angewandte „Trick“, eine triviale Summe $-a_mb_n + a_mb_n = 0$ einzuschieben, wird im Folgenden häufig verwendet werden.

ii) Es genügt, zu zeigen, dass die reziproke Folge $(1/b_n)_{n\in\mathbb{N}}$ Cauchy-Folge ist. Wegen

$$\frac{a_n}{b_n} = \left\{a_n \cdot \frac{1}{b_n}\right\}$$

folgt dann mit (ii) auch die Cauchy-Folgeneigenschaft für die Quotientenfolge $(a_n/b_n)_{n\in\mathbb{N}}$. Nach Voraussetzung gibt es wieder für jedes beliebige $\varepsilon > 0$ mit $\varepsilon \leq \frac{1}{2}\alpha$ ein n_ε^b, so dass für $n \geq n_\varepsilon^b$:

$$|b_n - b_m| < \varepsilon.$$

Weiter gilt wegen $|b_n| \geq \alpha$:

$$\left|\frac{1}{b_n} - \frac{1}{b_m}\right| = \left|\frac{b_m - b_n}{b_nb_m}\right| = \frac{|b_m - b_n|}{|b_m||b_n|} \leq \frac{|b_m - b_n|}{\alpha^2} \leq \frac{\varepsilon}{\alpha^2}.$$

Hieraus entnehmen wir, dass die reziproke Folge Cauchy-Folge ist.

Im Fall der Konvergenz beider Folgen erhalten wir mit analogen Argumenten auch die Konvergenz der Summen-, Produkt- und Quotientenfolgen gegen die entsprechende Limiten $a + b$, ab und a/b.

iii) Wäre $b < a$, so gäbe es ein $\delta > 0$ mit $b + \delta = a$. Wegen der Konvergenz $b_n \to$

b, $a_n \to a$ $(n \to \infty)$ gibt es nun ein $n_\delta \in \mathbb{N}$, so dass $|b - b_n| < \frac{1}{2}\delta$ und $|a - a_n| < \frac{1}{2}\delta$ für alle $n \geq n_\delta$. Daraus folgte dann

$$\begin{aligned} b_n &= b_n - b + b - a + a - a_n + a_n \\ &\leq |b_n - b| + b - a + |a - a_n| + a_n \\ &< \tfrac{1}{2}\delta - \delta + \tfrac{1}{2}\delta + a_n = a_n, \end{aligned}$$

im Widerspruch zur Annahme. Q.E.D.

Wir führen nun für Cauchy-Folgen rationaler Zahlen eine Äquivalenzrelation ein durch:

$$(a_n)_{n\in\mathbb{N}} \sim (a'_n)_{n\in\mathbb{N}} \quad :\Leftrightarrow \quad |a_n - a'_n| \to 0 \ (n \to \infty).$$

Die Äquivalenzeigenschaften Reflexivität, Symmetrie und Transitivität sind offensichtlich gegeben. Dadurch werden Äquivalenzklassen $[(a_n)_{n\in\mathbb{N}}]$ von Cauchy-Folgen definiert mit Repräsentanten $(a_n)_{n\in\mathbb{N}}$. Wir bezeichnen die Menge dieser Äquivalenzklassen mit

$$\tilde{\mathbb{R}} := \big\{[(a_n)_{n\in\mathbb{N}}]\big\}.$$

Die rationalen Zahlen werden in diese Menge eingebettet durch die Setzung

$$a \in \mathbb{Q} \quad \Rightarrow \quad [(a_n)_{n\in\mathbb{N}},\ a_n := a] \in \tilde{\mathbb{R}}.$$

Offenbar gehört jede Teilfolge $(a_{n_k})_{k\in\mathbb{N}}$ einer Cauchy-Folge $(a_n)_{n\in\mathbb{N}}$ zur selben Äquivalenzklasse wie $(a_n)_{n\in\mathbb{N}}$.

Natürlich kann man mit Äquivalenzklassen von Cauchy-Folgen nicht gut hantieren. Durch einen „Trick“ werden wir daher jeder solchen Äquivalenzklassen einen Repräsentanten zuordnen, der mehr den vertrauten Charakter einer richtigen Zahl hat, nämlich einen (möglicherweise unendlichen) Dezimalbruch (unter Beachtung der in Satz 1.2 festgelegten Konvention).

Satz 2.1: *Jeder Äquivalenzklasse $[(a_n)_{n\in\mathbb{N}}]$ entspricht genau ein (möglicherweise unendlicher) Dezimalbruch. Die Menge dieser Dezimalbrüche bezeichnen wir als Menge $\mathbb{R}$ der „reellen Zahlen“:*

$$\mathbb{R} = \big\{a := \pm(a_0 + 0, d_1 d_2 d_3 \dots d_k \dots) \mid a_0 \in \mathbb{N}_0,\ d_k \in \{0, \dots, 9\}\big\}.$$

Für eine Cauchy-Folge rationaler Zahlen $(a_n)_{n\in\mathbb{N}}$ wird der ihrer Äquivalenzklasse zugeordnete Dezimalbruch $a \in \mathbb{R}$ als deren „Limes“ bezeichnet: $a = \lim_{n\to\infty} a_n$. Entsprechend heißt dann $(a_n)_{n\in\mathbb{N}}$ eine „approximierende“ Folge von $a \in \mathbb{R}$. In diesem Sinne hat dann jede Cauchy-Folge rationaler Zahlen konstruktionsgemäß einen Limes in $\mathbb{R}$.

Beweis: i) Ein unendlicher Dezimalbruch ist gegeben als eine Folge $(a_n)_{n\in\mathbb{N}}$ von (rationalen) endlichen Teilbrüchen

$$a_n = \pm(a_0 + 0, d_1 \dots d_n), \quad a_0 \in \mathbb{N}_0,\ d_k \in \{0, \dots, 9\}.$$

Dies ist eine Cauchy-Folge, da für $m > n+1$ unter Verwendung der geometrischen Summenformel gilt:

$$\begin{aligned}|a_n - a_m| &= |a_0 + 0, d_1 d_2 d_3 \dots d_n - a_0 - 0, d_1 d_2 d_3 \dots d_n d_{n+1} \dots d_m| \\ &\le |0, 0. . .0 d_{n+1}. . .d_m| = d_{n+1} 10^{-n-1} + \dots + d_m 10^{-m} \\ &\le 10^{-n}\{10^0 + 10^{-1} + \dots + 10^{n-m+1}\} \\ &= 10^{-n}\{(\tfrac{1}{10})^0 + (\tfrac{1}{10})^1 + \dots + (\tfrac{1}{10})^{m-n-1}\} \\ &= 10^{-n}\frac{1-(\frac{1}{10})^{m-n}}{1-\frac{1}{10}} \le 10^{-n}\frac{10}{9} \to 0 \quad (n \to \infty).\end{aligned}$$

Folglich repräsentiert der Dezimalbruch ein Element aus $\tilde{\mathbb{R}}$. Diese „Einbettung“ von $\mathbb{R}$ nach $\tilde{\mathbb{R}}$ ist injektiv, da zwei Dezimalbrüche a und a', die zur selben Äquivalenzklasse gehören, dann notwendig gleich sein müssen (Man beachte, dass bei Dezimalbrüchen die Periode $\overline{9}$ ausgeschlossen worden war.):

$$|a - a'| = |a_0 + 0, d_1. . .d_n - a'_0 - 0, d'_1. . .d'_n| \to 0 \quad (n \to \infty) \quad \Rightarrow \quad a = a'.$$

ii) Wir wollen nun zu jeder Äquivalenzklasse $a = [(a_n)_{n\in\mathbb{N}}] \in \tilde{\mathbb{R}}$ mit Repräsentanten $(a_n)_{n\in\mathbb{N}}$ einen zugehörigen Dezimalbruch $z = \pm(z_0 + 0, d_1 d_2 d_3 \dots)$ konstruieren, der zur selben Äquivalenzklasse gehört. Damit wäre dann die Surjektivität der Einbettung von $\mathbb{R}$ in $\tilde{\mathbb{R}}$ gezeigt. Im Spezialfall, dass $(a_n)_{n\in\mathbb{N}}$ Nullfolge ist, kann $z = 0$ gesetzt werden. Andernfalls sind entweder fast alle $a_n > 0$ oder fast alle $a_n < 0$. O.B.d.A. sei $a_n > 0$, $n \in \mathbb{N}$, angenommen. Ist hierfür ein Dezimalbruch $z \ge 0$ gefunden, so überträgt sich dieses Resultat auf den Fall $a_n < 0$ bzw. $-a_n > 0$ mit dem Dezimalbruch $-z$.

Die Cauchy-Folge $(a_n)_{n\in\mathbb{N}}$ ist beschränkt durch eine Konstante $N \in \mathbb{N}$, $N \ge 2$, d. h.:

$$0 < a_n < N, \quad n \in \mathbb{N}.$$

Dann gibt es ein $z_0 \in \mathbb{N}_0$, so dass im Intervall

$$I_0 := \{x \in \mathbb{Q} \,|\, 0 \le z_0 \le x < z_0 + 1 \le N\}$$

unendlich viele der Folgenelemente liegen. Wir wollen diese Teilfolge wieder mit $(a_n)_{n\in\mathbb{N}}$ bezeichnen. Das Intervall I_0 wird nun in 10 gleiche Teilintervalle unterteilt, wovon wieder mindestens eines, für ein $d_1 \in \{0, \dots, 9\}$,

$$I_1 = \{x \in I_0 \,|\, z_0 + d_1 10^{-1} \le x < z_0 + (d_1 + 1)10^{-1}\},$$

unendlich viele der Folgenelemente enthalten muss; wir bezeichnen die so ausgezeichnete Teilfolge wiederum mit $(a_n)_{n\in\mathbb{N}}$. Im nächsten Schritt erhalten wir ein weiteres Teilintervall, für ein $d_2 \in \{0, \dots, 9\}$,

$$I_2 = \{x \in I_0 \,|\, z_0 + d_1 10^{-1} + d_2 10^{-2} \le x < z_0 + d_1 10^{-1} + (d_2 + 1)10^{-2}\},$$

welches wieder unendlich viele der Folgenelemente enthält. Fortführung dieses Prozesses liefert eine Folge von in einander geschachtelten Teilintervallen

$$\dots \subset I_{n+1} \subset I_n \subset \dots \subset I_1 \subset I_0,$$

die jeweils unendlich viele der Folgenelemente enthalten. Zu den endlichen Dezimalbrüchen

$$z_k := z_0 + 0, d_1 \ldots d_k \in \mathbb{Q}$$

gibt es folglich jeweils mindestens ein Folgenelement a_{n_k}, mit dem gilt:

$$|z_k - a_{n_k}| \le 10^{1-k}, \quad k \in \mathbb{N}.$$

Die Folge $(z_k)_{k\in\mathbb{N}}$ gehört also zur selben Äquivalenzklasse wie $(a_{n_k})_{k\in\mathbb{N}}$, d. h. zu $[(a_n)_{n\in\mathbb{N}}]$. Hat der resultierende unendliche Dezimalbruch $z = z_0 + 0, d_1 \ldots d_k \ldots$ die Periode $\overline{9}$, so wird er nach der oben definierten Regel mit einem endlichen Dezimalbruch identifiziert. Damit haben wir eine bijektive Zuordnung zwischen den Äquivalenzklassen von Cauchy-Folgen rationaler Zahlen und den Dezimalbrüchen konstruiert. Aufgrund der vorher schon abgeleiteten arithmetischen Regeln für Cauchy-Folgen, ist diese Zuordnung auch verträglich mit der Addition und der Multiplikation, d. h.: Für $[(a_n)_{n\in\mathbb{N}}] \approx z$ und $[(a'_n)_{n\in\mathbb{N}}] \approx z'$ ist

$$[(a_n)_{n\in\mathbb{N}}] + [(a'_n)_{n\in\mathbb{N}}] := [(a_n + a'_n)_{n\in\mathbb{N}}] \approx z + z',$$
$$[(a_n)_{n\in\mathbb{N}}] \cdot [(a'_n)_{n\in\mathbb{N}}] := [(a_n \cdot a'_n)_{n\in\mathbb{N}}] \approx z \cdot z'.$$

Die konstruierte Zuordnung $\tilde{\mathbb{R}} \leftrightarrow \mathbb{R}$ ist also sogar ein Isomorphismus. Q.E.D.

Bemerkung 2.7: Das Beweisargument von Satz 2.1 lässt sich auf den Fall einer beliebigen „Basis“ $b \in \mathbb{N}$, $b \ge 2$ übertragen, d. h.: Eine reelle Zahl a besitzt eine sog. „b-adische Entwicklung“

$$a = \pm(a_0 + 0, d_1 d_2 d_3 \ldots) = \pm(a_0 + d_1 \cdot b^{-1} + d_2 \cdot b^{-2} + d_3 \cdot b^{-3} + \ldots)$$

mit einem

$$a_0 = g_0 + g_1 \cdot b + g_2 \cdot b^2 + g_3 \cdot b^3 + \ldots \in \mathbb{N}_0$$

und „Ziffern“ $d_n, g_n \in \{0, 1, \ldots, b-1\}$. Der Fall $b = 2$ der „dyadischen“ Entwicklung ist von besonderer Bedeutung in der digitalen Datenverarbeitung.

Bemerkung 2.8: Das „Cauchysche Konvergenzkriterium“ wurde von Cauchy 1828 für Folgen reeller Zahlen angegeben und als selbstverständlich angesehen. Bereits Bolzano[4] hatte es 1817 formuliert und als beweisbedürftig erkannt. Es besagt gerade die „Vollständigkeit“ des Körpers der reellen Zahlen, die ja erst aufgrund der obigen Konstruktion erreicht wird. Die Konstruktion der reellen Zahlen aus den rationalen Zahlen mit Hilfe des Konzepts der Äquivalenzklassen von Cauchy-Folgen geht auf Cantor zurück. Ein analoges Verfahren wird z.B. auch zur Vervollständigung metrischer Räume verwendet ($\rightarrow$ *Funktionalanalysis*). Wir betonen nochmals, dass eine irrationale Zahl wie z. B. $\sqrt{2}$ in $\mathbb{R}$ über

[4]Bernard Bolzano (1781–1848): Italienisch-Böhmischer Priester und Philosoph; lehrte an der Universität Prag Religionsphilosophie, bis er 1819 aus politischen Gründen entlassen wurde; leistete Grundlagenforschungen zur Analysis; seine zu Lebzeiten unbekannt gebliebenen mathematischen Schriften nehmen Ergebnisse von Weierstraß und Cantor vorweg.

(äquivalente) approximierende Folgen rationaler Zahlen definiert ist, wobei der zugehörige unendliche Dezimalbruch nur für eine ganz spezielle solcher Folgen steht. An den reellen Zahlen und ähnlichen infiniten Konstrukten hat sich im 19. Jahrhundert ein bis in die dreißiger Jahre des 20. Jahrhunderts andauernder Streit unter Mathematikern entfacht. Die Kontrahenten waren die sog. „Idealisten und Formalisten" repräsentiert durch Cantor und Hilbert und die sog. „Intuitionisten und Konstruktivisten" vertreten durch Kronecker und Brouwer[5] Die Streitfrage war und ist es noch, ob die Menge „aller" reeller Zahlen, d. h. der reelle Zahlkörper R, wirklich als ein real existierendes Objekt behandelt werden darf, oder ob nur solchen reellen Zahlen wie z. B. $\sqrt{2}$, e und π eine reale Existenz zukommt, welche über einen konkreten Approximationsprozess mit rationalen Zahlen definiert sind. Da dies im Grunde eine erkenntnistheoretische, d. h. philosophische und damit Glaubensfrage ist, kann sie innerhalb der Mathematik nicht beantwortet werden; es gibt also mehr als ein mathematisches Denkgebäude. Die radikale Ablehnung der Verwendung aller sich auf das „aktual Infinite" beziehenden Aussagen und Methoden führt aber zu einer sehr unhandlichen „Mathematik", so dass man heutzutage den idealistischen Standpunkt weitgehend akzeptiert hat. Durch das Auftauchen des Computers hat der konstruktivistische, d. h. algorithmische, Gesichtspunkt allerdings wieder an Bedeutung gewonnen.

2.2 Der Körper $\mathbb{R}$

Nachdem die reellen Zahlen über das Äquivalenzklassenprinzip konstruiert und mit den Dezimalbrüchen identifiziert sind, können nun alle Struktureigenschaften von $\mathbb{Q}$ auf $\mathbb{R}$ übertragen werden. Dies geschieht auf dem Wege des Grenzübergangs. Für $a \in \mathbb{R}$ definieren wir den Absolutbetrag mit Hilfe einer approximierenden Folge $(a_n)_{n\in\mathbb{N}}$ rationaler Zahlen, $a = \lim_{n\to\infty} a_n$, durch

$$|a| := \lim_{n\to\infty} |a_n|.$$

Diese Definition ist unabhängig von der speziellen Wahl der Folge, denn für jede zweite approximierende Folge $(a'_n)_{n\in\mathbb{N}}$ gilt

$$\big||a_n| - |a'_n|\big| \le |a_n - a'_n| \to 0 \quad (n \to \infty).$$

Damit sind die Begriffe „Konvergenz" und „Cauchy-Folge" auch für Folgen reeller Zahlen erklärt.

Die arithmetischen Grundoperationen können analog definiert werden durch

$$a + b := \lim_{n\to\infty} \{a_n + b_n\}, \quad a \cdot b := \lim_{n\to\infty} \{a_n \cdot b_n\},$$

da nach dem oben Gesagten auch Summen und Produkte von Cauchy-Folgen wieder Cauchy-Folgen sind. Die Grundregeln der arithmetischen Operationen (Kommunativität,

[5]Luitzen E. J. Brouwer (1881–1966): Niederländischer Mathematiker; Prof. in Amsterdam; leistete fundamentale Beiträge zur Mengenlehren und Topologie; seine Kritik an der Verwendung gewisser logischer Axiome wie des „Tertium non datur" und des „allgemeinen Auswahlprinzips" führte zum „Intuitionismus" im Gegensatz zum Hilbertschen „Formalismus".

Assoziativität und Distributivität) übertragen sich so von $\mathbb{Q}$ auch auf $\mathbb{R}$. Mit den Ordnungsrelationen verfährt man analog durch die Definition

$$a > b \quad :\Leftrightarrow \quad \lim_{n\to\infty} \{a_n - b_n\} > 0,$$

wobei Letzteres bedeutet, dass es ein $\alpha \in \mathbb{Q}_+$ gibt, so dass $a_n - b_n \ge \alpha$ ist für fast alle $n \in \mathbb{N}$. Ferner ist $a \ge b \;:\Leftrightarrow\; \{a > b$ oder $a = b\}$, $a < b \;:\Leftrightarrow\; b > a$ und $a \le b \;\Leftrightarrow\; b \ge a$. Wir werden im Folgenden die Bezeichnung $\mathbb{R}_+ := \{a \in \mathbb{R} | \, a > 0\}$ verwenden. Man beachte, dass i. Allg. auch im Fall $a_n < b_n$, für alle Folgenelemente, im Limes nur $a \le b$ erwartet werden kann. Mit Hilfe der Ordnungsrelation auf $\mathbb{R}$ lassen sich auf natürliche Weise die Begriffe „Maximum“ und „Minimum“ von Mengen $M \subset \mathbb{R}$ reeller Zahlen definieren:

$$\max M := b \in M: \quad b \ge x, \;\; x \in M, \qquad \min M := a \in M: \quad x \ge a, \;\; x \in M.$$

Nicht jede Teilmenge $M \subset \mathbb{R}$ besitzt ein Maximum oder Minimum; z. B. die Menge $M := \{x \in \mathbb{R} \,|\, 0 < x < 2\}$. In diesem Fall nennt man $b = 2$ eine „(kleinste) obere“ und $a = 0$ eine „(größte) untere Schranke“ der Menge M.

Satz 2.2 (Der vollständige Körper $\mathbb{R}$): *Die reellen Zahlen bilden mit der Addition und Multiplikation einen Körper, genannt $\mathbb{R}$, der $\mathbb{Q}$ als Unterkörper enthält. Der (bewertete) Körper $\mathbb{R}$ ist „vollständig“, d. h.: Jede Cauchy-Folge in $\mathbb{R}$ hat einen Limes. Der Unterkörper $\mathbb{Q}$ ist „dicht“ in $\mathbb{R}$, d. h.: Für jedes $a \in \mathbb{R}$ gibt es zu beliebigem $\varepsilon > 0$ ein $q_\varepsilon \in \mathbb{Q}$, so dass*

$$|a - q_\varepsilon| \le \varepsilon.$$

Beweis: i) Die neutralen Elemente für Addition und Multiplikation sind wieder die $0 := 0,0\dots$ bzw. $1 := 1,0\dots$. Nach den obigen Vorüberlegungen zu den arithmetischen Grundoperationen bleibt die Lösbarkeit der Gleichungen

$$a + x = y, \qquad bx = y \;\; (b \ne 0)$$

mit beliebigen Koeffizienten $a, b \in \mathbb{R}$ zu zeigen. Die erste Gleichung hat die offensichtliche Lösung $x = y - a$, welche sich als Limes einer beliebigen, die Differenz $y - a$ approximierenden Cauchy-Folge rationaler Zahlen ergibt. Analog erhält man $x = y/b$ als Lösung der zweiten Gleichung.

ii) Jede Zahl $a \in \mathbb{Q}$ kann mit der Cauchy-Folge $(a_n)_{n\in\mathbb{N}}$ mit den Elementen $a_n = a$ identifiziert werden. Damit ist $\mathbb{Q}$ als Teilmenge (bzw. Teilkörper) von $\mathbb{R}$ auffassbar.

iii) Sei $(a_n)_{n\in\mathbb{N}}$ eine Cauchy-Folge reeller Zahlen. Zu jeder gibt es nun eine approximierende Folge $(a_{n,m})_{m\in\mathbb{N}}$ rationaler Zahlen, d. h.:

$$a_n = \lim_{m\to\infty} a_{n,m}, \qquad n \in \mathbb{N}.$$

Zu jedem $n \in \mathbb{N}$ wählen wir nun ein $k_n \in \mathbb{N}$ mit der Eigenschaft

$$|a_n - a_{n,k_n}| < \frac{1}{n}.$$

Wir wollen zeigen, dass die Folge rationaler Zahlen $(a_{n,k_n})_{n\in\mathbb{N}}$ eine Cauchy-Folge ist. Sei dazu $\varepsilon > 0$ beliebig gegeben. Es gibt ein $n_\varepsilon \in \mathbb{N}$, so dass für $n, m \geq n_\varepsilon$ gilt:

$$|a_n - a_m| < \tfrac{1}{3}\varepsilon, \qquad |a_n - a_{n,k_n}| < \tfrac{1}{3}\varepsilon,$$

und folglich

$$\begin{aligned} |a_{n,k_n} - a_{m,k_m}| &\leq |a_{n,k_n} - a_n| + |a_n - a_m| + |a_m - a_{m,k_m}| \\ &\leq \tfrac{1}{3}\varepsilon + \tfrac{1}{3}\varepsilon + \tfrac{1}{3}\varepsilon \leq \varepsilon. \end{aligned}$$

Nach Konstruktion von $\mathbb{R}$ gehört zu dieser Cauchy-Folge ein „Limes“ a, so dass

$$\forall \varepsilon > 0 \ \exists n_\varepsilon \in \mathbb{N} \ \forall n \geq n_\varepsilon : \ |a_{n,k_n} - a| < \varepsilon.$$

Für die gegebene Folge $(a_n)_{n\in\mathbb{N}}$ gilt dann

$$|a_n - a| \leq |a_n - a_{n,k_n}| + |a_{n,k_n} - a| \leq \frac{1}{n} + |a_{n,k_n} - a| \to 0 \quad (n \to \infty).$$

Dies impliziert die Vollständigkeit von $\mathbb{R}$.

iv) Die Dichtheit von $\mathbb{Q}$ in $\mathbb{R}$ folgt direkt aus der Konstruktion, da zu jedem $a \in \mathbb{R}$ ja eine Cauchy-Folge von Zahlen in $\mathbb{Q}$ existiert, die gegen a konvergiert. Q.E.D.

Bemerkung 2.9: Eine weitere Möglichkeit, die Vollständigkeit von $\mathbb{R}$ zu charakterisieren verwendet die auf auf $\mathbb{R}$ definierte Ordnungsrelation „$\geq$“: *Jede nichtleere, beschränkte Teilmenge $M \subset \mathbb{R}$ besitzt eine kleinste obere sowie größte untere Schranke in $\mathbb{R}$, welche „Supremum“ bzw. „Infimum“ von M genannt werden.*

Zur Vollständigkeitseigenschaft von $\mathbb{R}$ äquivalent ist das sog. „Intervallschachtelungsprinzip“:

Satz 2.3 (Intervallschachtelungseigenschaft): *Eine „Intervallschachtelung“ ist eine Folge von (abgeschlossenen) Intervallen $I_n := [a_n, b_n] := \{x \in \mathbb{R} |\ a_n \leq x \leq b_n\}$, $n \in \mathbb{N}$, mit den beiden Eigenschaften*

i) $I_{n+1} \subset I_n, \quad n \in \mathbb{N}.$

ii) Zu jedem beliebig kleinem $\varepsilon > 0$ gibt es ein Intervall I_n mit der Länge $|b_n - a_n| < \varepsilon$.

Zu jeder Intervallschachtelung in $\mathbb{R}$ gibt es ein $c \in \mathbb{R}$, welches allen ihren Intervallen angehört. Diese Eigenschaft ist äquivalent zur Vollständigkeit von $\mathbb{R}$.

Beweis: i) Sei $(I_n)_{n\in\mathbb{N}}$ eine Intervallschachtelung. Wir zeigen, dass die Folge $(a_n)_{n\in\mathbb{N}}$ der linken Endpunkte a_n der Intervalle I_n eine Cauchy-Folge ist. Zu beliebigem $\varepsilon > 0$ gibt es nach Voraussetzung ein $n_\varepsilon \in \mathbb{N}$, so dass $|b_n - a_n| < \varepsilon$ gilt für $n \geq n_\varepsilon$. Sind nun $n, m \geq n_\varepsilon$, so liegen die Punkte a_n und a_m wegen der Schachtelung der Intervalle im Intervall I_{n_ε}, d. h.: Es ist $|a_n - a_m| \leq |b_{n_\varepsilon} - a_{n_\varepsilon}| < \varepsilon$. Also ist $(a_n)_{n\in\mathbb{N}}$ Cauchy-Folge und hat somit einen Limes $c \in \mathbb{R}$. Wegen

$$a_1 \leq \cdots \leq a_n \leq b_n \cdots \leq b_1, \quad n \in \mathbb{N},$$

gilt für diesen Limes $a_n \leq c \leq b_n$ für alle $n \in \mathbb{N}$, d. h.: Er ist in allen Intervallen I_n enthalten. Da die Länge der Intervalle eine Nullfolge ist, kann es nicht mehr als einen solchen Punkt geben.

ii) Sei nun eine Cauchy-Folge $(a_n)_{n\in\mathbb{N}}$ gegeben. Wir wollen dazu eine Intervallschachtelung konstruieren, deren gemeinsamer Punkt a dann Limes der Folge ist. Nach Definition gibt es eine aufsteigende Folge $(n_k)_{k\in\mathbb{N}}$ natürlicher Zahlen $n_1 < n_2 < \cdots < n_k < \ldots$ mit

$$|a_n - a_m| \leq 2^{-k}, \qquad n, m \geq n_k.$$

Wir definieren die abgeschlossenen Intervalle

$$I_k := \{x \in \mathbb{R} |\ |x - a_{n_k}| \leq 2^{1-k}\}, \qquad k \in \mathbb{N}.$$

Diese sind geschachtelt, d.h. $I_{k+1} \subset I_k$, denn für $x \in I_{k+1}$ ist $|x - a_{n_{k+1}}| \leq 2^{-k}$ und

$$|x - a_{n_k}| \leq |x - a_{n_{k+1}}| + |a_{n_{k+1}} - a_{n_k}| \leq 2^{-k} + 2^{-k} = 2^{1-k},$$

d. h.: $x \in I_k$. Die Intervallfolge $(I_k)_{k\in\mathbb{N}}$ ist also eine Intervallschachtelung und besitzt nach dem Intervallschachtelungsprinzip einen gemeinsamen Punkt $c \in \cap_{k\in\mathbb{N}} I_k$. Für diesen gilt dann konstruktionsgemäß $|c - a_{n_k}| \leq 2^{1-k} \to 0\ (k \to \infty)$, d. h.: Er ist Limes der Teilfolge $(a_{n_k})_{k\in\mathbb{N}}$ der Cauchy-Folge. Damit ist er aber aufgrund der Cauchy-Folgeneigenschaft auch Limes der ganzen Folge. Q.E.D.

Eine weitere zur Vollständigkeit von $\mathbb{R}$ äquivalente Eigenschaft ist die „Trennungseigenschaft" (verwandt zum sog. „Axiom vom Dedekindschen Schnitt").

Satz 2.4 (Trennungseigenschaft): *Zu zwei nichtleeren Teilmengen $A, B \subset \mathbb{R}$ mit*

$$a < b \quad \forall\, a \in A,\, b \in B,$$

gibt es stets ein $s \in \mathbb{R}$, welches A und B „trennt", d. h.: Für jedes $a \in A$ und $b \in B$ ist $a \leq s \leq b$.

Beweis: i) Es sei die Vollständigkeitseigenschaft angenommen. Dann gilt nach Satz 2.3 auch die Intervallschachtelungseigenschaft. Seien nun $A, B \subset \mathbb{R}$ Teilmengen mit $a < b$ für $a \in A$, $b \in B$. Wir greifen zwei beliebige Zahlen $a_1 \in A$ und $b_1 \in B$ heraus und betrachten das Intervall $I_1 := [a_1, b_1]$. Gilt für dessen Mittelpunkt $c_1 = \frac{1}{2}(a_1 + b_1) \notin A \cup B$ und gibt es keine Zahlen $a_1' \in A$ oder $b_1' \in B$ mit $c_1 < a_1' < b_1$ bzw. $a_1 < b_1' < c_1$, so ist mit $s = c_1$ eine trennende Zahl gefunden. Andernfalls setzen wir mit diesen $a_1' \in A$ oder $b_1' \in B$:

$$I_2 = [a_2, b_2] := \begin{cases} [a_1, c_1] & \text{für } c_1 \in B, \\ [c_1, b_1] & \text{für } c_1 \in A, \\ [a_1, b_1'] & \text{für } a_1 < b_1' < c_1, \\ [a_1', b_1] & \text{für } c_1 < a_1' < b_1. \end{cases}$$

In allen vier Fällen gilt dann offenbar $|b_2 - a_2| \leq \frac{1}{2}|b_1 - a_1|$. Durch Fortsetzung dieses Konstruktionsprozesses erhalten wir entweder nach n Schritten eine trennende Zahl

$s = c_{n+1}$, oder es ergibt sich eine Folge von Intervallen $I_n = [a_n, b_n]$, $n \in \mathbb{N}$, mit den Eigenschaften $a_n \in A$, $b_n \in B$ und

$$I_{n+1} \subset I_n, \quad |b_n - a_n| \le 2^{1-n}|b_1 - a_1|.$$

Die Folge $(I_n)_{n\in\mathbb{N}}$ bildet also eine Intervallschachtelung und besitzt einen gemeinsamen Punkt $s \in \cap_{n\in\mathbb{N}} I_n$. Wegen $a_n \le s \le b_n$ und $|a_n - b_n| \to 0$ $(n \to \infty)$ kann es dann keine Punkte $a \in A$ oder $b \in B$ geben mit $s < a$ oder $b < s$. Es gilt also $a \le s \le b$ für alle $a \in A$ und $b \in B$, d. h.: s ist die gesuchte trennende Zahl.

ii) Sei nun die Trennungseigenschaft angenommen, und sei $(a_n)_{n\in\mathbb{N}}$ eine Cauchy-Folge. Da die Cauchy-Folge beschränkt ist, sind die folgenden Mengen nicht leer:

$$A := \{a \in \mathbb{R} |\ a < a_n \text{ für fast alle } n \in \mathbb{N}\}, \qquad B := \{b \in \mathbb{R} |\ b > a_n \text{ für fast alle } n \in \mathbb{N}\}.$$

Offenbar ist dann $a < b$ für alle $a \in A$, $b \in B$. Gemäß der Trennungseigenschaft gibt es also ein $s \in \mathbb{R}$ mit $a \le s \le b$ für alle $a \in A$, $b \in B$. Für beliebiges $\varepsilon > 0$ muss dann für fast alle $n \in \mathbb{N}$ gelten $|a_n - s| < \varepsilon$, d. h.: s ist Limes der Folge $(a_n)_{n\in\mathbb{N}}$. Q.E.D.

Für beweistechnische Zwecke ist es manchmal bequem, die eine oder die andere der zur „Vollständigkeit" von $\mathbb{R}$ äquivalenten Eigenschaften zu verwenden. Als erste Anwendung zeigen wir die Existenz der k-ten Wurzel einer positiven reellen Zahl.

Lemma 2.5: *Zu jedem $a \in \mathbb{R}_+$ existiert für $k \in \mathbb{N}$ genau eine positive „k-te Wurzel", d. h. eine Lösung $x > 0$ der Gleichung $x^k = a$, welche mit $\sqrt[k]{a}$ bezeichnet wird. Damit sind allgemeine rationale Potenzen a^q, $q = r/s \in \mathbb{Q}$, positiver reeller Zahlen definiert durch*

$$a^q = a^{r/s} := (\sqrt[s]{a})^r, \quad a \in \mathbb{R}_+.$$

Für diese gelten die Regeln

$$(\sqrt[s]{a})^r = (a^{1/s})^r = a^{r/s} = (a^r)^{1/s} = \sqrt[s]{a^r}. \tag{2.2.6}$$

Beweis: i) Wir zeigen zunächst die Eindeutigkeit der k-ten Wurzel (sofern sie existiert). Seien $x_1, x_2 > 0$ zwei k-te Wurzeln eines positiven $a \in \mathbb{R}$, d. h.: $x_1^k = a = x_2^k$. Dann gilt

$$0 = x_1^k - x_2^k = (x_1 - x_2)\big(x_1^{k-1} + x_1^{k-2}x_2 + \ldots + x_1 x_2^{k-2} + x_2^{k-1}\big),$$

woraus wegen der Positivität von x_1 und x_2 notwendig $x_1 = x_2$ folgt.

ii) Für $a = 1$ ist die Existenz der k-ten Wurzel $\sqrt[k]{1} = 1$ klar.

iii) Ist die Existenz für $0 < a < 1$ bereits bewiesen, so erhält man die Existenz für $a > 1$ durch den Übergang zu $a' := 1/a$:

$$\sqrt[k]{a} := \frac{1}{\sqrt[k]{a'}} \quad \Rightarrow \quad (\sqrt[k]{a})^k = \Big(\frac{1}{\sqrt[k]{a'}}\Big)^k = \frac{1}{a'} = a.$$

iv) Es bleibt also, die Existenz der k-ten Wurzel für $0 < a < 1$ zu beweisen. Dazu werden wir nach dem Induktionsprinzip eine Folge von geschachtelten Intervallen

$$I_n = [a_n, b_n] := \{x \in \mathbb{R} \,|\, a_n \le x \le b_n\}, \quad n = 1, 2, 3, \ldots,$$

konstruieren mit folgenden Eigenschaften:

$$I_n \subset I_{n-1} \subset \cdots \subset I_1, \qquad a_n^k \le a \le b_n^k, \qquad |b_n - a_n| \le (\tfrac{1}{2})^{n-1}|b_1 - a_1|.$$

Der Prozess ist ähnlich wie bei der obigen Konstruktion der Dezimalbrucheinschließung von $\sqrt{2}$. Wir beginnen mit dem Intervall $I_1 = [a_1, b_1] = [0, 1]$ mit $a_1^k \le a \le b_1^k$. Sei nun für $n \in \mathbb{N}$ ein Intervall $I_n = [a_n, b_n]$ mit den gewünschten Eigenschaften konstruiert. Dann setzen wir mit dem Mittelpunkt $x_n := \frac{1}{2}(a_n + b_n)$ von I_n:

$$I_{n+1} = [a_{n+1}, b_{n+1}] := \begin{cases} [a_n, x_n], & \text{falls } x_n^k \ge a, \\ [x_n, b_n], & \text{falls } x_n^k < a. \end{cases}$$

Nach Konstruktion gilt dann, wie verlangt:

$$I_{n+1} \subset I_n, \qquad a_{n+1}^k \le a \le b_{n+1}^k, \qquad |b_{n+1} - a_{n+1}| \le \tfrac{1}{2}|b_n - a_n| \le (\tfrac{1}{2})^n |b_1 - a_1|.$$

Die Intervalle I_n bilden also eine Intervallschachtelung in $\mathbb{R}$. Für den gemeinsamen Punkt $x \in \cap_{n\in\mathbb{N}} I_n$ gilt dann $x^k \le a \le x^k$ bzw. $x^k = a$, d. h.: x ist die gesuchte k-te Wurzel.

v) Zum Nachweis der Rechenregel für die rationale Potenz notieren wir:

$$\big((\sqrt[s]{a})^r\big)^s = (\sqrt[s]{a})^{rs} = \big((\sqrt[s]{a})^s\big)^r = a^r = \big(\sqrt[s]{a^r}\big)^s.$$

Wegen der Eindeutigkeit der s-ten Wurzel folgt $(\sqrt[s]{a})^r = \sqrt[s]{a^r}$. Q.E.D.

Bemerkung 2.10: Für ein $a \in \mathbb{R}_+$ wird unter $\sqrt[k]{a}$ stets die *positive* k-te Wurzel verstanden. Falsch ist z. B. die Aussage $\sqrt{a^2} = a$, vielmehr ist $\sqrt{a^2} = |a|$. Die Gleichung $x^2 = a$ hat demgemäß die beiden Lösungen $x_1 = \sqrt{a}$ und $x_2 = -\sqrt{a}$.

Korollar 2.1: *Für jedes* $q \in \mathbb{Q}_+$ *konvergiert*

$$n^q \to \infty, \quad n^{-q} \to 0 \quad (n \to \infty). \tag{2.2.7}$$

Beweis: Sei $q = r/s$ mit $r, s \in \mathbb{N}$. Zunächst gilt wegen $n < n+1$ (Übungsaufgabe): $\sqrt[s]{n} < \sqrt[s]{n+1}$. Die Folge $(\sqrt[s]{n})_{n\in\mathbb{N}}$ ist also ansteigend. Wäre sie beschränkt, d. h. $\sqrt[s]{n} \le K$ für alle $n \in \mathbb{N}$, würde gelten $n = (\sqrt[s]{n})^s \le K^s$, was nicht sein kann. Also gibt es zu beliebigem $\varepsilon > 0$ ein $n_\varepsilon \in \mathbb{N}$, so dass (da die Folge ansteigend ist) $\sqrt[s]{n} > \sqrt[s]{n_\varepsilon} \ge 1/\varepsilon,\ n \ge n_\varepsilon$. Dann gilt wegen $\sqrt[s]{n} > 1$ auch

$$n^q = (\sqrt[s]{n})^r \ge \sqrt[s]{n} > 1/\varepsilon, \quad n \ge n_\varepsilon,$$

d. h.: Es konvergiert $n^q \to \infty$. In Konsequenz konvergiert dann $n^{-q} \to 0$. Q.E.D.

Die Erweiterung von $\mathbb{Q}$ zu $\mathbb{R}$ war zunächst motiviert durch den Wunsch, zu positivem Zahlen die Quadratwurzel $\sqrt{a}$ bilden zu können. Dies ist offensichtlich durch die obige Konstruktion erreicht. Wir haben gezeigt, dass sich dies auf Wurzeln $\sqrt[k]{a}$ beliebiger ganzzahliger Ordnung k ausdehen lässt. Allgemein heißt eine reelle Zahl „algebraisch“, wenn sie Lösung einer „algebraischen“ Gleichung

$$a_0 + a_1 x + a_2 x^2 + \cdots + a_n x^n = 0$$

mit Koeffizienten $a_k \in \mathbb{Z}$ ist. Offenbar sind alle rationalen Zahlen $q = r/s$ automatisch *algebraisch* (Man setze dazu $n = 1$ und $a_0 := r$, $a_1 := -s$.). Reelle Zahlen, die nicht algebraisch sind, werden „transzendent“ genannt. Wir werden später noch sehen, dass die meisten reellen Zahlen in der Tat transzendent sind, obwohl nur wenige solche transzendenter Zahlen eine praktische Rolle spielen. Die bekanntesten Beispiele sind die Kreiszahl $\pi = 3,14159\ldots$ und die Eulersche[6] Zahl $e = 2,71828\ldots$. Die Symbole e (bereits von Euler (1728) zur Bezeichnung der Basis des natürlichen Logarithmus verwendet) und auch π (wohl abgeleitet vom griechischem περιφερέια für *Kreislinie*) haben sich seit Eulers Arbeiten allgemein eingebürgert; früher wurde auch das Symbol p in Anlehnung an lateinisch *peripheria* benutzt.

i) Die Kreiszahl π war ursprünglich definiert über das Verhältnis $\pi = U/D$ zwischen Umfang $U = 2\pi R$ und Durchmesser $D = 2R$ eines Kreises mit Radius R. Diese wenig handliche Definition wird heutzutage meist ersetzt durch die äquivalente Charakterisierung über die kleinste positive Nullstelle der Cosinus-Funktion. Die Irrationalität von π, d. h. die Inkommensurabilität von Kreisdurchmesser und Kreisbogen war bereits von Archimedes[7] vermutet worden. Bewiesen wurde dies erstmals von Lambert[8] (1761). Dieser vermutete sogar die Tranzendenz von π, die aber erst 1882 von Lindemann[9] gezeigt wurde. Damit wird auch das über zweitausend Jahre alte Problem der „Quadratur des Kreises“ entschieden, und zwar negativ: *Es ist unmöglich, zu einem Kreis ein flächengleiches Quadrat zu konstruieren unter alleiniger Verwendung von Zirkel und Lineal.*“ Unten sind die ersten 1001 Dezimalstellen von π angegeben (Bekannt sind heutzutage bis zu 10^9 Stellen, die man natürlich nicht mehr auf bedrucktem Papier angibt.).

ii) Auf die sog. „Eulersche Zahl“ e stößt man bei der Untersuchung von kontinuierlichen Wachstumsprozessen. Ein bereits von Jacob Bernoulli[10] formuliertes Problem der Zinsrechnung lautet wie folgt: *Wird ein Kapital $K = 1$ jährlich mit 100% verzinst, so beträgt es nach einem Jahr $b_1 = 2$. Addiert man die Zinsen bereits nach einem halben Jahr, beträgt es nach einem Jahr $b_2 = (1+\frac{1}{2})^2$ und bei dritteljähriger Verzinsung $b_3 = (1+\frac{1}{3})^3$. Teilt man allgemein das Jahr in n gleiche Teile und verzinst nach jedem n-tel Jahr wächst das Kapital nach einem Jahr auf $b_n = \big(1+\frac{1}{n}\big)^n$. Zur Beschreibung einer*

[6]Leonhard Euler (1707–1783), geb. in Basel: Universeller Mathematiker und Physiker; bedeutendster und produktivster Mathematiker seiner Zeit; wirkte in Berlin und St. Petersburg; Arbeiten zu allen mathemischen Gebieten seiner Zeit.

[7]Archimedes (287(?)–212 v. Chr.): Griechischer Mathematiker und Physiker; wirkte in Syrakus.

[8]Johann Heinrich Lambert (1728–1777): Autodidakt; Oberbaurat in Berlin.

[9]Ferdinand Lindemann (1852–1939): Deutscher Mathematiker, Prof.in Königsberg und München.

[10]Bernoulli: Schweizer Mathematiker Familie; Jakob Bernoulli (1655–1705) lehrte in Basel; verwendete bereits die vollständige Induktion; Entdecker der „Bernoulli-Zahlen“ und Mitbegründer der Wahrscheinlichkeitsrechnung; sein jüngerer Bruder Johann Bernoulli (1667–1748) wirkte zuletzt in Basel und galt nach dem Tode seines Bruders Jakob als führender Mathematiker seiner Zeit; er leistete Beiträge über Reihen und Differential; sein Sohn Daniel Bernoulli (1700–1782) setzte diese Arbeiten fort; er wirkte in St. Petersburg und Basel und leistete wichtige Beiträge zur Hydromechanik und Gasdynamik.

kontinuierlichen Verzinsung um 100% *muss der Grenzwert* $\lim_{n\to\infty} b_n$ *gebildet werden.* Dieser Lösungsansatz geht auf Daniel Bernoulli zurück. Wir werden später beweisen, dass dieser Grenzwert tatsächlich existiert; er wird nach Euler mit dem Symbol e bezeichnet. Die Zahl e ist also gerade der jährlichen Zuwachsfaktor eines Grundkapitals bei kontinuierlicher Verzinsung um 100%. Unten sind die ersten 1001 Dezimalstellen von e angegeben.

π = 3.14159265358979323846264338327950288419716939937510582097494459230 78
1640628620899862803482534211706798214808651328230664709384460955058 22
317253594081284811174502841027019385211055596446229489549303819644288
109756659334461284756482337867831652712019091456485669234603486104543
266482133936072602491412737245870066063155881748815209209628292540917
153643678925903600113305305488204665213841469519415116094330572703657
595919530921861173819326117931051185480744623799627495673518857527248
912279381830119491298336733624406566430860213949463952247371907021798
609437027705392171762931767523846748184676694051320005681271452635608
277857713427577896091736371787214684409012249534301465495853710507922
796892589235420199561121290219608640344181598136297747713099605187072
113499999983729780499510597317328160963185950244594553469083026425223
082533446850352619311881710100031378387528865875332083814206171776691
473035982534904287554687311595628638823537875937519577818577805321712
2680661300192787661119590921642019893...

e = 2,718281828459045235360287471352662497757247093699959574966967627724 0
766303535475945713821785251664274274663919320030599218174135966290435
729003342952605956307381323286279434907632338298807531952510190115738
341879307021540891499348841675092447614606680822648001684774118537423
454424371075390777449920695517027618386062613313845830007520449338265
602976067371132007093287091274437470472306969772093101416928368190255
151086574637721112523897844250569536967707854499699679468644549059879
316368892300987931277361782154249992295763514822082698951936680331825
288693984964651058209392398294887933203625094431173012381970684161403
970198376793206832823764648042953118023287825098194558153017567173613
320698112509961818815930416903515988885193458072738667385894228792284
998920868058257492796104841984443634632449684875602336248270419786232
090021609902353043699418491463140934317381436405462531520961836908887
070167683964243781405927145635490613031072085103837505101157477041718
986106873969655212671546889570350354 0...

Bemerkung 2.11 (Axiomatik des Körpers $\mathbb{R}$): Häufig wird der Zahlkörper $\mathbb{R}$ nicht wie hier konstruktiv aus dem Körper $\mathbb{Q}$ gewonnen, sondern über einen Satz von „Axiomen" beschrieben. Diese stellen wir im Folgenden zusammen.

a) Körperaxiome: Auf $\mathbb{R}$ sind zwei Verknüpfungen $a+b$ („Addition") und $a\cdot b$ („Multiplikation") gegeben mit den Eigenschaften:

A1. Assoziativgesetz: $(a+b)+c = a+(b+c), \quad (a\cdot b)\cdot c = a\cdot(b\cdot c)$.

A2. Kommutativgesetz: $a+b = b+a, \quad a\cdot b = b\cdot a$.

A3. Distributivgesetz: $a\cdot(b+c) = a\cdot b + a\cdot c$.

A4. Existenz „neutraler" Elemente 0 für die Addition und 1 für die Multiplikation ($1 \neq 0$):

$$a+0 = a, \quad a\cdot 1 = a \quad (a\in\mathbb{R}).$$

A5. Lösbarkeit der Gleichungen (Existenz der „inversen Elemente")

$$a+x = 0 \quad (a\in\mathbb{R}), \qquad bx = 1 \quad (b\in\mathbb{R}\setminus\{0\}).$$

b) Anordnungsaxiome: In $\mathbb{R}$ ist eine Teilmenge $\mathbb{R}_+$ „positiver" Elemente (in Symbolen $a>0$) ausgezeichnet, so dass gilt:

A6. Trichotomie: Für jedes $a\in\mathbb{R}$ gilt genau eine der drei Eigenschaften $a>0$, $a=0$ oder $-a>0$.

A7. Abgeschlossenheit gegenüber Addition und Multiplikation:

$$a,b\in\mathbb{R}_+ \quad\Rightarrow\quad a+b,\ a\cdot b\in\mathbb{R}_+ .$$

A8. Archimedisches Prinzip: Zu jeden $a\in\mathbb{R}$ gibt es ein $n\in\mathbb{N}$ mit $n>a$.

Die Axiome (A1) - (A8) sind bereits für den Körper $\mathbb{Q}$ der rationalen Zahlen erfüllt. Das Spezifische des Körpers $\mathbb{R}$ der reellen Zahlen wird durch das folgende, letzte Axiom ausgedrückt.

A9. Vollständigkeitsaxiom: Der Körper $\mathbb{R}$ ist vollständig, d. h.: Jede Cauchy-Folge in $\mathbb{R}$ hat einen Limes. (Alternativ kann auch das Intervallschachtelungsprinzip oder die Trennungseigenschaft gefordert werden.)

Unsere systematische Konstruktion von $\mathbb{R}$ aus $\mathbb{Q}$ über das Konzept der Äquivalenzklassen von Cauchy-Folgen ergibt, dass für $\mathbb{R}$ alle diese Axiome konstruktionsgemäß erfüllt sind, d. h.: Wir haben eine „Realisierung" für das System der Axiome (A1) - (A9) gefunden. Es lässt sich in der Tat zeigen, dass jeder andere Zahlkörper mit diesen Eigenschaften „isomorph" zu $\mathbb{R}$ ist, d. h. sich bijektiv und verträglich mit den arithmetischen Operationen auf $\mathbb{R}$ abbilden lässt. Insbesondere enthält jeder solche Körper isomorphe Bilder der Zahlmengen $\mathbb{N}\subset\mathbb{Z}\subset\mathbb{Q}$, welche man wie hier konstruktiv ausgehend von dem neutralen Element 1 gewinnt.

Aus dem Archimedischen Prinzip und der folgenden „Bernoullischen Ungleichung“ ergeben sich einige für Beweiszwecke nützliche Aussagen.

Lemma 2.6 (Bernoullische Ungleichung): *Für jede Zahl $a \in \mathbb{R}$ mit $a \geq -1$ gilt mit beliebigem $n \in \mathbb{N}$ die sog. „Bernoullische Ungleichung“:*

$$(1+a)^n \geq 1 + na. \tag{2.2.8}$$

Beweis: Der Beweis erfolgt durch vollständige Induktion. Für $n = 1$ ist die Behauptung offensichtlich richtig. Sei sie nun richtig für ein $n \in \mathbb{N}$. Dann gilt wegen $1 + a \geq 0$:

$$(1+a)^{n+1} = (1+a)(1+a)^n \geq (1+a)(1+na) = 1 + (n+1)a + na^2 \geq 1 + (n+1)a,$$

was zu zeigen war. Q.E.D.

Lemma 2.7: *a) Zu jedem $\varepsilon \in \mathbb{R}_+$ gibt es ein $n \in \mathbb{N}$, so dass*

$$0 < \frac{1}{n} < \varepsilon.$$

b) Zu $b \in \mathbb{R}$, $b > 1$, gibt es für jedes $K > 0$ ein $n \in \mathbb{N}$, so dass

$$b^n > K.$$

c) Zu $b \in \mathbb{R}$, $0 < b < 1$, gibt es für jedes $\varepsilon > 0$ ein $n \in \mathbb{N}$, so dass

$$b^n < \varepsilon.$$

Beweis: a) Nach dem Archimedischen Prinzip gibt es zu $1/\varepsilon \in \mathbb{R}$ eine $n \in \mathbb{N}$, so dass $n > 1/\varepsilon$. Hieraus folgt dann $1/n < \varepsilon$.
b) Sei $a = b - 1$, so dass $a > 0$. Aufgrund der Bernoullischen Ungleichung ist

$$b^n = (1+a)^n \geq 1 + na.$$

Nach dem Archimedischen Prinzip gibt es nun ein $n \in \mathbb{N}$ mit $na > K - 1$. Für dieses n gilt dann $b^n > K$.
c) Es ist $1/b > 1$. Nach (b) gibt es also ein $n \in \mathbb{N}$ mit $(1/b)^n > 1/\varepsilon$ bzw. $b^n < \varepsilon$. Q.E.D.

Die Menge der reellen Zahlen $\mathbb{R}$ wurde über das Äquivalenzklassenprinzip quasi als Menge unendlichen Teilmengen von $\mathbb{Q}$ erzeugt. Daher verwundert es nicht, dass ihre Mächtigkeit größer als die von $\mathbb{Q}$ bzw. $\mathbb{N}$ ist.

Satz 2.5: *Die Mengen $\mathbb{Z}$ und $\mathbb{Q}$ sind abzählbar, während $\mathbb{R}$ überabzählbar ist.*

Beweis: i) Zum Nachweis der Abzählbarkeit von $\mathbb{Z}$ genügt es, eine bijektive Abbildung $f : \mathbb{N} \to \mathbb{Z}$ anzugeben. Wir wählen die Zuordnung

$$f(n) := \left\{ \begin{array}{ll} \frac{1}{2}n & \text{für gerades } n \\ \frac{1}{2}(1-n) & \text{für ungerades } n \end{array} \right\},$$

welche offenbar injektiv und auch surjektiv ist.

ii) Jede rationale Zahl ist darstellbar als ein Bruch $a = r/s$ mit teilerfremden $r \in \mathbb{Z}$ und $s \in \mathbb{N}$. Die Paare $\{r, s\}$ können den Punkten eines ebenen Punktgitters zugeordnet werden, wobei sich die Punkte vom Zentralpunkt $0/1$ ausgehend nach unten zu wachsenden Nennern $0/s$, sowie nach links zu abfallenden negativen Zählern $-r/s$ und nach rechts zu ansteigenden positiven Zählern r/s hin entwickeln. Diese Punkte werden nun spiralförmig beginnend bei $0/1$ durchnumeriert. Dies ergibt eine bijektive Zuordnung $f : \mathbb{N} \to \mathbb{Q}$.

iii) Mit der Menge $\mathbb{R}$ wäre auch die Teilmenge $M := \{a \in \mathbb{R} |\ 0 < a < 1\}$ abzählbar. Es genügt also, die Überabzählbarkeit von letzterer zu zeigen. Dazu verwenden wir ein auf Cantor zurückgehendes Argument. Angenommen, es gäbe eine bijektive Zuordnung $f : \mathbb{N} \to M$. Die Folge $(f(n))_{n\in\mathbb{N}}$ würde dann alle Elemente von M durchlaufen. Wir stellen die Zahlen $f(n)$ in ihrer Dezimalbruchentwicklung dar:

$$\begin{aligned} f(1) &= 0, d_{11}d_{12}d_{13}\dots \\ f(2) &= 0, d_{21}d_{22}d_{23}\dots \\ f(3) &= 0, d_{31}d_{32}d_{33}\dots \\ &\vdots \end{aligned}$$

Dann kommt der mit den Ziffern

$$d_n := \left\{ \begin{array}{ll} 2 & \text{für } d_{nn} = 1 \\ 1 & \text{für } d_{nn} \neq 1 \end{array} \right\}, \quad n \in \mathbb{N},$$

gebildete Dezimalbruch $x = 0, d_1d_2d_3\dots$ in der Folge $(f(n))_{n\in\mathbb{N}}$ nicht vor, im Widerspruch zur Annahme der Abzählbarkeit von M. Q.E.D.

Bemerkung 2.12 (Für Physiker): Häufig wird die Menge der reellen Zahlen mit der Menge der Punkte auf der „reellen Zahlengeraden" (dem sog. $\mathbb{R}^1$) identifiziert. Damit soll eine größere Anschaulichkeit, d. h. Nähe zu vertrauten Vorstellungen, erreicht werden, da die Konstruktion der reellen Zahlen über Äquivalenzklassen von Cauchy-Folgen oder ihre rein axiomatische Einführung etwas „unhandlich" erscheint. Man muss sich aber vergegenwärtigen, dass diese Anschaulichkeit nur scheinbar besteht, da das intuitive Verständnis einer „dichten" Punktmenge sehr zweifelhaft ist. Eine Punktmenge, welche die nur abzählbar vielen, aber dennoch überall dicht liegenden „rationalen" Punkte enthält, und dennoch zwischen diesen Raum für die überabzählbar vielen „irrationalen" Punkte lässt, überfordert doch wohl jede Anschauung. Es handelt sich bei der „reellen Zahlengeraden" also keineswegs um ein Konstrukt, welches einfacher zu „verstehen" ist als die Menge der

Äquivalenzklasse von Cauchy-Folgen. Trotzdem werden wir der Gewohnheit folgend häufig das Bild der reellen Zahlengeraden zur Veranschaulichung von Mengen reeller Zahlen wie z. B. „Intervalle“ und „Intervallschachtelungen“ verwenden.

Bemerkung 2.13 (Für Informatiker): Es stellt sich die Frage, wie viele reelle Zahlen auf dem Computer berechnet werden können. Da hierzu Programme (z. B. in FORTRAN geschrieben) verwendet werden und jedes dieser Programme nur endlich viele Symbole enthalten kann, ist die Menge der überhaupt verfügbaren Programme wie die Menge $\mathbb{Q}$ abzählbar. Mit jedem dieser Programme wiederum kann man wegen der Endlichkeit ihrer Datensätze höchsten abzählbar viele reelle Zahlen berechnen. Folglich können insgesamt nur abzählbar viele der überabzählbar vielen reellen Zahlen näherungsweise berechnet werden. Dies illustriert die „Mächtigkeit“ von $\mathbb{R}$.

Bemerkung 2.14 (Für Philosophen): Da die reellen Zahlen direkt aus den rationalen konstruiert worden sind, stellt sich die Frage, ob es zwischen der Mächtigkeit von $\mathbb{Q}$ bzw. $\mathbb{N}$ und der von $\mathbb{R}$ noch eine andere Mächtigkeit gibt. Von Cantor stammt die „Kontinuumshypothese“, die besagt, dass es eine solche „Zwischenmächtigkeit“ nicht gibt. Zu den verwirrendsten Aussagen der mathematischen Grundlagenforschung gehört es, dass die Kontinuumshypothese im Rahmen des heute üblichen mengentheoretischen Axiomensystems weder beweisbar (Cohen[11] 1963) noch widerlegbar (Gödel[12] 1938) ist.

2.2.1 Das Rechnen mit reellen Zahlen

Wir stellen im Folgenden einige häufig verwendeten Rechenregeln für reelle Zahlen auf, die sich aus den Grundaxiomen über arithmetische Operationen ergeben und intuitiv klar sind. Auf die Angabe der meist auf rekursiver Anwendung dieser Grundregeln basierenden Beweise wird verzichtet.

Arithmetische Operationen

1. Assoziativgesetz: Für beliebige Klammerung gilt

$$a_1 + \ldots + a_n = (\ldots((a_1 + a_2) + a_3) + \ldots) + a_n .$$

2. Kommutativgesetz: Für jede Permutation $\{k_1, \ldots, k_n\}$ der Indexmenge $\{1, \ldots, n\}$ gilt

$$a_1 + \ldots + a_n = a_{k_1} + \ldots + a_{k_n}, \qquad a_1 \cdot \ldots \cdot a_n = a_{k_1} \cdot \ldots \cdot a_{k_n} .$$

[11]Paul Joseph Cohen (1934–2007): US-amerikanischer Mathematiker; Prof. an der Stanford University (USA); fundamentale Beiträge zur Mathematischen Logik. aber auch zur Theorie partieller Differentialgleichungen und zur Maßtheorie; erhielt 1966 die Fields-Medaille („Nobel-Preis“ der Mathematik).

[12]Kurt Gödel (1906–1978): Östreichischer Mathematiker; seit 1953 Prof. in Princeton; Arbeiten zur Mengenlehre und Zahlenthorie.

3. *Doppelsummen:* Für reelle Zahlen a_{jk} $(j = 1,\dots,m,\ k = 1,\dots,n)$, gilt

$$\sum_{j=1}^{m}\sum_{k=1}^{n} a_{jk} := \sum_{j=1}^{m}\Big(\sum_{k=1}^{n} a_{jk}\Big) = \sum_{k=1}^{n}\Big(\sum_{j=1}^{m} a_{jk}\Big).$$

4. *Summenprodukt:* Für reelle Zahlen a_j, b_k $(j = 1,\dots,m,\ k = 1,\dots,n)$ gilt

$$\Big(\sum_{j=1}^{m} a_j\Big)\Big(\sum_{k=1}^{n} b_k\Big) = \sum_{j=1}^{m}\sum_{k=1}^{n} a_j b_k\,.$$

Potenzausdrücke

Man definiert für $a \in \mathbb{R}$ zunächst rekursiv

$$a^0 = 1, \quad n \in \mathbb{N}:\ a^n = aa^{n-1},$$

wobei $0^0 := 1$ gesetzt ist. Weiter gilt dann:

$$\begin{aligned} q \in \mathbb{Q}_+ :& \quad 0^q := 0,\\ n \in \mathbb{N},\ a \neq 0 :& \quad a^{-n} := (1/a)^n,\\ n \in \mathbb{N},\ a > 0 :& \quad a^{1/n} := \sqrt[n]{a},\\ q = r/s \in \mathbb{Q},\ a > 0 :& \quad a^{r/s} := (a^r)^{1/s} = (a^{1/s})^r. \end{aligned}$$

Aus diesen Definitionen folgen die üblichen Rechenregeln für Potenzen:

$$\begin{aligned} a \in \mathbb{R}_+,\ p, q \in \mathbb{Q} :& \quad a^{p+q} = a^p a^q,\\ a \in \mathbb{R}_+,\ p, q \in \mathbb{Q} :& \quad (a^p)^q = a^{pq},\\ a, b \in \mathbb{R}_+,\ q \in \mathbb{Q} :& \quad (ab)^q = a^q b^q. \end{aligned}$$

Allgemeine reelle Potenzen für $a \in \mathbb{R}_+$ werden durch den Grenzprozess

$$\alpha = \lim_{n\to\infty} q_n \quad \Rightarrow \quad a^\alpha := \lim_{n\to\infty} a^{q_n}.$$

definiert. Dieser bedarf jedoch noch einer Rechtfertigung, d. h. die Begründung der Konvergenz der Folge $(a^{q_n})_{n\in\mathbb{N}}$.

Bemerkung 2.15: Das Rechnen mit Exponentialausdrücken a^q, $q \in \mathbb{Q}$, ist uns seit Schultagen wohl vertraut und man mag sich fragen, warum dies im Rahmen dieses Analysiskurses nochmals mit großem formalen Aufwand eingeführt werden muss. Der Grund ist die Gefahr mathematischer Trugschlüsse als Folge der Verwendung ungenau, oder gar nicht definierter Begriffe. Welche Bedeutung hat z. B. der Ausdruck

$$a := (-1)^{2/6}\ ?$$

Bei unbedachter Anwendung der vertrauten Rechenregel

$$x^{r/s} = (\sqrt[s]{x})^r = \sqrt[s]{x^r}$$

erhält man

$$a = (\sqrt[6]{-1})^2 = \sqrt[6]{(-1)^2} = (-1)^{1/3}.$$

Dies ist aber Unsinn, denn der erste Ausdruck ist in $\mathbb{R}$ nicht definiert, der zweite ergibt nach der Regel der Wurzelbildung $+1$, und der dritte ist -1 . Also ist eine präzise Fassung der „erlaubten" Regeln angesagt!

Anordnungsrelationen

Für die Ordnungsrelation „>" gelten die Regeln

$$\begin{aligned} a > b \quad &\Rightarrow \quad -b > -a\,, \\ a > b \quad &\Rightarrow \quad a + c > b + c\,, \\ a > b,\ c > 0 \quad &\Rightarrow \quad ac > bc\,, \\ a \neq 0 \quad &\Rightarrow \quad a^2 > 0\,, \\ a > 0 \quad &\Rightarrow \quad a^{-1} > 0\,, \\ a > b > 0 \quad &\Rightarrow \quad b^{-1} > a^{-1} > 0\,, \end{aligned}$$

und sinngemäß ebenso für „<" sowie für „$\geq$" und „$\leq$".

Weitere wichtige Beziehungen

Für Zahlen $a_1, \dots, a_n \in \mathbb{R}$, wird das „arithmetische Mittel" definiert durch

$$AM(a_1, \dots, a_n) := \frac{a_1 + \ldots + a_n}{n},$$

und im Fall, dass alle $a_k \geq 0$ sind, das „geometrische Mittel" durch

$$GM(a_1, \dots, a_n) := \sqrt[n]{a_1 \cdot \ldots \cdot a_n}.$$

Lemma 2.8: *Für $a_i \geq 0$, $i = 1, \dots, n$, ist das geometrische Mittel stets kleiner oder gleich dem arithmetischen Mittel:*

$$\sqrt[n]{a_1 \cdot \ldots \cdot a_n} \leq \frac{a_1 + \ldots + a_n}{n}. \tag{2.2.9}$$

Beweis: Die Behauptung ist offensichtlich richtig, wenn eins der a_k verschwindet. Wir können also o.B.d.A. $a_k > 0$ annehmen. Der Beweis ist per vollständiger Induktion. Die Behauptung ist offenbar richtig für $n = 1$ und ergibt sich für $n = 2$ aus

$$\sqrt{a_1 a_2} = \frac{a_1 + a_2}{2} - \left(\sqrt{\frac{a_1}{2}} - \sqrt{\frac{a_2}{2}}\right)^2 \leq \frac{a_1 + a_2}{2}.$$

Sei die Behauptung nun richtig für ein $n \geq 2$, und seien $a_1, \dots, a_{n+1}$ positive Zahlen mit dem geometrischen Mittel

$$\gamma := GM(a_1, \dots, a_{n+1}) = \sqrt[n+1]{a_1 \cdot \ldots \cdot a_{n+1}} > 0.$$

Es gibt nun sicher Elemente a_k und a_l mit $a_k \leq \gamma$ und $a_l \geq \gamma$. O.b.d.A. können wir annehmen (möglicherweise nach Umordnung der Zahlen), dass $a_n \leq \gamma \leq a_{n+1}$ ist. Damit folgt

$$a_n + a_{n+1} = \frac{1}{\gamma}\{a_n a_{n+1} + \gamma^2 + (\gamma - a_n)(a_{n+1} - \gamma)\} \geq \frac{a_n a_{n+1}}{\gamma} + \gamma.$$

Die Behauptung ergibt sich nun unter Verwendung der Induktionsvoraussetzung als richtig für $n+1$ wie folgt:

$$\begin{aligned} a_1 + \ldots + a_{n+1} &\geq a_1 + \ldots + a_{n-1} + \frac{a_n a_{n+1}}{\gamma} + \gamma \\ &\geq n \sqrt[n]{a_1 \cdot \ldots \cdot a_{n-1} \frac{a_n a_{n+1}}{\gamma}} + \gamma \\ &= n\gamma^{-1/n}\gamma^{(n+1)/n} + \gamma = (n+1)\gamma. \end{aligned}$$

Dies vervollständigt den Beweis. Q.E.D.

Lemma 2.9 (Schwarzsche Ungleichung): *Für Zahlen $a_1 \dots, a_n \in \mathbb{R}$ und $b_1, \dots, b_n \in \mathbb{R}$ gilt die sog. „Schwarzsche[13] Ungleichung“*

$$|a_1 b_1 + \cdots + a_n b_n| \leq \sqrt{a_1^2 + \cdots + a_n^2} \cdot \sqrt{b_1^2 + \cdots + b_n^2}\,. \tag{2.2.10}$$

Beweis: Wir setzen

$$a := \sqrt{a_1^2 + \ldots + a_n^2}, \quad b := \sqrt{b_1^2 + \ldots + b_n^2}.$$

Wir können o.B.d.A. annehmen, daß $a \neq 0$ und $b \neq 0$, da andernfalls die Behauptung trivialerweise richtig ist. Sei nun $a_1 b_1 + \ldots + a_n b_n \geq 0$. Dann gilt

$$\begin{aligned} 0 &\leq \frac{1}{2}\left\{\left(\frac{a_1}{a} - \frac{b_1}{b}\right)^2 + \ldots + \left(\frac{a_n}{a} - \frac{b_n}{b}\right)^2\right\} \\ &= \frac{1}{2}\left\{\frac{a_1^2 + \ldots + a_n^2}{a^2} - 2\frac{a_1 b_1 + \ldots + a_n b_n}{ab} + \frac{b_1^2 + \ldots + b_n^2}{b^2}\right\} \\ &= 1 - \frac{a_1 b_1 + \ldots + a_n b_n}{ab} = 1 - \frac{|a_1 b_1 + \ldots + a_n b_n|}{ab}. \end{aligned}$$

Dies ergibt die behauptete Ungleichung. Im Fall $a_1 b_1 + \ldots + a_n b_n \leq 0$ argumentieren wir analog mit geändertem Vorzeichen. Q.E.D.

[13] Hermann Schwarz (1843–1921): Deutscher Mathematiker; wirkte in Halle, Göttingen und Berlin; leistete grundlegende Arbeiten zur Funktionentheorie, Differentialgeometrie und Variationsrechnung.

2.2.2 Der Umgang mit reellen Zahlen auf dem Computer

Auf digitalen Rechenanlagen werden aus technischen Gründen Zahlen meist „binär“ im Dualsystem, d. h. unter Verwendung eines auf der Zahl $b = 2$ basierenden Zahlsystems dargestellt. Eine „normalisierte Gleitkommazahl“ zur Basis 2 ist dabei eine reelle Zahl a in der Form

$$a = \pm\, M \cdot b^{\pm E}$$

mit der „Mantisse“ $M = 0.m_1 \dots m_r$, und dem „Exponenten“ $E \in \mathbb{N} \cup \{0\}$, wobei $m_i \in \{0, \dots, b-1\}$. Für $a \neq 0$ ist diese Darstellung durch die Normierungsvorschrift $m_1 \neq 0$ eindeutig bestimmt. Für $a = 0$ setzt man $M = 0$ und E beliebig. Die Verwendung der Gleitkommadarstellung im numerischen Rechnen ist wesentlich, um Zahlen sehr unterschiedlicher Größe verarbeiten zu können: z. B. Ruhemasse Elektron $m_0 = 9.11 \cdot 10^{-28}\,\mathrm{g}$, Lichtgeschwindigkeit $c = 2.998 \cdot 10^{10}\,\mathrm{cm/sec}$.

Zur Darstellung solcher normalisierter Gleitkommazahlen auf dem Rechner sind offensichtlich

$$r \text{ Ziffern} + 1 \text{ Vorzeichen für die Mantisse}$$
$$s \text{ Ziffern} + 1 \text{ Vorzeichen für den Exponenten}$$

erforderlich. Die Speicherung einer Zahl

$$a = \pm\, [m_1 2^{-1} + \ldots + m_r 2^{-r}] \cdot 2^{\pm[e_{s-1}2^{s-1} + \ldots + e_0]}$$

erfolgt dann in der Form $a : (\pm)\,[m_1 \dots m_r](\pm)[e_{s-1} \dots e_0]$. Die in der obigen Form auf einem Rechner dargestellten (rationalen) Zahlen werden „Maschinenzahlen“ genannt; sie bilden das sog. „numerische Gleitkommagitter“ $A = A(r,s)$. Da A endlich ist, gibt es eine größte/kleinste darstellbare Zahl:

$$a_{\max/\min} = \pm\,\{2^{-1} + \ldots + 2^{-r}\} \cdot 2^{\{2^{s-1} + \ldots + 1\}} = \pm\,(1 - 2^{-r}) \cdot 2^{2^s - 1}$$

sowie eine kleinste positive/größte negative darstellbare Zahl:

$$a_{\text{posmin/negmax}} = \pm\, 2^{-1} \cdot 2^{-\{2^{s-1} + \ldots + 1\}} = \pm\, 2^{-2^s}.$$

Beispiel 2.1: Beim sog. IEEE-Format (üblich im UNIX-Betriebssystem) werden zur Darstellung von doppelt genauen Zahlen („REAL*8“ in FORTRAN, „double“ in C) 64 Bits (= 8 Bytes) verwendet:

$$a = \pm M \cdot 2^{C-1022}.$$

Dabei stehen 1 Bit für das Vorzeichen, 52 Bits für die Mantisse $M = 2^{-1} + m_2 2^{-2} + \ldots + m_{53} 2^{-53}$ (die erste Mantissenstelle ist aus Normierungsgründen stets 1) und 11 Bits für die sog. Charakteristik $C = c_0 2^0 + \ldots + c_{10} 2^{10} \in [1, 2046]$ zur Verfügung, wobei m_i, $c_i \in \{0,1\}$ Dualzahlen sind. Durch die vorzeichenfreie Darstellung des Exponenten in der Form $E = C - 1022$ wird der Zahlbereich um eine 2er-Potenz erweitert. Für REAL*8-Zahlen gilt somit:

$$a_{\max} \sim 2^{1024} \sim 1.8 \cdot 10^{308}, \qquad a_{\min} \sim -2^{1024} \sim -1.8 \cdot 10^{308},$$
$$a_{\text{posmin}} = 2^{-1022} \sim 2.2 \cdot 10^{-308}, \qquad a_{\text{negmax}} = -2^{-1022} \sim -2.2 \cdot 10^{-308}.$$

Die ausgenommenen Werte $C = 0$ und $C = 2047$ der Charakteristik werden zur Darstellung der Null ($m_2 = \ldots = m_{53} = 0$, $c_0 = \ldots = c_{10} = 0$) sowie einer Sondergröße „NaN" (Not a Number) verwendet.

Die Ausgangsdaten $x \in \mathbb{R}$ einer numerischen Aufgabe und die Zwischenergebnisse einer Rechnung müssen durch Maschinenzahlen dargestellt werden. Für Zahlen im „zulässigen Bereich"

$$D := [a_{\min}, a_{\text{negmax}}] \cup \{0\} \cup [a_{\text{posmin}}, a_{\max}]$$

wird eine „Rundungsoperation" $\text{rd} : D \to A$ verwendet, an die man die natürliche Forderung stellt

$$|x - \text{rd}(x)| = \min_{a \in A} |x - a| \qquad \forall x \in D. \tag{2.2.11}$$

Dies ist beim IEEE-Format z. B. realisiert durch „natürliche" Rundung:

$$\text{rd}(x) = \text{sign}(x) \cdot \begin{cases} 0.m_1 \cdots m_{53} \cdot 2^E, & \text{für } m_{54} = 0 \\ (0.m_1 \cdots m_{53} + 2^{-53}) \cdot 2^E, & \text{für } m_{54} = 1. \end{cases}$$

Für Zahlen außerhalb des zulässigen Bereiches D (z.B. als Resultat einer Division durch Null) wird von einigen Maschinen Exponentenüberlauf („overflow" oder „underflow") registriert und die Verarbeitung abgebrochen, während im IEEE-Format in diesem Fall mit der unbestimmten Variable „NaN" weitergearbeitet wird.

Der mit der Rundung verbundene sog. „absolute" Fehler

$$|x - \text{rd}(x)| \leq \tfrac{1}{2} 2^{-r} 2^E \tag{2.2.12}$$

hängt jeweils noch vom Exponenten E von x ab. Dagegen ist der sog. „relative" Fehler

$$\left| \frac{x - \text{rd}(x)}{x} \right| \leq \frac{1}{2} \frac{2^{-r} 2^E}{|M| 2^E} \leq \tfrac{1}{2} 2^{-r+1}$$

für $x \in D$, $x \neq 0$, beschränkt durch die sog. „Maschinengenauigkeit"

$$\text{eps} := \tfrac{1}{2} 2^{-r+1}.$$

Bei Anwendung des IEEE-Formats ist der maximale relative Rundungsfehler

$$\text{eps}_{\text{REAL}*8} \leq \tfrac{1}{2} 2^{-52} \sim 10^{-16}.$$

Die arithmetischen Grundoperationen $* \in \{+, -, \cdot, /\}$ werden auf der Rechenanlage durch entsprechende „Maschinenoperationen" $\circledast \in \{\oplus, \ominus, \odot, \oslash\}$ ersetzt, welche Maschinenzahlen wieder in Maschinenzahlen überführen. Dies ist meist für $a, b \in A$ im Falle $a * b \in D$ gemäß

$$a \circledast b = \text{rd}(a * b) = (a * b)(1 + \varepsilon), \quad |\varepsilon| \leq \text{eps},$$

realisiert. Dazu werden die Operationen maschinenintern (meist unter Verwendung einer erhöhten Stellenzahl für die Mantisse) ausgeführt, in normalisierte Form gebracht und dann gerundet. Im Fall $a * b \notin D$ erscheint meist eine Fehlermeldung. Bei dem Gebrauch von „IF-Abfragen" in Programmen ist zu berücksichtigen, dass die Maschinenoperationen $\oplus$ und $\odot$ dem Assoziativgesetz und dem Distributivgesetz nur näherungsweise genügen; i. Allg. ist für $a, b, c \in A$:

$$(a \oplus b) \oplus c \neq a \oplus (b \oplus c)\,, \quad (a \oplus b) \odot c \neq (a \odot c) \oplus (b \odot c)\,.$$

2.3 Der Körper $\mathbb{C}$

Auch in der Menge $\mathbb{R}$ der reellen Zahlen ist die quadratische Gleichung

$$x^2 + px + q = 0 \tag{2.3.13}$$

mit Koeffizienten $p, q \in \mathbb{R}$ oder auch $p, q \in \mathbb{Z}$ nicht immer lösbar. Die formale Lösungsformel lautet (sog. „p/q-Formel)

$$x_\pm = -\frac{p}{2} \pm \sqrt{\frac{p^2}{4} - q} = \frac{-p \pm \sqrt{p^2 - 4q}}{2}\,. \tag{2.3.14}$$

Dies ergibt reelle Lösungen genau dann, wenn das Argument der Quadratwurzel nicht negativ ist, d. h.:

$$p^2 - 4q \geq 0\,.$$

Im Fall $p^2 - 4q < 0$ ist die Quadratwurzel und damit die Lösungsformel nicht definiert. Um diese Problematik aufzulösen, betrachten wir die Menge der Paare $\{x, y\} \in \mathbb{R} \times \mathbb{R}$, auf denen die Addition und Multiplikation wie folgt definiert sind:

$$\{x, y\} + \{x', y'\} := \{x + x', y + y'\}, \tag{2.3.15}$$
$$\{x, y\} \cdot \{x', y'\} := \{xx' - yy', xy' + yx'\}. \tag{2.3.16}$$

Satz 2.6 (Komplexer Zahlkörper): *Die Menge der Paare $z = \{x, y\} \in \mathbb{R}\times\mathbb{R}$ mit der obigen Addition und Multiplikation bildet den Körper $\mathbb{C}$ der „komplexen" Zahlen mit den neutralen Elementen $\{0,0\}$ und $\{1,0\}$. In ihm hat die Gleichung $z^2 + \{1,0\} = \{0,0\}$ zwei Lösungen, welche mit $\pm i := \{0, \pm 1\}$ bezeichnet werden. Der Körper $\mathbb{R}$ ist mit der Abbildung*

$$x \in \mathbb{R}: \quad x \mapsto \{x, 0\} \in \mathbb{C}$$

isomorph zu einem Unterkörper von $\mathbb{C}$.

Beweis: i) Die Gültigkeit des Kommutativitäts-, Assoziativitäts- und Distributivitätsgesetzes für die Addition und Multiplikation verifiziert man durch einfaches Nachrechnen.

ii) Als Nächstes ist die Lösbarkeit der Gleichungen

$$a + z = 0 = \{0, 0\}, \quad a \cdot z = \{1, 0\} \;\; (a \neq \{0, 0\})$$

für beliebig gegebenes $a \in \mathbb{C}$ zu zeigen. Mit $a = \{a_1, a_2\}$ hat die erste Gleichung die Lösung $z = \{-a_1, -a_2\}$. Zur Lösung der zweiten Gleichung machen wir den Ansatz

$$\frac{1}{a} := \left\{\frac{a_1}{a_1^2 + a_2^2}, \frac{-a_2}{a_1^2 + a_2^2}\right\}.$$

Offenbar gilt dann

$$a \cdot \frac{1}{a} = \{1, 0\},$$

so dass $z := 1/a$ die zweite Gleichung löst.

iii) Die komplexe Zahl $i := \{0, 1\}$ hat die Eigenschaften

$$(\pm i)^2 + 1 = \{0, \pm 1\} \cdot \{0, \pm 1\} + 1 = -1 + 1 = 0.$$

iv) Die Zuordnung

$$x \in \mathbb{R}: \quad x \mapsto \{x, 0\} \in \mathbb{C}$$

bildet $\mathbb{R}$ bijektiv auf eine Untermenge von $\mathbb{C}$ ab, welche bzgl. der (komplexen) Addition und Multiplikation wieder ein Körper ist. Q.E.D.

In moderner Notation werden komplexe Zahlen in der Form

$$z = \{x, y\} = x + iy$$

mit der sog. „imaginären Einheit" i, sowie reellem „Realteil" x und „Imaginärteil" y geschrieben und mit ihnen gemäß $z + z'$, zz' wie mit normalen Zahlen gerechnet. Die *reellen* Zahlen sind dabei durch $\operatorname{Im} z = 0$ charakterisiert. Für eine komplexe Zahl sind Real- und Imaginärteil eindeutig bestimmt; d. h.: Für zwei $z, z' \in \mathbb{C}$ gilt:

$$z = z' \quad \Rightarrow \quad \operatorname{Re} z = \operatorname{Re} z', \ \operatorname{Im} z = \operatorname{Im} z'. \tag{2.3.17}$$

Ordnet man jeder komplexen Zahl $z = x + iy$ einen Punkt der Ebene mit den Koordinaten (x, y) zu, erhält man die sog. „komplexe Zahlenebene". Diese geometrische Interpretation der komplexen Zahlen ist manchmal sehr hilfreich zur Gewinnung von Beweisideen.

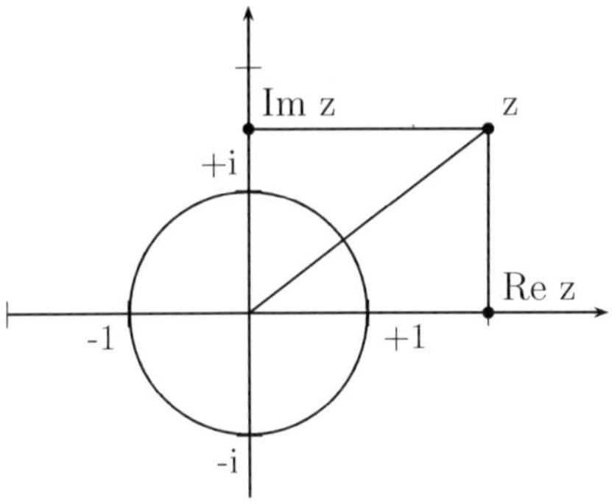

Abbildung 2.4: Die komplexe Zahlenebene (Das Symbol • markiert Punkte der Ebene (d. h. komplexe Zahlen), wogegen — bzw | *reelle* Achsenabschnitte sind).

Korollar 2.2: *Jede quadratische Gleichung*

$$z^2 + pz + q = 0 \tag{2.3.18}$$

mit Koeffizienten $p, q \in \mathbb{R}$ *besitzt in* $\mathbb{C}$ *genau zwei Lösungen* $z_\pm$, *welche gemäß der „p/q-Formel" (2.3.14) gegeben sind durch:*

$$z_\pm = \begin{cases} -\frac{1}{2}p \pm \frac{1}{2}\sqrt{p^2 - 4q}, & \text{für } p^2 - 4q \geq 0, \\ -\frac{1}{2}p \pm i\frac{1}{2}\sqrt{4q - p^2}, & \text{für } p^2 - 4q < 0. \end{cases} \tag{2.3.19}$$

Beweis: Im Fall $p^2 - 4q \geq 0$ sind die durch die p/q-Formel gegebenen Zahlen reell und erfüllen nach Konstruktion die quadratische Gleichung (2.3.18). Im Fall $p^2 - 4q < 0$ ist

$$z_\pm = -\tfrac{1}{2}p \pm i\tfrac{1}{2}\sqrt{4q - p^2}$$

komplex und bei Beachtung von $i^2 = -1$ ergibt sich ebenfalls, daß (2.3.18) erfüllt ist. Die systematische Ableitung der Lösungsformel aus (2.3.18) impliziert, dass jede weitere Lösung dieselbe Gestalt haben muss . Q.E.D.

In $\mathbb{C}$ lassen sich auch Gleichungen höherer als zweiter Ordnung lösen. Als wichtiges Beispiel betrachten wir eine spezielle kubische Gleichung, welche später bei der Diskussion der trigonometrischen Funktionen noch eine Rolle spielen wird.

Korollar 2.3: *Die kubische Gleichung*

$$z^3 = 1 \tag{2.3.20}$$

besitzt in $\mathbb{C}$ *genau drei Lösungen* ξ_1, ξ_2, ξ_3, *welche „3-te Einheitswurzeln" genannt werden, und gegeben sind durch:*

$$\xi_1 = 1, \quad \xi_2 = -\tfrac{1}{2} + i\tfrac{1}{2}\sqrt{3}, \quad \xi_3 = -\tfrac{1}{2} - i\tfrac{1}{2}\sqrt{3}. \tag{2.3.21}$$

Beweis: Die Zerlegung

$$z^3 - 1 = (z-1)(z^2 + z + 1)$$

zeigt, dass neben $\xi_1 = 1$ jede Lösung von $z^2 + z + 1 = 0$ ebenfalls 3-te Einheitswurzel ist. Weitere kann es dann wegen der Nullteilerfreiheit des Körpers $\mathbb{C}$ nicht geben. Die Lösungen von $z^2 + z + 1 = 0$ sind gemäß der p/q-Formel gerade $\xi_\pm = -\frac{1}{2} \pm i\frac{1}{2}\sqrt{3}$. Q.E.D.

Eine Verallgemeinerung des obigen Resultats ist der folgende fundamentale Satz der Algebra, den wir ohne Beweis angeben.

Satz 2.7 (Fundamentalsatz der Algebra): *Jede algebraische Gleichung der Form*

$$z^n + a_{n-1}z^{n-1} + \cdots + a_1 z + a_0 = 0$$

mit Koeffizienten $a_k \in \mathbb{C}$ *hat in* $\mathbb{C}$ *mindestens eine Lösung.*

Bemerkung 2.16: Der Beweis dieses Satzes wird am einfachsten mit Hilfe von Resultaten aus der Theorie komplexer Funktionen geführt ($\rightarrow$ *Funktionentheorie*). Fast alle führenden Mathematiker des 17. und 18. Jahrhunderts versuchten, diesen Satz zu beweisen. Die ersten vollständigen Beweise stammen von Laplace[14] (1795) und Gauß (1799). Ein besonders einfacher Beweis stammt von Argand[15] (1806). Die Bezeichnung i für die „imaginäre Einheit“ geht auf Euler (1777) zurück. Erst Hamilton(1806). Heute kennt man mehr als ein Dutzend verschiedener Beweise. Alle benutzen nicht-algebraische Hilfsmittel, wobei die funktionentheoretischen Beweise am elegantesten sind.

Bemerkung 2.17: Rechnungen mit komplexen Zahlen finden sich schon vor 1800 bei Cardano[16] (1546), Euler, Argand[17] definiert komplexe Zahlen formal als geordnete Paare reeller Zahlen.

Für komplexe Zahlen $z = x + iy$ lässt sich ebenfalls ein „Absolutbetrag“ definieren,

$$|z| := \sqrt{x^2 + y^2}.$$

Zu einem $z = x + iy \in \mathbb{C}$ heißt $\overline{z} = x - iy$ die zu z „konjugiert komplexe“ Zahl. Damit gilt:

$$|z|^2 = x^2 + y^2 = (x + iy)(x - iy) = z\overline{z}. \tag{2.3.22}$$

In der komplexen Zahlenebene entsteht $\overline{z}$ aus z durch Spiegelung an der reellen Achse. Aus der Definition ergeben sich für $x, y \in \mathbb{C}$ die folgenden Rechenregeln:

$$\overline{x + y} = \overline{x} + \overline{y}, \quad \overline{xy} = \overline{x}\,\overline{y}, \tag{2.3.23}$$

sowie für $z = x + iy \in \mathbb{C}$

$$x = \operatorname{Re} z = \frac{z + \overline{z}}{2}, \quad y = \operatorname{Im} z = \frac{z - \overline{z}}{2i}. \tag{2.3.24}$$

Die Konvergenz von Folgen $(z_n)_{n \in \mathbb{N}}$ komplexer Zahlen gegen ein $z \in \mathbb{C}$ wird erklärt durch:

$$z_n \rightarrow z \quad :\Leftrightarrow \quad |z_n - z| \rightarrow 0 \quad (n \rightarrow \infty).$$

Der Begriff der „Cauchy-Folge“ ist dann erklärt analog wie für reelle Zahlen.

Satz 2.8 (Vollständigkeit): *Der komplexe Zahlenkörper $\mathbb{C}$ ist vollständig; d. h.: Jede Cauchy-Folge komplexer Zahlen hat in $\mathbb{C}$ einen Limes.*

---

[14] Pierre Simon Marquis de Laplace (1749–1827): Französischer Mathematiker und Astronom; Prof. in Paris; begründete u.a. die Wahrscheinlichkeitsrechnung.

[15] Jean-Robert Argand (1768–1822): Schweizer Amateurmathematiker; arbeitete als Buchhändler in Paris; Beiträge über komplexe Zahlen, den Fundamentalsatz der Algebra und Kombinationen.

[16] Geronimo Cardano (1501-1576): Italienischer Mathematiker, Arzt und Physiker.

[17] Sir William Hamilton (1805-1865): Irischer Mathematiker und Astronom; Prof. in Dublin; fundamentale Arbeiten u. a. zur Vektorrechnung und Theoretischen Mechanik.

Beweis: Sei $(z_n)_{n\in\mathbb{N}}$ eine Cauchy-Folge in $\mathbb{C}$. Dann sind definitionsgemäß auch die Folgen $(x_n)_{n\in\mathbb{N}}$ und $(y_n)_{n\in\mathbb{N}}$ der zugehörigen Real- und Imaginärteile Cauchy-Folgen in $\mathbb{R}$. Wegen der Vollständigkeit von $\mathbb{R}$ existieren also Limiten $x, y \in \mathbb{R}$, so dass

$$x_n \to x, \quad y_n \to y \quad (n \to \infty).$$

Dann konvergiert auch $z_n \to z := x + iy \; (n \to \infty)$. Q.E.D.

Bemerkung 2.18: Eine wesentliche Struktureigenschaft des Körpers $\mathbb{R}$ ist die Existenz einer Ordnungsrelation „$>$“ (d. h. seine Anordenbarkeit). Dies ist für den Körper $\mathbb{C}$ nicht möglich. Denn für jedes $z \in \mathbb{C}$, $z \neq 0$, folgte notwendig $z^2 > 0$ und damit für $z = i$ der Widerspruch $0 < i^2 < i^2 + 1^2 = 0$.

Mit der Einführung des Körpers $\mathbb{C}$ der komplexen Zahlen ist der übliche Aufbau der Zahlsysteme abgeschlossen. In diesem Rahmen lassen sich alle algebraischen Gleichungen vollständig lösen. Eine Erweiterung von $\mathbb{C}$ zum 4-dimensionalen System der Hamiltonschen „Quaternionen“ (hyperkomplexe Zahlen) erfordert die Aufgabe von Struktureigenschaften, in diesem Fall der Kommutativität der Multiplikation. Dies finden wir auch bei der Untersuchung von allgemeinen Matrizen in der Tensor-Algebra wieder ($\to$ *Lineare Algebra*).

2.4 Übungen

Übung 2.1 (Aufgabe zu Potenzsummen):
a) Man begründe, dass die im Text zunächst nur für natürliche Zahlen $a \neq 1$ bewiesene geometrische Summenformel

$$\sum_{k=0}^{n} a^k = \frac{1 - a^{n+1}}{1 - a}$$

auch für allgemeine rationale Zahlen $a \in \mathbb{Q}$, $a \neq 1$, gilt.

b) Man bestimme die Werte der Partialsummen

$$a) \quad s_n = \sum_{k=0}^{n} \frac{1}{2^k}, \qquad\qquad b) \quad s_n = \sum_{k=0}^{n} \frac{(-1)^k}{2^k},$$

und ihren jeweiligen Limes für $n \to \infty$.

Übung 2.2 (Aufgabe zur Ordnungsrelation):
a) Man verifiziere durch direkte Argumentation, dass für beliebige Zahlen $a, b \in \mathbb{Q}$ mit $a \neq b$ und $n > 1$ die folgende Beziehung gilt:

$$\frac{a^n - b^n}{a - b} = a^{n-1} + a^{n-2}b + \cdots + ab^{n-2} + b^{n-1}.$$

b) Man zeige für rationale Zahlen $a, b > 0$ und $q \in \mathbb{N}$ die folgenden Beziehungen:

$$a < b \;\Rightarrow\; a^q < b^q, \qquad a \le b \;\Rightarrow\; a^q \le b^q.$$

(Hinweis: Man nutze die Beziehung (a).)

Übung 2.3 (Aufgabe zur „Quantoren-Sprache"):
a) Man formuliere mit Hilfe der Sprache der Quantoren $(\forall, \exists)$, dass die Folge $(a_n)_{n\in\mathbb{N}}$ rationaler Zahlen eine Cauchy-Folge ist.

b) Man formuliere in derselben Sprache, dass die Folge den Limes $a \in \mathbb{Q}$ hat.

c) Man formuliere in derselben Sprache die Negationen dieser Aussagen.

Übung 2.4 (Aufgabe über Potenzfolgen):
Sei $(a_n)_{n\in\mathbb{N}}$ eine konvergente Folge von Zahlen $a_n \in \mathbb{Q}_+$ mit Limes $a \ge 0$. Man zeige:

a) Für beliebiges $r \in \mathbb{Z}$ ist auch die Folge $(a_n^r)_{n\in\mathbb{N}}$ eine Cauchy-Folge mit

$$\lim_{n\to\infty} a_n^r = a^r.$$

b) Die Folge $(\sqrt{a_n})_{n\in\mathbb{N}}$ (i. Allg. reeller Zahlen) ist ebenfalls Cauchy-Folge mit

$$\lim_{n\to\infty} \sqrt{a_n} = \sqrt{a}\,.$$

Übung 2.5 (Aufgabe über Zahlenfolgen in $\mathbb{R}$):
i) Man beweise für $n \in \mathbb{N}$ die Ungleichung

$$\sqrt{n} < \sqrt{n+1}$$

und weiter die strikte Divergenz der Folge $(\sqrt{n})_{n\in\mathbb{N}}$. (Hinweis: Binomische Formel)

ii) Man zeige, dass die Folge mit den Elementen

$$a_n = \sqrt{n+1} - \sqrt{n}, \quad n \in \mathbb{N},$$

eine Cauchy-Folge ist, und bestimme ihren Limes in $\mathbb{R}$.

iii) Man untersuche das Verhalten der Folge $(a_n)_{n\in\mathbb{N}}$ mit den Elementen

$$a_n := \sqrt{n}\big(\sqrt{n+1} - \sqrt{n}\big)$$

und bestimme im Falle ihrer Konvergenz den Limes.

Übung 2.6 (Aufgabe über die Arthmetik von Zahlenfolgen):
Seien $(a_n)_{n\in\mathbb{N}}$, $(b_n)_{n\in\mathbb{N}}$, $(c_n)_{n\in\mathbb{N}}$ und $(d_n)_{n\in\mathbb{N}}$ konvergente Folgen reeller Zahlen mit Grenzwerten a, b, c und d. Man zeige, dass dann für beliebige Zahlen $\alpha, \beta, \gamma, \delta \in \mathbb{C}$ im Falle $\gamma c + \delta d \ne 0$ auch $\gamma c_n + \delta d_n \ne 0$ ist, für fast alle $n \in \mathbb{N}$, und

$$\frac{\alpha a_n + \beta b_n}{\gamma c_n + \delta d_n} \to \frac{\alpha a + \beta b}{\gamma c + \delta d} \quad (n \to \infty).$$

Übung 2.7 (Aufgabe über „exotische“ Zahlenfolgen):
i) Man untersuche, ob die folgenden Folgen konvergent sind und bestimme gegebenenfalls ihren Limes:

$$a) \quad a_n = \frac{2n^2 - n}{2n^2 + 1}, \qquad b) \quad b_n = \sqrt[n]{10}.$$

(Hinweis: Zu (b) mache man den Ansatz $b_n = 1 + h_n$ und beachte die Bernoullische Ungleichung $(1+a)^n \geq 1 + na$.)

ii) Für $n \in \mathbb{N}_0$ ist die sog. „Fakultät“ rekursiv definiert durch $0! := 1$ und $n! := n\cdot(n-1)!$ für $n \in \mathbb{N}$. Man zeige, dass die Folgen $(a_n)_{n\in\mathbb{N}}$ und $(b_n)_{n\in\mathbb{N}}$ mit den Elementen

$$a_n = \frac{n^{10}}{n!}, \qquad b_n = \frac{10^n}{n!}$$

gegen Null konvergieren.

Übung 2.8 (Aufgabe zu reellen Ungleichungen):
a) Man zeige für Zahlen $a, b \in \mathbb{R}$ den folgenden Spezialfall

$$|ab| \leq \frac{\varepsilon}{2} a^2 + \frac{1}{2\varepsilon} b^2$$

der sog. „Youngschen[18] Ungleichung“ mit beliebigem $\varepsilon \in \mathbb{R}_+$. (Hinweis: Binomische Formel)

b) Man zeige, dass für reelle Zahlen die folgende Implikationen richtig sind:

$$x^2 + xy + y^2 = 0 \quad \Rightarrow \quad x = y = 0,$$
$$x^3 + y^3 = 0 \quad \Rightarrow \quad x + y = 0.$$

Übung 2.9 (Aufgabe zur Vollständigkeit von $\mathbb{R}$):
a) Was bedeutet die Eigenschaft „vollständig“ des (mit dem Absolutbetrag $|\cdot|$) bewerteten Körpers $\mathbb{R}$?

b) Man rekapituliere mit eigenen Worten die Argumentation, dass diese Vollständigkeitseigenschaft äquivalent ist zur folgenden „Trennungseigenschaft“:
Zu zwei nichtleeren Teilmengen $A, B \subset \mathbb{R}$ mit

$$a < b \quad \forall\, a \in A,\, b \in B,$$

gibt es stets ein $s \in \mathbb{R}$, welches A und B „trennt“, d. h.: Für jedes $a \in A$ und $b \in B$ ist $a \leq s \leq b$. (Hinweis: Es darf verwendet werden, dass die „Vollständigkeitseigenschaft“ die „Intervallschachtelungseigenschaft“ impliziert.)

[18] William Henry Young (1863–1942): Englischer Mathematiker; Prof. an mehreren Universitäten: Calcutta University, University of Liverpool, University College von Wales in Aberystwyth; lebte am Schluss in Lausanne; Arbeiten zur Theorie reeller Funktionen und Fourierreihen.

Übung 2.10 (Aufgabe zum Umgang mit Potenzen):
a) Für $k \in \mathbb{N}$ zeige man die eindeutige Existenz der k-ten Wurzel von Zahlen in $\mathbb{R}_+$ mit Hilfe der Konstruktion eines approximierenden (unendlichen) Dezimalbruchs in Anlehnung an die entsprechende Konstruktion für $\sqrt{2}$ im Text.

b) Man zeige, dass für Zahlen $a, b \in \mathbb{R}_+$, $r, s \in \mathbb{N}$ und $p, q \in \mathbb{Q}$ unter Verwendung der Notation $a^{-s} := (1/a)^s$ und $a^{1/s} := \sqrt[s]{a}$ die folgenden Rechenregeln für Potenzen gelten:

$$a^{r/s} := (a^{1/s})^r = (a^r)^{1/s}, \quad a^{p+q} = a^p \cdot a^q, \quad (a \cdot b)^q = a^q \cdot b^q.$$

Übung 2.11 (Aufgabe zum Körper $\mathbb{C}$):
Man zeige durch Nachprüfen des Erfülltseins der entsprechenden Axiome, dass die Menge $\mathbb{R} \times \mathbb{R}$ der Paare $a = \{a_1, a_2\}$ reeller Zahlen mit der durch

$$a + b = \{a_1, a_2\} + \{b_1, b_2\} := \{a_1 + b_1, a_2 + b_2\},$$
$$a \cdot b = \{a_1, a_2\} \cdot \{b_1, b_2\} := \{a_1 b_1 - a_2 b_2, a_1 b_2 + a_2 b_1\}$$

definierten Addition und Multiplikation ein Körper ist; dieser wird als der Körper $\mathbb{C}$ der „komplexen“ Zahlen bezeichnet.

Übung 2.12 (Aufgabe zur Arithmetik in $\mathbb{C}$):
Man verifiziere, dass für komplexe Zahlen, gegeben als Paare $\{x, y\}$ reeller Zahlen mit der in der vorausgehenden Aufgabe definierten Arithmetik, die Schreibweise $z = x + iy$ mit der üblichen Arithmetik reeller Zahlen unter Verwendung von $i^2 := -1$ verträglich ist. Ferner zeige man, dass für zwei Zahlen $z = x + iy$ und $z' = x' + iy'$ folgendes gilt:

$$a) \quad z = z' \quad \Rightarrow \quad x = x' \text{ und } y = y';$$
$$b) \quad z \cdot z' = 0 \quad \Rightarrow \quad z = 0 \text{ oder } z' = 0.$$

Übung 2.13 (Aufgabe zur Abzählbarkeit):
Die Menge $\mathbb{Q}$ der rationalen Zahlen ist abzählbar. Man zeige, dass dies auch für die Menge der „algebraischen“ reellen Zahlen, d. h. der Menge der Lösungen aller algebraischer Gleichungen mit ganzzahligen Koeffizienten, gilt. Dies zeigt, dass die Menge der „tranzendenten“ reellen Zahlen wir die des ganzen reellen Zahlkörpers $\mathbb{R}$ überabzählbar ist. (Hinweis: Jedes nicht-triviale Polynom hat nur endlich viele Nullstellen.)

3 Zahlenfolgen und Reihen

In diesem Kapitel untersuchen wir die Konvergenz von Folgen reeller oder komplexer Zahlen $(a_n)_{n\in\mathbb{N}}$ und als wichtigen Spezialfall die von zugehörigen Reihen:

$$a_n \to a \quad (n \to \infty), \qquad s_n = \sum_{k=1}^{n} a_k \to s_\infty = \sum_{k=1}^{\infty} a_k \quad (n \to \infty).$$

Die meisten der abzuleitenden Resultate sind sowohl für reelle als auch für komplexe Zahlen gültig; einige sind im vorausgehenden Kapitel bereits für rationale Zahlen formuliert worden. Sie werden hier der Vollständigkeit halber rekapituliert. Wenn eine Aussage allgemein sowohl für reelle als auch für komplexe Zahlen gültig ist, so nennen wir sie gültig für den Körper $\mathbb{K}$, welcher dann sowohl $\mathbb{R}$ als auch $\mathbb{C}$ bedeuten kann. Nur solche Aussagen, die sich auf die Ordnungsrelationen beziehen, gelten nur auf $\mathbb{K} = \mathbb{R}$. Einige Aussagen gelten auch allgemein für (unendliche) Teilmengen $M \subset \mathbb{K}$, was gegebenenfalls in Klammern vermerkt wird. Wem der Umgang mit komplexen Zahlen noch zu ungewohnt ist, mag sich im Folgenden auf den Spezialfall reeller Zahlen konzentrieren, d. h. den Spezialfall $\mathbb{K} = \mathbb{R}$.

3.1 Zahlenfolgen

Wir betrachten in diesem Abschnitt Folgen $(a_n)_{n\in\mathbb{N}}$ reeller oder komplexer Zahlen (und gelegentlich unendliche Teilmengen $M \subset \mathbb{K}$). Dabei brauchen die Folgenelemente nicht notwendig paarweise verschieden zu sein; z. B. die „konstante“ Folge $(a_n)_{n\in\mathbb{N}}$ mit $a_n := a$. Durch die gegebene Nummerierung mit dem Index $n \in \mathbb{N}$ ist eine Folge eindeutig festgelegt. Eine Umnummerierung der Folgenelemente führt auf eine andere Folge mit unter Umständen anderen Eigenschaften. In diesem Sinne unterscheidet sich die Notation einer „Folge“ $(a_n)_{n\in\mathbb{N}}$ von derjenigen der „Menge“ ihrer Elemente $\{a_n,\, n \in \mathbb{N}\}$. Wir sagen, dass eine Aussage für „fast alle“ Elemente der Folge gilt, wenn sie für alle bis möglicherweise endlich viele ihrer Elemente gilt. Entsprechend kann als Indexmenge einer Folge neben $\mathbb{N}$ und $\mathbb{N}_0$ auch jede Zahlmenge der Form $\{n \in \mathbb{Z}|\ n \geq n_0\}$ verwendet werden. Greift man aus einer Folge $(a_n)_{n\in\mathbb{N}}$ *unendlich* viele Elemente mit Indizes n_k ($k \in \mathbb{N}$), $n_{k+1} > n_k$, heraus, so ist $(a_{n_k})_{k\in\mathbb{N}}$ eine sog. „Teilfolge“ von $(a_n)_{n\in\mathbb{N}}$.

Definition 3.1: *Wir sagen, dass die Folge $(a_n)_{n\in\mathbb{N}}$ in $\mathbb{K}$ gegen den „Grenzwert“ (oder „Limes“) $a \in \mathbb{K}$ „konvergiert“, in Symbolen*

$$a_n \to a \ (n \to \infty) \quad \textit{oder} \quad a = \lim_{n\to\infty} a_n \ (\textit{auch kurz} \ \lim a_n = a),$$

wenn für beliebiges $\varepsilon \in \mathbb{R}_+$ von einem $n_\varepsilon \in \mathbb{N}$ an gilt:

$$|a_n - a| < \varepsilon, \quad n \geq n_\varepsilon. \tag{3.1.1}$$

Dies wird auch in der Form $|a_n - a| \to 0$ $(n \to \infty)$ ausgedrückt. Im Falle $\lim_{n\to\infty} a_n = 0$ spricht man von einer „Nullfolge“. (Bem.: In (3.1.1) kann auch $\leq \varepsilon$ stehen, und das beliebig kleine ε kann durch $1/N$ mit einem beliebig großen $N \in \mathbb{N}$ ersetzt werden.)

Satz 3.1: *Eine Folge* $(a_n)_{n\in\mathbb{N}}$ *in* $\mathbb{K}$ *ist konvergent genau dann, wenn sie „Cauchy-Folge“ ist, d. h. wenn zu jedem* $\varepsilon > 0$ *ein* $n_\varepsilon \in \mathbb{N}$ *gibt, so dass für alle* $n, m > n_\varepsilon$ *gilt:*

$$|a_n - a_m| < \varepsilon. \tag{3.1.2}$$

Beweis: Die „Vollständigkeit“ der Zahlkörper $\mathbb{K} = \mathbb{R}$ und $\mathbb{K} = \mathbb{C}$ besagt gerade, dass jede Cauchy-Folge in $\mathbb{K}$ einen Limes hat. Umgekehrt ist eine gegen ein a konvergierende Folge wegen

$$|a_n - a_m| \le |a_n - a| + |a - a_m| \;\to\; 0 \quad (n, m \to \infty)$$

notwendig auch Cauchy-Folge. Q.E.D.

Bemerkung 3.1: Die folgenden Aussagen zur Konvergenz von Folgen in $\mathbb{K}$ sind teilweise bereits von Folgen in $\mathbb{Q}$ her bekannt oder ergeben sich durch elementare Argumente:

1. Der Limes einer konvergenten Folge $(a_n)_{n\in\mathbb{N}}$ ist eindeutig bestimmt, denn aus $a = \lim a_n = a'$ folgt über $|a-a'| \le |a-a_n|+|a_n-a'| \to 0$ $(n \to \infty)$ notwendig $a = a'$.

2. Werden bei einer konvergenten Folge nur endlich viele Folgenelemente geändert, so bleibt die resultierende Folge konvergent mit demselben Limes. Insbesondere ist mit $a = \lim_{n\to\infty} a_n$ auch $a = \lim_{n\to\infty} a_{n+k}$ für festes $k \in \mathbb{N}$.

3. Eine konvergente Folge $(a_n)_{n\in\mathbb{N}}$ ist notwendig beschränkt, da für $n \ge n_1 \in \mathbb{N}$ gilt:

$$|a_n| \le |a_n - a| + |a| \le 1 + |a|.$$

4. Gilt für die Elemente einer konvergenten reellen Folge $a_n \ge 0$ für fast alle $n \in \mathbb{N}$, so folgt für deren Limes $a \ge 0$. (Warnung: Aus $a_n > 0$ für fast alle $n \in \mathbb{N}$ kann nicht auf $a > 0$ geschlossen werden.)

5. Seien $(a_n)_{n\in\mathbb{N}}$ und $(b_n)_{n\in\mathbb{N}}$ konvergente Folgen mit Limiten $a := \lim_{n\in\mathbb{N}} a_n$ und $b := \lim_{n\in\mathbb{N}} b_n$. Dann sind auch die Summenfolge $(a_n + b_n)_{n\in\mathbb{N}}$, die Produktfolge $(a_n \cdot b_n)_{n\in\mathbb{N}}$ und im Fall $b \neq 0$, $b_n \neq 0$ die Quotientenfolge $(a_n/b_n)_{n\to\infty}$ konvergent, und es gilt

$$\lim_{n\to\infty}(a_n + b_n) = a + b, \qquad \lim_{n\to\infty}(a_n \cdot b_n) = a \cdot b, \qquad \lim_{n\to\infty}(a_n/b_n) = a/b.$$

Insbesondere ist jede „Linearkombination“ $(\alpha a_n + \beta b_n)_{n\in\mathbb{N}}$, $\alpha, \beta \in \mathbb{K}$, zweier konvergenter Folgen konvergent mit Limes $\alpha a + \beta b$; die konvergenten Folgen bilden also einen Vektorraum über $\mathbb{K}$ ($\to$ *Lineare Algebra*).

6. Für eine konvergent Folge $(a_n)_{n\in\mathbb{N}}$ mit Limes a sind auch die Folgen der zugehörigen Real- und Imaginärteile sowie der Absolutbeträge konvergent, und es gilt:

$$\lim_{n\to\infty} \operatorname{Re} a_n = \operatorname{Re} a, \quad \lim_{n\to\infty} \operatorname{Im} a_n = \operatorname{Im} a, \quad \lim_{n\to\infty} |a_n| = |a|.$$

Beispiel 3.1: Wir listen ein paar typische Beispiele von Zahlenfolgen und diskutieren die „Tricks“ zur Untersuchung ihrer Konvergenz:

1. Die „konstante“ Folge mit den Elementen $a_n = a \in \mathbb{K}$ $(n \in \mathbb{N})$ ist offenbar konvergent gegen a.

2. Die Folge mit den Elementen $a_n = 1/n$ $(n \in \mathbb{N})$ ist eine Nullfolge, da es nach dem Archimedischen Axiom zu jedem $1/\varepsilon > 0$ ein $n \in \mathbb{N}$ gibt mit $n > 1/\varepsilon$. Dasselbe gilt für die Folge mit den Elementen $a_n = n/2^n$ $(n \in \mathbb{N})$, da die Potenz 2^n „schneller wächst“ als n (Beweis durch vollständige Induktion).

3. Die Folge mit den Elementen $a_n = (n+1)/n$ $(n \in \mathbb{N})$ konvergiert gegen den Limes $a = 1$, da $a_n - 1 = 1/n$ und $\lim 1/n = 0$.

4. Die Folge mit den Elementen $a_n = (-1)^n$ $(n \in \mathbb{N})$ ist *nicht* konvergent (d. h. „divergent“), da für jedes a_n gilt $|a_{n+1} - a_n| = 2$; d. h.: Die Folge ist keine Cauchy-Folge.

5. Für die Folge mit den rationalen Elementen
$$a_n = \frac{2n^2 + 3n}{n^2 - 1}$$
erhalten wir nach Kürzen die Konvergenz
$$a_n = \frac{2 + 3/n}{1 - 1/n^2} \to 2 \quad (n \to \infty).$$

6. Die Folgen mit den (positiven) Elementen
$$a_n = \frac{10^n}{n!} \quad \text{oder} \quad a_n = \frac{n^{10}}{n!}$$
lassen sich nicht auf so einfache Weise behandeln, da $10^n \to \infty$ (also keine Konvergenz!) und $1/n! \to 0$ für $n \to \infty$. Hier muss etwas feiner argumentiert werden (s. Übungsaufgabe). Man leitet etwa Abschätzungen der Form
$$a_n \le \frac{\alpha}{n} \quad \text{oder} \quad a_n \le \beta\, q^n$$
her mit Konstanten $\alpha, \beta \in \mathbb{R}_+$ und einem $q \in \mathbb{R}_+$, mit $q < 1$, und erschließt hieraus wegen
$$\frac{1}{n} \to 0 \quad (n \to \infty), \qquad q^n \to 0 \quad (n \to \infty),$$
dass beide gegebene Folgen Nullfolgen sind. Umgekehrt erschließt man aus Abschätzungen der Form
$$a_n \ge \alpha n \quad \text{oder} \quad a_n \ge \beta\, q^n$$
mit Konstanten $\alpha, \beta \in \mathbb{R}_+$ und einem $q > 1$ wegen $q^n \to \infty$ $(n \to \infty)$ die strenge Divergenz der Folgen.

7. Für die Folge mit den Elementen

$$a_n = \sqrt{n}\big(\sqrt{n+1} - \sqrt{n}\big)$$

gilt

$$a_n = \sqrt{n}\,\frac{n+1-n}{\sqrt{n+1}+\sqrt{n}} = \frac{\sqrt{n}}{\sqrt{n+1}+\sqrt{n}} = \frac{1}{\sqrt{1+1/n}+1} \;\to\; \frac{1}{2} \quad (n \to \infty).$$

8. Für konvergente Folgen $(a_n)_{n\in\mathbb{N}}$ und $(b_n)_{n\in\mathbb{N}}$ in $\mathbb{R}$ folgt aus $a_n \geq b_n$ für fast alle $n \in \mathbb{N}$, dass auch $\lim_{n\to\infty} a_n \geq \lim_{n\to\infty} b_n$. Oft ist es nicht unmittelbar klar, wie die Relation $a_n \geq b_n$ allgemein für alle n gezeigt werden kann. In diesem Fall ist man versucht, die „Evidenz" dieser Eigenschaft durch „numerische Experimente" (d. h. Stichproben für einzelne n) zu bestätigen. Dies führt unter Umständen zu Fehlschlüssen, wie das folgende Beispiel zeigt:

   Für die ersten 10^6 Elemente der durch

$$a_n := \sqrt{n+1000} - \sqrt{n}, \qquad b_n := \sqrt{n+\sqrt{n}} - \sqrt{n}, \qquad c_n := \sqrt{n+\frac{n}{1000}} - \sqrt{n}$$

   gegebenen Folgen ist $a_n > b_n > c_n$. Trotzdem ergibt die richtige Analyse:

$$a_n \to 0 \ (n\to\infty), \quad b_n \to \tfrac{1}{2} \ (n\to\infty), \quad c_n \to \infty \ (n\to\infty),$$

   im Widerspruch zur experimentell begründeten Vermutung.

9. Wir betrachten für ein festes $c \in \mathbb{R}_+$ die Folge mit den positiven Elementen

$$a_n = \sqrt[n]{c}\,.$$

   Für den trivialen Fall $c = 1$ ist offenbar $\lim_{n\to\infty} a_n = 1$. Wir wollen zeigen, dass dies auch für allgemeines c gilt. Diese Vermutung motiviert im Fall $c > 1$ den Ansatz $a_n = 1 + h_n$ mit gewissen $h_n \geq 0$. Damit ist dann

$$c = (1+h_n)^n \geq 1 + nh_n \qquad \text{bzw.} \qquad \frac{c-1}{n} \geq h_n \geq 0\,.$$

   Für $n \to \infty$ konvergiert also $h_n \to 0$, was $a_n \to 1$ $(n \to \infty)$ impliziert. Im Fall $c < 1$ beachten wir, dass $1/c > 1$, und mit dem eben Gezeigten folgt:

$$1 = \frac{1}{\lim_{n\to\infty} \sqrt[n]{1/c}} = \lim_{n\to\infty} \frac{1}{\sqrt[n]{1/c}} = \lim_{n\to\infty} \sqrt[n]{c} = \lim_{n\to\infty} a_n\,.$$

   Etwas schwieriger steht es bei der Folge mit den Elementen

$$a_n = \sqrt[n]{n}\,.$$

   Wir schreiben wieder $a_n = 1 + h_n$ mit gewissen $h_n \geq 0$. Für $n \geq 2$ folgt dann mit Hilfe der binomischen Formel:

$$n = (1+h_n)^n \geq 1 + \binom{n}{2} h_n^2 = 1 + \frac{n(n-1)}{2} h_n^2 \quad \text{bzw.} \quad n - 1 \geq \frac{n(n-1)}{2} h_n^2 \geq 0,$$

bzw. $h_n \le \sqrt{2/n}$. Damit finden wir

$$\left|\sqrt[n]{n} - 1\right| = h_n \to 0 \quad (n \to \infty).$$

Schließlich betrachten wir die Folge mit den Elementen

$$a_n = \sqrt[n]{n!}\,.$$

Diese ist nun streng divergent gemäß $\sqrt[n]{n!} \to \infty$ $(n \to \infty)$ (Übungsaufgabe). Daran schließt sich die Frage nach dem Verhalten der Folgen mit den Elementen

$$a_n = \frac{n^n}{n!} \quad \text{oder} \quad a_n = \left(\frac{n^n}{n!}\right)^{1/n} = \frac{n}{\sqrt[n]{n!}},$$

an, was ebenfalls als Übungsaufgabe gestellt sei.

10. Folgen $(a_n)_{n\in\mathbb{N}}$ werden häufig auch rekursiv definiert; z. B. erhält man durch

$$a_0 := 0,\ a_1 := 1, \qquad n \ge 2: \quad a_n := a_{n-1} + a_{n-2},$$

die sog. „Fibonacci[1]-Zahlen" $(0, 1, 1, 2, 3, 5, 8, 13, 21, 34, \dots)$, welche wegen $a_{n+1} \ge n$ divergent ist. Der Limes

$$g = \lim_{n\to\infty} \frac{a_{n+1}}{a_n} = \tfrac{1}{2}(1 + \sqrt{5}),$$

ist der sog. „goldene Schnitt" in der Proportionenlehre (Übungsaufgabe). Die Quotienten $g_n := a_{n+1}/a_n$ genügen der rekursiven Beziehung

$$g_{n+1} = 1 + \frac{1}{g_n}.$$

Im Falle der Konvergenz $g_n \to g$ $(n \to \infty)$ genügt der Limes also der zugehörigen „Fixpunktgleichung"

$$g = 1 + \frac{1}{g},$$

aus der man ihn als $g = \frac{1}{2}(1 + \sqrt{5})$ bestimmt. Dieses heuristische Argument kann aber i. Allg. nicht den formalen Nachweis der Konvergenz der Folge ersetzen. Zu der Folge mit den Elementen

$$a_0 := 0, \quad n \in \mathbb{N}: \quad a_{n+1} = (1 + a_n)a_n - 3,$$

gehört die Fixpunktgleichung $a = (1 + a)a - 3$ mit den Lösungen $a = \pm\sqrt{3}$; die Folge selbst ist aber divergent: $a_1 = -3,\ a_2 = 3,\ a_3 = 9,\ a_4 = 87,\ a_5 = 7653, \dots$.

[1]Leonardo Pisano (aus Pisa), genannt Fibonacci (um 1170 – um 1250): „Erster" bedeutender Mathematiker des Abendlandes; gehörte zum Gelehrtenkreis um Kaiser Friedrich II; brachte von ausgedehnten Reisen eine systematische Einführung in das indisch-arabische Zahlensystem nach Europa; in seinem Rechenbuch „Liber abacci" untersuchte er u. a. die nach ihm benannte Folge als einfaches Modell für das Wachstum von Populationen.

Definition 3.2: *(Wiederholung) Eine Folge* $(a_n)_{n\in\mathbb{N}}$ *(oder Teilmenge) in* $\mathbb{K}$ *heißt „beschränkt", wenn mit einer Konstante* $K \in \mathbb{R}$ *gilt:*

$$|a_n| \leq K, \quad n \in \mathbb{N}.$$

Für Folgen (oder Teilmengen) in $\mathbb{R}$ *kann man zwischen „Beschränktheit nach oben" und „Beschränktheit nach unten" unterscheiden gemäß :*

$$a_n \leq K, \quad n \in \mathbb{N}, \quad \text{oder} \quad a_n \geq K, \quad n \in \mathbb{N}.$$

Lemma 3.1: *Eine beschränkte Folge* $(a_n)_{n\in\mathbb{N}}$ *in* $\mathbb{R}$ *(oder unendliche Teilmenge) in* $\mathbb{R}$ *besitzt eine „kleinste" obere Schranke, die sog. „obere Grenze" (oder „Supremum")*

$$\sup_{n\in\mathbb{N}} a_n := \min\{K \in \mathbb{R}\,|a_n \leq K \ \ \forall\, n \in \mathbb{N}\},$$

sowie eine „größte" untere Schranke, die sog. „untere Grenze" (oder „Infimum")

$$\inf_{n\in\mathbb{N}} a_n := \max\{K \in \mathbb{R}\,|a_n \geq K \ \ \forall\, n \in \mathbb{N}\}.$$

Mit diesen gilt

$$\inf_{n\in\mathbb{N}} a_n \leq a_n \leq \sup_{n\in\mathbb{N}} a_n \quad \forall n \in \mathbb{N}.$$

Für eine unbeschränkte Folge in $\mathbb{R}$ *ist*

$$\inf_{n\in\mathbb{N}} a_n := -\infty \quad \text{oder} \quad \sup_{n\in\mathbb{N}} a_n := \infty.$$

Beweis: Sei $M := \{K \in \mathbb{R}|\, K \geq a_n \ \forall n \in \mathbb{N}\}$ die Menge der oberen Schranken der Folge $(a_n)_{n\in\mathbb{N}}$. Dann gibt es gemäß der Trennungseigenschaft von $\mathbb{R}$ (äquivalent zur Vollständigkeit) eine Zahl $s \in \mathbb{R}$ mit der Eigenschaft $a_n \leq s \leq K$, $K \in M, n \in \mathbb{N}$, d. h.: s ist obere Grenze von $(a_n)_{n\in\mathbb{N}}$. Die Existenz einer *unteren* wird analog erschlossen. Q.E.D.

Beispiel 3.2: Wir geben für eine Reihe von Folgen $(a_n)_{n\in\mathbb{N}}$ untere und obere Schranken bzw. Grenzen an:

$$a_n = n: \quad \underline{s} = 1, \quad \overline{s} = \infty; \qquad a_n = \frac{1}{n}: \quad \underline{s} = 0, \quad \overline{s} = 1;$$

$$a_n = \frac{1}{2^n}: \quad \underline{s} = 0, \quad \overline{s} = \tfrac{1}{2}; \qquad a_n = 1 + \frac{1}{2^n}: \quad \underline{s} = 1, \quad \overline{s} = \tfrac{3}{2};$$

Offensichtlich können die obere und die untere Grenze auch Element der Menge sein, müssen es aber nicht.

Definition 3.3: *Ein* $a \in \mathbb{K}$ *heißt „Häufungswert" einer Folge* $(a_n)_{n\in\mathbb{N}}$ *in* $\mathbb{K}$*, wenn es zu beliebigem* $\varepsilon > 0$ *unendlich viele Folgenelemente* a_n *gibt mit*

$$|a - a_n| < \varepsilon\,.$$

Ein $a \in \mathbb{K}$ *heißt „Häufungspunkt" einer Teilmenge* M *von* $\mathbb{K}$*, wenn es zu beliebigem* $\varepsilon > 0$ *stets unendlich viele Elemente* $x \in M$ *gibt mit*

$$|a - x| < \varepsilon\,.$$

Beispiel 3.3: Folgen mit mehreren Häufungswerten lassen sich leicht finden:

1. Die divergente Folge mit den Elementen $a_n = (-1)^n$ $(n \in \mathbb{N})$ hat die zwei Häufungswerte $a^{(1)} = 1$ und $a^{(2)} = -1$.

2. Aus zwei konvergenten Folgen $(a_n)_{n\in\mathbb{N}}$ und $(b_n)_{n\in\mathbb{N}}$ mit Grenzwerten a bzw. b erhält man durch die Setzung

$$c_{2n-1} := a_n, \quad c_{2n} := b_n, \quad n \in \mathbb{N},$$

eine neue Folge $(c_n)_{n\in\mathbb{N}}$ mit den beiden Häufungswerten a und b.

Bemerkung 3.2: Wir stellen einige offensichtlichen Eigenschaften von Folgen mit Häufungswerten zusammen:

1. Zu jedem Häufungswert a gibt es eine Teilfolge $(a_{n_k})_{k\in\mathbb{N}}$ von $(a_n)_{n\in\mathbb{N}}$, die gegen a konvergiert: $a = \lim_{k\to\infty} a_{n_k}$.

2. Die Häufungswerte einer Folge ändern sich nicht, wenn man endlich viele Elemente der Folge verändert.

3. Ist die Folge konvergent, so ist ihr Grenzwert nach Definition auch Häufungswert und zwar der einzige, denn für zwei Häufungswerte $a = \lim_{k\to\infty} a_{n_k}$ und $a' = \lim_{k\to\infty} a_{n'_k}$ gilt nach dem Konvergenzkriterium

$$|a - a'| \le |a - a_{n_k}| + |a_{n_k} - a_{n'_k}| + |a_{n'_k} - a'| \to 0 \quad (k \to \infty).$$

Von fundamentaler Bedeutung für die Analysis ist der folgende Satz von Bolzano-Weierstraß[2].

Satz 3.2 (Satz von Bolzano-Weierstraß): *a) Jede beschränkte Folge (oder unendliche Teilmenge) in* $\mathbb{K}$ *besitzt einen Häufungswert (bzw. Häufungspunkt).*

b) Jede beschränkte Folge (oder Teilmenge) in $\mathbb{R}$ *besitzt einen größten sowie einen kleinsten Häufungswert (bzw. Häufungspunkt), die mit* $\limsup_{n\to\infty} a_n$ *(oder* $\overline{\lim}_{n\to\infty} a_n$ *) bzw.* $\liminf_{n\to\infty} a_n$ *(oder* $\underline{\lim}_{n\to\infty} a_n$ *) bezeichnet werden.*

Beweis: Da man aus jeder unendlichen Menge von Zahlen eine unendliche Folge auswählen kann, genügt es, die Behauptung für Folgen zu beweisen.

i) Wir beweisen die Behauptung zunächst für $\mathbb{R}$. Für eine beschränkte Folge $(a_n)_{n\in\mathbb{N}}$ in $\mathbb{R}$ gibt es eine obere Schranke und eine untere Schranke, d. h. Zahlen c_0, b_0 mit der Eigenschaft $c_0 \le a_n \le b_0$, $n \in \mathbb{N}$. Ausgehend von dem Intervall

$$I_0 := [c_0, b_0] := \{x \in \mathbb{R} | \ c_0 \le x \le b_0\}$$

definieren wir rekursiv eine Folge von Intervallen $I_k := [c_k, b_k]$ mit Länge $|I_k| := |b_k - c_k|$ und den Eigenschaften einer Intervallschachtelung:

[2] Karl Theodor Weierstraß (1815–1897): Deutscher Mathematiker; ab 1856 Prof. in Berlin; begründete die moderne „strenge“ Analysis.

1. In I_k liegen unendlich viele Glieder der Folge $(a_n)_{n\in\mathbb{N}}$, und für fast alle $n \in \mathbb{N}$ ist $a_n \le b_k$.

2. $I_k \subset I_{k-1}$.

3. $|I_k| \le 2^{-k}|I_0|$.

Zur Definition von $I_1 = [c_1, b_1]$ setzen wir mit dem Mittelpunkt $z_0 = \frac{1}{2}(b_0 + a_0)$:

$$[c_1, b_1] := \begin{cases} [c_0, z_0], & \text{falls i) } a_n \in [c_0, z_0] \text{ für unendlich viele } n \in \mathbb{N}, \\ & \text{und ii) } a_n \le z_0 \text{ für fast alle } n \in \mathbb{N}; \\ [z_0, b_0], & \text{sonst.} \end{cases}$$

Nach Konstruktion enthält $[c_1, b_1] \subset [c_0, b_0]$ unendlich viele Folgenelemente, und es gilt $a_n \le b_1$ für fast alle $n \in \mathbb{N}$, sowie nach Konstruktion $|b_1 - c_1| \le \frac{1}{2}|b_0 - c_0|$. Also ist $I_1 = [c_1, b_1]$ ein Intervall mit den geforderten Eigenschaften. Durch sukzessive Anwendung dieser Konstruktion erhalten wir dann eine Folge von Intervallen $I_k = [c_k, b_k]$, $k \in \mathbb{N}$, welche alle diese Eigenschaften haben. Die Folge von Intervallen $(I_k)_{k\in\mathbb{N}_0}$ bildet offenbar eine „Intervallschachtelung" in $\mathbb{R}$, und aufgrund der Intervallschachtelungseigenschaft (äquivalent zur Vollständigkeit) existiert eine Zahl $a \in \mathbb{R}$ mit $a \in I_k$ für alle $k \in \mathbb{N}_0$. Da jedes der I_k unendlich viele Folgenelemente enthält und $|I_k| \to 0$ $(k \to \infty)$ konvergiert, ist a definitionsgemäß Häufungswert der Folge. Dieser ist auch der größte Häufungswert. Denn für beliebiges $\varepsilon > 0$ gilt nach Auswahl der Intervalle I_k für fast alle $n \in \mathbb{N}$:

$$a_n \le b_k \le |b_k - a| + a \le \varepsilon + a.$$

Gäbe es nun einen größeren Häufungswert $a' > a$, so würde mit $\varepsilon' := \frac{1}{2}(a' - a)$

$$a_n \le \varepsilon' + a = \tfrac{1}{2}(a' - a) + a = \tfrac{1}{2}(a' + a) = a' - \tfrac{1}{2}(a' - a) = a' - \varepsilon'$$

für fast alle $n \in \mathbb{N}$ gelten, im Widerspruch dazu, dass a' Häufungswert sein soll. Die Existenz eines *kleinsten* Häufungswertes wird analog erschlossen.

ii) Sei nun $(z_n)_{n\in\mathbb{N}}$ eine beschränkte Folge in $\mathbb{C}$. Dann sind auch die Folgen $(x_n)_{n\in\mathbb{N}}$ und $(y_n)_{n\in\mathbb{N}}$ der zugehörigen Real- und Imaginärteile in $\mathbb{R}$ beschränkt. Nach dem eben Gezeigten existiert eine konvergente Teilfolge $(x_{n_k})_{k\in\mathbb{N}}$ der Realteile, $x_{n_k} \to x$ $(k \to \infty)$, und wegen der Beschränktheit der zugehörigen Teilfolge $(y_{n_k})_{k\in\mathbb{N}}$ der Imaginärteile eine weitere konvergente Teilfolge $(y_{n_{k_j}})_{j\in\mathbb{N}}$ mit Limes $y \in \mathbb{R}$. Dann gilt

$$z_{n_{k_j}} = x_{n_{k_j}} + iy_{n_{k_j}} \to x + iy =: z \quad (j \to \infty).$$

Damit ist der Beweis vollständig. Q.E.D.

Definition 3.4: *Eine Teilmenge $M \subset \mathbb{K}$, welche alle ihre Häufungspunkte enthält heißt „abgeschlossen". Eine abgeschlossene Teilmenge $M \subset \mathbb{K}$, in der jede (unendliche) Folge einen Häufungswert hat, heißt „kompakt".*

Bemerkung 3.3: Eine kompakte Teilmenge $M \subset \mathbb{K}$ ist notwendig beschränkt (Sonst gäbe es eine strikt divergente Teilfolge ohne Häufungswert.) und nach Definition abgeschlossen. Umgekehrt besagt der Satz von Bolzano-Weiserstraß also, dass im (bewerteten) Zahlkörper $\mathbb{K}$ jede beschränkte, abgeschlossene Teilmenge $M \subset \mathbb{K}$ kompakt ist. Diese Aussage ist in allgemeinen normierten Vektorräumen nicht richtig (→ *Funktionalanalysis*).

Bemerkung 3.4: Der oben angegebene Beweis des Satzes von Bolzano-Weiserstraß enthält ein Argument, welches nähere Betrachtung verdient. Es wird postuliert, dass zu der *unendlichen* Folge von Intervallen $[c_k, b_k]$ eine gleichfalls *unendliche* Folge von Punkten $a_{n_k} \in [c_k, b_k]$ „ausgewählt" werden kann. Dieser Prozess ist nicht ganz klar, da er ja eigentlich unendlich viele Schritte erfordert, die natürlich nicht wirklich ausgeführt werden können. Es handelt sich hierbei also um die Anwendung eines logischen „Axioms", des sog. „Zermeloschen[3] Auswahlaxioms". Im Fall von *abzählbar* unendlich viele Mengen entspricht dies gerade dem früher schon verwendeten Induktionsprinzip und ist unproblematisch. Die Verwendbarkeit dieser Schlussweise auch in Verbindung mit überabzählbar vielen Mengen ist allerdings nicht so klar und hat in der Anfangsphase der mengentheoretischen Analysis zu erheblichen Kontroversen unter Mathematikern geführt (siehe auch Bemerkung 2.8). Heute besteht mehrheitlich die Meinung, dass der Verzicht auf dieses Beweishilfsmittel die weitere Entwicklung der mathematischen Forschung stark behindern würde.

Korollar 3.1: *Es gelten die folgenden Aussagen:*

a) Eine beschränkte Folge $(a_n)_{n\in\mathbb{N}}$ in $\mathbb{K}$, die nicht konvergiert, besitzt mindestens zwei verschiedenen Häufungswerte, d. h.: Eine beschränkte Folge mit nur einem Häufungswert ist insgesamt konvergent gegen diesen. Bei einer unbeschränkten Folge kommt als weitere Möglichkeit der „Nichtkonvergenz" noch die Existenz einer streng divergierenden Teilfolge hinzu.

b) Für eine Folge $(a_n)_{n\in\mathbb{N}}$ in $\mathbb{R}$ gibt es für beliebiges $\varepsilon \in \mathbb{R}_+$ höchstens endlich viele Folgenelemente a_k mit der Eigenschaft

$$a_k \le \liminf_{n\to\infty} a_n - \varepsilon \le \limsup_{n\to\infty} a_n + \varepsilon \le a_k\,.$$

Beweis: a) Eine beschränkte Zahlenfolge $(a_n)_{n\in\mathbb{N}}$ besitzt nach dem Satz von Bolzano-Weierstraß mindestens einen Häufungswert. Da es wegen der Beschränktheit der Folge keine echt divergierende Teilfolge geben kann, würde die Nichtexistenz eines zweiten Häufungswertes die Konvergenz der Folge implizieren, im Widerspruch zur Annahme.

b) Die Existenz von unendlich vielen Folgenelementen „rechts" von $\limsup_{n\to\infty} a_n + \varepsilon$ oder „links" von $\liminf_{n\to\infty} a_n - \varepsilon$ widerspricht der Definition von „größtem" und „kleinstem" Häufungswert (Details Übungsaufgabe). Q.E.D.

[3]Ernst Zermelo (1871–1953): Deutscher Mathematiker; Prof. in Zürich und Freiburg; Beiträge zur Variationsrechnung, Mengenlehre und statist. Mechanik.

Bemerkung 3.5: Wir listen einige Eigenschaften des $\limsup$ und $\liminf$ von Zahlenfolgen $(a_n)_{n\in\mathbb{N}}$ und $(b_n)_{n\in\mathbb{N}}$, die gültig sind, sofern die auftretenden Größen existieren: (Beweis Übungsaufgabe)

$$\begin{aligned}\liminf_{n\to\infty} a_n + \liminf_{n\to\infty} b_h &\le \liminf_{n\to\infty} (a_n + b_n) \\ &\le \liminf_{n\to\infty} a_n + \limsup_{n\to\infty} b_n \\ &\le \limsup_{n\to\infty} (a_n + b_n) \le \limsup_{n\to\infty} a_n + \limsup_{n\to\infty} b_n .\end{aligned} \tag{3.1.3}$$

Im Falle $a_n,\, b_n \ge 0$ gilt:

$$\begin{aligned}\liminf_{n\to\infty} a_n \cdot \liminf_{n\to\infty} b_n &\le \liminf_{n\to\infty} (a_n b_n) \\ &\le \liminf_{n\to\infty} a_n \cdot \limsup_{n\to\infty} b_n \\ &\le \limsup_{n\to\infty} (a_n b_n) \le \limsup_{n\to\infty} a_n \cdot \limsup_{n\to\infty} b_n .\end{aligned} \tag{3.1.4}$$

Definition 3.5 (Monotonie): *Die Folge* $(a_n)_{n\in\mathbb{N}}$ *in* $\mathbb{R}$ *heißt „monoton steigend“ bzw. „monoton fallend“, wenn gilt*

$$a_{n+1} \ge a_n \quad (n \in \mathbb{N}) \qquad \textit{bzw.} \qquad a_{n+1} \le a_n \quad (n \in \mathbb{N}).$$

Satz 3.3 (Monotone Konvergenz): *Jede beschränkte, monoton steigende oder fallende Folge* $(a_n)_{n\in\mathbb{N}}$ *in* $\mathbb{R}$ *besitzt einen Grenzwert.*

Beweis: Für die beschränkte Folge $(a_n)_{n\in\mathbb{N}}$ sind notwendig der größte und der kleinste Häufungswert endlich:

$$-\infty < \liminf_{n\to\infty} a_n \le \limsup_{n\to\infty} a_n < \infty.$$

Ist die Folge monoton steigend, so müssen alle Folgenelemente links von $\liminf\, a_n$ liegen, da andernfalls keine gegen $\liminf a_n$ konvergierende Teilfolge existieren könnte. Damit ist $\liminf_{n\to\infty} a_n$ als der kleinste auch der einzige Häufungswert der beschränkten Folge $(a_n)_{n\in\mathbb{N}}$ Folge und damit ihr Limes. Umgekehrt liegen für eine monoton fallende Folge alle Elemente rechts von $\limsup a_n$. In beiden Fällen ist demnach $\liminf a_n = \limsup a_n$, was zu beweisen war. Q.E.D.

Bemerkung 3.6: Eine nach unten durch Null beschränkte und monoton fallende Folge $(a_n)_{n\in\mathbb{R}}$ ist nicht notwendig eine Nullfolge, und eine monoton steigende Folge muss nicht unbedingt streng divergieren, wie die folgenden Beispiele zeigen:

$$a_n = 1 + \frac{1}{n} \to 1 \quad (n \to \infty) \qquad a_n = 1 - \frac{1}{n} \to 1 \quad (n \to \infty).$$

Beispiel 3.4: Die Folge mit den (positiven) Elementen

$$a_n = 1 + \frac{1}{1!} + \frac{1}{2!} + \cdots + \frac{1}{n!}$$

ist offensichtlich monoton wachsend und wegen

$$a_n < 1 + 1 + \frac{1}{2} + \Big(\frac{1}{2}\Big)^2 + \cdots + \Big(\frac{1}{2}\Big)^{n-1} = 1 + \frac{1 - \big(\frac{1}{2}\big)^n}{1 - \frac{1}{2}} < 3$$

auch beschränkt. Nach Satz 3.3 ist sie folglich konvergent. Ihr Limes ist, wie wir später noch sehen werden, gerade die oben schon erwähnte (transzendente) Zahl e.

Beispiel 3.5: Zur Berechnung der Quadratwurzel einer positiven reellen Zahl a kann der folgende Algorithmus verwendet werden: Ausgehend von einem Startwert $x_1 \in \mathbb{Q}$ mit $x_1 \le 2, x_1^2 > 2$ definieren wir eine Folge rationaler Zahlen durch die Rekursionsvorschrift:

$$n \in \mathbb{N}: \quad x_{n+1} := \frac{1}{2}\Big\{x_n + \frac{2}{x_n}\Big\}.$$

Mit $x_1 > 0$ sind auch alle weiteren Folgenelemente positiv. Darüberhinaus folgt aus $x_n^2 > 2$, dass

$$x_{n+1} = \frac{1}{2}\Big\{x_n + \frac{2}{x_n}\Big\} = \frac{1}{2}x_n\Big\{1 + \frac{2}{x_n^2}\Big\} < \frac{1}{2}x_n\{1+1\} = x_n.$$

Weiter ist nach Konstruktion $2x_{n+1}x_n = x_n^2 + 2$ sowie

$$x_{n+1}^2 - 2 = \underbrace{x_{n+1}^2 - 2x_{n+1}x_n + x_n^2}_{=\,(x_{n+1}-x_n)^2>0} + \underbrace{2x_{n+1}x_n - x_n^2 - 2}_{=\,0} > 0,$$

und folglich $x_{n+1}^2 > 2$. Mit Induktion nach n gelten diese Beziehungen damit für alle Folgenelemente. Die Folge $(x_n)_{n\in\mathbb{N}}$ ist also „monoton fallend" und sowohl nach oben als auch nach unten beschränkt: $1 < x_n \le 2$. Folglich ist sie konvergent gegen einen Limes $x \in \mathbb{R}$. Für diesen gilt dann wegen der Konvergenz $x_n \to x$, $x_{n+1} \to x$ für $n \to \infty$:

$$x \leftarrow x_{n+1} := \frac{1}{2}\Big\{x_n + \frac{2}{x_n}\Big\} \to \frac{1}{2}\Big\{x + \frac{2}{x}\Big\}.$$

Dies impliziert

$$x = \frac{1}{2}\Big\{x + \frac{2}{x}\Big\}, \qquad x^2 = 2,$$

d. h.: Der Limes x ist die gesuchte Quadratwurzel von 2. Für den Startwert $x_1 = 2$ liefert das obige „iterative" Verfahren die Folgenelemente

$$x_2 = \underline{1},5, \quad x_3 = \underline{1,416}\ldots, \quad x_4 = \underline{1,414215}\ldots, \quad x_5 = \underline{1.414213561374}\ldots,$$

welche den gesuchten Wert $\sqrt{2} = 1,414213561373095\ldots$ offenbar sehr schnell annähern; die Anzahl der korrekten Dezimalstellen verdoppelt sich in jedem Schritt. Dieses Näherungsverfahren wird „quadratisch konvergent" genannt. Wir werden es später als das „Newton-Verfahren" wiederfinden.

3.2 Unendliche Summen („Reihen“)

Wir betrachten das Verhalten von Folgen endlicher Summen (sog. „Partialsummen“)

$$s_n := \sum_{k=1}^{n} a_k$$

von reellen oder komplexen Zahlen a_k für $n \to \infty$. Dabei kann anstatt des Indexbereichs $k = 1, \dots, n$, auch jeder andere endliche Abschnitt $k = r, r+1, \dots, r+n$ der ganzen Zahlen vorkommen, insbesondere $k = 0, 1, \dots, n$.

Definition 3.6: *Eine unendliche Summe (eine sog. „Reihe“) $\sum_{k=1}^{\infty} a_k$ heißt „konvergent“ mit Limes s_∞, wenn die Folge ihrer Partialsummen konvergiert:*

$$s_n = \sum_{k=1}^{n} a_k \to s_\infty \quad (n \to \infty).$$

Wir werden im folgenden die Notation einer Reihe $s_\infty = \sum_{k=1}^{\infty} a_k$ verwenden, auch wenn ihre Existenz, d. h. die Konvergenz der zugehörigen Partialsummen nicht gesichert ist. Die Konvergenz einer Reihe ist nicht selbstverständlich, wie die (pathologischen) Beispiele

$$\sum_{k=1}^{n} k = \frac{n(n+1)}{2} \to \infty \quad (n \to \infty), \qquad \sum_{k=1}^{n} (-1)^k = \begin{cases} -1 & \text{für } n \text{ ungerade}, \\ 0 & \text{für } n \text{ gerade}, \end{cases}$$

zeigen. Wir bemerken, dass sich auch die Konvergenzuntersuchung für allgemeine Folgen $(a_n)_{n\in\mathbb{N}}$ über die Setzung

$$a_n = a_1 + (a_2 - a_1) + \cdots (a_n - a_{n-1}) = a_1 + \sum_{k=1}^{n-1} (a_{k+1} - a_k)$$

in die von Reihen einordnen lässt.

3.2.1 Konvergenzkriterien

Das Cauchyschen Konvergenzkriterium für Folgen besagt, dass eine Reihe genau dann konvergent ist, wenn zu jedem $\varepsilon > 0$ eine $n_\varepsilon \in \mathbb{N}$ existiert, so dass für alle $n > m \geq n_\varepsilon$ gilt:

$$|s_n - s_m| = \Big| \sum_{k=m+1}^{n} a_k \Big| < \varepsilon. \qquad (3.2.5)$$

Lemma 3.2 (Reihenkonvergenz): *Eine Reihe $\sum_{k=1}^{\infty} a_k$ kann nur dann konvergent sein, wenn ihre Partialsummen beschränkt sind und ihre Glieder eine Nullfolge bilden, d. h.: $a_k \to 0 \; (k \to \infty)$.*

Beweis: Sei

$$s_\infty = \sum_{k=1}^{\infty} a_k = \lim_{n\to\infty} s_n\,.$$

Dann gilt

$$\lim_{n\to\infty} a_n = \lim_{n\to\infty} (s_n - s_{n-1}) = \lim_{n\to\infty} s_n - \lim_{n\to\infty} s_{n-1} = s_\infty - s_\infty = 0\,,$$

was zu zeigen war. Die Beschränktheit der Partialsummen folgt notwendig aus der Beschränktheit konvergenter Folgen. Q.E.D.

Lemma 3.3: *Für zwei konvergente Reihen $\sum_{n=1}^{\infty} a_n$ und $\sum_{n=1}^{\infty} b_n$ ist auch jede Linearkombination $\sum_{n=1}^{\infty}(\alpha a_n + \beta b_n)$ mit $\alpha, \beta \in \mathbb{K}$, konvergent, und es gilt*

$$\sum_{n=1}^{\infty}(\alpha a_n + \beta b_n) = \alpha \sum_{n=1}^{\infty} a_n + \beta \sum_{n=1}^{\infty} b_n. \tag{3.2.6}$$

Die konvergenten Reihen bilden also wie die konvergenten Folgen einen reellen bzw. komplexen Vektorraum.

Beweis: Die Behauptung ergibt sich unmittelbar aus der entsprechenden Aussage für konvergente Folgen. Q.E.D.

Die Nichtkonvergenz einer Reihe kann sich auf verschiedene Weise ausdrücken. Sie kann direkt „divergieren“, d. h.:

$$\Big|\sum_{k=1}^{n} a_k\Big| \to \infty \quad (n \to \infty), \tag{3.2.7}$$

oder sie kann auch mehr als einen Häufungswert haben wie die obige Reihe mit den Elementen $a_k = (-1)^k$, welche sogar beschränkte Partialsummen hat.

Beispiel 3.6 (Geometrische Reihe): Die sog. „geometrische Reihe“ hat die Form

$$s_\infty = \sum_{k=0}^{\infty} x^k$$

für festes $x \in \mathbb{K}$ mit $x \neq 1$. Ihre Partialsummen sind

$$s_n = \sum_{k=0}^{n} x^k = 1 + x^2 + \cdots + x^n = \frac{1-x^{n+1}}{1-x}.$$

Im Fall $|x| < 1$ konvergiert offensichtlich

$$s_n \to s_\infty = \sum_{k=0}^{\infty} x^k = \frac{1}{1-x} \quad (n \to \infty), \tag{3.2.8}$$

während für $|x| > 1$ wegen $x^n \not\to 0$ keine Konvergenz vorliegen kann.

Beispiel 3.7 (Harmonische Reihe): Die Eigenschaft $a_n \to 0$ $(n \to \infty)$ ist allein noch nicht hinreichend für die Konvergenz der Reihe $\sum_{k=1}^{\infty} a_k$ (ein beliebter Trugschluß „nichtstrenger“ mathematischer Argumentation). Dies zeigt das Beispiel der sog. „harmonischen Reihe“

$$s_\infty = \sum_{k=1}^{\infty} \frac{1}{k}.$$

Hier gilt offensichtlich $a_n \to 0$ $(n \to \infty)$, aber wegen

$$s_{2m} - s_m = \sum_{k=m+1}^{2m} \frac{1}{k} = \frac{1}{m+1} + \cdots + \frac{1}{2m} > \underbrace{\frac{1}{2m} + \cdots + \frac{1}{2m}}_{m\text{-mal}} = \frac{1}{2}$$

ist das Cauchysche Konvergenzkriterium nicht erfüllt. Die harmonische Reihe ist also *nicht* konvergent. Tatsächlich ist sie streng divergent:

$$s_n = \sum_{k=1}^{n} \frac{1}{k} \to \infty \quad (n \to \infty). \tag{3.2.9}$$

Lemma 3.4 (Reihen mit nichtnegativen Gliedern): *Eine Reihe $\sum_{k=1}^{\infty} a_k$ in $\mathbb{R}$ mit Gliedern $a_k \geq 0$ ist genau dann konvergent, wenn ihre Partialsummen beschränkt sind.*

Beweis: Die Folge der Partialsummen ist monoton wachsend

$$s_n = \sum_{k=1}^{n} a_k \leq \sum_{k=1}^{n} a_k + a_{n+1} = s_{n+1}.$$

Nach dem Konvergenzsatz 3.3 für monotone Folgen folgt dann aus der Beschränktheit der Partialsummen die Konvergenz der Reihe. Q.E.D.

Lemma 3.5 (Leibniz-Kriterium): *Eine Reihe $s_\infty = \sum_{k=1}^{\infty} a_k$ in $\mathbb{R}$ heißt „alternierend“, wenn ihre Elemente alternierende Vorzeichen haben, d. h.: $a_{n+1}a_n \leq 0$. Eine solche Reihe ist konvergent, wenn die Absolutbeträge ihrer Glieder eine monoton fallende Nullfolge bilden:*

$$|a_n| \geq |a_{n+1}| \to 0 \quad (n \to \infty). \tag{3.2.10}$$

Für die Reihenreste gilt dabei die Abschätzung

$$\Big|\sum_{k=m}^{\infty} a_k\Big| \leq |a_m|. \tag{3.2.11}$$

Beweis: i) Sei o.B.d.A. $a_1 > 0$. Dann ist

$$a_{2n} + a_{2n+1} \leq 0, \quad a_{2n-1} + a_{2n} \geq 0,$$

und folglich

$$
\begin{aligned}
s_{2n+1} &= a_1 + (a_2+a_3) + (a_4+a_5) + \dots + (a_{2n}+a_{2n+1}) \le s_{2n-1} \le \dots \le s_3 \le s_1 \,, \\
s_{2n} &= (a_1+a_2) + (a_3+a_4) + \dots + (a_{2n-1}+a_{2n}) \ge s_{2n-2} \ge \dots \ge s_4 \ge s_2 \,.
\end{aligned}
$$

Ferner gilt $s_{2n+1} - s_{2n} = a_{2n+1} \ge 0$ und somit

$$s_2 \le \dots \le s_{2n} \le s_{2n+1} \le \dots \le s_1.$$

Die Folgen der Partialsummen $(s_{2n})_{n\in\mathbb{N}}$ mit geraden Indizes bzw. $(s_{2n+1})_{n\in\mathbb{N}}$ mit ungeraden Indizes sind also beschränkt und monoton wachsend bzw. monoton fallend; beide sind daher konvergent mit Limiten $s_* = \lim_{n\to\infty} s_{2n}$ bzw. $s^* = \lim_{n\to\infty} s_{2n+1}$, so dass

$$s_{2n} \le s_* \le s^* \le s_{2n+1} \,.$$

Nach Voraussetzung konvergiert nun

$$|s_{2n+1} - s_{2n}| = |a_{2n+1}| \to 0 \quad (n \to \infty),$$

was $s_* = s^*$ impliziert.

ii) Aus dem in (i) Gezeigten folgt im Fall $m = 2n+1$:

$$0 \le s_\infty - s_{2n} = \sum_{k=2n+1}^{\infty} a_k = \underbrace{s_\infty - s_{2n+1}}_{\le 0} + a_{2n+1} \le a_{2n+1},$$

und somit

$$\Big| \sum_{k=2n+1}^{\infty} a_k \Big| \le |a_{2n+1}|.$$

Im Fall $m = 2n$ wird analog geschlossen. Q.E.D.

Beispiel 3.8: Wir geben zwei Beispiele alternierender Reihen:

1. Die alternierende *harmonische* Reihe

$$s_\infty = \sum_{k=1}^{\infty} \frac{(-1)^{k-1}}{k} = 1 - \frac{1}{2} + \frac{1}{3} - \frac{1}{4} + \frac{1}{5} - \frac{1}{6} + \dots$$

konvergiert nach dem Leibnizschen Konvergenzkriterium. Ihr Limes ist, wie wir später sehen werden, gerade der Funktionswert $s_\infty = \ln(2) = 0{,}69314718\dots$ des natürlichen Logarithmus.

2. Die Leibnizsche Reihe

$$s_\infty = \sum_{k=0}^{\infty} \frac{(-1)^k}{2k+1} = 1 - \frac{1}{3} + \frac{1}{5} - \frac{1}{7} + \frac{1}{9} - \frac{1}{11} + \dots$$

ist ebenfalls konvergent mit dem Limes $s_\infty = \frac{1}{4}\pi$.

3. Die Monotoniebedingung in Lemma 3.5 ist i. Allg. wesentlich für die Konvergenz einer alternierenden Reihe. Die alternierende Reihe $\sum_{k=1}^{\infty} a_k$ mit den Gliedern

$$a_{2k} := -\frac{1}{2^k}, \quad a_{2k-1} := \frac{1}{k},$$

ist als „Superreihe" der harmonischen Reihe divergent, obwohl ihre Glieder eine Nullfolge sind. Das Konvergenzverhalten einer alternierenden Reihe kann sich bei Umordnung ihrer Glieder, d. h. der Reihenfolge der a_k, drastisch ändern. Die alternierende harmonische Reihe bleibt, wie wir später noch sehen werden, bei der Umordnung

$$s_\infty = \sum_{k=1}^{\infty} \frac{(-1)^{k-1}}{k} \to \tilde{s}_\infty := (1 + \tfrac{1}{3} - \tfrac{1}{2}) + (\tfrac{1}{5} + \tfrac{1}{7} - \tfrac{1}{4}) + (\tfrac{1}{6} + \tfrac{1}{11} - \tfrac{1}{6}) + \ldots$$

konvergent, aber mit einem Limes $\tilde{s}_\infty > s_\infty = \frac{1}{4}\pi$. Unter der „totalen" Umordnung

$$s_\infty = \sum_{k=1}^{\infty} \frac{(-1)^{k-1}}{k} \to \tilde{s}_\infty := -\tfrac{1}{2}\sum_{k=1}^{\infty} \frac{1}{k} + \sum_{k=1}^{\infty} \frac{1}{2k-1}$$

entsteht sogar eine divergente Reihe. Dies zeigt, dass der Umgang mit unendlichen Summen heikel ist, und dass insbesondere das von endlichen Summen her vertraute Assoziativgesetz hier nicht unbedingt gelten muss.

4. Von Dirichlet[4] stammt die folgende Verallgemeinerung des Leibnizschen Kriteriums:

Die Reihe $\sum_{k=1}^{\infty} a_k$ in $\mathbb{R}$ habe beschränkte Partialsummen und die Folge $(b_k)_{k\in\mathbb{N}}$ in $\mathbb{R}$ sei eine monotone Nullfolge (Insbesondere seien also die Glieder b_k alle positiv oder alle negativ.). Dann konvergiert die Reihe

$$\sum_{k=1}^{\infty} a_k b_k .$$

Setzt man im Dirichlet-Kriterium $a_k = (-1)^k$, so ergibt sich gerade das obige Leibniz-Kriterium.

5. Auf Reihen mit monoton fallenden Gliedern bezieht sich auch das folgende Konvergenzkriterium von Abel[5]:

Die Reihe $\sum_{k\in\mathbb{N}} a_k$ in $\mathbb{R}$ sei konvergent, und die Folge $(b_k)_{k\in\mathbb{N}}$ in $\mathbb{R}_+$ sei beschränkt und monoton fallend. Dann konvergiert auch die Reihe

$$\sum_{k=1}^{\infty} a_k b_k .$$

[4]Johann Peter Gustav Lejeune Dirichlet (1805–1859), geb. in Düren (damals bei Frankreich): Wirkte in Berlin und als Prof. in Göttingen (Nachfolger von Gauß); wichtige Beiträge zur Zahlentheorie, Analysis und Differentialgleichungen („Dirichletsches Prinzip").

[5]Niels Henrik Abel (1802–1829): Norwegischer Mathematiker; bereits mit 26 Jahren an Tuberkulose verstorben; Arbeiten über algebraische Gleichungen (speziell der quintischen Gleichung) und Gruppentheorie.

Die Konvergenz alternierender Reihen ist sehr fragil, da sie in der Regel bei Umordnung der Reihenglieder verloren gehen kann. Wir führen daher den folgenden stärkeren Konvergenzbegriff ein.

Definition 3.7: *Eine Reihe $\sum_{n=1}^{\infty} a_n$ wird als „absolut konvergent“ bezeichnet, wenn die Reihe $\sum_{n=1}^{\infty} |a_n|$ der Absolutbeträge ihrer Elemente konvergent ist.*

Bemerkung 3.7: Wir stellen einige einfache Aussagen über absolut konvergente Reihen zusammen, die sich unmittelbar aus den entsprechenden Aussagen für konvergente Folgen (von Partialsummen) ergeben:

1. Eine absolut konvergente Reihe ist automatisch auch konvergent. Dies folgt aus

$$\Big|\sum_{k=n}^{m} a_k\Big| \le \sum_{k=n}^{m} |a_k|.$$

2. Für eine absolut konvergente Reihe $\sum_{n=1}^{\infty} a_n$ in $\mathbb{C}$ sind auch die Reihen der zugehörigen Real- und Imaginärteile absolut konvergent, und es gilt

$$\sum_{n=1}^{\infty} a_n = \sum_{n=1}^{\infty} \mathrm{Re}\, a_n + i \sum_{n=1}^{\infty} \mathrm{Im}\, a_n\,.$$

3. Fasst man jeweils endlich viele Glieder einer absolut konvergenten Reihe durch Klammern zusammen, so ist die entstehende Reihe ebenfalls konvergent und hat dieselbe Summe:

$$\sum_{k=1}^{\infty} a_k = \underbrace{a_1 + \cdots + a_{k_1}}_{\sigma_1} + \underbrace{a_{k_1+1} + \cdots + a_{k_2}}_{\sigma_2} + \cdots + \underbrace{a_{k_n} + \cdots + a_{k_{n+1}}}_{\sigma_n} + \cdots = \sum_{k=1}^{\infty} \sigma_k\,.$$

Dies ist klar, da die Partialsummen der zusammengefassten Reihe eine Teilfolge der Partialsummenfolge der Ausgangsreihe bilden und daher konvergent sind. Hierbei ist die absolute Konvergenz der (ungeklammerte) Reihe wesentlich, wie man anhand des folgenden Beispiels sieht:

$$\begin{aligned}(1-1)+(1-1)+(1-1)+\,\ldots &= 0+0+0+\,\cdots = 0,\\ 1-(1-1)-(1-1)-\,\ldots &= 1-0-0-\,\cdots = 1\,.\end{aligned}$$

Wir wollen nun einige nützliche Kriterien für die absolute Konvergenz von Reihen ableiten. Gegeben seien zwei Reihen mit Gliedern $a_k \in \mathbb{K}$ und $a'_k \in \mathbb{R}_+$:

$$s_\infty = \sum_{k=1}^{\infty} a_k, \quad s'_\infty = \sum_{k=1}^{\infty} a'_k\,.$$

Gilt $|a_k| \le a'_k$ $(k \in \mathbb{N})$, so wird s'_∞ „Majorante“ von s_∞ genannt.

Lemma 3.6 (Vergleichskriterien): *Gegeben seien zwei Reihen mit Gliedern* $a_k \in \mathbb{K}$ *und* $a'_k \in \mathbb{R}_+$ *:*

$$s_\infty = \sum_{k=1}^\infty a_k, \quad s'_\infty = \sum_{k=1}^\infty a'_k.$$

a) Gilt für fast alle $k \in \mathbb{N}$ *mit einer Konstante* $\kappa > 0$ *:*

$$|a_k| \le \kappa a'_k, \tag{3.2.12}$$

so ist s'_∞ *eine „Majorante" von* s_∞ *, und aus der absoluten Konvergenz von* s'_∞ *folgt auch die von* s_∞ *, sowie aus der absoluten Divergenz von* s_∞ *auch die von* s'_∞ *.*

b) Gilt für fast alle $k \in \mathbb{N}$ *:*

$$\left|\frac{a_{k+1}}{a_k}\right| \le \frac{a'_{k+1}}{a'_k}, \tag{3.2.13}$$

so folgt aus der absoluten Konvergenz von s'_∞ *auch die von* s_∞ *sowie aus der absoluten Divergenz von* s_∞ *auch die von* s'_∞ *.*

Beweis: O.B.d.A. nehmen wir an, dass die vorausgesetzten Abschätzungen jeweils für „alle" $k \in \mathbb{N}$ gelten.

a) Ist s'_∞ konvergent, so gilt

$$\sum_{k=1}^n |a_k| \le \kappa \sum_{k=1}^n a'_k \le \kappa \sum_{k=1}^\infty a'_k, \qquad n \in \mathbb{N},$$

so dass auch die Partialsummen von s_∞ beschränkt sind. Folglich ist s_∞ absolut konvergent. Umgekehrt folgt aus der absoluten Divergenz von s_∞, d. h. $\sum_{k=1}^n |a_k| \to \infty$ $(n \to \infty)$, notwendig auch die von s'_∞.

b) Aufgrund der Voraussetzung haben wir

$$\left|\frac{a_{k+1}}{a'_{k+1}}\right| \le \left|\frac{a_{k+1}}{a_k}\right| \left|\frac{a_k}{a'_{k+1}}\right| \le \left|\frac{a'_{k+1}}{a'_k}\right| \left|\frac{a_k}{a'_{k+1}}\right| = \left|\frac{a_k}{a'_k}\right| \le \dots \le \left|\frac{a_1}{a'_1}\right| =: \kappa,$$

und damit $|a_{k+1}| \le \kappa |a_k|$. Die behaupteten Aussagen ergeben sich also aus dem für den Fall (a) Gezeigten. Q.E.D.

Korollar 3.2 (Wurzelkriterium): *Eine Reihe* $\sum_{k=1}^\infty a_k$ *konvergiert absolut, wenn es ein* $q \in (0,1)$ *gibt, mit dem für fast alle* $k \in \mathbb{N}$ *gilt:*

$$\sqrt[k]{|a_k|} \le q < 1, \tag{3.2.14}$$

bzw. $\limsup_{k\to\infty} \sqrt[k]{|a_k|} < 1$. *Wenn für unendlich viele* $k \in \mathbb{N}$ *gilt* $\sqrt[k]{|a_k|} \ge 1$ *bzw.* $|a_k| \ge 1$, *so ist die Reihe absolut divergent.*

Beweis: Nach Voraussetzung ist $|a_k| \le q^k$, d. h.: Die konvergente geometrische Reihe $s_\infty(q)$ mit $q \in (0,1)$ ist Majorante für s_∞. Die Behauptung ergibt sich also unmittelbar aus dem Vergleichskriterium von Lemma 3.6. Q.E.D.

Korollar 3.3 (Quotientenkriterium): *Eine Reihe $\sum_{k=1}^\infty a_k$ konvergiert absolut, wenn es ein $q \in (0,1)$ gibt, mit dem für fast alle $k \in \mathbb{N}$ gilt:*

$$\left|\frac{a_{k+1}}{a_k}\right| \le q < 1\,, \tag{3.2.15}$$

bzw. $\limsup_{k\to\infty} |a_{k+1}/a_k| < 1$. *Wenn für fast alle $k \in \mathbb{N}$ gilt $|a_{k+1}/a_k| \ge 1$, so ist die Reihe absolut divergent.*

Beweis: Die geometrische Reihe $s_\infty(q) = \sum_{k=1}^\infty q^k$ konvergiert für $q \in (0,1)$. Setzen wir $a'_k := q^k$, so gilt nach Voraussetzung

$$\left|\frac{a_{k+1}}{a_k}\right| \le q = \frac{a'_{k+1}}{a'_k},$$

und die Behauptung folgt nach dem Vergleichskriterium aus Lemma 3.6. Q.E.D.

Beispiel 3.9: Wir geben einige Beispiele für die Anwendung der bisher abgeleiteten Konvergenzkriterien an:

1. Die Reihe
$$s_\infty = \sum_{k=1}^\infty \frac{1}{k^k}$$
ist nach dem Wurzelkriterium (absolut) konvergent:
$$\left(\frac{1}{k^k}\right)^{1/k} = \frac{1}{k} \le \frac{1}{2}, \quad k \ge 2.$$

2. Die Reihe
$$s_\infty = \sum_{k=0}^\infty \frac{1}{k!}$$
ist nach dem Quotientenkriterium (absolut) konvergent:
$$\frac{a_{k+1}}{a_k} = \frac{k!}{(k+1)!} = \frac{1}{k+1} \le \frac{1}{2} < 1.$$
Sie hat den Wert $s_\infty = e$ (Eulersche Zahl).

3. Betrachte mit einem festen $q \in (0,1)$ die Reihe
$$s_\infty = \sum_{k=1}^{\infty} kq^k.$$
Sei $q < 1-\delta$ mit einem gewissen $\delta \in (0,1)$ und $1/k \le \delta$ für $k \ge k_\delta$. Dann gilt
$$\frac{a_{k+1}}{a_k} = \frac{(k+1)q^{k+1}}{kq^k} = \Big(1+\frac{1}{k}\Big)q < (1+\delta)(1-\delta) = 1-\delta^2 < 1.$$
Die Reihe s_∞ ist also nach dem Quotientenkriterium (absolut) konvergent.

4. Betrachte die Reihe
$$s_\infty = \sum_{k=1}^{\infty} \frac{1}{k^2}.$$
Für ihre Elemente a_k gilt
$$a_k^{1/k} = \Big(\frac{1}{k^2}\Big)^{1/k} = \Big(\frac{1}{k^{1/k}}\Big)^2 \to 1 \quad (k\to\infty),$$
$$\frac{a_{k+1}}{a_k} = \frac{k^2}{(k+1)^2} = \Big(1-\frac{1}{k+1}\Big)^2 \to 1 \quad (k\to\infty),$$
so dass weder das Wurzel- noch das Quotientenkriterium anwendbar sind. Wir müssen zum Nachweis der Konvergenz also ein anderes Argument finden. Mit Hilfe der Beziehung
$$\frac{1}{k(k+1)} = \frac{1}{k} - \frac{1}{k+1}$$
sehen wir, dass
$$\sum_{k=1}^{n} \frac{1}{k(k+1)} = \sum_{k=1}^{n} \Big\{\frac{1}{k} - \frac{1}{k+1}\Big\} = 1 - \frac{1}{2} + \frac{1}{2} - \frac{1}{3} + \cdots + \frac{1}{n} - \frac{1}{n+1} = 1 - \frac{1}{n+1},$$
und folglich
$$\sum_{k=1}^{n} \frac{1}{k(k+1)} \to 1 \quad (n\to\infty).$$
Wegen
$$\frac{1}{k^2} = \frac{1}{k(k+1)} + \frac{1}{k^2(k+1)} \le \frac{2}{k(k+1)}$$
folgt dann die Konvergenz der Reihe wieder mit Hilfe des Vergleichskriteriums aus Lemma 3.6. Ihr Limes ist $s_\infty = \pi^2/6$ und damit transzendent. Wir bemerken, dass die mit der obigen Reihe verwandte Reihe
$$\sum_{k=1}^{\infty} \frac{1}{k^3}$$
ebenfalls konvergent ist (s. das folgende Beispiel); von ihrem Limes ist aber erst seit kurzem bekannt, dass er irrational ist; ob er sogar transzendent ist, bleibt offen.

Das folgende auf Cauchy zurückgehende Konvergenzkriterium ist besonders nützlich zur Untersuchung verallgemeinerter geometrischer Reihen.

Lemma 3.7 (Cauchyscher Verdichtungssatz): *Eine Reihe* $s_\infty = \sum_{k=1}^\infty a_k$ *mit Gliedern* $a_k \in \mathbb{R}_+$, *die eine monoton fallende Nullfolge bilden, hat dasselbe Konvergenzverhalten wie die „verdichtete“ Reihe*

$$s'_\infty = \sum_{k=0}^\infty 2^k a_{2^k} = a_1 + 2a_2 + 4a_4 + 8a_8 + \dots .$$

Beweis: Wir setzen $s_n := \sum_{k=1}^n a_k$ und $s'_n := \sum_{k=0}^n 2^k a_{2^k}$. Damit ist für $n < 2^{k+1}$:

$$\begin{aligned} s_n &\le a_1 + (a_2+a_3) + (a_4+\dots+a_7) + \dots + (a_{2^k}+\dots+a_{2^{k+1}-1}) \\ &\le a_1 + 2a_2 + 4a_4 + \dots + 2^k a_{2^k} = s'_k . \end{aligned}$$

Ist die verdichtete Reihe also konvergent, d. h.: $\lim_{n\to\infty} s_n = s_\infty$, so ist auch die Ausgangsreihe konvergent. Ist dagegen die verdichtete Reihe divergent, so folgt aus der für $n \ge 2^{k+1}$ gültigen Beziehung

$$\begin{aligned} s_n &\ge a_1 + a_2 + (a_3+a_4) + (a_5+\dots+a_8) + (a_{2^k+1}+\dots+a_{2^{k+1}}) \\ &\ge a_1 + a_2 + 2a_4 + 4a_8 + \dots + 2^k a_{2^{k+1}} \ge \tfrac{1}{2} s'_{k+1} \end{aligned}$$

auch die Divergenz der Ausgangsreihe. Q.E.D.

Beispiel 3.10: Wir betrachten für ein allgemeines $r \in \mathbb{Q}_+$ die Reihe

$$s_\infty(r) = \sum_{k=1}^\infty \frac{1}{k^r} .$$

Anwendung des Verdichtungssatzes führt auf

$$2^k a_{2^k} = 2^k (2^k)^{-r} = q^k, \qquad q := 2^{1-r}.$$

Die verdichtete Reihe ist also eine geometrische Reihe, welche (absolut) konvergent ist für $r > 1$ und divergent für $r \le 1$.

Die geometrische Reihe ist ein Spezialfall der allgemeinen „Potenzreihe“

$$s_\infty = \sum_{k=0}^\infty c_k (x - x_0)^k$$

mit Koeffizienten $c_k \in \mathbb{K}$, Zentrum $x_0 \in \mathbb{K}$ und Argument $x \in \mathbb{K}$. Ein weiteres Beispiel für eine Potenzreihe ist der unendliche Dezimalbruch

$$0,d_1d_2d_3\ldots = \sum_{k=1}^\infty d_k 10^{-k}, \quad d_k \in \{0,1,\ldots,9\}.$$

Für Potenzreihen haben wir den folgenden Konvergenzsatz.

Satz 3.4 (Potenzreihen): *Eine Potenzreihe*

$$\sum_{k=0}^{\infty} c_k(x-x_0)^k \tag{3.2.16}$$

konvergiert absolut für alle Argumente $x \in \mathbb{K}$ *mit der Eigenschaft*

$$|x-x_0| < \rho := \frac{1}{\limsup_{k\to\infty} \sqrt[k]{|c_k|}}; \tag{3.2.17}$$

für $|x-x_0| > \rho$ *ist sie divergent. Die Konvergenzgrenze* ρ *ist die größt mögliche und wird „Konvergenzradius" der Reihe genannt. Im Fall* $\limsup_{k\to\infty} \sqrt[k]{|c_k|} = \infty$ *konvergiert die Reihe für kein* $x \neq x_0$, *und wir setzen* $\rho := 0$. *Im Fall* $\limsup_{k\to\infty} \sqrt[k]{|c_k|} = 0$ *ist die Reihe für alle* $x \in \mathbb{K}$ *absolut konvergent, und wir schreiben formal* $\rho = \infty$.

Beweis: Für $x \neq x_0$ gilt

$$\begin{aligned}\limsup_{k\to\infty} \sqrt[k]{|c_k(x-x_0)^k|} &= |x-x_0| \limsup_{k\to\infty} \sqrt[k]{|c_k|} \\ &= \frac{|x-x_0|}{\rho} \begin{cases} < 1, & \text{falls } |x-x_0| < \rho \\ > 1, & \text{falls } |x-x_0| > \rho \end{cases}.\end{aligned}$$

Die Richtigkeit der Behauptung folgt also mit Hilfe des Wurzelkriteriums. In den Fällen $\rho = \infty$ und $\rho = 0$ konvergiert die Reihe für alle $x \in \mathbb{K}$ bzw. für keins. Q.E.D.

Bemerkung 3.8: Im Fall $|x-x_0| = \rho$ lässt sich über die Konvergenz der Potenzreihe (3.2.16) keine allgemeine Aussage machen; z. B. sind von den drei Reihen

$$\sum_{k=1}^{\infty} x^k, \qquad \sum_{k=1}^{\infty} \frac{x^k}{k}, \qquad \sum_{k=1}^{\infty} \frac{x^k}{k^2}$$

mit Konvergenzradius $\rho = 1$ die erste divergent für $|x| = 1$, die zweite divergent für $x = 1$ aber konvergent für $x = -1$, und die dritte konvergent für $|x| = 1$ (Beweis Übungsaufgabe).

3.2.2 Das Rechnen mit Reihen

Definition 3.8 (Umordnung von Reihen): *Sei* $\sum_{k=1}^{\infty} a_k$ *eine Reihe.*

i) Für eine bijektive Abbildung $\varphi : \mathbb{N} \to \mathbb{N}$ *heißt die Reihe* $\sum_{k=1}^{\infty} a_{\varphi(k)}$ *eine „Umordnung" der Ausgangsreihe* $\sum_{k=1}^{\infty} a_k$.

ii) Sei $\mathbb{N} = \cup_{j\in\mathbb{N}}\{M_j\}$ *eine disjunkte Zerlegung von* $\mathbb{N}$ *in endlich oder abzählbar unendlich viele Teilindexmengen* M_j. *Sind alle Summen oder Reihen* $S_j := \sum_{k\in M_j} a_k$ *konvergent, so ist die Reihe* $\sum_{j\in\mathbb{N}} S_j$ *definiert und heißt „totale Umordnung" der Ausgangsreihe* $\sum_{k=1}^{\infty} a_k$. *(Die Notation* $\sum_{k\in M_j} a_k$ *bedeutet Summation über die ihrer Größe nach geordneten Indizes* $k_1 < k_2 < k_3 \dots$ *aus* M_j.*)*

Jede Umordnung einer Reihe $(a_k)_{k\in\mathbb{N}}$ kann als *totale* Umordnung mit den 1-elementigen Indexmengen $M_k := \{\varphi(k)\}$ aufgefasst werden. Z. B. ist durch

$$a_2 + a_1 + a_4 + a_3 + a_6 + a_5 + \dots$$

eine Umordnung und durch

$$(a_1 + a_3 + a_5 + \dots) + (a_2 + a_4 + a_6 + \dots)$$

eine *totale* Umordnung der Reihe gegeben.

Satz 3.5 (Umordnungssatz): *Für eine absolut konvergent Reihe* $s_\infty = \sum_{k=1}^\infty a_k$ *konvergiert auch jede Umordnung (totale Umordnung) absolut gegen denselben Limes* s_∞ *.*

Beweis: Wir geben den Beweis nur für die *einfache* Umordnung und verweisen für die *totale* Umordnung auf die Literatur. Seien s_n und s'_n die Partialsummen von $(a_k)_{k\in\mathbb{N}}$ bzw. einer Umordnung $(a_{\varphi(k)})_{k\in\mathbb{N}}$. Wir wollen die Konvergenz $\lim_{n\to\infty}(s_n - s'_n) = 0$ zeigen. Dann folgt

$$\lim_{n\to\infty} s'_n = \lim_{n\to\infty}(s'_n - s_n) + \lim_{n\to\infty} s_n = s_\infty.$$

Sei $\varepsilon > 0$ beliebig vorgegeben. Dazu gibt es wegen der absoluten Konvergenz der Reihe $\sum_{k=1}^\infty a_k$ ein $n_\varepsilon \in \mathbb{N}$, so dass für $n \geq n_\varepsilon$ gilt:

$$\sum_{k=n_\varepsilon+1}^{n} |a_k| \leq \tfrac{1}{2}\varepsilon.$$

Zu jedem $n \geq n_\varepsilon$ gibt es nun sicher ein $n' \in \mathbb{N}$ $(n' \geq n_\varepsilon)$, so dass jeder Summand in der Summe $\sum_{k=1}^n a_k$ auch in der Summe $\sum_{k=1}^{n'} a_{\varphi(k)}$ vertreten ist. Ferner gibt es zu beliebigem $m \in \mathbb{N}$ ein $n'' \in \mathbb{N}$, so dass auch jedes $a_{\varphi(k)}$, $1 \leq k \leq m$, in der Folge der a_k, $1 \leq k \leq n''$, auftritt. Dann gilt für $m \geq n'$:

$$\begin{aligned}
|s'_m - s_\infty| &= \Big|\sum_{k=1}^{m} a_{\varphi(k)} - \sum_{k=1}^{n_\varepsilon} a_k - \sum_{k=n_\varepsilon+1}^{\infty} a_k\Big| \\
&\leq \Big|\sum_{k=1,\varphi(k)>n_\varepsilon}^{m} a_{\varphi(k)}\Big| + \Big|\sum_{k=n_\varepsilon+1}^{\infty} a_k\Big| \\
&\leq \Big|\sum_{k=n_\varepsilon+1}^{n''} a_k\Big| + \Big|\sum_{k=n_\varepsilon+1}^{\infty} a_k\Big| \leq \varepsilon\,.
\end{aligned}$$

Dies impliziert die Konvergenz $s'_m \to s_\infty\,(m\to\infty)$. Wegen

$$\sum_{k=1}^{m} |a_{\varphi(k)}| \leq \sum_{k=1}^{n''} |a_k|$$

ist die Konvergenz absolut. Q.E.D.

Bemerkung 3.9: Die Variante des obigen Satzes für allgemeine *totale* Umordnungen wird meist „großer Umordnungssatz“ genannt.

Für nicht absolut konvergente Reihen ist der Umordnungssatz i. Allg. nicht gültig. Die Konvergenz der alternierende harmonische Reihe

$$s_\infty = \sum_{k=1}^{\infty} \frac{(-1)^{k-1}}{k}$$

ist durch das Leibniz-Kriterium gesichert; sie ist aber offensichtlich nicht absolut konvergent. Für ihre Summe gilt

$$\frac{1}{2} < 1 - \frac{1}{2} + \underbrace{\frac{1}{3} - \frac{1}{4}}_{\geq 0} + \underbrace{\frac{1}{5} - \frac{1}{6}}_{\geq 0} + \ldots = s_\infty = 1 - \frac{1}{2} + \frac{1}{3} \overbrace{- \frac{1}{4} + \frac{1}{5}}^{\leq 0} \overbrace{- \frac{1}{6} + \frac{1}{7}}^{\leq 0} - \ldots < \frac{5}{6}.$$

Nun betrachten wir die folgende Umordnung der Reihe, wobei jeweils drei Reihenglieder zusammengefaßt werden:

$$s'_\infty := \underbrace{\Big(1 + \frac{1}{3} - \frac{1}{2}\Big)}_{=\frac{5}{6}} + \underbrace{\Big(\frac{1}{5} + \frac{1}{7} - \frac{1}{4}\Big)}_{>0} + \underbrace{\Big(\frac{1}{9} + \frac{1}{11} - \frac{1}{6}\Big)}_{>0} + \ldots$$

Diese Reihe ist wieder konvergent, was man mit Hilfe der folgenden Umformungen und der Regeln der Folgenkonvergenz erschließen:

$$\begin{aligned}
s'_n &= \sum_{k=1}^{n} \Big\{ \frac{1}{4k-3} + \frac{1}{4k-1} - \frac{1}{2k} \Big\} \\
&= \sum_{k=1}^{n} \Big\{ \frac{1}{4k-3} - \underline{\frac{1}{4k-2}} + \frac{1}{4k-1} - \frac{1}{4k} + \underline{\frac{1}{4k-2}} - \frac{1}{4k} \Big\} \\
&= \sum_{k=1}^{n} \Big\{ \frac{1}{4k-3} - \frac{1}{4k-2} + \frac{1}{4k-1} - \frac{1}{4k} \Big\} + \frac{1}{2} \sum_{k=1}^{n} \Big\{ \frac{1}{2k-1} - \frac{1}{2k} \Big\} \\
&\to s_\infty + \frac{1}{2} s_\infty = \frac{3}{2} s_\infty \quad (n \to \infty).
\end{aligned}$$

Die Umordnung hat also eine Veränderung des Grenzwertes der Ausgangsreihe bewirkt.

Wir betrachten nun sog. „Doppelreihen“, d. h. unendliche Summen über doppelt indizierte Elemente a_{jk}:

$$s_\infty = \sum_{j,k=1}^{\infty} a_{jk} .$$

Wenn für alle festen j bzw. k die Partialreihen $\sum_{k=1}^{\infty} a_{jk}$ und $\sum_{j=1}^{\infty} a_{jk}$ konvergieren, stellt sich die Frage, ob die Reihenfolge dieser unendlichen Summationen vertauschbar ist:

$$\sum_{k=1}^{\infty} \Big(\sum_{j=1}^{\infty} a_{jk} \Big) = \sum_{j=1}^{\infty} \Big(\sum_{k=1}^{\infty} a_{jk} \Big). \tag{3.2.18}$$

Dass dies nicht so sein muss, sieht man anhand der Doppelfolge $(a_{jk})_{j,k\in\mathbb{N}}$ mit den Elementen

$$a_{jk} := \begin{Bmatrix} 1, & j \ge k \\ 0, & j < k \end{Bmatrix}.$$

Offenbar sind alle Partialfolgen konvergent,

$$\lim_{k\to\infty} a_{jk} = 0, \qquad \lim_{j\to\infty} a_{jk} = 1\,,$$

dennoch gilt

$$1 = \lim_{k\to\infty}\big\{\lim_{j\to\infty} a_{jk}\big\} \ne \lim_{j\to\infty}\big\{\lim_{k\to\infty} a_{jk}\big\} = 0\,.$$

Dies ist ein Beispiel für die Nichtvertauschbarkeit von Grenzprozessen. Als unmittelbare Folgerung aus dem Umordnungssatz 3.5 erhalten wir die folgende Aussage über die Konvergenz von Doppelreihen.

Korollar 3.4 (Cauchyscher Doppelreihensatz): *Ist die Doppelreihe*

$$s_\infty = \sum_{j,k=1}^{\infty} a_{jk}$$

bzgl. irgend einer Reihenfolge der Summation absolut konvergent, so ist jede ihrer Zeilen- und Spaltenreihen

$$s_\infty^{(j)} = \sum_{k=1}^{\infty} a_{jk}, \quad s_\infty^{(k)} = \sum_{j=1}^{\infty} a_{jk} \quad (j,k \in \mathbb{N})$$

absolut konvergent, die Reihen dieser Zeilen- und Spaltenreihen sind absolut konvergent, und es gilt

$$s_\infty = \sum_{j=1}^{\infty}\Big(\sum_{k=1}^{\infty} a_{jk}\Big) = \sum_{k=1}^{\infty}\Big(\sum_{j=1}^{\infty} a_{jk}\Big). \tag{3.2.19}$$

Schließlich betrachten wir Produkte von Reihen.

Lemma 3.8 (Cauchy-Produkt): *Für zwei absolut konvergente Reihen* $s_\infty^{(1)} = \sum_{k=1}^\infty a_k$ *und* $s_\infty^{(2)} = \sum_{k=1}^\infty b_k$ *ist die Produktreihe mit den Elementen (das sog. „Cauchy-Produkt“ der beiden Reihen)*

$$c_k := a_1 b_k + a_2 b_{k-1} + \cdots + a_k b_1 \quad (k \in \mathbb{N})$$

ebenfalls absolut konvergent und hat den Limes

$$\sum_{k=1}^{\infty} c_k = \Big(\sum_{k=1}^{\infty} a_k\Big)\cdot\Big(\sum_{k=1}^{\infty} b_k\Big). \tag{3.2.20}$$

Beweis: Wir setzen

$$s_n^{(1)} = \sum_{k=1}^n a_k, \qquad s_n^{(2)} = \sum_{k=1}^n b_k, \qquad \hat{s}_n^{(1)} = \sum_{k=1}^n |a_k|, \quad \hat{s}_n^{(2)} = \sum_{k=1}^n |b_k|.$$

Dann ist

$$s_n^{(1)} \cdot s_n^{(2)} = \sum_{j,k=1}^n a_j b_k, \qquad \hat{s}_n^{(1)} \cdot \hat{s}_n^{(2)} = \sum_{j,k=1}^n |a_j||b_k|,$$

sowie

$$\hat{s}_n^{(1)} \le \hat{s}_\infty^{(1)}, \qquad \hat{s}_n^{(2)} \le \hat{s}_\infty^{(2)}, \qquad \hat{s}_n^{(1)} \cdot \hat{s}_n^{(2)} \le \hat{s}_\infty^{(1)} \cdot \hat{s}_\infty^{(2)}.$$

Also ist $\hat{s}_\infty^{(1)} \hat{s}_\infty^{(2)}$ absolut konvergent. Sei weiter

$$\sigma_k := \sum_{l=1}^k |a_l||b_{k+1-l}| = |a_1||b_k| + \ldots + |a_k||b_1|.$$

Alle Glieder in σ_k, $k = 1, \ldots, n$, sind auch in dem Produkt $\hat{s}_n^{(1)} \cdot \hat{s}_n^{(2)}$ enthalten, so dass

$$\sum_{k=1}^n \sigma_k \le \hat{s}_n^{(1)} \cdot \hat{s}_n^{(2)} \le \hat{s}_\infty^{(1)} \cdot \hat{s}_\infty^{(2)}.$$

Also sind die Partialsummem über die σ_k beschränkt. Folglich konvergieren die Reihen

$$\sigma_\infty = \sum_{k=1}^\infty \sigma_k \ge \sum_{k=1}^n |c_k|, \qquad n \in \mathbb{N}.$$

Damit konvergiert auch die Reihe über die c_k absolut. Da ferner

$$\Big|\sum_{k=1}^n c_k - s_n^{(1)} \cdot s_n^{(2)}\Big| = \Big|\sum_{j,k=1, j+k>n}^n a_j b_k\Big| \to 0 \quad (n \to \infty),$$

folgt die Richtigkeit der Behauptung. Q.E.D.

Bemerkung 3.10: Die Aussage von Lemma 3.8 ist i. Allg. für nur bedingt konvergente Reihen nicht richtig. Wir notieren noch der Vollständigkeit halber, ohne Beweis, die folgenden Varianten des Cauchyschen Produktsatzes:

Produktsatz von Mertens[6]**:** *Gegeben seien zwei konvergente Reihen* $\sum_{k=1}^\infty a_k$ *und* $\sum_{k=1}^\infty b_k$. *Ist eine von ihnen absolut konvergent, so konvergiert auch ihr Cauchy-Produkt:*

$$\sum_{k=1}^\infty c_k = \Big(\sum_{k=1}^\infty a_k\Big) \cdot \Big(\sum_{k=1}^\infty b_k\Big).$$

Produktsatz von Abel: *Gegeben seien zwei konvergente Reihen* $\sum_{k=1}^\infty a_k$ *und* $\sum_{k=1}^\infty b_k$. *Ist auch ihr Cauchy-Produkt* $\sum_{k=1}^\infty c_k$ *konvergent, so gilt:*

$$\sum_{k=1}^\infty c_k = \Big(\sum_{k=1}^\infty a_k\Big) \cdot \Big(\sum_{k=1}^\infty b_k\Big).$$

[6]Franz Mertens (1840–1927): Östereichischer Mathematiker; Prof. in Graz und Wien; Beiträge zur Zahlentheorie, Algebra und Potentialtheorie.

3.2.3 Die Exponentialreihe

Die sog. „Exponentialreihe“

$$\exp(x) := \sum_{k=0}^{\infty} \frac{x^k}{k!}$$

ist eine Potenzreihe. Ihr Konvergenzradius ist

$$\rho = \frac{1}{\limsup_{n\to\infty} \sqrt[n]{|a_n|}} = \frac{1}{\limsup_{n\to\infty} \sqrt[n]{1/n!}} = \lim_{n\to\infty} \sqrt[n]{n!} = \infty,$$

d. h.: Sie ist für alle Argumente $x \in \mathbb{K}$ absolut konvergent.

Satz 3.6: *Der Wert der Exponentialreihe für das Argument $x = 1$ ist gerade die Eulersche Zahl e:*

$$\exp(1) = \sum_{k=0}^{\infty} \frac{1}{k!} = \lim_{n\to\infty} \Big(1 + \frac{1}{n}\Big)^n =: e. \tag{3.2.21}$$

Diese ist irrational (sogar transzendent).

Beweis: i) Die Partialsummen der Exponentialreihe für $x = 1$ seien mit a_n abgekürzt. Wir haben in Beispiel 3.4 gesehen, dass $a_n < 3$. Nach der binomischen Formel (Satz 1.4) gilt:

$$\begin{aligned} b_n &= \Big(1 + \frac{1}{n}\Big)^n \\ &= 1 + \frac{n}{1!}\cdot\frac{1}{n} + \frac{n(n-1)}{2!}\cdot\frac{1}{n^2} + \dots + \frac{n(n-1)\cdots 1}{n!}\cdot\frac{1}{n^n} \\ &= 1 + \frac{1}{1!} + \frac{1}{2!}\Big(1 - \frac{1}{n}\Big) + \dots + \frac{1}{n!}\Big(1 - \frac{1}{n}\Big)\cdots\Big(1 - \frac{n-1}{n}\Big) < a_n < 3, \end{aligned}$$

d. h.: Die Folge der b_n ist beschränkt. Ferner gilt:

$$\begin{aligned} b_{n+1} &= \Big(1 + \frac{1}{n+1}\Big)^{n+1} \\ &= 1 + \frac{1}{1!} + \frac{1}{2!}\Big(1 - \frac{1}{n+1}\Big) + \dots + \frac{1}{n!}\Big(1 - \frac{1}{n+1}\Big)\cdots\Big(1 - \frac{n-1}{n+1}\Big) \\ &\quad + \frac{1}{(n+1)!}\Big(1 - \frac{1}{n+1}\Big)\cdots\Big(1 - \frac{n}{n+1}\Big) > b_n. \end{aligned}$$

Die (beschränkte) Folge der b_n ist also monoton wachsend und folglich konvergent. Ihren Limes nennen wir e. Wegen $b_n < a_n$ ist dann $e = \lim_{n\to\infty} b_n \le \lim_{n\to\infty} a_n$. Sei nun n fest gehalten. Für alle $m > n$ gilt dann $b_m > b_n$ sowie

$$b_m > 1 + \frac{1}{1!} + \frac{1}{2!}\Big(1 - \frac{1}{m}\Big) + \dots + \frac{1}{n!}\Big(1 - \frac{1}{m}\Big)\cdots\Big(1 - \frac{n-1}{m}\Big) =: c_m.$$

Der Grenzübergang $m \to \infty$ liefert dann

$$\lim_{m\to\infty} c_m = 1 + \frac{1}{1!} + \frac{1}{2!} + \cdots + \frac{1}{n!} = a_n .$$

Hieraus folgern wir mit Hilfe von $b_m > c_m$, dass

$$\lim_{m\to\infty} b_m \geq \lim_{m\to\infty} c_m = a_n .$$

Da der Index n beliebig gewählt war, folgt

$$e = \lim_{m\to\infty} b_m \geq \sup_{n\in\mathbb{N}} a_n \geq \lim_{n\to\infty} a_n \geq e .$$

Also ist $\lim_{n\to\infty} a_n = e$.

ii) Wir zeigen die Irrationalität von e. Seine Transzendenz kann mit den bisher vorhandenen Mitteln aber noch nicht erschlossen werden. Angenommen, e wäre rational, d. h. $e = p/q$ mit gewissen $p, q \in \mathbb{N}$. Zunächst wollen wir eine allgemeine Abschätzung für das „Restglied" in der Reihendarstellung von e ableiten:

$$\begin{aligned} 1 + \frac{1}{1!} + \cdots + \frac{1}{(n+m)!} - \Big\{1 + \cdots + \frac{1}{n!}\Big\} &= \frac{1}{(n+1)!} + \cdots + \frac{1}{(n+m)!} \\ &< \frac{1}{(n+1)!}\Big\{1 + \frac{1}{n+1} + \cdots + \frac{1}{(n+1)^{m-1}}\Big\} \\ &\leq \frac{1}{(n+1)!}\,\frac{1}{1-\frac{1}{n+1}} = \frac{1}{(n+1)!}\,\frac{n+1}{n} . \end{aligned}$$

Hierzu wurde die bekannte Abschätzung für die binomische Reihe mit $|q| < 1$ verwendet:

$$1 + q + \cdots + q^{m+1} = \frac{1-q^m}{1-q} \leq \frac{1}{1-q} .$$

Die gewonnene Abschätzung gilt für jedes m und folglich:

$$0 < e - \Big\{1 + \frac{1}{1!} + \cdots + \frac{1}{n!}\Big\} \leq \frac{1}{(n+1)!}\,\frac{n+1}{n} .$$

Für $n = q$ gilt dann:

$$0 < \frac{p}{q} - \Big\{1 + \cdots + \frac{1}{q!}\Big\} \leq \frac{1}{(q+1)!}\,\frac{q+1}{q}$$

bzw. nach Multiplikation mit $q!$:

$$0 < p(q-1)! - \big\{q! + \cdots + 1\big\} \leq \frac{1}{q} .$$

Dies bedeutet einen Widerspruch, da keine ganze Zahl zwischen 0 und einem Bruch $1/q$ liegen kann. Q.E.D.

Anwendung 3.2.1: Die Darstellung der Eulerschen Zahl e über die Exponentialsumme kann gut zu ihrer näherungsweisen Berechnung verwendet werden, da die Exponentialreihe sehr schnell konvergiert. Dazu schreiben wir für $n \geq 2$:

$$\begin{aligned}\Big|e - \sum_{k=0}^{n} \frac{1}{k!}\Big| &= \sum_{k=n+1}^{\infty} \frac{1}{k!} \\ &= \frac{1}{(n+1)!}\Big\{1 + \frac{1}{n+2} + \frac{1}{(n+2)(n+3)} + \dots\Big\} \\ &\leq \frac{1}{(n+1)!}\Big\{1 + \frac{1}{n+2} + \frac{1}{(n+2)^2} + \dots\Big\} \\ &\leq \frac{1}{(n+1)!}\big\{1 + \tfrac{1}{2} + \tfrac{1}{2^2} + \dots\big\} = \frac{2}{(n+1)!}.\end{aligned}$$

Die approximierende Exponentialsumme

$$s_n := \sum_{k=0}^{n} \frac{1}{k!} \approx e$$

kann mit Hilfe der folgenden Rekursionsformel berechnet werden:

$$s_0 = f_0 := 1, \quad k \geq 1: \quad f_k = \frac{f_{k-1}}{k}, \; s_k = s_{k-1} + f_k.$$

Damit erhält man z. B. für $n = 73$ die Eulersche Zahl auf 100 Dezimalstellen genau (bei Verwendung von Arithmetik mit Rundungsfehlerkontrolle); s. Foster [1] Band 1, § 8:

$$e = 2,718\,281\,828\,\dots.$$

Die Exponentialreihe konvergiert offenbar sehr schnell. Für die zunächst zur Definition von e verwendete Folge gilt dagegen asymptotisch nur

$$e - \Big(1 + \frac{1}{n}\Big)^n \approx \frac{e}{2n}.$$

Korollar 3.5 (Funktionalgleichung von $\exp(x)$): *Für alle $x, y \in \mathbb{K}$ gilt*

$$\exp(x+y) = \exp(x) \cdot \exp(y). \tag{3.2.22}$$

Beweis: Das Cauchy-Produkt der absolut konvergenten Reihen $\sum_{k=0}^{\infty} x^k/k!$, $\sum_{k=0}^{\infty} y^k/k!$ sei $\sum_{k=0}^{\infty} c_k$. Für die Glieder c_k folgt mit Hilfe der allgemeinen binomischen Formel:

$$c_k = \sum_{j=0}^{k} \frac{x^j}{j!}\frac{y^{k-j}}{(k-j)!} = \frac{1}{k!}\sum_{j=0}^{k} \binom{k}{j} x^j y^{k-j} = \frac{1}{k!}(x+y)^k.$$

Also ist gemäß dem Produktsatz für absolut konvergente Reihen:

$$\exp(x) \cdot \exp(y) = \sum_{k=0}^{\infty} \frac{(x+y)^k}{k!} = \exp(x+y).$$

Q.E.D.

Korollar 3.6: *Aus der Definition von* $\exp(x)$ *und der Regel (3.2.22) ergeben sich die folgenden Aussagen:*

1. *Für alle* $x \in \mathbb{K}$ *gilt* $\exp(x) \neq 0$ *und* $\exp(-x) = 1/\exp(x)$.
2. *Für alle* $x \in \mathbb{R}$ *gilt* $\exp(x) > 0$.
3. *Für* $n \in \mathbb{Z}$ *gilt* $\exp(n) = e^n$.

Beweis: 1) Mit Hilfe der Funktionalgleichung (3.2.22) erhalten wir für $x \in \mathbb{K}$:

$$\exp(-x)\exp(x) = \exp(x-x) = \exp(0) = \sum_{k=0}^{\infty} \frac{0^k}{k!} = \frac{0^0}{0!} = 1,$$

d. h.: $\exp(x) \neq 0$ und $\exp(-x) = 1/\exp(x)$.

2) Weiter ist für $x \in \mathbb{R}, x \geq 0$:

$$\exp(x) = 1 + \sum_{k=1}^{\infty} \frac{x^k}{k!} \geq 1.$$

Für $x < 0$ ist $-x > 0$ und folglich gemäß dem eben Gezeigten $\exp(x) = 1/\exp(-x) > 0$.

3) Offenbar ist $\exp(0) = 1 = e^0$. Sei $\exp(n) = e^n$ für ein $n \in \mathbb{N}$. Dann gilt

$$\exp(n+1) = \exp(n)\exp(1) = \exp(n)e^1 = e^n e = e^{n+1},$$

und die behauptete Beziehung ergibt sich durch vollständige Induktion für $n \in \mathbb{N}_0$. Ihre Richtigkeit auch für $-n \in \mathbb{N}$ folgt aus $\exp(-n) = 1/\exp(n) = 1/e^n = e^{-n}$. Q.E.D.

Definition 3.9: *Die Beziehung* $\exp(n) = e^n$ *für* $n \in \mathbb{Z}$ *legt die folgende Definition für beliebige* $x \in \mathbb{K}$ *nahe:*

$$e^x := \exp(x).$$

Die sog. „Exponentialfunktion" $f(x) = e^x$ (oder kurz „e-Funktion") ist eine der wichtigsten Funktionen der Analysis und wird uns noch an mehreren Stellen in diese Text begegnen.

3.3 Übungen

Übung 3.1 (Aufgabe zu „exotischen" Zahlenfolgen):

a) Man beweise folgendes Konvergenzkriterium für Zahlenfolgen $(a_n)_{n\in\mathbb{N}}$ in $\mathbb{R}_+$:

$$\frac{a_{n+1}}{a_n} \to a \ (n \to \infty) \quad \Rightarrow \quad \sqrt[n]{a_n} \to a \ (n \to \infty),$$

$$\frac{a_{n+1}}{a_n} \to \infty \ (n \to \infty) \quad \Rightarrow \quad \sqrt[n]{a_n} \to \infty \ (n \to \infty).$$

(Hinweis: Man kann verwenden, dass $\lim_{n\to\infty} \sqrt[n]{c} = 1$ für $c \in \mathbb{R}_+$.)

b) Man verwende dieses Konvergenzkriterium zur Untersuchung der Konvergenz der Folgen $(a_n)_{n\in\mathbb{N}}$, $(b_n)_{n\in\mathbb{N}}$ und $(c_n)_{n\in\mathbb{N}}$ mit den Gliedern:

$$a_n := \sqrt[n]{n!}\,, \qquad b_n := \sqrt[n]{\frac{n^n}{n!}}\,, \qquad c_n = \frac{n^n}{n!}\,.$$

(Hinweis: Man kann verwenden, dass $\lim_{n\to\infty}(1+\frac{1}{n})^n = e$.)

Übung 3.2 (Aufgabe zu Häufungspunkten):
a) Man rekapituliere die Definition des „Häufungswertes“ einer Folge $(a_n)_{n\in\mathbb{N}}$ reeller oder komplexer Zahlen sowie die eines „Häufungspunkte“ einer unendlichen Teilmengen $A \subset \mathbb{K}$ ($\mathbb{K} := \mathbb{R}$ oder $\mathbb{C}$). Kann eine endliche Teilmenge $A \subset \mathbb{K}$ einen Häufungspunkt haben?

b) Man zeige, dass es zu jedem Häufungspunkt a einer Teilmenge $A \subset \mathbb{K}$ eine Folge $(a_n)_{n\in\mathbb{N}}$ von Elementen $a_n \in A$ mit $a_n \neq a$ gibt, die gegen a konvergiert.

c) Man zeige, dass eine Folge $(a_n)_{n\in\mathbb{N}}$ von Zahlen $a_n \in \mathbb{K}$, welche beschränkt ist und nur einen Häufungswert a hat, insgesamt gegen a konvergiert. Gilt diese Aussage auch für unbeschränkte Folgen?

Übung 3.3 (Aufgabe zu Reihen mit nicht negativen Elementen):
Man zeige, dass für eine konvergente Reihe

$$s_\infty = \sum_{n=1}^{\infty} a_n$$

mit nicht negativen Gliedern $a_n \in \mathbb{R}$ für alle $n \in \mathbb{N}$ auch die Reihen

$$s_\infty^{(k)} = \sum_{n=1}^{\infty} a_n^k$$

konvergent sind.

Übung 3.4 (Aufgabe zu „Limes superior“ und „Limes inferior“):
Man zeige die folgenden Eigenschaften des „Limes superior“ und des „Limes inferior“ von Zahlenfolgen $(a_n)_{n\in\mathbb{N}}$ und $(b_n)_{n\in\mathbb{N}}$ bei angenommener Existenz der auftretenden Größen (d. h. der Beschränktheit nach unten oder oben der Folgen):

a) Für allgemeine a_n, $b_n \in \mathbb{R}$:

$$\begin{aligned}\liminf_{n\to\infty} a_n + \liminf_{n\to\infty} b_n &\le \liminf_{n\to\infty}(a_n+b_n) \le \liminf_{n\to\infty} a_n + \limsup_{n\to\infty} b_n \\ &\le \limsup_{n\to\infty}(a_n+b_n) \le \limsup_{n\to\infty} a_n + \limsup_{n\to\infty} b_n\,.\end{aligned}$$

b) Im Falle $a_n,\, b_n \geq 0$:

$$\liminf_{n\to\infty} a_n \cdot \liminf_{n\to\infty} b_n \leq \liminf_{n\to\infty}\,(a_n b_n) \leq \liminf_{n\to\infty} a_n \cdot \limsup_{n\to\infty} b_n$$
$$\leq \limsup_{n\to\infty}\,(a_n b_n) \leq \limsup_{n\to\infty} a_n \cdot \limsup_{n\to\infty} b_n\,.$$

(Hinweis: Man wähle geeignete Teilfolgen aus und nutze, dass für eine konvergente Folge jede Teilfolge ebenfalls gegen deren Limes konvergiert.)

Übung 3.5 (Aufgabe zu alternierenden Reihen):
a) Man formuliere das Leibnizsche Kriterium für alternierende Reihen in $\mathbb{R}$.

b) Das Dirichletsche Kriterium lautet wie folgt: *Die Reihe* $\sum_{k=1}^{\infty} a_k$ *in* $\mathbb{R}$ *habe beschränkte Partialsummen und die Folge* $(b_k)_{k\in\mathbb{N}}$ *in* $\mathbb{R}$ *sei eine monotone Nullfolge (Also alle ihre Elemente sind positiv oder alle negativ). Dann konvergiert die Reihe*

$$s_\infty = \sum_{k=1}^{\infty} a_k b_k\,.$$

Man zeige, dass dieses Kriterium das Leibnizsche Kriterium als Spezialfall beinhaltet.

c) Man beweise das Dirichletsche Kriterium. Dazu zeige man zunächst, dass eine Folge $(a_n)_{n\in\mathbb{N}}$ in $\mathbb{R}$ genau dann konvergent ist, wenn die sog. „Teleskopreihe"

$$s_\infty := \sum_{k=1}^{\infty} (a_k - a_{k+1})$$

konvergiert. In diesem Fall ist dann $s_\infty = a_1 - \lim_{k\to\infty} a_k$. Ferner zeige man, dass für beliebige reelle Zahlen $a_1, \dots, a_n$ und $b_1, \dots, b_n, b_{n+1}$ die folgende Identität gilt:

$$\sum_{k=1}^{n} a_k b_k = A_n b_{n+1} + \sum_{k=1}^{n} A_k (b_k - b_{k+1}), \qquad A_k := \sum_{j=1}^{k} a_j\,.$$

Mit diesen Hilfsmitteln beweise man dann das Dirichletsche Kriterium. (Hinweis: Im Falle von Mangel an eigenen Ideen konsultiere man den Text.)

Übung 3.6 (Aufgabe zur Konvergenz von Folgen):
Man untersuche, ob die folgenden Folgen $(a_n)_{n\in\mathbb{N}}$ reeller Zahlen konvergent sind (bei der zweiten Folge in Abhängigkeit vom Parameter $x \in \mathbb{R}$), und bestimme gegebenenfalls ihren Limes:

$$a)\;\; a_n = n\Big(\sqrt{1+\tfrac{1}{n}} - 1\Big), \qquad b)\;\; a_n = \Big(\frac{1-x^2}{1+x^2}\Big)^n, \;\; x \in \mathbb{R}.$$

Übung 3.7 (Aufgabe zur Konvergenz von Reihen):
Man untersuche mit Hilfe der bekannten Konvergenzkriterien das Konvergenzverhalten (konvergent, absolut konvergent, divergent, u.s.w.) der folgenden Reihen:

$$a)\;\; s_\infty^{(a)} = \sum_{k=1}^{\infty} \frac{(-1)^k}{\sqrt{k}}, \qquad b)\;\; s_\infty^{(b)} = \sum_{k=1}^{\infty} \Big(\frac{1}{2} - \frac{1}{k}\Big)^k, \qquad c)\;\; s_\infty^{(c)} = \sum_{k=1}^{\infty} \frac{k^3}{3^k}.$$

Übung 3.8 (Aufgabe zu parameterabhängigen Reihen):
Für welche $x \in \mathbb{R}$, $x \neq -1$, konvergiert die folgende Reihe (mit Begründung)

$$s_\infty(x) = \sum_{k=1}^{\infty} \frac{x^k}{1+x^k}\ ?$$

Übung 3.9 (Aufgabe zu Potenzreihen):
a) Was ist eine allgemeine „Potenzreihe“? Was ist deren „Konvergenzradius“ ρ und wie kann dieser aus den Reihengliedern berechnet werden? Wie sind die Grenzfälle „$\rho = 0$“ und „$\rho = \infty$“ zu interpretieren?

b) Man bestimme die Konvergenzradien der folgenden Potenzreihen:

$$i)\quad s_\infty^{(i)}(x) = \sum_{k=1}^{\infty} 4^k x^{2k}, \qquad ii)\quad s_\infty^{(ii)}(x) = \sum_{k=1}^{\infty} \frac{x^k}{\sqrt{k}}, \qquad iii)\quad s_\infty^{(iii)}(x) = \sum_{k=1}^{\infty} (-1)^k \frac{x^k}{k!},$$

$$iv)\quad s_\infty^{(iv)}(x) = \sum_{k=1}^{\infty} 2^k x^{2k}, \qquad v)\quad s_\infty^{(v)}(x) = \sum_{k=1}^{\infty} \frac{x^k}{k^2}, \qquad vi)\quad s_\infty^{(vi)}(x) = \sum_{k=1}^{\infty} \binom{2k}{k} x^k.$$

Übung 3.10 (Weitere Aufgaben zu Zahlenfolgen):
a) Man zeige, dass für eine beschränkte Folge $(a_n)_{n\in\mathbb{N}}$ in $\mathbb{R}$ mit

$$\lim_{n\to\infty} (a_n - a_{n-1}) = 0 \qquad (*)$$

notwendig jedes $a \in \mathbb{R}$ mit $\liminf_{n\to\infty} a_n \le a \le \limsup_{n\to\infty} a_n$ Häufungswert ist. Man gebe ein Beispiel einer beschränkten Folge, welche das Kriterium $(*)$ erfüllt, und trotzdem nicht konvergent ist.

b) Für zwei Zahlen $a, b \in \mathbb{R}$ seien die Elemente a_n rekursiv definiert durch:

$$a_1 = a, \quad a_2 = b, \quad a_n = \tfrac{1}{2}(a_{n-1} + a_{n-2}),\ n \ge 3.$$

Man zeige, dass die Folge $(a_n)_{n\in\mathbb{N}}$ konvergiert und bestimme ihren Limes.

c) Gibt es eine Folge $(a_n)_{n\in\mathbb{N}}$ in $\mathbb{R}$ mit *überabzählbar* unendlich vielen Häufungswerten?

Übung 3.11 (Weitere Aufgaben zu Zahlenreihen):
a) Man streiche in der harmonischen Reihe $\sum_{k=1}^{\infty} 1/k$ alle Terme $1/k$, in denen die Dezimaldarstellung von k die Ziffer 0 enthält. Ist die verbleibende Reihe divergent oder konvergent?

b) Man zeige, dass die Folge der Zahlen

$$a_n := \frac{1}{n} \exp\Big(\sum_{k=1}^{n} \frac{1}{k} \Big)$$

gegen einen endlichen Grenzwert konvergiert. Die Bestimmung dieses Grenzwerts ist mit den bisherigen Hilfsmitteln aus dem Text noch nicht möglich ($\rightarrow$ sog. „Eulersche Konstante γ“).

c) Welche von den folgenden Reihen ist konvergent bzw. divergent?

$$a)\quad \sum_{k=0}^{\infty} \frac{k^k}{(2,7)^k k!}, \qquad b)\quad \sum_{k=0}^{\infty} \frac{k^k}{(2,8)^k k!}.$$

Übung 3.12 (Aufgabe zum Riemannschen Umordnungssatz):
Sei $\sum_{k=1}^{\infty} c_k$ eine konvergente aber nicht absolut konvergente Reihe. Man zeige, dass es dann zu beliebig gewähltem $C \in \mathbb{R}$ eine (einfache) Umordnung $\sum_{k=1}^{\infty} c_{\varphi(k)}$ der Reihe mit zugehöriger bijektiver Abbildung $\varphi : \mathbb{N} \rightarrow \mathbb{N}$ gibt, so dass gilt:

$$\sum_{k=1}^{\infty} c_{\varphi(k)} = C\,.$$

Ein elementarer Beweis dieser Behauptung stammt von Riemann[7](1826–1866).

Übung 3.13 (Aufgabe zu den „Fibonacci-Zahlen“):
Die Folge $(a_n)_{n\in\mathbb{N}}$ der „Fibonacci-Zahlen“ ist rekursiv definiert durch

$$a_0 := 0,\ a_1 := 1, \qquad n \in \mathbb{N}: \ a_{n+1} := a_n + a_{n-1}.$$

Man zeige für die Quotienten $g_n := a_{n+1}/a_n$:

$$\lim_{n\to\infty} g_n = g := \tfrac{1}{2}(1+\sqrt{5}) \qquad (\text{„goldener Schnitt“}).$$

(Hinweis: Man rechnet leicht nach, daß $g_{n+1} = 1 + 1/g_n$ und $g = 1 + 1/g$.)

Übung 3.14 (Aufgabe zu rekursiven Zahlenfolgen):
Man betrachte für $a \in \mathbb{R}_+$ die Folge $(a_n)_{n\in\mathbb{N}}$ mit den Elementen

$$a_1 = \sqrt{a}, \quad a_2 = \sqrt{a+\sqrt{a}}, \quad a_3 = \sqrt{a+\sqrt{a+\sqrt{a}}}, \quad \dots,$$

welche der rekursiven Beziehung $a_{n+1} = \sqrt{a+a_n}$, $n \in \mathbb{N}$, genügen.

a) Man zeige, dass diese Folge beschränkt und monoton wachsend ist. Folglich ist sie konvergent. (Hinweis: Vollständige Induktion)

b) Man zeige, dass für den Grenzwert $x = \lim a_n$ die Beziehung $x = \sqrt{a+x}$ gilt, und bestimme diesen.

[7]Bernhard Riemann (1826–1866): Deutscher Mathematiker; Prof. in Göttingen als Nachfolger Dirichlets; Mitbegründer der Funktionentheorie und der modernen Geometrie; einer der bedeutendsten Mathematiker seiner Zeit, von großem Einfluß auch auf die theoretische Physik.

Übung 3.15 (Aufgabe zur Dezimalbruchdarstellung):
Man zeige, dass im Rahmen des üblichen Divisionsprozesses zur Gewinnung der Dezimalbruchdarstellung rationaler Zahlen für periodische Dezimalbrüche mit Periodenlänge $s \in \mathbb{N}$ die folgende Regel gilt:

$$0,\overline{d_1 \dots d_s} = \frac{d_1 \dots d_s}{\underbrace{9 \dots 9}_{s \text{ mal}}}, \qquad d_k \in \{0, 1, \dots, 9\} \text{ Dezimalstellen.}$$

(Hinweis: Man schreibe den Dezimalbruch als Limes einer Folge von endlichen Summen und erinnere sich an die geometrische Summenformel.)

Übung 3.16 (Aufgabe zum Konvergenzradius):
a) Man zeige, dass für den Konvergenzradius $\rho \in \mathbb{R}_+$ einer Potenzreihe

$$s_\infty(x) = \sum_{k=1}^{\infty} c_k (x - x_0)^k$$

im Falle $c_k \neq 0$ für fast alle $k \in \mathbb{N}$ die folgende Beziehung besteht:

$$A_- := \liminf_{k\to\infty} \frac{|c_{k+1}|}{|c_k|} \le \frac{1}{\rho} \le \limsup_{k\to\infty} \frac{|c_{k+1}|}{|c_k|} =: A_+.$$

(Hinweis: Man wende das Quotientenkriterium an.)

b) Was gilt für die Grenzfälle $\rho = \infty$ und $\rho = 0$?

Übung 3.17 (Aufgabe zur Exponentialreihe):
Man zeige die folgenden Eigenschaften der durch die Exponentialreihe definierten (reellen) Exponentialfunktion $e^x := \exp(x)$ für beliebiges festes $n \in \mathbb{N}$:

$$a) \quad e^x > 1 + \frac{1}{n!} x^n, \quad x > 0,$$

$$b) \quad e^x < \frac{1}{1 + \frac{(-x)^n}{n!}}, \quad x < 0,$$

$$c) \quad \frac{e^x}{x^n} \to \infty \ (x \to \infty).$$

4 Funktionen und Stetigkeit

Da im Folgenden wieder die meisten Aussagen sowohl für reelle als auch für komplexe Zahlen gelten, werden wir den zugrunde liegenden Zahlkörper allgemein mit $\mathbb{K}$ bezeichnen, was dann innerhalb von Ausdrücken einheitlich für $\mathbb{K} = \mathbb{R}$ oder $\mathbb{K} = \mathbb{C}$ stehen kann. Wenn nur die reellen Zahlen gemeint sind, wird dies jeweils durch explizite Verwendung des Symbols $\mathbb{R}$ angedeutet.

4.1 Funktionen und Abbildungen

Zunächst führen wir einige Begriffe ein.

Definition 4.1 (Funktion): *Sei D eine Teilmenge des Zahlenraums $\mathbb{K}$. Ist durch eine Vorschrift jeder Zahl $x \in D$ eindeutig eine Zahl $y = f(x) \in \mathbb{K}$ zugeordnet, so nennen wir $f(\cdot)$ eine „Funktion" von x mit dem „Definitionsbereich" D und dem „Bildbereich" $B = \{y \in \mathbb{K} \mid \exists x \in D: \; y = f(x)\}$.*

Im Reellen sind Definitionsbereiche in der Regel Vereinigungen von Intervallen oder selbst Intervalle, wobei letztere meistens mit I bezeichnet werden. Bei Vorgabe von Anfangs- und Endpunkten $-\infty < a \leq b < \infty$ bedeutet:

$$[a, b] := \{x \in \mathbb{R} | \; a \leq x \leq b\} \qquad \text{(„abgeschlossenes" Intervall)}$$
$$(a, b) := \{x \in \mathbb{R} | \; a < x < b\} \qquad \text{(„offenes" Intervall)}$$
$$[a, b) := \{x \in \mathbb{R} | \; a \leq x < b\} \qquad \text{(„nach rechts halboffenes" Intervall)}$$
$$(a, b] := \{x \in \mathbb{R} | \; a < x \leq b\} \qquad \text{(„nach links halboffenes Intervall")}$$

Das Intervall $[a, a]$ enthält nur den Punkt a. Diese Intervalle sind alle „endlich" bzw. „beschränkt". Es kommen auch „unendliche" Intervalle der Form $[a, \infty)$, (a, ∞), $(-\infty, b]$, $(-\infty, b)$ und $(-\infty, \infty) = \mathbb{R}$ vor. Jede (eindeutige) reelle Funktion $f : D \subset \mathbb{R} \to \mathbb{R}$ besitzt einen sog. „Graphen"

$$G(f) := \big\{(x, f(x)) \in \mathbb{R} \times \mathbb{R} | \, x \in D\big\},$$

welcher in der Regel durch einer Kurve in der (x, y)-Ebene darstellbar ist.

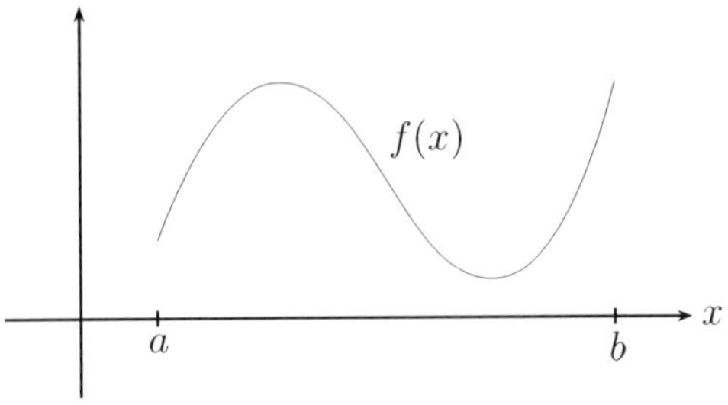

Abbildung 4.1: Graph $G(f)$ einer Funktion $f(x)$.

Für eine Funktion $f : D \subset \mathbb{K} \to \mathbb{K}$ sind Realteil $\operatorname{Re} f$, Imaginärteil $\operatorname{Im} f$ und Absolutbetrag $|f|$ erklärt:

$$(\operatorname{Re} f)(x) := \operatorname{Re} f(x), \quad (\operatorname{Im} f)(x) := \operatorname{Im} f(x), \quad |f|(x) := |f(x)|.$$

Für eine Funktion $f : D \to \mathbb{K}$ ist ihre „Restriktion“ $f_{|D'} : D' \to \mathbb{K}$ auf eine Teilmenge $D' \subset D$ ihres Definitionsbereichs auf natürliche Weise definiert. Für Paare von Funktionen $f, g : D \to \mathbb{K}$ sind Summe, Produkt und für $g(x) \neq 0,\ x \in D$, auch der Quotient definiert durch

$$(f+g)(x) := f(x) + g(x), \quad (f \cdot g)(x) := f(x) \cdot g(x), \quad \Big(\frac{f}{g}\Big)(x) := \frac{f(x)}{g(x)}.$$

Ein $x_0 \in D$ heißt „Nullstelle“ der Funktion $f : D \subset \mathbb{K} \to \mathbb{K}$, wenn $f(x_0) = 0$ ist. Die Funktion wird „identisch Null“ genannt, wenn $f(x) = 0$ ist für alle $x \in D$.

Eine Funktion heißt „injektiv“, wenn die durch sie definierte Abbildung zwischen ihrem Definitions- und ihrem Bildbereich injektiv ist. Zu einer injektiven Funktion $f : D \to B \subset \mathbb{K}$ ist die „Umkehrfunktion“ (oder auch „inverse Funktion“) $f^{-1} : B \to D$ auf dem Bildbereich $B \subset \mathbb{K}$ von $f(x)$ definiert durch

$$f^{-1}(y) := x \quad \Leftrightarrow \quad y = f(x).$$

(Die Umkehrfunktion $f^{-1}(x)$ darf nicht mit der reziproken Funktion $f(x)^{-1} = 1/f(x)$ verwechselt werden.) Für zwei Funktionen $g : D \to B \subset \mathbb{K}$ und $f : B \to \mathbb{K}$ ist die Komposition $f \circ g : D \to \mathbb{K}$ definiert durch

$$(f \circ g)(x) := f\big(g(x)\big), \quad x \in D.$$

Beispiel 4.1: Wir listen einige Beipiele häufig auftretender Funktionen mit den zugehörigen Umkehrfunktionen (soweit diese existieren):

1. Die *konstante* Funktion $f(x) = c,\ x \in \mathbb{K}$, für irgend ein festes $c \in \mathbb{K}$, beschreibt im Reellen eine Parallele zur x-Achse.

2. Die *Identitätsfunktion* $f(x) = x$ hat im Reellen als Graph die Winkelhalbierende des ersten Quadranten durch den Nullpunkt. Ihre Umkehrfunktion ist $f^{-1}(x) = x$.

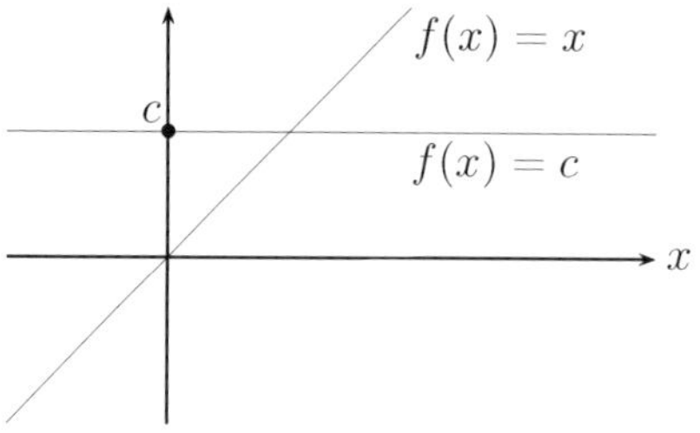

Abbildung 4.2: Graphen von $f(x) = c$ und $f(x) = x$.

3. Der *Absolutbetrag* $f(x) = |x|$ ist eine Funktion von $\mathbb{K}$ nach $\mathbb{R}_+ \cup \{0\}$. Diese besitzt keine Umkehrfunktion, wenn man deren Eindeutigkeit verlangt.

4. Die *abgeschnittene* Funktion $f(x) = \min\{x, 1\}$ ist auf ganz $\mathbb{R}$ definiert, besitzt aber keine Umkehrfunktion.

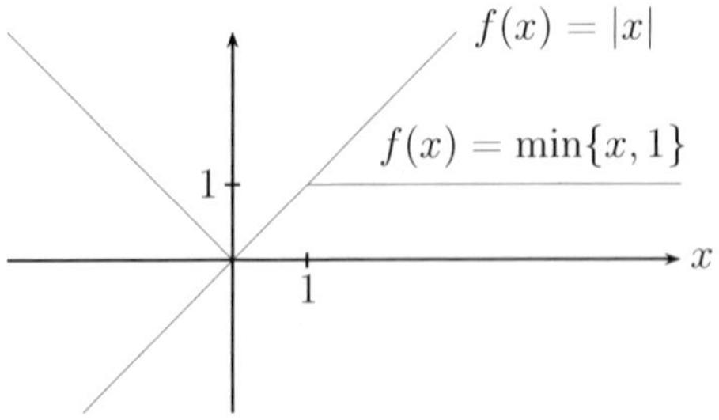

Abbildung 4.3: Graphen von $f(x) = |x|$ und $f(x) = \min\{x, 1\}$.

5. Die (reelle) *k-te Wurzelfunktion* $f(x) = \sqrt[k]{x}$, für ein $k \in \mathbb{N}$, ist zunächst als Funktion von $\mathbb{R}_+$ nach $\mathbb{R}_+$ definiert. Durch die natürliche Setzung $f(0) = \sqrt[k]{0} := 0$ ist sie zu einer Funktion $f : \mathbb{R}_+ \cup \{0\} \to \mathbb{R}_+ \cup \{0\}$ „fortgesetzt". Für negative Argumente ist sie im Reellen nicht definiert, wohl aber im Komplexen. Ihr „maximaler" Definitionsbereich im Reellen ist also $D = \mathbb{R}_+ \cup \{0\}$. Die zugehörige Umkehrfunktion auf $\mathbb{R}_+ \cup \{0\}$ ist

$$f^{-1}(x) = x^k.$$

Für rationalen Exponenten $r = p/q$, mit $p \in \mathbb{Z}, q \in \mathbb{N}$, ist die Funktion $f(x) = x^{p/q}$ definiert als Komposition der Funktionen

$$f_1(x) = x^p, \quad f_2(x) = \sqrt[q]{x}: \qquad f(x) = f_1\big(f_2(x)\big), \quad x \in \mathbb{R}_+.$$

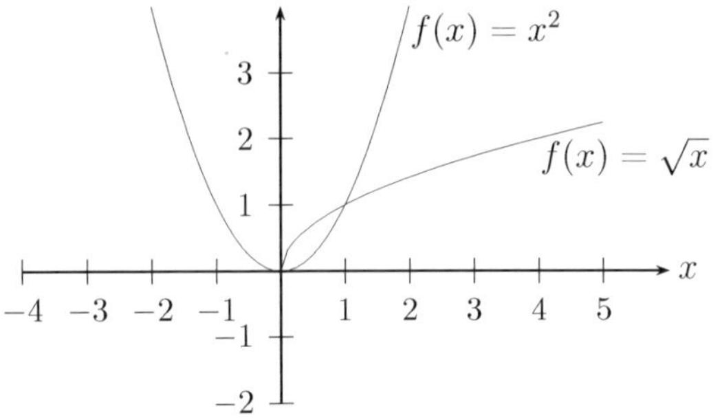

Abbildung 4.4: Graphen von $f(x) = \sqrt{x}$ und $f(x) = x^2$.

6. Die *Polynomfunktion* („ganze" rationale Funktion) vom „Grad" $n \in \mathbb{N}_0$,
$$p(x) = a_0 + a_1 x + \dots a_n x^n,$$
mit Koeffizienten $a_0, \dots, a_n \in \mathbb{K}$, $a_n \neq 0$, ist auf ganz $\mathbb{K}$ definiert.

7. Die *rationale* Funktion
$$r(x) = \frac{p(x)}{q(x)} = \frac{a_0 + a_1 x + \dots a_n x^n}{b_0 + b_1 x + \dots b_m x^m},$$
mit Koeffizienten $a_0, \dots, a_n \in \mathbb{K}$, $a_n \neq 0$, und $b_0, \dots, b_m \in \mathbb{K}$, $b_m \neq 0$, ist in allen Punkten $x \in \mathbb{K}$ definiert, in denen $q(x) \neq 0$ ist.

8. Die (reelle) *Treppenfunktion* zu einer endlichen Zerlegung eines Intervalls $[a, b]$ durch Teilpunkte $a = x_0 < x_1 < \dots < x_n = b$:
$$f(x) = c_k, \quad x \in (x_{k-1}, x_k).$$
In den Zerlegungspunkten x_k bleibt die Funktion unbestimmt oder wird dort dem jeweiligen Zweck entsprechend geeignet gesetzt; z. B. $f(x_{k-1}) := c_k$.

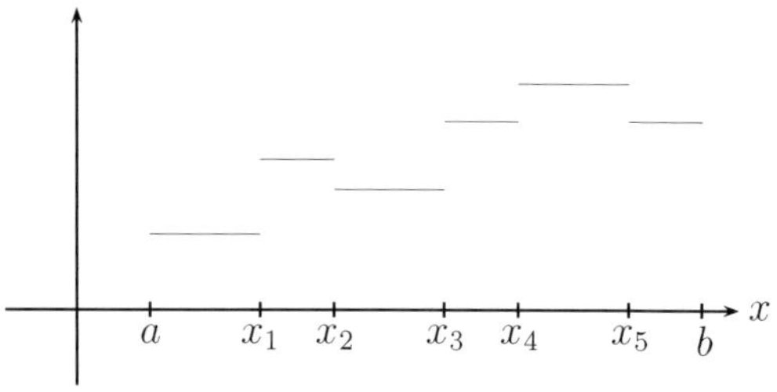

Abbildung 4.5: Graph einer Treppenfunktion.

9. Die (reelle) *Exponentialfunktion* $f(x) = \exp(x) = e^x$ ist eine Funktion von ganz $\mathbb{R}$ nach $\mathbb{R}_+$. Ihre Umkehrfunktion ist der sog. „natürliche Logarithmus" $f^{-1}(x) = \ln(x)$, den wir weiter unten noch eingehender betrachten werden.

10. „Pathologische" Funktionen ohne darstellbaren Graphen:
$$f(x) = \begin{cases} 1 & \text{für } x \in \mathbb{Q}, \\ 0 & \text{für } x \in \mathbb{R}\setminus\mathbb{Q}, \end{cases} \qquad f(x) = \begin{cases} 1 & \text{für } x \in \mathbb{N} \text{ Primzahl}, \\ 0 & \text{sonst.} \end{cases}$$

Definition 4.2 (Monotonie): *Eine (reelle) Funktion $f : D \subset \mathbb{R} \to \mathbb{R}$ heißt „monoton steigend" bzw. „monoton fallend", wenn für Punkte $x_1, x_2 \in D$ gilt:*
$$x \geq x' \;\Rightarrow\; f(x) \geq f(x') \quad \textit{bzw.} \quad x \geq x' \;\Rightarrow\; f(x) \leq f(x').$$
Gelten diese Beziehungen jeweils mit den strikten Ungleichheitszeichen, so heißt die Funktion „strikt" (oder auch „streng") monoton steigend bzw. fallend.

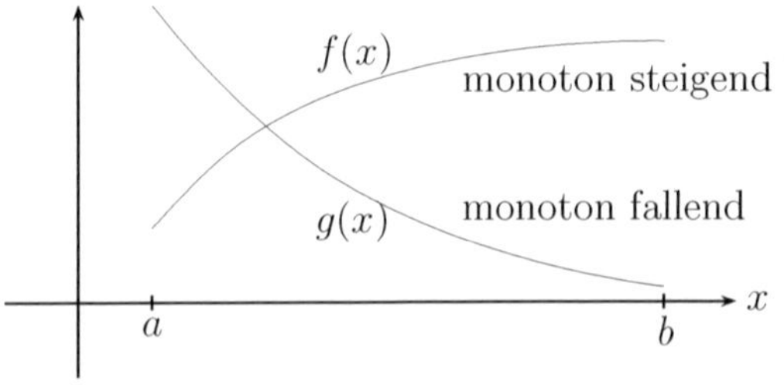

Abbildung 4.6: Graph einer monoton fallenden und einer monoton steigenden Funktion.

Beispiel 4.2: i) Das einfachste Beispiel einer strikt monoton steigenden bzw. fallenden Funktion haben wir mit der (reellen) Identitätsfunktion $f(x) = x$ bzw. $f(x) = -x$.

ii) Die reelle Exponentialfunktion $f(x) = e^x$ ist wegen $e^h > 1,\ h > 0$ und

$$x' = x + h > x \quad \Rightarrow \quad e^{x'} = e^x e^h > e^x$$

ebenfalls strikt monoton steigend.

iii) Die Funktion $f(x) = \min\{x, 1\}$ ist zwar monoton steigend aber nicht *streng* monoton steigend.

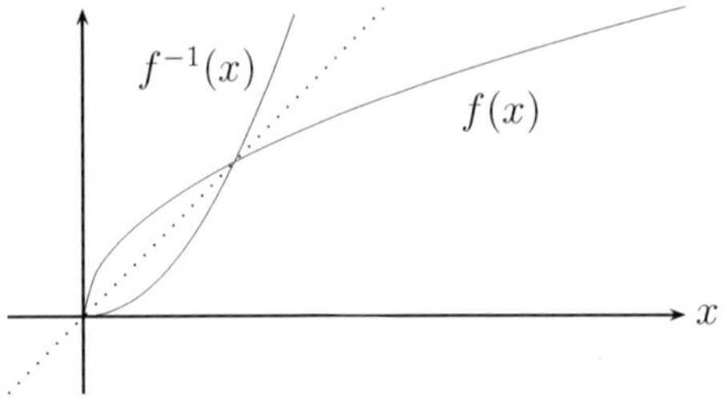

Abbildung 4.7: Graph einer monoton steigenden Funktion und ihrer Umkehrfunktion.

Lemma 4.1 (Umkehrfunktion): *Für eine streng monoton steigende (fallende) Funktion $f : I \to \mathbb{R}$ existiert auf dem Bild $B = \{y \in \mathbb{R} |\ y = f(x),\ x \in I\}$ die Umkehrfunktion $f^{-1} : B \to I$ und ist ebenfalls streng monoton steigend (fallend).*

Beweis: i) Wir zeigen zunächst die Injektivität von f. Für zwei verschiedene $x,\ x' \in D$ gilt entweder $x' > x$ oder $x < x'$. Aufgrund der strengen Monotonie von f ist also entweder $f(x') > f(x)$ oder $f(x') < f(x)$. Folglich ist f injektiv auf D, so dass die Umkehrfunktion $f^{-1} : B \to D$ existiert.

ii) Zum Nachweis der Monotonie von f^{-1} seien $y, y' \in B$ mit $y' > y$. Dann gibt es definitionsgemäß $x, x' \in D$, so dass $y = f(x)$, $y' = f(x')$. Wir haben $x' > x$ zu zeigen. Dies geschieht durch ein Widerspruchsargument. Angenommen, es gilt $x' \leq x$. Da $x = x'$ wegen der Injektivität von f ausgeschlossen ist, muss $x' < x$ sein. Die strenge Monotonie von f impliziert dann aber $y = f(x) > f(x') = y'$, im Widerspruch zur Annahme. Q.E.D.

Häufig sind Funktionen zunächst auf einer kleineren Menge D definiert und sollen auf einen größeren Definitionsbereich $\overline{D} \supset D$ fortgesetzt werden. Diesem Zweck dient die folgende Konstruktion. Für eine Teilmenge $M \subset \mathbb{K}$ ist der „Abschluß" $\overline{M}$ definiert durch

$$\overline{M} := \{x \in \mathbb{K} \mid \exists\, (a_n)_{n\in\mathbb{N}},\ a_n \in M : \ x = \lim_{n\to\infty} a_n\}.$$

d. h.: $\overline{M}$ enthält u. a. alle Häufungspunkte von M. Im Falle $M = \overline{M}$ ist dann die Menge im Sinne der früheren Definition „abgeschlossen". Beispiele sind das abgeschlossene Intervall $[a, b]$ als Abschluss des offenen Intervalls (a, b) und ganz $\mathbb{K}$ als Abschluss der „gelochten" Menge $\mathbb{K} \setminus \{0\}$.

Definition 4.3: *Eine Funktion $f : D \to \mathbb{K}$ hat einen („regulären") Limes $a \in \mathbb{K}$ in einem Punkt $x_0 \in \overline{D}$, wenn für alle Folgen von Punkten $x_n \in D$, $n \in \mathbb{N}$, gilt:*

$$x_n \to x_0 \ (n \to \infty) \quad \Rightarrow \quad f(x_n) \to a \ (n \to \infty),$$

Dies wird auch in der Kurzform $a = \lim_{x\in D,\, x\to x_0} f(x)$ geschrieben. Eine analoge Bezeichnung wird auch für „singuläre" Limiten, d. h. im Fall $|x| \to \infty$, verwendet.

Beispiel 4.3:

1. Für die Exponentialfunktion $f(x) = e^x$ gilt

$$\lim_{x\to 0} e^x = e^0 = 1,$$

da für $|x| \leq 1$:

$$\left|e^x - 1\right| \ \leq\ |x| \sum_{k=1}^{\infty} \frac{|x|^{k-1}}{k!} \ \leq\ |x| \sum_{k=1}^{\infty} \frac{1}{k!} \ =\ |x|(e-1) \ \to\ 0 \quad (x \to 0).$$

Betrachtet man nun die Funktion

$$f(x) = \frac{e^x - 1}{x},$$

so ist diese zunächst nur auf $D = \mathbb{K} \setminus \{0\}$ definiert. Mit Hilfe der Beziehung, für $|x| \leq 1$,

$$\left|f(x) - 1\right| \ =\ \left|\frac{e^x - 1 - x}{x}\right| \ =\ \left|\sum_{k=2}^{\infty} \frac{x^{k-1}}{k!}\right| \ \leq\ |x| \sum_{k=2}^{\infty} \frac{1}{k!} \ \to\ 0 \quad (|x| \to 0)$$

hat in $x = 0$ den regulären Limes $f(0) := 1$.

2. Für ein reelles Polynom der Form $p(x) = a_0 + \cdots + a_{n-1}x^{n-1} + x^n$ gilt:

$$p(x) \to \infty \quad (x \to \infty),$$

$$p(x) \to \begin{cases} +\infty & \text{für } n \text{ gerade} \\ -\infty & \text{für } n \text{ ungerade} \end{cases} \qquad (x \to -\infty),$$

da wegen

$$p(x) = x^n \Big\{ \frac{a_0}{x^n} + \ldots \frac{a_{n-1}}{x} + 1 \Big\}$$

das asymptotische Verhalten für $x \to \pm\infty$ offenbar durch den „führenden" Term x^n bestimmt ist.

4.2 Stetigkeit

Definition 4.4 (Stetigkeit): *Eine Funktion $f : D \to \mathbb{K}$ heißt „stetig" in einem Punkt $x_0 \in D$, wenn für jede Folge $(x_n)_{n\in\mathbb{N}}$ in D gilt:*

$$x_n \to x_0 \ (n \to \infty) \quad \Rightarrow \quad f(x_n) \to f(x_0) \ (n \to \infty);$$

andernfalls heißt sie „unstetig" in x_0. Sie heißt „stetig auf ihrem Definitionsbereich D", wenn sie stetig in jedem Punkt $x_0 \in D$ ist.

Im Reellen ist der Begriff der „Stetigkeit" einer Funktion intuitiv verständlich anhand ihres Graphen. Anschaulich ist eine Funktion stetig, wenn ihr Graph zusammenhängend ist, d. h. wenn man ihn ohne abzusetzen zeichnen kann.

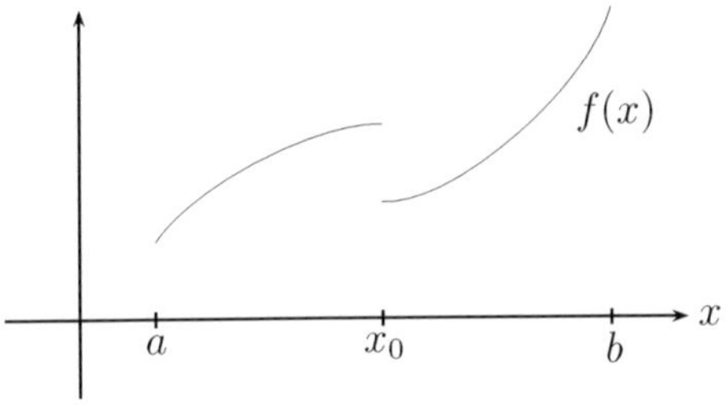

Abbildung 4.8: Graph einer unstetigen Funktion.

Lemma 4.2: *i) Für eine stetige Funktion $f : D \to \mathbb{K}$ ist auch jede Restriktion $f_{|D'} : D' \to \mathbb{K}$ auf eine Teilmenge $D' \subset D$ stetig.*

ii) Mit einer Funktion $f : D \to \mathbb{K}$ sind in einem Punkt $x_0 \in D$ auch ihr Realteil $\mathrm{Re}\, f$ und Imaginärteil $\mathrm{Im}\, f$ sowie ihr Absolutbetrag $|f|$ stetig.

iii) Für stetige Funktionen $f, g : D \to \mathbb{K}$ sind in einem Punkt x_0 auch ihre Summe $f+g$ und Produkt $f \cdot g$. Im Fall $g(x_0) \neq 0$ ist dann auch der Quotient f/g stetig.

iv) Für stetige Funktionen $g : D \to B \subset \mathbb{K}$ und $f : B \to \mathbb{K}$ ist auch die Komposition $f \circ g : D \to \mathbb{K}$ stetig.

Beweis: i) Die Behauptung ergibt sich unmittelbar aus der Definition der Stetigkeit.

ii) Die Behauptung ergibt sich unmittelbar aus den Beziehungen

$$|\mathrm{Re}\, f(x) - \mathrm{Re}\, f(x')|^2 + |\mathrm{Im}\, f(x) - \mathrm{Im}\, f(x')|^2 = |f(x) - f(x')|^2,$$
$$\big||f(x)| - |f(x')|\big| \le |f(x) - f(x')|.$$

iii) Die Stetigkeit von Summe, Produkt und Quotient ergibt sich aus den entsprechenden Resultaten für konvergente Zahlenfolgen. Bei der Behandlung des Quotienten ist zu beachten, daß dieser für ein $x_0 \in D$ mit $g(x_0) \neq 0$ nach Korollar 4.1 auf einer ganzen ε-Umgebung von x_0 definiert ist.

iv) Sei $x_0 \in D$ und $x_n \in D$ mit $x_n \to x_0$ $(n \to \infty)$. Wegen der Stetigkeit von g konvergiert $y_n = g(x_n) \to g(x_0) = y_0$ $(n \to \infty)$ und dann wegen der Stetigkeit von f:

$$(f \circ g)(x_n) = f(g(x_n)) = f(y_n) \to f(y_0) \quad (x_n \to x_0).$$

Mit $f(y_0) = f(g(x_0)) = (f \circ g)(x_0)$ ergibt sich die Behauptung. Q.E.D.

Lemma 4.3: *Die auf einer beschränkten, abgeschlossenen (d. h. kompakten) Teilmenge $D \subset \mathbb{K}$ definierte Funktion $f : D \to B \subset \mathbb{K}$ sei injektiv und stetig. Dann ist auch ihre Umkehrfunktion $f^{-1} : B \to D$ stetig.*

Beweis: Sei $(y_n)_{n\in\mathbb{N}}$ eine Folge in B mit $y_n \to y_0 \in B$ $(n \to \infty)$. Wir haben zu zeigen, dass dann $x_n := f^{-1}(y_n) \to f^{-1}(y_0) =: x_0$ $(n \to \infty)$. Die Urbildfolge $(x_n)_{n\in\mathbb{N}}$ ist beschränkt, da in der beschränkten Menge D enthalten. Sei $(x_{n_k})_{k\in\mathbb{N}}$ eine konvergente Teilfolge mit $x_{n_k} \to \xi \in D$. Wegen der Stetigkeit von f konvergiert dann $f(x_{n_k}) \to f(\xi)$. Es gilt aber auch $f(x_{n_k}) = y_{n_k} \to y_0$, d. h.: $f(x_0) = f(\xi)$. Wegen der Injektivität von f folgt $\xi = x_0$. Also sind alle Häufungswerte der (beschränkten) Folge $(x_n)_{n\in\mathbb{N}}$ gleich x_0, so dass notwendig $x_n \to x_0$. Q.E.D.

Die obige qualitative Definition der Stetigkeit ist häufig unpraktisch für Beweiszwecke und zur Beschreibung weitergehender Stetigkeitseigenschaften von Funktionen. Daher geben wir die folgende mehr quantitative Charakterisierung.

Lemma 4.4 (Stetigkeit per ε/δ-Argument): *Eine Funktion $f : D \to \mathbb{K}$ ist stetig in einem Punkt $x_0 \in D$ genau dann, wenn es zu jedem $\varepsilon > 0$ ein $\delta_\varepsilon > 0$ gibt, so dass für alle $x \in D$ gilt:*

$$|x - x_0| < \delta_\varepsilon \quad \Rightarrow \quad |f(x) - f(x_0)| < \varepsilon. \tag{4.2.1}$$

Beweis: i) Sei f stetig. Gäbe es dann ein $\varepsilon > 0$, so dass es zu jedem $\delta > 0$ einen Punkt $x \in D$ gibt mit $|x_0 - x| \le \delta$, aber $|f(x_0) - f(x)| \ge \varepsilon$, so wäre dies ein Widerspruch zu $f(x_0) - f(x) \to 0$ $(x \to x_0)$.

ii) Die andere Richtung der Behauptung ist evident. Q.E.D.

Korollar 4.1: *Eine Funktion $f : D \subset \mathbb{K} \to \mathbb{K}$, sei in einem Punkt $x_0 \in D$ stetig, und es sei $f(x_0) \neq 0$. Dann gibt es ein $\varepsilon_0 > 0$, so dass für jede sog. ε-Umgebung $U_\varepsilon := \{x \in D |\, |x - x_0| < \varepsilon\}$ von x_0 mit $0 < \varepsilon \leq \varepsilon_0$ gilt $f(x) \neq 0$ für alle $x \in U_\varepsilon$.*

Beweis: Wir setzen $\varepsilon := |f(x_0)| > 0$. Dann gibt es wegen der Stetigkeit von f ein $\delta_\varepsilon > 0$, so dass für alle $x \in D$ mit $|x - x_0| < \delta_\varepsilon$ gilt $|f(x) - f(x_0)| < \varepsilon$. Also folgt für solche x:

$$|f(x)| \geq |f(x_0)| - |f(x) - f(x_0)| > \varepsilon - \varepsilon = 0,$$

was zu zeigen war. Q.E.D.

Definition 4.5: *i) Eine Funktion $f : D \to \mathbb{K}$ heißt „gleichmäßig stetig“ auf ihrem Definitionsbereich D, wenn in der ϵ/δ-Formulierung der Stetigkeit zu gegebenem ε das δ gleichmäßig für alle Punkte $x \in D$ gewählt werden kann.*

ii) Eine Funktion $f : D \to \mathbb{K}$ heißt „Lipschitz[1]-stetig“ (oder kurz „L-stetig“) auf D, wenn mit einer Konstante $L > 0$ (der sog. „Lipschitz-Konstante“) gilt:

$$|f(x) - f(y)| \leq L|x - y|, \quad x, y \in D.$$

Satz 4.1 (Satz von der gleichmäßigen Stetigkeit): *Eine auf einer beschränkten, abgeschlossenen (d. h. kompakten) Teilmenge $D \subset \mathbb{K}$ stetige Funktion ist dort sogar „gleichmäßig stetig“ ; d. h.: Zu jedem $\varepsilon > 0$ gibt es $\delta_\varepsilon > 0$, so dass für alle $x, x' \in D$ gilt:*

$$|x - x'| < \delta_\varepsilon \quad \Rightarrow \quad |f(x) - f(x')| < \varepsilon. \tag{4.2.2}$$

Beweis: Angenommen, f ist nicht gleichmäßig stetig. Dann gibt es ein $\varepsilon > 0$ derart, dass zu jedem $n \in \mathbb{N}$ Punkte $x_n, x'_n \in D$ existieren mit

$$|x_n - x'_n| < \frac{1}{n}, \quad |f(x_n) - f(x'_n)| \geq \varepsilon. \tag{4.2.3}$$

Nach dem Satz von Bolzano-Weierstraß besitzt die beschränkte Folge $(x_n)_{n\in\mathbb{N}}$ eine konvergente Teilfolge $(x_{n_k})_{k\in\mathbb{N}}$ mit Grenzwert $x \in D$. Wegen $|x_n - x'_n| < 1/n$ ist auch $x = \lim_{k\to\infty} x'_{n_k}$. Da f stetig ist, folgt daraus

$$|f(x_{n_k}) - f(x'_{n_k})| \to |f(x) - f(x)| = 0 \quad (k \to \infty),$$

im Widerspruch zu (4.2.3). Q.E.D.

Bemerkung 4.1: i) In Satz 4.1 sind die Voraussetzungen der Beschränktheit und Abgeschlossenheit des Definitionsbereichs D wesentlich. Die auf dem abgeschlossenen, aber unbeschränkten Intervall $I = [0, \infty)$ definierte Funktion

$$f(x) = x^2$$

[1]Rudolf O. S. Lipschitz (1832–1903): Deutscher Mathematiker aus Königsberg; seit 1864 Prof. in Bonn; arbeitete auf verschiedenen Gebieten der Mathematik.

ist dort stetig aber nicht *gleichmäßig* stetig, da ihre Stetigkeitseigenschaft für $x \to \infty$ degeneriert. Für $x = n$ und $x' = x + \frac{1}{n}$ gilt z. B. $x - x' = \frac{1}{n} \to 0 \ (n \to \infty)$, aber

$$|f(x) - f(x')| = |x + x'|\,|x - x'| = 2 + n^{-2} \to 2 \quad (n \to \infty).$$

Die auf dem beschränkten, halboffenen Intervall $I = (0, 1]$ definierte Funktion

$$f(x) = x^{-1}$$

ist dort stetig aber nicht *gleichmäßig* stetig, da ihre Stetigkeitseigenschaft für $x \to 0$ schlechter wird (Details Übungsaufgabe).

ii) Eine L-stetige Funktion $f : D \to \mathbb{K}$ ist auch gleichmäßig stetig auf D (Beweis Übungsaufgabe). Umgekehrt muss eine gleichmäßig stetige Funktion $f : D \to \mathbb{K}$ nicht notwendig L-stetig sein (Gegenbeispiel Übungsaufgabe).

Beispiel 4.4:

1. Die Stetigkeit des Absolutbetrags hatten wir im Grunde bereits bei der Diskussion der Folgenkonvergenz verwendet. Sie folgt aus der Beziehung

$$\big||x| - |x_n|\big| \le |x - x_n|.$$

2. Die Funktion $f(x) = \min\{x, 1\}$ ist stetig auf ganz $\mathbb{R}$ (Übungsaufgabe).

3. Monomfunktionen $f(x) = x^k$ für $k \in \mathbb{N}_0$ sind stetig, was man mit Hilfe der Beziehung

$$|x^n - x_n^k| = |x - x_n|\,|x^{k-1} + x^{k-2}x_n + \cdots + x x_n^{k-2} + x_n^{k-1}|$$

erschließt. Nach Lemma 4.2 sind damit auch alle Polynomfunktionen als Linearkombinationen von Monomfunktionen stetig. Dasselbe gilt für die rationalen Funktionen in Punkten x_0, in denen der Nenner nicht Null ist.

4. Die (reelle) Wurzelfunktion $f(x) = \sqrt[k]{x}$ auf $I = [0, \infty)$ ist die Umkehrfunktion der Monomfunktion $f(x) = x^k$, eingeschränkt auf I. Ihre Stetigkeit ergibt sich folglich mit Hilfe von Lemma 4.3.

5. Oben war bereits gezeigt worden, dass die Exponentialfunktion im Punkt $x_0 = 0$ stetig ist. Für einen beliebigen Punkt $x \in \mathbb{K}$ konvergiere nun $x - x_n \to 0 \ (n \to \infty)$. Dann gilt:

$$\begin{aligned} \big|e^x - e^{x_n}\big| &= e^x\big|1 - e^{-x}e^{x_n}\big| \\ &= e^x\big|1 - e^{x_n - x}\big| \to e^x|1 - 1| = 0 \quad (n \to \infty), \end{aligned}$$

d. h.: Die Exponentialfunktion ist auf ganz $\mathbb{K}$ stetig.

6. Eine (reelle) Treppenfunktion ist in der Regel in den Zerlegungspunkten $a = x_0 < x_1 < \cdots < a_n = b$ unstetig.

7. Die pathologische Funktion

$$f(x) = \begin{cases} 1 & \text{für } x \in \mathbb{Q}, \\ 0 & \text{für } x \in \mathbb{R}\backslash\mathbb{Q}, \end{cases}$$

ist nirgends stetig. Um dies zu sehen, betrachten wir für ein beliebiges $x_0 \in \mathbb{Q}$ die Folge mit den Elementen $x_n := x_0 + \sqrt{2}/n \in \mathbb{R} \setminus \mathbb{Q}$. Dafür gilt:

$$x_0 = \lim_{n\to\infty} x_n, \qquad f(x_0) = 1 \neq 0 = \lim_{n\to\infty} f(x_n).$$

Für ein beliebiges $x_0 \in \mathbb{R}\backslash\mathbb{Q}$ gibt es nach Konstruktion von $\mathbb{R}$ eine approximierende Folge $(x_n)_{n\in\mathbb{N}}$ in $\mathbb{Q}$, für die dann gilt:

$$x_0 = \lim_{n\to\infty} x_n, \qquad f(x_0) = 0 \neq 1 = \lim_{n\to\infty} f(x_n).$$

Der folgende „Zwischenwertsatz“ für stetige Funktionen im Reellen geht auf Bolzano zurück.

Satz 4.2 (Zwischenwertsatz): *Sei $f : [a,b] \to \mathbb{R}$ eine reelle stetige Funktion. Dann gibt es zu jeder reellen Zahl y „zwischen“ $f(a)$ und $f(b)$, d. h. $f(a) \le y \le f(b)$ oder $f(b) \le y \le f(a)$, ein $c \in [a,b]$ mit $f(c) = y$.*

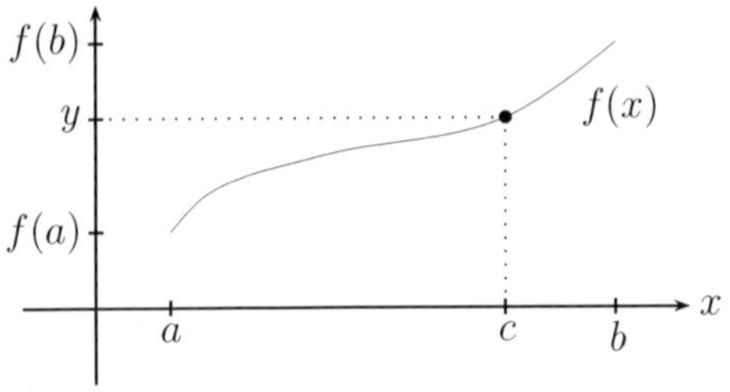

Abbildung 4.9: Illustration zum Zwischenwertsatz.

Beweis: Es sei o.B.d.A. $f(a) < y < f(b)$; die Fälle $y = f(a)$ oder $y = f(b)$ sind uninteressant. Die Funktion $g(x) := f(x) - y$ ist ebenfalls stetig und hat die Eigenschaften $g(a) < 0$ und $g(b) > 0$. Gesucht ist also ein $c \in [a,b]$ mit $g(c) = 0$. Wir zeigen dessen Existenz mit Hilfe des Intervallschachtelungsprinzips in $\mathbb{R}$. Auf dem Ausgangsintervall $I_0 = [a_0, b_0] := [a,b]$ gilt $g(a_0)g(b_0) < 0$. Sei $c_0 = \frac{1}{2}(a_0 + b_0)$ der Mittelpunkt von $[a_0, b_0]$. Im Falle $g(c_0) = 0$ ist dann c_0 Nullstelle von g und wir sind fertig. Andernfalls ist entweder $g(a_0)g(c_0) < 0$ oder $g(c_0)g(b_0) < 0$, und wir setzen:

$$I_1 = [a_1, b_1] := \begin{cases} [a_0, c_0] & \text{für } g(a_0)g(c_0) < 0, \\ [a_0, b_0] & \text{für } g(c_0)g(b_0) < 0. \end{cases}$$

Offenbar gilt dann $g(a_1)g(b_1) < 0$ und $|b_1 - a_1| = \frac{1}{2}|b_0 - a_0|$. Mit dem neuen Intervall I_1 verfahren wir nun analog und finden entweder eine Nullstelle $c_1 \in I_1$ von g oder ein weiteres Teilintervall $I_2 = [a_2, b_2] \subset [a_1, b_1]$ mit $g(a_2)g(b_2) < 0$ und $|b_2 - a_2| = \frac{1}{2}|b_1 - a_1|$. Durch Fortsetzung dieses Prozesses gewinnen wir entweder nach endlich vielen Schritten eine Nullstelle $c \in [a, b]$ von g oder eine unendliche Folge von geschachtelten Teilintervallen $I_n = [a_n, b_n]$, $n \in \mathbb{N}$ mit den Eigenschaften $g(a_n)g(b_n) < 0$ und

$$|b_n - a_n| = \tfrac{1}{2}|b_{n-1} - a_{n-1}| = \cdots = \left(\tfrac{1}{2}\right)^n |b_0 - a_0|.$$

Nach dem Intervallschachtelungsprinzip existiert ein $c \in \cap_{n\in\mathbb{N}} I_n$. Dieses ist dann Limes der Folgen der Intervallendpunkte: $\lim_{n\to\infty} a_n = c = \lim_{n\to\infty} b_n$. Da nach Konstruktion $g(a_n)g(b_n) \le 0$ gilt, ist wegen der Stetigkeit von g auch $g(c)g(c) \le 0$, d. h.: $g(c) = 0$.

Q.E.D.

Anwendung 4.2.1: *Jedes reelle Polynom*

$$p(x) = a_0 + a_1 x + \cdots + a_n x^n$$

ungeraden Grades hat eine reelle Nullstelle. Im Fall $a_n > 0$ gilt

$$p(x) \to \infty \quad (x \to \infty), \qquad p(x) \to -\infty \quad (x \to -\infty).$$

Also gibt es Punkte $x_-, x_+ \in \mathbb{R}$ mit $f(x_-) < 0$ und $f(x_+) > 0$. Nach Satz 4.2 gibt es dann ein $x_0 \in \mathbb{R}$ mit $f(x_0) = 0$. Im Fall $a_n < 0$ wird entsprechend argumentiert. Die Existenz von Nullstellen auch für allgemeine Polynome *geraden* Grades erfordert die Verwendung des komplexen Zahlkörpers $\mathbb{C}$ und ist die Aussage des „Fundamentalsatzes der Algebra“ ($\to$ *Algebra und komplexe Funktionentheorie*).

Anwendung 4.2.2: *Eine stetige Funktion $f : [a, b] \to \mathbb{R}$ mit Bildbereich $B \subset [a, b]$ besitzt einen „Fixpunkt“, d.h. ein $x_0 \in [a, b]$ mit $f(x_0) = x_0$.* Dazu betrachten wir die stetige Funktion $g(x) := f(x) - x$. Wegen $f(a), f(b) \in [a, b]$ ist $g(a) \ge 0$ und $g(b) \le 0$. Also besitzt g in $[a, b]$ eine Nullstelle, welche nach Konstruktion Fixpunkt von f ist. Dieses Resultat ist die einfachste Version des sog. „Brouwerschen Fixpunktsatzes“, der für sehr viel allgemeinere Situationen bewiesen werden kann ($\to$ *Funktionalanalysis*).

Anwendung 4.2.3: Das im Beweis des Zwischenwertsatzes verwendete Schachtelungsverfahren kann auch zur praktischen Berechnung einer Nullstelle einer stetigen Funktion f verwendet werden; es wird dann als „Bisektionsverfahren“ bezeichnet. Voraussetzung ist die Kenntnis eines Ausgangsintervalls $[a, b]$, auf dem $f(a)f(b) < 0$ ist. Dann hat f (mindestens) eine Nullstelle $x \in [a, b] =: [a_0, b_0]$. Aus der Konstruktion der Folge von geschachtelten Teilintervallen $[a_n, b_n]$ folgt dann für deren Mittelpunkte $c_n = \frac{1}{2}(a_n + b_n)$:

$$|c_n - x| \le 2^{-1}|b_n - a_n| \le 2^{-n-1}|b_0 - a_0| \;\to\; 0 \quad (n \to \infty).$$

Diese Methode zur Approximation von Nullstellen ist sehr robust, d. h. unempfindlich gegenüber kleinen Ungenauigkeiten bei der Berechnung der Funktionswerte $f(x_k)$ bedingt etwa durch „Rundungsfehler“, doch auch recht langsam. Zur Erreichung einer Approximationsgenauigkeit von 10^{-6} sind i. Allg. $n = 20$ Bisektionsschritte erforderlich. Wir werden später noch ein wesentlich schnelleres Verfahren zur Nullstellenberechnung kennenlernen.

Satz 4.3 (Satz von der Beschränktheit): *Eine auf einer beschränkten, abgeschlossenen (d.h. kompakten) Teilmenge $D \subset \mathbb{K}$ stetige Funktion $f: D \to \mathbb{K}$ ist dort beschränkt; d. h.: Es existiert ein $K \in \mathbb{R}_+$ mit*

$$\sup_{x \in D} |f(x)| \le K. \tag{4.2.4}$$

Beweis: Angenommen, die stetige Funktion $f(x)$ ist nicht beschränkt auf D. Dann gibt es zu jedem $n \in \mathbb{N}$ ein $x_n \in D$ mit $|f(x_n)| > n$. Die Folge $(x_n)_{n \in \mathbb{N}}$ ist beschränkt, da enthalten in der beschränkten Menge D, und hat folglich nach dem Satz von Bolzano-Weierstraß eine konvergente Teilfolge $(x_{n_k})_{k \in \mathbb{N}}$ mit Limes $x \in \mathbb{K}$. Da D abgeschlossen ist, liegt auch $x \in D$. Dann gilt wegen der Stetigkeit von f

$$|f(x_{n_k})| \to |f(x)| < \infty \quad (k \to \infty),$$

im Widerspruch zur Annahme $|f(x_n)| \to \infty \ (n \to \infty)$. Q.E.D.

Definition 4.6: *Für eine reellwertige Funktion $f: D \subset \mathbb{K} \to \mathbb{R}$ sind „Supremum" und „Infimum" definiert als kleinste obere bzw. größte untere Grenze ihrer Bildmenge:*

$$\sup_{x \in D} f(x) = \sup B_f := \min\{\beta \in \mathbb{R} |\ y \le \beta \ \forall y \in B_f\},$$
$$\inf_{x \in D} f(x) = \inf B_f := \max\{\alpha \in \mathbb{R} |\ \alpha \le y \ \forall y \in B_f\}.$$

Die Existenz solcher „kleinsten" oberen und „größten" unteren Grenzen ist für beschränktes D durch die Trennungseigenschaft von $\mathbb{R}$ garantiert. Existieren Punkte $x_{\max}, x_{\min} \in D$ mit der Eigenschaft

$$\sup_{x \in D} f(x) = f(x_{\max}) =: \max_{x \in D} f(x),$$
$$\inf_{x \in D} f(x) = f(x_{\min}) =: \min_{x \in D} f(x),$$

so spricht man von einem „Maximum" bzw. einem „Minimum" (allgemein „Extremum").

Satz 4.4 (Satz vom Extremum): *Eine auf einer beschränkten, abgeschlossenen (d. h. kompakten) Teilmenge $D \subset \mathbb{K}$ stetige, reell-wertige Funktion $f: D \to \mathbb{R}$ besitzt dort ein Maximum und ein Minimum; d. h.: Es existieren $x_{\max}$, $x_{\min} \in D$ mit*

$$\sup_{x \in D} f(x) = f(x_{\max}), \qquad \inf_{x \in D} f(x) = f(x_{\min}). \tag{4.2.5}$$

Beweis: Die auf D stetige Funktion ist beschränkt mit oberer Grenze K; d. h.:

$$K = \sup_{x \in [a,b]} f(x) < \infty.$$

Es gibt eine Folge $(x_n)_{n \in \mathbb{N}}$ von Punkten aus D mit $f(x_n) \to K \ (n \to \infty)$. Diese Folge ist beschränkt und besitzt folglich eine konvergente Teilfolge $(x_{n_k})_{k \in \mathbb{N}}$, die, da D abgeschlossen ist, gegen einen Punkt $x \in D$ konvergiert. Für diese gilt dann

$$f(x_{n_k}) \to f(x) \quad (k \to \infty);$$

d. h.: Es gilt $f(x) = K$. Das Argument für die untere Grenze ist analog. Q.E.D.

Bemerkung 4.2: Als unmittelbare Folgerung aus Satz 4.4 haben wir, dass der Absolutbetrag einer stetigen Funktion $f: D \to \mathbb{K}$ auf einer beschränkten, abgeschlossenen Teilmenge $D \subset \mathbb{K}$ ein Maximum und Minimum annimmt; d. h.: Es existieren Punkte $x_{\max}, x_{\min} \in D$ mit

$$|f(x_{\max})| = \max_{x\in D} |f(x)|, \qquad |f(x_{\min})| = \min_{x\in D} |f(x)|.$$

Bemerkung 4.3: Die drei grundlegenden Sätze für stetige (reelle) Funktionen, der Zwischenwertsatz, der Satz von der Beschränktheit und der Satz vom Extremum, lassen sich zusammen in kurzer Form auch wie folgt formulieren: *Für eine auf einem abgeschlossenen Intervall definierte, stetige Funktion ist der Bildbereich wieder ein abgeschlossenes Intervall.* (Beweis Übungsaufgabe)

Anwendung 4.2.4 (Approximation durch Treppenfunktionen): Zum praktischen Rechnen mit stetigen Funktionen (z. B. auf dem Computer) ist ihre Definition durch Vorgabe von Werten in den überabzählbar vielen Punkten ihres Definitionsintervalls $[a, b] \subset \mathbb{R}$ nicht geeignet. Daher ist es von Interesse, allgemeine stetige Funktionen durch einfachere, am besten durch endlich viele Werte charakterisierte Funktionen zu approximieren. Kandidaten hierfür sind z. B. die (stückweise konstanten) Treppenfunktionen, die Polygonzüge, die Polynome oder die später noch eingehender untersuchten trigonometrische Funktionen. Hierzu wollen wir folgende Aussage ableiten:

Lemma 4.5 (Treppenapproximation): *Jede auf einem beschränkten, abgeschlossenen Intervall $[a, b]$ definierte, stetige Funktion $f : [a, b] \to \mathbb{R}$ lässt sich beliebig gut durch Treppenfunktionen einschließen; d. h.: Zu jedem $\varepsilon > 0$ gibt es Treppenfunktionen $\overline{\varphi}_\varepsilon$, $\underline{\varphi}_\varepsilon$ (o.B.d.A. zur selben endlichen Zerlegung von $[a, b]$ gehörend) mit den Eigenschaften*

$$\underline{\varphi}_\varepsilon(x) \le f(x) \le \overline{\varphi}_\varepsilon(x), \qquad |\underline{\varphi}_\varepsilon(x) - \overline{\varphi}_\varepsilon(x)| < \varepsilon, \quad x \in [a, b]. \tag{4.2.6}$$

Beweis: Nach Satz 4.1 ist f auf dem Intervall $[a, b]$ *gleichmäßig* stetig. Demnach gibt es zu beliebig gegebenem $\varepsilon > 0$ ein $\delta_\varepsilon > 0$, so dass gilt:

$$x, x' \in [a, b], \ |x - x'| < \delta_\varepsilon \quad \Rightarrow \quad |f(x) - f(x')| < \tfrac{1}{2}\varepsilon.$$

Sei nun $n \in \mathbb{N}$ so groß, dass $(b - a)/n < \delta_\varepsilon$. Mit den Teilpunkten

$$x_k := a + \frac{b-a}{n} k, \quad k = 0. \dots, n,$$

erhalten wir so eine „äquidistante" Unterteilung des Intervalls $[a, b]$:

$$a = x_0 < x_1 < \ldots < x_{n-1} < x_n = b,$$

mit $|x_k - x_{k-1}| < \delta_\varepsilon$. Dazu definieren wir nun zwei Treppenfunktionen $\overline{\varphi}_\varepsilon, \underline{\varphi}_\varepsilon : [a, b] \to \mathbb{R}$ durch folgende Setzung:

$$x_{k-1} \le x < x_k : \quad \begin{aligned} \overline{\varphi}_\varepsilon(x) &:= \sup\{f(x) |\, x_{k-1} \le x < x_k\}, \\ \underline{\varphi}_\varepsilon(x) &:= \inf\{f(x) |\, x_{k-1} \le x < x_k\}. \end{aligned}$$

Für diese gilt dann konstruktionsgemäß $\underline{\varphi}_\varepsilon(x) \le f(x) \le \overline{\varphi}_\varepsilon(x)$ in allen $x \in [a,b]$. Nach Satz 4.4 existieren nun in jedem der abgeschlossenen Teilintervalle $[x_{k-1},x_k]$, Punkte $\overline{\xi}_k$, $\underline{\xi}_k$ mit

$$f(\overline{\xi}_k) = \sup\{f(x)|\, x_{k-1} \le x < x_k\}, \qquad f(\underline{\xi}_k) = \inf\{f(x)|\, x_{k-1} \le x < x_k\}.$$

Nach Wahl von δ_ε gilt daher für $x \in [x_{k-1}, x_k)$:

$$|\underline{\varphi}_\varepsilon(x) - \overline{\varphi}_\varepsilon(x)| = |f(\underline{\xi}_k) - f(\overline{\xi}_k)| \le |f(\underline{\xi}_k) - f(x)| + |f(x) - f(\overline{\xi}_k)| < \tfrac{1}{2}\varepsilon + \tfrac{1}{2}\varepsilon = \varepsilon,$$

und somit $|\underline{\varphi}_\varepsilon(x) - \overline{\varphi}_\varepsilon(x)| < \varepsilon$, $x \in [a,b]$. Q.E.D.

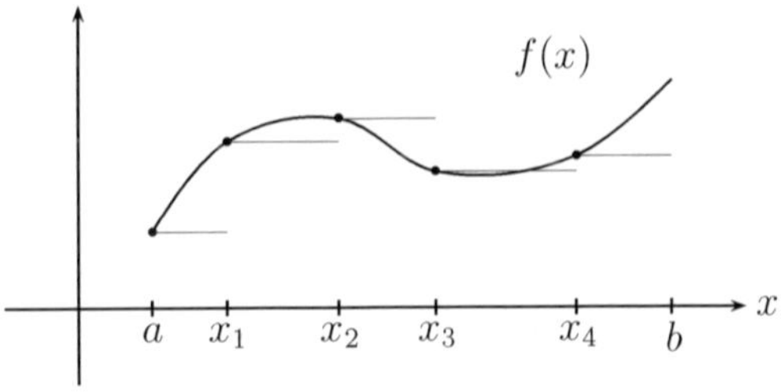

Abbildung 4.10: Approximation einer stetigen Funktion durch eine Treppenfunktion.

4.3 Spezielle Funktionen

4.3.1 Polynome

Wir wollen uns etwas eingehender mit den Polynomen als einer der wichtigsten Klasse von Funktionen beschäftigen. Ein Polynom

$$p(x) = a_0 + a_1 x + \ldots a_n x^n, \quad a_0, \ldots, a_n \in \mathbb{K},$$

mit $a_n \neq 0$ heißt „vom Grad $\gamma(p) = n$". Konstante Polynome $p(x) \equiv a_0$ haben den Grad Null. Den Grad des „trivialen" Polynoms $p_0(x) \equiv 0$ definieren wir als $\gamma(p_0) := -\infty$. Die Polynome vom Grad $\gamma(p) \le n \in \mathbb{N}_0$, bilden einen Vektorraum, den wir mit $\mathcal{P}_n$ bezeichnen. Für zwei Polynome p, q vom Grad $\gamma(p)$ und $\gamma(q)$ gilt

$$\gamma(p+q) \le \max\{\gamma(p), \gamma(q)\},$$
$$\gamma(pq) = \gamma(p) + \gamma(q).$$

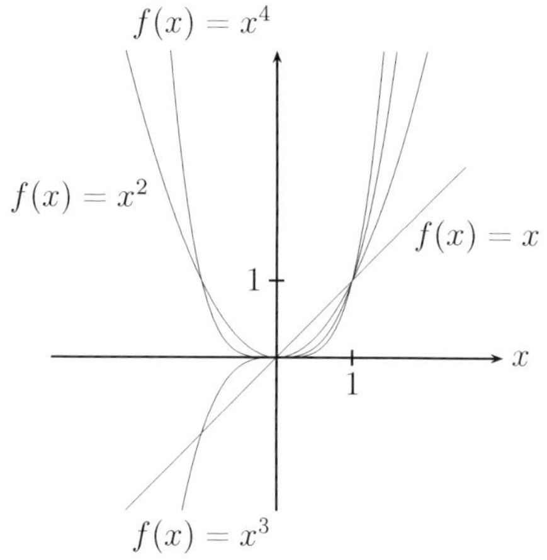

Abbildung 4.11: Graphen einiger Monome $f(x) = x^n$.

Man sagt, dass ein Polynom q ein anderes Polynom p „teilt", wenn es ein drittes Polynom r mit Grad $\gamma(r) \geq 1$ gibt, so dass $p(x) = q(x)r(x)$, $x \in \mathbb{K}$; q ist dann (echter)„Teiler" von p. Ein Polynom ohne echten Teiler heißt „irreduzibel". Zwei Polynome p und q heißen „teilerfremd", wenn sie keinen (echten) gemeinsamen Teiler haben. Ein $x_1 \in \mathbb{K}$ heißt „Nullstelle" eines Polynoms p, wenn $p(x_1) = 0$.

Satz 4.5: *Ein (reelles) Polynom p vom Grad $\gamma(p) = n$, das nicht das Nullpolynom ist, hat höchstens n reelle Nullstellen. Für jede Nullstelle x_1 von p besteht die Darstellung*

$$p(x) = (x - x_1)q(x) \tag{4.3.7}$$

mit einem Polynom q vom Grad $\gamma(q) = \gamma(p) - 1$.

Beweis: Sei $x_1 \in \mathbb{R}$ Nullstelle von $p \in P_n$ mit $a_n \neq 0$. Aufgrund der vertrauten Identität

$$x^k - x_1^k = (x - x_1) \sum_{j=0}^{k-1} x^{k-1-j} x_1^j, \quad k = 1, \dots, n,$$

gilt

$$p(x) - p(x_1) = (x - x_1)q(x)$$

mit einem Polynom $q \in P_{n-1}$. Wegen $p(x_1) = 0$ folgt die behauptete Dastellung (4.3.7). Für jede weitere Nullstelle lässt sich nun dieser Abspaltungsprozeß für das Faktorpolynom q wiederholen. Da dabei der Polynomgrad jedesmal um Eins reduziert wird, ist dies höchsten n-mal möglich ist, so dass es nicht mehr als n Nullstellen geben kann. Q.E.D.

Korollar 4.2: *Zwei Polynome $p_1(x)$ und $p_2(x)$ vom Grad kleiner oder gleich n, die in $n+1$ verschiedenen Punkten übereinstimmen sind identisch. Insbesondere sind zwei als Polynome gegebene Funktionen $f(x) = \sum_{k=0}^n a_k x^k$ und $g(x) = \sum_{k=0}^n b_k x^k$ genau dann identisch, wenn alle ihre Koeffizienten übereinstimmen:*

$$f(x) = g(x) \quad \Leftrightarrow \quad a_k = b_k,\ k = 0, \dots, n.$$

Beweis: i) Das Differenzpolynom $q(x) = p_1(x) - p_2(x)$ hat höchstens den Grad n, besitzt aber nach Voraussetzung $n+1$ Nullstellen. Daher muss es nach Satz 4.5 identisch Null sein.
ii) Das Polynom $(f-g)(x) = \sum_{k=0}^n (a_k - b_k)x^k$ ist im Fall $a_k = b_k,\ k = 0, \dots, n$, die Nullfunktion. Andererseits hat es im Falle $f \equiv g$ mehr als $n+1$ Nullstellen und ist daher nach (i) das Nullpolynom. Q.E.D.

Bemerkung 4.4: Die Aussage von Satz 4.5 gilt auch für komplexe Polynome

$$p(x) = \sum_{k=0}^n a_k x^k, \quad a_k \in \mathbb{C},$$

mit ihren i. Allg. komplexen Nullstellen. Da aufgrund des Fundamentalsatzes der Algebra (Satz 2.7) jedes Polynom eine (möglicherweise) komplexe Nullstelle besitzt, hat ein Polynom p über dem Körper $\mathbb{C}$ vom Grad $\gamma(p) = n$ genau n Nullstellen. Sind $x_1, \dots, x_m$ die paarweise verschiedenen von diesen, kann der Abspaltungsprozeß in (4.3.7) weitergeführt werden zu

$$p(x) = a_n \prod_{k=1}^m (x - x_k)^{\mu_k}, \tag{4.3.8}$$

mit den „Vielfachheiten“ $\mu_k \in \mathbb{N}$ der Nullstellen $x_k \in \mathbb{C}$, wobei $n = \sum_{k=1}^m \mu_k$. Für ein Polynom mit reellen Koeffizienten ist für eine Nullstelle $x_k \in \mathbb{C}$ wegen

$$p(x_k) = 0 \quad \Rightarrow \quad p(\overline{x_k}) = \overline{p(x_k)} = 0$$

auch ihr konjugiert Komplexes $\bar{x}_k = \mathrm{Re}\, x_k - i\mathrm{Im}\, x_k$ Nullstelle. Für eine nicht reelle Nullstelle x_k gilt daher mit $x \in \mathbb{R}$:

$$(x - x_k)(x - \bar{x}_k) = x^2 - (x_k + \bar{x}_k)x + x_k\bar{x}_k = x^2 - 2\mathrm{Re}\, x_k x + |x_k|^2 \in \mathbb{R}.$$

Folglich sind die Nullstellen eines reellen Polynoms entweder reell, oder sie treten als Paare komplexer und konjugiert komplexer Zahlen auf. Dies impliziert, dass die Linearfaktorzerlegung (4.3.8) im Fall eines reellen Polynoms die folgende Gestalt annimmt (allgemeine „Linearfaktorzerlegung“):

$$p(x) = a_n \prod_{k=1}^{m'} (x - x_k)^{\mu_k} \prod_{k=m'+1}^{m} (x^2 - 2\mathrm{Re}\, x_k x + |x_k|^2)^{\mu_k}, \tag{4.3.9}$$

mit den reellen und den nicht reellen Nullstellen

$$x_1, \dots, x_{m'} \in \mathbb{R}, \quad x_{m'+1}, \dots, x_m \in \mathbb{C} \setminus \mathbb{R},$$

jeweils mit Vielfachheiten $\mu_k \in \mathbb{N}$.

Anwendung 4.3.1 (Polynominterpolation): Gegeben seien $n+1$ verschiedene Stützstellen $x_0, x_1, \dots, x_n \in \mathbb{R}$ sowie Stützwerte $y_0, y_1, \dots, y_n \in \mathbb{R}$, die etwa von einer stetigen Funktion $y = f(x)$ herstammen. Gesucht ist ein reelles Polynom $p(x)$ vom Grad n, welches diese Werte „interpoliert"; d.h.:

$$p(x_k) = y_k, \quad k = 0, \dots, n.$$

Diese sog. „Lagrangesche[2] Interpolationsaufgabe" besitzt eine eindeutige Lösung. Dazu konstruieren wir zunächst explizit eine Lösung und zeigen dann deren Eindeutigkeit. Mit den sog. Lagrangeschen Basispolynomen

$$L_k^{(n)}(x) = \prod_{i=1, i\neq k}^{n} \frac{x - x_i}{x_k - x_i}, \quad k = 0, \dots, n,$$

welche offenbar vom Grad n sind, bilden wir die Funktion

$$p(x) := y_0 L_0^{(n)}(x) + \cdots + y_n L_n^{(n)}(x). \tag{4.3.10}$$

Diese ist offenbar ebenfalls ein Polynom vom Grad n und erfüllt die Interpolationsbedingungen:

$$p_L(x_k) = y_0 L_0^{(n)}(x_k) + \cdots + y_n L_n^{(n)}(x_k) = y_k,$$

da nach Konstruktion

$$L_k^{(n)}(x_j) = \begin{cases} 0 & \text{für } k \neq j, \\ 1 & \text{für } k = j. \end{cases}$$

Damit ist die Existenz des Interpolationspolynoms gezeigt. Zum Nachweis seiner Eindeutigkeit, nehmen wir an, dass es ein zweites Polynom $p_2(x)$ vom Grad n gibt, welches ebenfalls die Interpolationsbedingungen erfüllt. Dann hat das Differenzpolynom $q(x) = p_L(x) - p_2(x)$ den Grad n und wegen $q(x_k) = p_L(x_k) - p_2(x_k) = 0$ die $n+1$ Nullstellen $x_0, \dots, x_n$. Folglich ist es das Nullpolynom.

Das Lagrangesche Interpolationspolynom $p_L(x)$ kann als Approximation der Funktion $f(x)$, von der die Stützwerte genommen wurden, betrachtet werden. Dann ist man an Abschätzungen des Fehlers $|f(x) - p_L(x)|$ interessiert. Die Vermutung, dass der Fehler für zunehmende Anzahl der Interpolationspunkte, d. h. für wachsenden Polynomgrad $n \to \infty$, gegen Null geht, ist i. Allg. leider falsch. Um dies zu erreichen, muss der Approximationsprozess anders organisiert werden ($\to$ *Interpolationstheorie*). Der sog. „Weierstraßsche Approximationssatz" besagt, dass man in der Tat jede stetige Funktion auf einem beschränkten, abgeschlossenen Intervall beliebig gut durch Polynome approximieren kann.

Definition 4.7: *Gilt für zwei Polynome p, q mit $\gamma(q) \le \gamma(p)$ mit einem dritten Polynom r die Beziehung $p = qr$, so heißt p „teilbar" durch q bzw. q „Teiler" von p. Im Fall $1 < \gamma(q) < \gamma(p)$ ist q „echter Teiler" von p. Ein Polynom ohne echte Teiler heißt „irreduzibel" (oder „prim"), andernfalls „reduzibel".*

[2]Joseph Louis de Lagrange (1736–1813): Französischer Mathematiker; 1766-87 Direktor der mathem. Klasse der Berliner Akademie, dann Prof. in Paris; bahnbrechende Arbeiten zur Variationsrechnung, zur komplexen Funktionentheorie sowie zur theor. Mechanik und Himmelsmechanik.

Anwendung 4.3.2 (Euklidischer Algorithmus): Zur Berechnung des größten gemeinsamen Teilers zweier natürlicher Zahlen verwendet man den euklidischen Algorithmus aus Kapitel 1. Mit einer Variante dieses Algorithmus kann man auch den größten gemeinsamen Teiler zweier Polynome $f \in P_n$ und $g \in P_m$ mit $m \leq n$ bestimmen. Dabei bedeutet das Attribut „größter", dass es keinen weiteren gemeinsamen Teiler von echt größerem Grad gibt. Grundlage der Konstruktion ist die Darstellbarkeit eines Polynoms $f \in P_n$ vom Grad n als Vielfaches eines Polynoms $g \in P_m$ vom Grad $m < n$ in der Form

$$f = qg + r$$

mit einem Polynom $q \in P_{n-m}$ und einem „Rest" r vom Grad $\gamma(r) < \gamma(g)$. Der euklidische Algorithmus arbeitet wie folgt: Ausgehend vom dem Polynom $r_0 := g$ sind zunächst Polynome q_0 und r_1 bestimmt durch die Vorschrift

$$f = q_0 r_0 + r_1, \quad \gamma(r_1) < \gamma(r_0).$$

Für $k \in \mathbb{N}$ wird dies dann rekursive fortgeführt gemäß

$$Fr_{k-1} = q_k r_k + r_{k+1}, \quad \gamma(r_{k+1}) < \gamma(r_k).$$

Da nach Konstruktion $\gamma(r_{k+1}) < \gamma(r_k)$ ist, muss der Prozess nach spätestens $l \leq m$ Schritten mit Rest $r_l \equiv 0$ abbrechen. Dann ist r_{l+1}, wie man leicht nachrechnet (Übungsaufgabe), größter gemeinsamer Teiler der Polynome f und g. Dieser ist bis auf skalare Faktoren eindeutig bestimmt.

4.3.2 Exponentialfunktion und Logarithmus

Oben haben wir bereits die Exponentialfunktion

$$f(x) = \exp(x) = e^x$$

eingeführt. Diese ist für jedes $x \in \mathbb{K}$ über die absolut konvergente Potenzreihe

$$e^x = \sum_{k=0}^{\infty} \frac{x^k}{k!}$$

definiert. Sie ist auf $\mathbb{K}$ stetig und als Funktion $f : \mathbb{R} \to \mathbb{R}$ strikt monoton und folglich injektiv. Es ist $e^x > 0,\ x \in \mathbb{R},\ e^0 = 1$, und es gilt die Funktionalgleichung

$$e^{x+y} = e^x e^y, \quad x, y \in \mathbb{K}. \tag{4.3.11}$$

Diese Eigenschaften werden später noch zur Einführung der trigonometrischen Funktionen benutzt werden. Die weitere Diskussion der Exponentialfunktion beschränkt sich aber im Folgenden auf ihre reelle Form. Die Untersuchung der Exponentialfunktion und ihrer Umkehrfunktion, des natürlichen Logarithmus, im Komplexen liegt außerhalb dieses einführenden Kurses ($\to$ *komplexe Funktionentheorie*).

Zur Definition der Logarithmusfunktion benötigen wir noch eine weitere Aussage über die Abbildungseigenschaften der Exponentialfunktion.

Lemma 4.6: *Die Exponentialfunktion ist eine bijektive Abbildung von* $\mathbb{R}$ *auf* $\mathbb{R}_+$.

Beweis: Die Abbildung $x \mapsto e^x$ ist injektiv, was aus der strikten Monotonie der Exponentialfunktion folgt. Zum Nachweis ihrer Surjektivität sei $a \in \mathbb{R}_+$ beliebig gegeben. Da die Folge $(e^n)_{n\in\mathbb{N}}$ wegen $e > 1$ strikt divergiert, und die Folge $(e^{-n})_{n\in\mathbb{N}}$ eine Nullfolge ist, gibt es ein $n \in \mathbb{N}$ mit $e^{-n} < a < e^n$. Die Exponentialfunktion ist auf $\mathbb{R}$ und damit auch auf dem Intervall $[-n, n]$ stetig. Aus dem Zwischenwertsatz folgt dann die Existenz eines $c \in [-n, n]$, so dass $e^c = a$. Dies beweist die Behauptung. Q.E.D.

Definition 4.8 (Natürlicher Logarithmus): *Die Umkehrfunktion* $f^{-1} : \mathbb{R}_+ \to \mathbb{R}$ *der reellen Exponentialfunktion ist der sog. „natürliche Logarithmus“* $\ln(x)$ *:*

$$y := \ln(x), \quad x \in \mathbb{R}_+, \quad :\Leftrightarrow \quad x = e^y .$$

Lemma 4.7: *Der natürlichen Logarithmus* $\ln(\cdot) : \mathbb{R}_+ \to \mathbb{R}$ *ist stetig und strikt monoton steigend, und es gelten die folgenden Rechenregeln:*

$$\ln(yy') = \ln(y) + \ln(y'), \quad y, y' \in \mathbb{R}_+ , \tag{4.3.12}$$

$$\ln(y^r) = r\ln(y), \quad y \in \mathbb{R}_+, \, r \in \mathbb{Q} . \tag{4.3.13}$$

Beweis: i) Nach Lemma 4.3 ist der natürliche Logarithmus stetig und nach Lemma 4.1 auch strikt monoton auf jedem beschränkten Intervall $[e^a, e^b] \subset \mathbb{R}_+$, welches Bild eines Intervalls $[a, b] \subset \mathbb{R}$ ist. Da man mit solchen Intervallen ganz $\mathbb{R}_+$ überdecken kann, folgen Stetigkeit und Monotonie des Logarithmus auf $\mathbb{R}_+$.

ii) Ausgehend von der Formel $e^{x+x'} = e^x e^{x'}$ für die Exponentialfunktion folgt für $y = e^x$, $y' = e^{x'}$, $yy' = e^{x+x'}$:

$$\ln(yy') = \ln\left(e^{x+x'}\right) = x + x' = \ln(y) + \ln(y') .$$

Mit der definitionsgemäßen Beziehung $e^{\ln(x)} = x$ ergibt sich:

$$e^{\ln(x^r)} = x^r = \left(e^{\ln(x)}\right)^r = e^{r\ln(x)}$$

und folglich wegen der Injektivität der Exponentialfunktion: $\ln(x^r) = r\ln(x)$. Q.E.D.

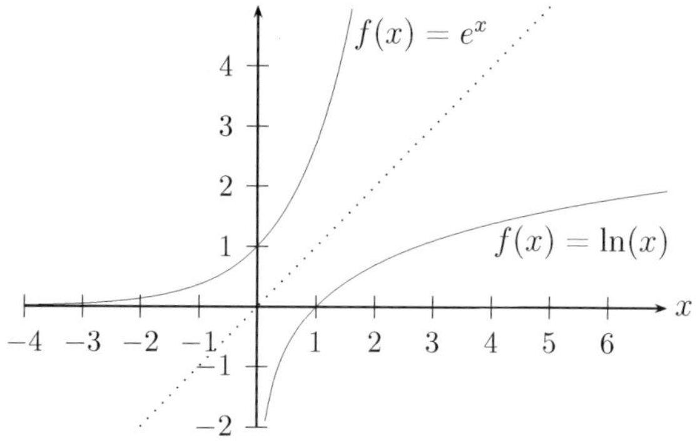

Abbildung 4.12: Graph der Exponentialfunktion und des natürlichen Logarithmus.

Mit Hilfe des natürlichen Logarithmus und der Exponentialfunktion können wir nun für jede Zahl $a \in \mathbb{R}_+$ eine beliebige reelle Potenz erklären. Aus den Eigenschaften der Exponentialfunktion und des natürlichen Logarithmus ergeben sich die folgenden Aussagen:

Korollar 4.3: *Für jede Zahl $a \in \mathbb{R}_+$ wird durch die Setzung*

$$a^\alpha := e^{\alpha \ln(a)} > 0, \quad \alpha \in \mathbb{R}, \tag{4.3.14}$$

eine beliebige reelle α-Potenz definiert. Für diese gelten die üblichen Rechenregeln:

$$a^{\alpha+\beta} = a^\alpha a^\beta, \tag{4.3.15}$$

$$a^{-\alpha} = (a^\alpha)^{-1}, \tag{4.3.16}$$

$$(a^\alpha)^\beta = a^{\alpha\beta} = (a^\beta)^\alpha. \tag{4.3.17}$$

Der Ausdruck 0^0 bleibt unbestimmt. Die Exponentialfunktion $f(x) = a^x$ ist auf ganz $\mathbb{R}$ stetig; für $a > 1$ ist sie strikt monoton steigend, für $a = 1$ konstant und für $a < 1$ strikt monoton fallend. Die zugehörige Umkehrfunktion ist der „Logarithmus zur Basis a“:

$$y = \log_a(x) \quad :\Leftrightarrow \quad x = a^y. \tag{4.3.18}$$

Für diese gelten analoge Rechenregeln wie für den natürlichen Logarithmus $\ln(x) = \log_e(x)$ zur Basis e:

$$\log_a(xx') = \log_a(x) + \log_a(x'), \tag{4.3.19}$$

$$\log_a(x^\alpha) = \alpha \log_a(x), \quad \alpha \in \mathbb{R}. \tag{4.3.20}$$

Bemerkung 4.5: Der Logarithmus wurde ursprünglich eingeführt, um das Multiplizieren auf das einfachere Addieren zurückzuführen, d. h. geometrische Folgen $\{1, q, q^2, q^3, \dots\}$ auf arithmetische Folgen $\{0, p, 2p, 3p, \dots\}$. Erste Ideen hierzu stammen von Stifel[3]. Die systematische Begründung der Logarithmen durch Umkehrung der Exponentialfunktion erscheint zum ersten mal in Eulers Lehrbuch „Introductio in Analysin Infinitorum“ (1748).

Zur Berechnung des Produkts xx' zweier Zahlen $x, x' \in \mathbb{R}_+$ werden ausgehend von der Beziehung (4.3.19) zunächst $\log_a(x)$ und $\log_a(x')$ einer „Logarithmentafel“ entnommen, dann die Summe $y = \log_a(x) + \log_a(x')$ gebildet und schließlich der Wert $xx' = e^y$ wieder aus der Logarithmentafel abgelesen. Da eine Tafel natürlich den Logarithmus nur für endlich viele Argumente enthalten kann, müssen eventuell benötigte Zwischenwerte durch Interpolation der Nachbarwerte gewonnnen werden.

Bemerkung 4.6: Die obige Definition allgemeiner Potenzen erlaubt es, Ausdrücke so exotischer Art wie z. B.

$$e^\pi, \qquad \pi^e := e^{e \ln(\pi)}$$

zu bilden. Eine grobe Abschätzung liefert $21 < e^\pi, \pi^e < 24$, aber welche dieser „supertranszendenten“ Zahlen ist die größere von beiden? (Übungsaufgabe)

[3]Michael Stifel (1487–1567): Deutscher Theologe und Mathematiker; seit 1522 Anhänger Luthers; wirkte in Königsberg und Jena; Beiträge zur Zahlentheorie und Algebra.

Zum asymptotischen Verhalten der reellen Exponentialfunktion und des natürlichen Logarithmus gelten die folgenden Aussagen:

Lemma 4.8: *Auf $\mathbb{R}$ gilt für beliebig großes $n \in \mathbb{N}$:*

$$\frac{e^x}{x^n} \to \infty \ \ (x \to \infty), \qquad \frac{\ln(x)}{\sqrt[n]{x}} \to 0 \ \ (x \to \infty). \tag{4.3.21}$$

Beweis: Sei $x \in \mathbb{R}_+$. Aus der Definition über die Exponentialreihe folgt

$$e^x > \frac{x^{n+1}}{(n+1)!}$$

und somit

$$\frac{e^x}{x^n} > \frac{x}{(n+1)!} \ \to \ \infty \quad (x \to \infty).$$

Die Substitution $y := \sqrt[n]{\ln(x)}$, für $x \ge 1$, bzw. $x = e^{y^n}$ ergibt für $y > n$:

$$\frac{\ln(x)}{\sqrt[n]{x}} = \frac{y^n}{\sqrt[n]{e^{y \cdot \ldots \cdot y}}} \le \frac{y^n}{\sqrt[n]{e^{ny}}} = \frac{y^n}{e^y} \to 0 \ \ (y \to \infty),$$

womit die zweite Beziehung folgt. Q.E.D.

Anwendung 4.3.3: Wir betrachten unendliche Produkte der Form

$$\rho_\infty = \prod_{n=1}^{\infty} (1 - a_n) \tag{4.3.22}$$

mit Zahlen $a_n \in \mathbb{R}$. Dazu gilt das folgende Resultat: *Ist die Reihe $\sum_{n=1}^{\infty} a_n$ absolut konvergent, so konvergiert die Folge der Produkte $\prod_{k=1}^{n} (1 + a_k)$ gegen einen Limes*

$$\rho_\infty := \prod_{k=1}^{\infty} (1 + a_k) \ne 0. \tag{4.3.23}$$

O.B.d.A. betrachten wir den Fall, dass $|a_k| \le \frac{1}{2}$ für alle k. Dann gilt $|\ln(1+a_k)| \le 2|a_k|$ (Übungsaufgabe). Es folgt dass die Reihe $\sum_{k=1}^{\infty} \ln(1 + a_k)$ ebenfalls absolut konvergiert. Wegen

$$\rho_n := \prod_{k=1}^{n} (1 + a_k) = \exp\Big(\sum_{k=1}^{n} \ln(1 + a_k) \Big)$$

und der Stetigkeit der Exponentialfunktion folgt weiter, dass die Folge $(\rho_n)_{n \in \mathbb{N}}$ konvergiert und zwar gegen $e^s > 0$ mit $s := \sum_{k=1}^{\infty} \ln(1 + a_k)$. Dies impliziert die Richtigkeit der Behauptung.

4.3.3 Die trigonometrischen Funktionen

Die trigonometrischen Funktionen $\sin(x)$, $\cos(x)$, $\tan(x)$ und $\cot(x)$ werden im Folgenden auf geometrischem, an vertraute Vorstellungen aus der Schule anknüpfendem Wege eingeführt. Die enge Beziehung zur komplexen Exponentialfunktion erlaubt eine streng analytische Ableitung ihrer wichtigsten Eigenschaften.

Die Exponentialfunktion $e^z = \exp(z)$ ist für beliebiges komplexes Argument $z \in \mathbb{C}$ über die absolut konvergente Reihe

$$e^z = \sum_{k=0}^{\infty} \frac{z^k}{k!}$$

definiert. Ausgangspunkt ist nun die Beobachtung, dass für reelle Argumente x gilt:

$$|e^{ix}|^2 = e^{ix}\,\overline{e^{ix}} = e^{ix}\,e^{\overline{ix}} = e^{ix}\,e^{-ix} = 1,$$

d. h: Für jedes $x \in \mathbb{R}$ liegt die komplexe Zahl e^{ix} auf dem Einheitskreis der komplexen Zahlenebene.

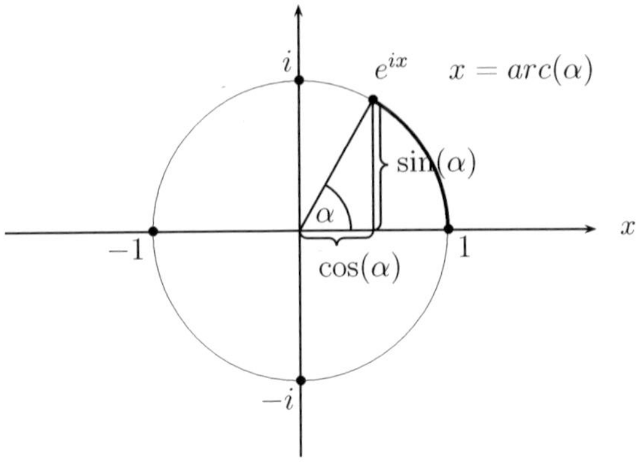

Abbildung 4.13: Geometrische Definition von Sinus und Cosinus.

Bemerkung 4.7: Wir werden später sehen, dass dem Argument x in obigem Bild gerade die „Länge“ des Einheitskreisbogens von Null bis zum Punkt e^{ix} (im Gegenuhrzeigersinn gemessen) entspricht. Dabei ist der Begriff der „Länge“ einer Kurve noch mathematisch präzise zu definieren. Dies ist bei genauer Betrachtung selbst für Geradenstücke, z. B. den Kanten eines Dreiecks, nicht ganz evident. Die naheliegende Verwendung des „Abstands“ der beiden Endpunkte des Geradenstücks erfordert einen „Abstandsbegriff“ für Punkte in der euklidischen Ebene; dafür kann z. B. der natürliche „euklidische Abstand“ von Punkten $x = (x_1, x_2)$, $y = (y_1, y_2)$ (in Koordinatenschreibweise),

$$\mathrm{dist}_2(x,y) := \left(|x_1 - y_1|^2 + |x_2 - y_2|^2\right)^{1/2}$$

verwendet werden, doch ist dies nicht die einzige Möglichkeit. Alternativen wären z. B.

$$\text{dist}_1(x,y) := |x_1 - y_1| + |x_2 - y_2|, \qquad \text{dist}_\infty(x,y) := \max\{|x_1 - y_1|, |x_2 - y_2|\}.$$

Den „euklidische Abstand“ $\text{dist}_2(\cdot,\cdot)$ zeichnet dabei seine Drehinvarianz (d. h. Unabhängigkeit von der Orientierung des verwendeten Koordinatensystems) aus, so dass nur er für eine sinnvolle Längenmessung in der euklidischen Ebene in Frage kommt.

Die klassische Definition des reellen „Sinus“ als Verhältnis der Länge der Gegenkathete zu dem der Hypotenuse im rechtwinkligen Dreieck legt im Hinblick auf Abb. 4.13 nun folgende Definition nahe:

Definition 4.9: *Die Sinus- und die Cosinus-Funktion sind für $x \in \mathbb{R}$ definiert durch*

$$\sin(x) := \operatorname{Im} e^{ix} = \frac{e^{ix} - e^{-ix}}{2i}, \qquad \cos(x) := \operatorname{Re} e^{ix} = \frac{e^{ix} + e^{-ix}}{2}. \tag{4.3.24}$$

Dies ergibt per Definition für $x \in \mathbb{R}$ die sog. „Eulersche Formel“

$$e^{ix} = \cos(x) + i\sin(x), \tag{4.3.25}$$

sowie die speziellen Funktionswerte

$$\sin(0) = 0, \qquad \cos(0) = 1. \tag{4.3.26}$$

Aus der analytischen Definition erhalten wir die anschaulich klare Antisymmetrie des Sinus und die Symmetrie des Cosinus:

$$\sin(x) = \frac{e^{ix} - e^{-ix}}{2i} = -\frac{e^{-ix} - e^{ix}}{2i} = -\sin(-x), \tag{4.3.27}$$

$$\cos(x) = \frac{e^{ix} + e^{-ix}}{2} = \frac{e^{-ix} + e^{ix}}{2} = \cos(-x). \tag{4.3.28}$$

Ferner folgt aus

$$\sin(x)^2 + \cos(x)^2 = 1 \tag{4.3.29}$$

notwendig

$$|\sin(x)| \le 1, \quad |\cos(x)| \le 1. \tag{4.3.30}$$

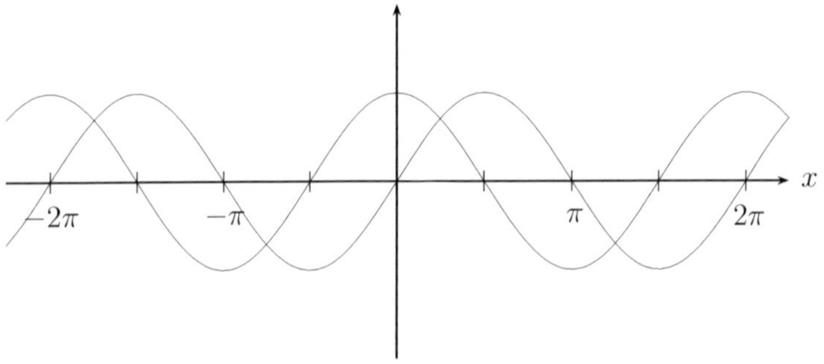

Abbildung 4.14: Graphen der Sinus- und Cosinus-Fuktionen.

Fundamental wichtig für das Folgende sind die sog. „Additionstheoreme“ für Sinus und Cosinus:

Lemma 4.9: *Für die Sinus- und Cosinus-Funktion gelten die Identitäten*

$$\sin(x \pm y) = \sin(x)\cos(y) \pm \cos(x)\sin(y), \tag{4.3.31}$$
$$\cos(x \pm y) = \cos(x)\cos(y) \mp \sin(x)\sin(y). \tag{4.3.32}$$

Beweis: Aus der Funktionalgleichung der Exponentialfunktion

$$e^{x+y} = e^x e^y$$

erhalten wir mit Hilfe der Eulerschen Formel $e^{ix} = \cos(x) + i\sin(x)$ die Identität

$$\begin{aligned}\cos(x+y) + i\sin(x+y) &= \big(\cos(x) + i\sin(x)\big)\big(\cos(y) + i\sin(y)\big)\\ &= \big(\cos(x)\cos(y) - \sin(x)\sin(y)\big) + i\big(\sin(x)\cos(y) + \cos(x)\sin(y)\big).\end{aligned}$$

Vergleich der Real- und Imaginärteile ergibt dann die behauptete Identität für das $+$-Zeichen. Die entsprechend Aussage für das $-$-Zeichen ergibt sich durch Übergang von y zu $-y$ und Verwendung der Beziehungen $\sin(y) = -\sin(-y)$ und $\cos(y) = \cos(-y)$. Q.E.D.

Korollar 4.4: *Aus den Identitäten in Lemma 4.9 ergeben sich die folgenden weiteren Formeln für den Sinus und Cosinus zum doppelten oder halben Argument:*

$$\sin(2x) = 2\sin(x)\cos(x), \tag{4.3.33}$$
$$\cos(2x) = \cos^2(x) - \sin^2(x), \tag{4.3.34}$$
$$\sin^2(\tfrac{1}{2}x) = \tfrac{1}{2}(1 - \cos(x)), \tag{4.3.35}$$
$$\cos^2(\tfrac{1}{2}x) = \tfrac{1}{2}(1 + \cos(x)), \tag{4.3.36}$$
$$\sin(x) - \sin(y) = 2\cos\big(\tfrac{1}{2}(x+y)\big)\sin\big(\tfrac{1}{2}(x-y)\big), \tag{4.3.37}$$
$$\cos(x) - \cos(y) = -2\sin\big(\tfrac{1}{2}(x+y)\big)\sin\big(\tfrac{1}{2}(x-y)\big). \tag{4.3.38}$$

Beweis: i) Setzt man in den Additionstheoremen $x = y$, ergeben sich (4.3.33) und (4.3.34).

ii) Aus (4.3.34) für $\frac{1}{2}x$ erhält man durch einfache Umformung dann auch (4.3.35) und (4.3.36):

$$\begin{aligned} \cos(x) &= \cos^2(\tfrac{1}{2}x) - \sin^2(\tfrac{1}{2}x) = 1 - 2\sin^2(\tfrac{1}{2}x) \quad &\Rightarrow \quad \sin^2(\tfrac{1}{2}x) = \tfrac{1}{2}(1 - \cos(x)), \\ \cos(x) &= \cos^2(\tfrac{1}{2}x) - \sin^2(\tfrac{1}{2}x) = 2\cos^2(\tfrac{1}{2}x) - 1 \quad &\Rightarrow \quad \cos^2(\tfrac{1}{2}x) = \tfrac{1}{2}(1 + \cos(x)). \end{aligned}$$

iii) Anwendung der Additionstheoreme mit den Argumenten $x = \frac{1}{2}(x+y) + \frac{1}{2}(x-y)$ sowie $y = \frac{1}{2}(x+y) - \frac{1}{2}(x-y)$ ergibt

$$\begin{aligned} \sin(x) &= \sin\big(\tfrac{1}{2}(x+y)\big)\cos\big(\tfrac{1}{2}(x-y)\big) + \cos\big(\tfrac{1}{2}(x+y)\big)\sin\big(\tfrac{1}{2}(x-y)\big), \\ \sin(y) &= \sin\big(\tfrac{1}{2}(x+y)\big)\cos\big(\tfrac{1}{2}(x-y)\big) - \cos\big(\tfrac{1}{2}(x+y)\big)\sin\big(\tfrac{1}{2}(x-y)\big), \\ \cos(x) &= \cos\big(\tfrac{1}{2}(x+y)\big)\cos\big(\tfrac{1}{2}(x-y)\big) - \sin\big(x\tfrac{1}{2}(x+y)\big)\sin\big(\tfrac{1}{2}(x-y)\big), \\ \cos(y) &= \cos\big(\tfrac{1}{2}(x+y)\big)\cos\big(\tfrac{1}{2}(x-y)\big) + \sin\big(\tfrac{1}{2}(x+y)\big)\sin\big(\tfrac{1}{2}(x-y)\big). \end{aligned}$$

Subtraktion der zweiten von der ersten und der vierten von der dritten dieser Identitäten führt auf (4.3.37) und (4.3.38). Q.E.D.

Lemma 4.10: *Die trigonometrischen Funktionen* $\sin(x)$ *und* $\cos(x)$ *sind auf ganz* $\mathbb{R}$ *stetig (und dort sogar gleichmäßig stetig)*

Beweis: Die Stetigkeit von $\sin(x)$ und $\cos(x)$ folgt wegen der Stetigkeit der Exponentialfunktion aus Lemma 4.2. Die *gleichmäßige* Stetigkeit ergibt sich mit Hilfe der Beziehungen

$$\begin{aligned} \sin(x+h) - \sin(x) &= \sin(x)\cos(h) + \cos(x)\sin(h) - \sin(x) \\ &= \sin(x)\big(\cos(h) - 1\big) + \cos(x)\sin(h). \end{aligned}$$

Q.E.D.

Lemma 4.11: *Für die Sinus- und Cosinus-Funktion bestehen die folgenden absolut konvergenten Potenzreihendarstellungen:*

$$\sin(x) = \sum_{k=0}^{\infty} (-1)^k \frac{x^{2k+1}}{(2k+1)!} = x - \frac{x^3}{3!} + \frac{x^5}{5!} \mp \ldots, \tag{4.3.39}$$

$$\cos(x) = \sum_{k=0}^{\infty} (-1)^k \frac{x^{2k}}{(2k)!} = 1 - \frac{x^2}{2!} + \frac{x^4}{4!} \mp \ldots. \tag{4.3.40}$$

Für die „Restglieder" in den Summendarstellungen

$$\sin(x) = \sum_{k=0}^{n} (-1)^k \frac{x^{2k+1}}{(2k+1)!} + r_{2n+3}(x), \tag{4.3.41}$$

$$\cos(x) = \sum_{k=0}^{n} (-1)^k \frac{x^{2k}}{(2k)!} + r_{2n+2}(x), \tag{4.3.42}$$

gelten die Abschätzungen

$$|r_{2n+3}(x)| \le \frac{|x|^{2n+3}}{(2n+3)!}, \quad |x| \le 2n+4, \tag{4.3.43}$$

$$|r_{2n+2}(x)| \le \frac{|x|^{2n+2}}{(2n+2)!}, \quad |x| \le 2n+3. \tag{4.3.44}$$

Beweis: i) Die absolute Konvergenz dieser Reihen folgt unmittelbar aus der absoluten Konvergenz der Exponentialreihe, welche eine Majorante ist. Durch Aufspaltung der Exponentialreihe für e^{ix} in Real- und Imaginärteil erhalten wir ($i^2 = -1$):

$$\begin{aligned} e^{ix} &= \sum_{k=0}^{\infty} i^k \frac{x^k}{k!} = \sum_{k=0}^{\infty} (i^2)^k \frac{x^{2k}}{(2k)!} + \sum_{k=0}^{\infty} i(i^2)^k \frac{x^{2k+1}}{(2k+1)!} \\ &= \sum_{k=0}^{\infty} (-1)^k \frac{x^{2k}}{(2k)!} + i \sum_{k=0}^{\infty} (-1)^k \frac{x^{2k+1}}{(2k+1)!}. \end{aligned}$$

Wegen der eindeutigen Bestimmtheit von Real- und Imaginärteil komplexer Zahlen folgen die behaupteten Identitäten.

ii) Zum Nachweis der Abschätzungen für das Restglied der Cosinus-Entwicklung schreiben wir

$$r_{2n+2}(x) = \pm \frac{x^{2n+2}}{(2n+2)!}\Big(1 - \frac{x^2}{(2n+3)(2n+4)} + \dots\Big)$$

und erhalten

$$r_{2n+2}(x) = \pm \frac{x^{2n+2}}{(2n+2)!}\big(1 - a_1 + a_2 - a_3 + \dots\big),$$

wobei

$$a_k := \frac{x^{2k}}{(2n+3)(2n+4)\cdot \ldots \cdot (2n+2(k+1))}.$$

Da

$$a_k = a_{k-1} \frac{x^2}{(2n+2k+1)(2n+2k+2)}, \quad k \in \mathbb{N}, \quad a_0 := 1,$$

ist $1 > a_1 > a_2 > a_3 > \dots > 0$, für $|x| \le 2n+3$. Wie beim Beweis des Leibnizschen Konvergenzkriteriums folgt daraus

$$0 < \underbrace{1 - a_1}_{>0} + \underbrace{a_2 - a_3}_{>0} + \underbrace{a_4 - a_5}_{>0} + \dots = 1 \underbrace{-a_1 + a_2}_{<0} \underbrace{-a_3 + a_4}_{<0} \underbrace{-a_5 + a_6}_{<0} - \dots < 1.$$

Deswegen ist

$$|r_{2n+2}(x)| \le \frac{|x|^{2n+2}}{(2n+2)!}.$$

Die Abschätzung für das Restglied des Sinus wird analog bewiesen. Q.E.D.

Bemerkung 4.8: Wir werden später sehen, dass die obigen Abschätzungen für die Restglieder sogar für alle $x \in \mathbb{R}$ gültig sind. Mit Hilfe ihrer absolut konvergenten Reihendarstellungen lassen sich die Sinus- und Cosinus-Funktionen auch für komplexe Argumente erklären. Dies wird im Folgenden aber nicht benötigt.

Korollar 4.5: *Die Sinus- und Cosinus-Funktionen haben das folgende Verhalten:*

$$\lim_{x\to 0} \frac{\sin(x)}{x} = 1, \qquad \lim_{x\to 0} \frac{\cos(x)-1}{x} = 0. \tag{4.3.45}$$

Beweis: Mit den Reihendarstellungen in Lemma 4.11 gilt für $x \neq 0$ mit $|x| \leq 1$:

$$\Big|\frac{\sin(x)}{x} - 1\Big| = \Big|x\sum_{k=1}^{\infty}(-1)^k\frac{x^{2k-1}}{(2k+1)!}\Big| \leq |x|\sum_{k=1}^{\infty}\frac{1}{(2k+1)!} \leq |x|e\,,$$

$$\Big|\frac{\cos(x)-1}{x}\Big| = \Big|x\sum_{k=1}^{\infty}(-1)^k\frac{x^{2k-2}}{(2k)!}\Big| \leq |x|\sum_{k=1}^{\infty}\frac{1}{(2k)!} \leq |x|e\,.$$

Für den Grenzprozess $|x| \to 0$ folgt die Behauptung. Q.E.D.

Das Hauptproblem bei der Diskussion der trigonometrischen Funktionen ist die Verwendung der Zahl π, deren klassische Definition sich der geometrischen Begriffe „Kreisbogen“ und „Bogenlänge“ bedient. Im Folgenden wird π nun unabhängig von der geometrischen Interpretation des Sinus und Cosinus auf rein analytischem Wege eingeführt.

Lemma 4.12: *Die Cosinus-Funktion hat im Intervall $[0,2]$ genau eine Nullstelle, welche mit $\frac{1}{2}\pi$ bezeichnet wird.*

Beweis: i) Wir zeigen zunächst die Abschätzung $\cos(2) \leq -\frac{1}{3}$. Mit Lemma 4.11 ist:

$$\cos(x) = 1 - \frac{x^2}{2} + r_4(x), \quad |r_4(x)| \leq \frac{|x|^4}{24}, \quad |x| \leq 5.$$

Speziell für $x = 2$ ergibt sich

$$\cos(2) = 1 - 2 + r_4(2), \quad |r_4(2)| \leq \frac{16}{24} = \frac{2}{3},$$

bzw. $\cos(2) \leq 1 - 2 + \frac{2}{3} = -\frac{1}{3}$, wie behauptet. Wegen $\cos(0) = 1$ und $\cos(2) \leq -\frac{1}{3}$ besitzt $\cos(x)$ nach dem Zwischenwertsatz im Intervall $[0,2]$ mindestens eine Nullstelle.

ii) Als nächstes zeigen wir, daß $\sin(x) > 0$, für $0 < x \leq 2$. Für $x \neq 0$ schreiben wir

$$\sin(x) = x + r_3 = x\Big(1 + \frac{r_3(x)}{x}\Big).$$

Mit Lemma 4.11 folgt für $0 < x \leq 2$:

$$\Big|\frac{r_3(x)}{x}\Big| \leq \frac{|x|^2}{6} \leq \frac{4}{6} = \frac{2}{3},$$

bzw.

$$\sin(x) \geq x\Big(1 - \frac{2}{3}\Big) = \frac{x}{3} > 0.$$

iii) Schließlich zeigen wir, dass die Funktion $\cos(x)$ im Intervall $[0,2]$ strikt monoton fallend ist. Sei $0 \leq y < x \leq 2$. Dann folgt mit dem eben Gezeigten und den Identitäten in Korollar 4.4 (wegen $0 < \frac{1}{2}(x+y) < 2$ und $0 < \frac{1}{2}(x-y) < 2$):

$$\cos(x) - \cos(y) = -2\underbrace{\sin\left(\tfrac{1}{2}(x+y)\right)}_{>0}\underbrace{\sin\left(\tfrac{1}{2}(x-y)\right)}_{>0} < 0\,.$$

Aufgrund der strikten Monotonie von $\cos(x)$ auf $[0,2]$ gibt es dort also nur die eine, mit $\frac{1}{2}\pi$ bezeichnete Nullstelle. Q.E.D.

Korollar 4.6: *Die komplexe Exponentialfunktion hat die speziellen Werte*

$$e^{\frac{1}{2}i\pi} = i, \qquad e^{i\pi} = -1, \qquad e^{\frac{3}{2}i\pi} = -i, \qquad e^{2i\pi} = 1. \tag{4.3.46}$$

Die reelle Sinus- und die Cosinus-Funktion haben die speziellen Werte

$$\sin(0) = 0, \quad \sin(\tfrac{1}{2}\pi) = 1, \quad \sin(\pi) = 0, \quad \sin(\tfrac{3}{2}\pi) = -1, \quad \sin(2\pi) = 0, \tag{4.3.47}$$

$$\cos(0) = 1, \quad \cos(\tfrac{1}{2}\pi) = 0, \quad \cos(\pi) = -1, \quad \cos(\tfrac{3}{2}\pi) = 0, \quad \cos(2\pi) = 1. \tag{4.3.48}$$

Beweis: i) Zunächst gilt:

$$\cos(\tfrac{1}{2}\pi) = 0, \quad \sin^2(\tfrac{1}{2}\pi) = 1 - \cos^2(\tfrac{1}{2}\pi) = 1.$$

Wegen $\sin(x) > 0$ für $x \in (0,2]$ ist also $\sin(\frac{1}{2}\pi) = 1$. Dies ergibt

$$e^{\frac{1}{2}i\pi} = \cos(\tfrac{1}{2}\pi) + i\sin(\tfrac{1}{2}\pi) = i.$$

Die restlichen Behauptungen in (4.3.46) ergeben sich dann hieraus über $e^{\frac{1}{2}in\pi} = i^n$.
(ii) Aus der Definition ergab sich bereits $\sin(0) = 0$ und $\cos(0) = 1$. Ferner wurde bereits gezeigt, daß $\cos(\frac{1}{2}\pi) = 0$ und $\sin(\frac{1}{2}\pi) = 1$. Mit Hilfe der Additionstheoreme folgt weiter

$$\begin{aligned}
\sin(\pi) &= 2\sin(\tfrac{1}{2}\pi)\cos(\tfrac{1}{2}\pi) = 0,\\
\cos(\pi) &= \cos^2(\tfrac{1}{2}\pi) - \sin^2(\tfrac{1}{2}\pi) = -1,\\
\sin(\tfrac{3}{2}\pi) &= \sin(\pi)\cos(\tfrac{1}{2}\pi) + \cos(\pi)\sin(\tfrac{1}{2}\pi) = -1,\\
\cos(\tfrac{3}{2}\pi) &= \cos(\pi)\cos(\tfrac{1}{2}\pi) - \sin(\pi)\sin(\tfrac{1}{2}\pi) = 0,\\
\sin(2\pi) &= 2\sin(\pi)\cos(\pi) = 0,\\
\cos(2\pi) &= \cos^2(\pi) - \sin^2(\pi) = 1.
\end{aligned}$$

Q.E.D.

Dies erlaubt es nun, die restlichen, wichtigsten Eigenschaften von Sinus und Cosinus abzuleiten, insbesondere ihre 2π-Periodizität und ihre Nullstellen.

Korollar 4.7: *Sinus und Cosinus genügen auf ganz* $\mathbb{R}$ *den Beziehungen:*

$$\sin(x+2\pi) = \sin(x), \qquad \cos(x+2\pi) = \cos(x), \tag{4.3.49}$$

$$\sin(x+\pi) = -\sin(x), \qquad \cos(x+\pi) = -\cos(x), \tag{4.3.50}$$

$$\sin(x+\tfrac{1}{2}\pi) = \cos(x), \qquad \cos(x+\tfrac{1}{2}\pi) = -\sin(x). \tag{4.3.51}$$

Die Nullstellen von Sinus und Cosinus sind gegeben durch

$$\big\{x\in\mathbb{R}|\ \sin(x)=0\big\} = \big\{k\pi|\ k\in\mathbb{Z}\big\}, \quad \big\{x\in\mathbb{R}|\ \cos(x)=0\big\} = \big\{(k+\tfrac{1}{2})\pi|\ k\in\mathbb{Z}\big\}.$$

Beweis: i) Aus den Additionstheoremen in Lemma 4.9 folgt bei Beachtung der obigen speziellen Funktionswerte von Sinus und Cosinus:

$$\sin(x+2\pi) = \sin(x)\underbrace{\cos(2\pi)}_{=1} + \cos(x)\underbrace{\sin(2\pi)}_{=0} = \sin(x),$$

$$\cos(x+2\pi) = \cos(x)\underbrace{\cos(2\pi)}_{=1} - \sin(x)\underbrace{\sin(2\pi)}_{=0} = \cos(x).$$

Analog ergibt sich

$$\sin(x+\pi) = \sin(x)\cos(\pi) + \cos(x)\sin(\pi) = -\sin(x),$$

$$\cos(x+\pi) = \cos(x)\cos(\pi) - \sin(x)\sin(\pi) = -\cos(x),$$

sowie

$$\sin(x+\tfrac{1}{2}\pi) = \sin(x)\cos(\tfrac{1}{2}\pi) + \cos(x)\sin(\tfrac{1}{2}\pi) = \cos(x),$$

$$\cos(x+\tfrac{1}{2}\pi) = \cos(x)\cos(\tfrac{1}{2}\pi) - \sin(x)\sin(\tfrac{1}{2}\pi) = -\sin(x).$$

ii) Die Nullstellen von Sinus und Cosinus ergeben sich wie folgt. Nach Definition von $\frac{1}{2}\pi$ und wegen $\cos(x)>0$ auf $[0,\frac{1}{2}\pi)$ (s. Beweis von Lemma 4.12) sowie $\cos(-x)=\cos(x)$ ist $\cos(x)>0$ auf $(-\frac{1}{2}\pi,\frac{1}{2}\pi)$. Folglich sind $\pm\frac{1}{2}\pi$ die einzigen Nullstellen des Cosinus im Intervall $[-\frac{1}{2}\pi,\frac{1}{2}\pi]$. Die Beziehung $\cos(x+\pi)=-\cos(x)$ impliziert dann die behauptete Nullstellenverteilung des Cosinus. Die entsprchende Aussage für den Sinus folgt aus der Beziehung $\cos(x)=-\sin(x-\frac{1}{2}\pi)$. Q.E.D.

Bemerkung 4.9: Ausgehend von der komplexen Exponentialfunktion haben wir nun praktisch alle wichtigen Eigenschaften der trigonometrischen Funktionen abgeleitet, ohne von der geometrischen Abschauung Gebrauch zu machen. Der „Umweg“ über das Komplexe erweist sich dabei als ausgesprochen fruchtbar. Es ergeben sich Einsichten in Zusammenhänge, die rein im Reellen nicht sichtbar sind; z. B. folgt aus der Eulerschen Formel (4.3.25) durch Spezialisierung auf $x=\pi$ die Beziehung

$$e^{i\pi}+1=0, \tag{4.3.52}$$

welche auf erstaunlich einfache Weise die Fundamentalzahlen $0,1,e,\pi,i$ verbindet.

Definition 4.10: *Mit Hilfe der Sinus- und Cosinus-Funktionen werden die „Tangens- und Cotangens-Funktionen“ erklärt durch*

$$\tan(x) := \frac{\sin(x)}{\cos(x)}, \qquad \cot(x) := \frac{\cos(x)}{\sin(x)} = \frac{1}{\tan(x)}. \tag{4.3.53}$$

Diese sind für alle $x \in \mathbb{R}$ *definiert, in denen der Cosinus bzw. der Sinus nicht Null sind, d. h. auf* $D_{\tan} = \{x \in \mathbb{R} |\, x \neq (k + \frac{1}{2})\pi,\, k \in \mathbb{Z}\}$ *bzw.* $D_{\cot} = \{x \in \mathbb{R} |\, x \neq k\pi,\, k \in \mathbb{Z}\}$.

Der Tangens und der Cotangens sind auf ihren jeweiligen Definitionsbereichen stetig.

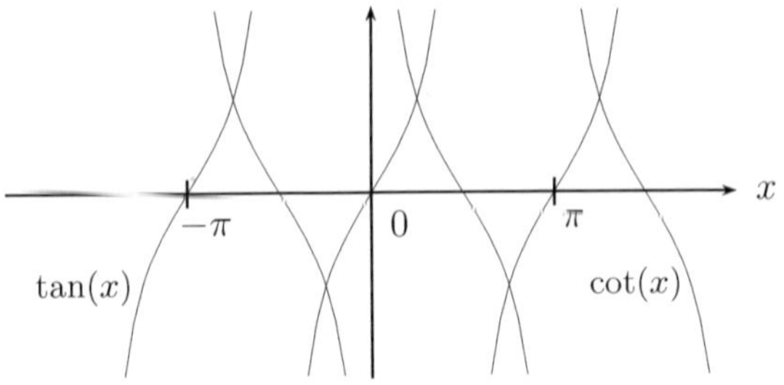

Abbildung 4.15: Graphen der Tangens- und Kotangens-Fuktionen.

Bemerkung 4.10: Neben den durch Definition 4.9 eingeführten trigonometrischen Funktionen spielen in vielen Anwendungen die sog. „hyperbolischen Funktionen“ (Sinus hyperbolicus, Cosinus hyperbolicus , Tangens hyperbolicus, Cotangens hyperbolicus) eine Rolle. Diese sind definiert durch:

$$\sinh(x) := \frac{e^x - e^{-x}}{2}, \qquad \cosh(x) := \frac{e^x + e^{-x}}{2}, \tag{4.3.54}$$

$$\tanh(x) := \frac{\sinh(x)}{\cosh(x)}, \qquad \coth(x) := \frac{\cosh(x)}{\sinh(x)} = \frac{1}{\tanh(x)}. \tag{4.3.55}$$

Für diese gelten ähnliche Beziehungen wie für die trigonometrischen Funktionen, z. B.:

$$\cosh^2(x) - \sinh^2(x) = 1, \tag{4.3.56}$$

und

$$\cosh(x + y) = \cosh(x)\cosh(y) + \sinh(x)\sinh(y), \tag{4.3.57}$$

$$\sinh(x + y) = \sinh(x)\cosh(y) + \cosh(x)\sinh(y). \tag{4.3.58}$$

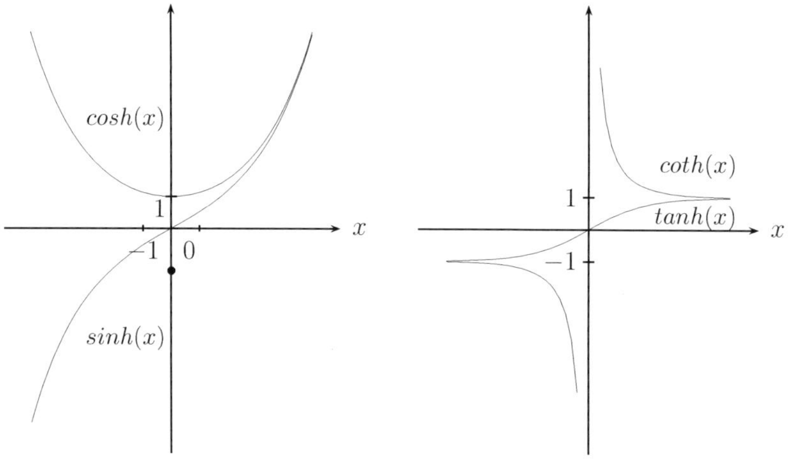

Abbildung 4.16: Graphen der hyperbolischen Funktionen Sinus hyperbolicus, Cosinus hyperbolicus, Tangens hyperbolicus und Cotangens hyperbolicus.

Die Arcus-Funktionen

Die Umkehrfunktionen der trigonometrischen Funktionen sind die sog. „Arcus-Funktionen“. Wegen der Schranke

$$|\sin(x)| \leq 1, \qquad |\cos(x)| \leq 1, \tag{4.3.59}$$

können die Umkehrfunktionen von Sinus und Cosinus nur auf dem Intervall $B = [-1, 1]$ definiert sein und sind wegen der Periodizität von Sinus und Cosinus zwangsläufig mehrdeutig. Beschränkt man sich aber auf geeignete Teilintervalle von $\mathbb{R}$, so lassen sich Umkehrfunktionen eindeutig definieren.

Definition 4.11: *i) Die Sinus-Funktion ist im Intervall* $D = [-\frac{1}{2}\pi, \frac{1}{2}\pi]$ *streng monoton steigend und bildet dieses Intervall bijektiv auf das Intervall* $B = [-1, 1]$ *ab; ihre Umkehrfunktion*

$$\arcsin(\cdot) : [-1, 1] \to [-\tfrac{1}{2}\pi, \tfrac{1}{2}\pi] \tag{4.3.60}$$

heißt „Arcus-Sinus“.

ii) Die Cosinus-Funktion ist im Intervall $D = [0, \pi]$ *streng monoton fallend und bildet dieses Intervall bijektiv auf das Intervall* $B = [-1, 1]$ *ab; ihre Umkehrfunktion*

$$\arccos(\cdot) : [-1, 1] \to [0, \pi] \tag{4.3.61}$$

heißt „Arcus-Cosinus“.

iii) Die Tangens-Funktion ist im Intervall $D = (-\frac{1}{2}\pi, \frac{1}{2}\pi)$ *streng monoton steigend und bildet dieses Intervall bijektiv auf ganz* $\mathbb{R}$ *ab; ihre Umkehrfunktion*

$$\arctan(\cdot) : \mathbb{R} \to (-\tfrac{1}{2}\pi, \tfrac{1}{2}\pi) \tag{4.3.62}$$

heißt „Arcus-Tangens“.

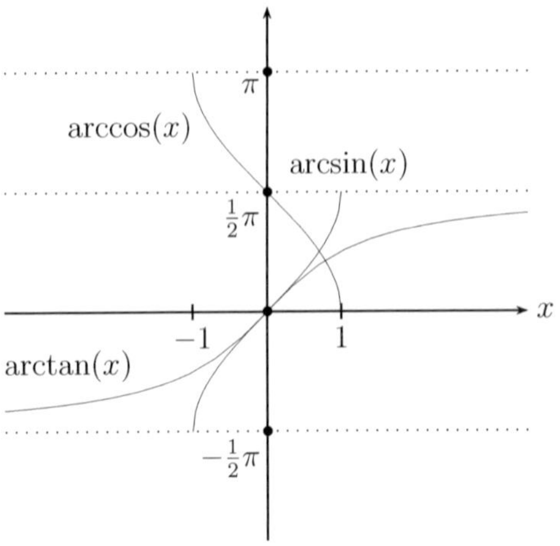

Abbildung 4.17: Graphen („Hauptzweige“) des Arcus-Sinus, Arcus-Cosinus und Arcus-Tangens.

Lemma 4.13: *i) Jede komplexe Zahl* $z \neq 0$ *besitzt eine eindeutige Darstellung der Form („Polardarstellung“)*

$$z = |z|e^{i\alpha}, \quad \alpha \in [0, 2\pi). \tag{4.3.63}$$

ii) Für $|z| = 1$ *liegt die Zahl* $z = e^{i\alpha}$ *auf dem Einheitskreis* $K_1 := \{z \in \mathbb{C} \,|\, |z| = 1\}$ *der komplexen Zahlenebene, und die Abbildung*

$$\varphi : [0, 2\pi) \to K_1 : \quad \varphi(\alpha) = e^{i\alpha} \tag{4.3.64}$$

ist bijektiv.

iii) Für $n \in \mathbb{N}$ *sind die Nullstellen des sog. „Kreisteilungspolynoms“* $p_n(z) = z^n - 1$ *gegeben durch*

$$\xi_k := e^{k2\pi i/n} = \cos(k2\pi/n) + i \sin(k2\pi/n), \quad k = 1, \dots, n. \tag{4.3.65}$$

Diese sog. „n-te Einheitswurzeln“ $\xi_k = \xi_1^k$ *liegen auf dem Einheitskreis der komplexen Zahlenebene und sind alle verschieden.*

Beweis: i) Sei zunächst $\operatorname{Im} z \geq 0$. Wir setzen

$$\xi + i\eta := \frac{z}{|z|}, \qquad \xi, \eta \in \mathbb{R}.$$

Dann ist $\xi^2 + \eta^2 = 1$ und $\eta = |z|^{-1}\operatorname{Im} z \geq 0$. Wir setzen weiter

$$\alpha := \arccos(\xi).$$

Dann ist $\alpha \in [0, \pi]$, und es gilt $\cos(\alpha) = \xi$ und $\sin(\alpha) \geq 0$. Wegen $\xi^2 + \eta^2 = 1$ und $\eta \geq 0$ folgt $\sin(\alpha) = \sqrt{1 - \cos^2(\alpha)} = \sqrt{1 - \xi^2} = \eta$. Damit haben wir

$$\xi + i\eta = \cos(\alpha) + i \sin(\alpha) = e^{i\alpha}, \qquad z = |z| e^{i\alpha}.$$

Der Fall $\operatorname{Im} z < 0$ wird duch Betrachtung von $\bar{z} = \operatorname{Re} z - i\operatorname{Im} z$ auf den eben behandelten zurückgeführt. Aus der dafür gefundenen Darstellung $\bar{z} = |\bar{z}|e^{i\alpha} = |z|e^{i\alpha}$ erhalten wir

$$z = \overline{|z|e^{i\alpha}} = |z|e^{-i\alpha}.$$

Zum Nachweis der Eindeutigkeit dieser Polardarstellung nehmen wir an, dass es eine zweite gibt: $z = |z|e^{i\alpha'}$, $\alpha' \in [0, 2\pi)$. Dann ist $1 = zz^{-1} = e^{i(\alpha - \alpha')}$. Wir erinnern an die Beziehung

$$\sin(\tfrac{1}{2}x) = \frac{e^{i\frac{1}{2}x} - e^{-i\frac{1}{2}x}}{2i} = \frac{e^{-i\frac{1}{2}x}}{2i}\left(e^{ix} - 1\right)$$

und die Nullstellenmenge $\{k\pi,\ k \in \mathbb{Z}\}$ des Sinus. Es muss also $\alpha - \alpha' = 2k\pi$ sein mit einem $k \in \mathbb{Z}$. Wegen $\alpha,\ \alpha' \in [0, 2\pi)$ folgt $\alpha = \alpha'$.

ii) Jeder Punkt (ξ, η) auf dem Einheitskreis K_1 repräsentiert eine komplexe Zahl $z := \xi + i\eta$ mit Realteil $\operatorname{Re} z = \xi$ und Imaginärteil $\operatorname{Im} z = \eta$. Wegen $|z| = 1$ hat diese die Polardarstellung $z = e^{i\alpha}$ mit einem (eindeutig bestimmten) $\alpha \in [0, 2\pi)$. Umgekehrt gilt $|e^{i\alpha}| = \sqrt{\cos^2(\alpha) + \sin^2(\alpha)} = 1$, d. h.: Die komplexe Zahl $e^{i\alpha}$ liegt auf dem Einheitskreis K_1.

iii) Zum Nachweis von (4.3.67) notieren wir zunächst, dass die für $n \in \mathbb{N}$ und $k = 1, \dots, n$ definierten Zahlen

$$z_k := e^{k2\pi i/n} = \cos(k2\pi/n) + i \sin(k2\pi/n)$$

die folgende Gleichung erfüllen:

$$z_k^n = e^{k2\pi i} = (e^{2\pi i})^k = 1,$$

d. h.: Die z_k sind n-te Einheitswurzeln. Von diesen gibt es genau n Stück, da das Polynom $p(z) = z^n - 1$ vom Grad $\gamma(p) = n$ höchstens n Nullstellen haben kann, und die z_k nach dem eben Gezeigten alle verschieden sind. Q.E.D.

Bemerkung 4.11: Die „Polardarstellung“ komplexer Zahlen ist manchmal nützlich zur Beschreibung von Punkten der (x, y)-Ebene. Sie erlaubt u. a. eine einfache, geometrische Interpretation der komplexen Multiplikation: Für zwei Zahlen $x = |x|e^{i\alpha}$ und $y = |y|e^{i\beta}$ ist das Produkt

$$xy = |x|\,|y|e^{i(\alpha+\beta)} \tag{4.3.66}$$

offenbar eine „Drehstreckung“ in der komplexen Ebene.

Korollar 4.8: *Die Sinus- und die Cosinus-Funktionen haben die speziellen Werte*

$$\sin(\tfrac{1}{6}\pi) = \tfrac{1}{2}, \qquad \sin(\tfrac{1}{3}\pi) = \tfrac{1}{2}\sqrt{3}, \qquad \cos(\tfrac{1}{3}\pi) = \tfrac{1}{2}, \qquad \cos(\tfrac{1}{6}\pi) = \tfrac{1}{2}\sqrt{3}. \tag{4.3.67}$$

Beweis: Die 3-ten Einheitswurzeln $e^{k2\pi i/3}$, $k = 1, 2, 3$, haben nach Korollar 2.3 die Gestalt

$$\xi_1 = 1, \quad \xi_{2/3} = -\tfrac{1}{2} \pm i\tfrac{1}{2}\sqrt{3}.$$

Der Identität

$$e^{2\pi i/3} = \cos(\tfrac{2}{3}\pi) + i\sin(\tfrac{2}{3}\pi), \qquad k = 1, 2, 3,$$

entnehmen wir durch Vergleich der Real- und Imaginärteile und Beachtung von $\sin(x) \geq 0$ auf $[0, \pi]$, dass

$$\cos(\tfrac{2}{3}\pi) = -\tfrac{1}{2}, \quad \sin(\tfrac{2}{3}\pi) = \tfrac{1}{2}\sqrt{3}.$$

Mit Hilfe der Formeln in Korollar 4.4 für Sinus und Cosinus am halben Argument, $\sin^2(\frac{1}{2}x) = \frac{1}{2}(1 - \cos(x))$ und $\cos^2(\frac{1}{2}x) = \frac{1}{2}(1 + \cos(x))$, ergibt sich dann bei Beachtung von $\sin(\frac{1}{3}\pi) \geq 0$ und $\cos(\frac{1}{3}\pi) \geq 0$:

$$\begin{aligned}
\sin^2(\tfrac{1}{3}\pi) &= \tfrac{1}{2}(1 - \cos(\tfrac{2}{3}\pi)) = \tfrac{3}{4} \quad &\Rightarrow \quad \sin(\tfrac{1}{3}\pi) = \tfrac{1}{2}\sqrt{3},\\
\cos^2(\tfrac{1}{3}\pi) &= \tfrac{1}{2}(1 + \cos(\tfrac{2}{3}\pi)) = \tfrac{1}{4} \quad &\Rightarrow \quad \cos(\tfrac{1}{3}\pi) = \tfrac{1}{2}.
\end{aligned}$$

Eine weitere Anwendung der Formeln aus Korollar 4.4 liefert dann die gewünschten Aussagen für das Argument $\frac{1}{6}\pi$:

$$\begin{aligned}
\sin^2(\tfrac{1}{6}\pi) &= \tfrac{1}{2}(1 - \cos(\tfrac{1}{3}\pi)) = \tfrac{1}{4} \quad &\Rightarrow \quad \sin(\tfrac{1}{6}\pi) = \tfrac{1}{2},\\
\cos^2(\tfrac{1}{6}\pi) &= \tfrac{1}{2}(1 + \cos(\tfrac{1}{3}\pi)) = \tfrac{3}{4} \quad &\Rightarrow \quad \cos(\tfrac{1}{6}\pi) = \tfrac{1}{2}\sqrt{3}.
\end{aligned}$$

Q.E.D.

Anwendung 4.3.4 (Berechnung von π): Die Zahl π ist klassisch definiert als das Verhältnis

$$\pi = \frac{U}{D} = 3{,}141\,592\,653\,589\,793\,238\,462\,643\ldots$$

von Umfang $U = 2\pi R$ zum Durchmesser $D = 2R$ eines Kreises mit Radius R. In der modernen Analysis wird diese geometrische Beschreibung durch die Definition von $\pi/2$ als Nullstelle der Cosinus-Funktion im Intervall $[0, 2]$ ersetzt, was natürlich dieselbe Zahl ergibt. Ausgehend von der geometrischen Definition kann π mit der halben „Länge" des Einheitskreises (aufgefasst als Kreislinie) identifiziert werden. Zur Erklärung des Begriffes „Länge" des Kreises bedient man sich der Approximation desselben durch einbeschriebene und umbeschriebene reguläre Polygonzüge, wobei die Länge eines Polygonzugs als intuitiv klar angenommen wird.

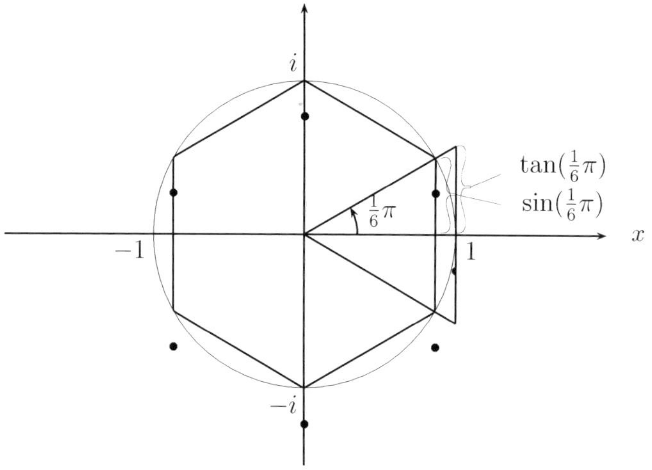

Abbildung 4.18: Polygonapproximation des Kreisbogens.

Für das einbeschriebene halbe n-Eck mit Länge T_n und sein umbeschriebenes Gegenstück mit Länge U_n gilt

$$T_n = n\,\sin(\pi/n) < \pi < n\,\tan(\pi/n) = U_n. \tag{4.3.68}$$

Die beiden Folgen $(T_n)_{n\in\mathbb{N}}$ und $(U_n)_{n\in\mathbb{N}}$ bilden dann eine Einschachtelung von π. Zur Rechnung dient unter Ausnutzung von $T_2 = 2\,\sin(\frac{1}{2}\pi) = 2$ oder $T_6 = 6\,\sin(\frac{1}{6}\pi) = 3$ die rekursive Beziehung (Beweis Übungsaufgabe)

$$T_{2n} = \sqrt{2n^2 - 2n\sqrt{n^2 - T_n^2}}, \quad n \geq 2. \tag{4.3.69}$$

Schon Archimedes (287-212 v. Chr.) gewann so für $n = 96$ die Näherung

$$3,1408\ldots = 3\,\frac{10}{71} < \pi < 3\,\frac{1}{7} = 3,14285\ldots.$$

Durch Mittelung dieser Schranken erhielt Ptolemaios (150 n.Chr.) $\pi \approx 3,14166$. Lin Hui (263 n.Chr.) erhielt für $n = 3072$ den Wert $\pi \approx 3,14159$ und Al-Kasi (1427) für $n = 3\cdot 2^{28}$ den auf 17 Stellen genauen Wert $\pi \approx 3.1415926535897932$. Ludolph van Ceulen (1600) berechnete für $n = 3\cdot 2^{60}$ bereits 35 exakte Stellen; nach ihm wird π auch oft die „Ludolphsche Zahl“ genannt. Von Huygens[4] stammt der Trick, eine Linearkombination der Polygonzugnäherungen zu verwenden:

$$\pi \approx S_n = \tfrac{1}{3}\big(4T_n - T_{n/2}\big). \tag{4.3.70}$$

[4]Christiaan Huygens (1629–1695): Niederländischer Mathematiker, Astronom und Konstrukteur; lieferte wichtige Beiträge zur Analysis und Variationsrechnung; entwickelte das erste brauchbare Teleskop (1654) und die Pendeluhr (1665).

Für $n = 96$ erhält man so den deutlich verbesserten Wert $\pi \approx S_{96} = 3,141592$. Dahinter steht das sog. „Prinzip der Extrapolation zum Limes“, welches eines der wichtigsten Hilfsmittel beim praktischen Rechnen in der Analysis darstellt (→ *Numerik*). Durch die Linearkombination wird einfach der führende Fehlerterm $\frac{\pi^3}{3!}h^2$ in der folgenden Reihendarstellung des Sinus eliminiert:

$$T(h) = \frac{1}{h}\sin(h\pi) = \pi - \frac{\pi^3}{3!}h^2 + \frac{\pi^5}{5!}h^4 - \dots + (-1)^k \frac{\pi^{2k+1}}{(2k+1)!}h^{2k} + \dots, \qquad (4.3.71)$$

so dass ein Fehler der höheren Ordnung h^4 verbleibt.

4.4 Konvergenz von Funktionenfolgen

Analog zu Folgen $(a_n)_{n\in\mathbb{N}}$ reeller Zahlen und ihrer Konvergenz betrachten wir nun Folgen $(f_n)_{n\in\mathbb{N}}$ von reellen Funktionen und ihre Konvergenzeigenschaften.

Definition 4.12: *Seien $f_n : D \to \mathbb{R}$, $n \in \mathbb{N}$, Funktionen mit einem gemeinsamen Definitionsbereich $D \subset \mathbb{R}$. Wir nennen die Folge $(f_n)_{n\in\mathbb{N}}$ „punktweise konvergent“ gegen eine Funktion $f : D \to \mathbb{R}$, wenn für jedes $x \in D$ gilt:*

$$f_n(x) \to f(x) \quad (n \to \infty). \qquad (4.4.72)$$

Die Situation, dass eine gegebene Folge von Funktionen gegen eine Grenzfunktion konvergiert, bzw. dass eine gegebene Funktion durch eine Folge von Funktionen „approximiert“ wird, ist typisch für die Anwendungen der Analysis in der mathematischen Modellbildung und numerischen Simulation. Z. B. stellen die Partialsummen der Exponentialreihe Approximationen der Exponentialfunktion dar, d. h.: Für jedes $x \in \mathbb{R}$ gilt:

$$\sum_{k=0}^{n} \frac{x^k}{k!} \to \sum_{k=0}^{\infty} \frac{x^k}{k!} = e^x \quad (n \to \infty).$$

In diesem Fall sind die approximierenden Funktionen (als Polynome) natürlich stetig, und die Grenzfunktion e^x ist es auch. Betrachten wir dagegen die Funktionen

$$f_n(x) = 1 - x^n, \quad x \in [0,1] \subset \mathbb{R},$$

so gilt für $n \to \infty$:

$$f_n(x) \to f(x) := \begin{cases} 1 & \text{für } 0 \le x < 1, \\ 0 & \text{für } x = 1, \end{cases}$$

wobei die Grenzfunktion $f(x)$ nicht stetig ist. Es stellt sich also die Frage: „*Welche Bedingungen sind zu stellen, damit für eine konvergente Folge stetiger Funktionen auch die Grenzfunktion wieder stetig ist*“? Dies gehört zu den zentralen Fragen der Analysis nach der „Stabilität“ von Eigenschaften von Funktionen gegenüber Störungen.

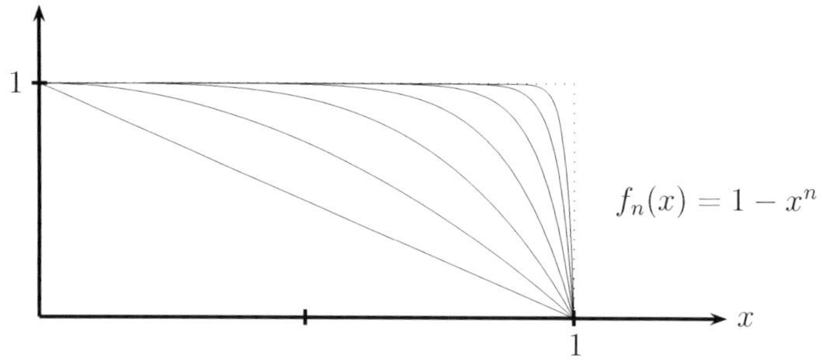

Abbildung 4.19: Graphen einer Folge nicht gleichmäßig konvergenter Funktionen.

Im obigen Beispiel mit unsetiger Grenzfunktion wird die Konvergenz

$$f_n(x) \to f(x) \quad (n \to \infty)$$

der approximierenden Funktionen bei Annäherung an die Stelle $x = 1$ immer langsamer, was das Problem zu verursachen scheint. Diese Beobachtung gibt Anlass zu der folgenden Definition.

Definition 4.13: *Eine Folge von Funktionen $f_n : D \to \mathbb{R}$, $n \in \mathbb{N}$, heißt „gleichmäßig konvergent“ gegen eine Funktion $f : D \to \mathbb{R}$, wenn es zu jedem $\varepsilon > 0$ ein $n_\varepsilon \in \mathbb{N}$ gibt, so dass für $n \geq n_\varepsilon$ gilt:*

$$|f_n(x) - f(x)| < \varepsilon \quad \forall x \in D. \tag{4.4.73}$$

Satz 4.6 (Satz von der gleichmäßigen Konvergenz): *Konvergiert eine Folge stetiger Funktionen $f_n : D \to \mathbb{R}$, $n \in \mathbb{N}$, gleichmäßig gegen eine Funktion $f : D \to \mathbb{R}$, so ist auch die Grenzfunktion f stetig.*

Beweis: Seien $x_0 \in D$ und $\varepsilon > 0$ gegeben. Es ist zu zeigen, dass ein $\delta_\varepsilon > 0$ existiert, so dass für alle $x \in D$ gilt:

$$|x - x_0| < \delta_\varepsilon \quad \Rightarrow \quad |f(x) - f(x_0)| < \varepsilon.$$

Wegen der gleichmäßigen Konvergenz der Folge $(f_n)_{n\in\mathbb{N}}$ gibt es ein $n \in \mathbb{N}$, so dass für alle $x \in D$ gilt:

$$|f_n(x) - f(x)| < \tfrac{1}{3}\varepsilon\,.$$

Da f_n stetig ist, existiert weiter ein $\delta_\varepsilon > 0$, so dass für alle $x \in D$ mit $|x - x_0| < \delta_\varepsilon$ gilt:

$$|f_n(x) - f_n(x_0)| < \tfrac{1}{3}\varepsilon\,.$$

Dann folgt für alle solche $x \in D$:

$$|f(x) - f(x_0)| \leq \underbrace{|f(x) - f_n(x)|}_{< \frac{1}{3}\varepsilon} + \underbrace{|f_n(x) - f_n(x_0)|}_{< \frac{1}{3}\varepsilon} + \underbrace{|f_n(x_0) - f(x_0)|}_{< \frac{1}{3}\varepsilon} < \varepsilon,$$

d. h.: Die Funktion f ist stetig in x_0. Q.E.D.

Bemerkung 4.12: Diese Aussage von Satz 4.6 überträgt sich auch auf Reihen von stetigen Funktionen $\sum_{k=1}^{\infty} f_k$. Wenn die Partialsummen $\sum_{k=1}^{n} f_k$ gleichmäßig konvergieren, so ist ihr Limes $\sum_{k=1}^{\infty} f_k$ wieder eine stetige Funktion.

4.5 Der Funktionenraum $C[a,b]$

Nach Lemma 4.2 bilden die stetigen Funktionen auf einem beschränkten, abgeschlossenen Intervall $D = [a,b]$ einen Vektorraum. Auf diesem wird durch

$$\|f\|_\infty := \max_{x \in [a,b]} |f(x)|$$

eine Norm, die sog. „Maximumnorm" erklärt; das Maximum existiert wegen der Stetigkeit des Absolutbetrags auf dem beschränkten, abgeschlossenen Intervall $[a,b]$. Der so entstehende normierte Vektorraum wird mit $C[a,b]$ bezeichnet:

$$C[a,b] = \{f : [a,b] \to \mathbb{R} | \ f \ \text{stetig}\}.$$

Die Normeigenschaften von $\|\cdot\|_\infty$ als Abbildung von $C[a,b]$ nach $\mathbb{R}_+ \cup \{0\}$ folgen direkt aus den entsprechenden Eigenschaften des Absolutbetrags:

(N1) $\|f\|_\infty = 0 \quad \Rightarrow \quad f(x) = 0, \ x \in [a,b]$ (Definitheit)

(N2) $\|\alpha f\|_\infty = |\alpha| \, \|f\|_\infty, \quad \alpha \in \mathbb{R}$ (Homogenität),

(N3) $\|f + g\|_\infty \leq \|f\|_\infty + \|g\|_\infty$ (Dreiecksungleichung).

Mit Hilfe der Norm $\|\cdot\|_\infty$ wird auf $C[a,b]$ eine sog. „Normkonvergenz", in diesem Fall die „gleichmäßige Konvergenz", definiert durch:

$$f_n \to f \ (n \to \infty) \quad :\Leftrightarrow \quad \|f_n - f\|_\infty \to 0 \ (n \to \infty). \tag{4.5.74}$$

Lemma 4.14: *Für eine Funktionenfolge $(f_n)_{n \in \mathbb{N}}$ auf einem beschränkten, abgeschlossenen Intervall $D = [a,b]$ ist die gleichmäßige Konvergenz gegen eine Grenzfunktion $f : [a,b] \to \mathbb{R}$ gleichbedeutend mit*

$$\|f_n - f\|_\infty \to 0 \quad (n \to \infty). \tag{4.5.75}$$

Beweis: Der Beweis ist evident. Q.E.D.

Auf $C[a,b]$ wird analog zu $\mathbb{R}$ der Begriff der Cauchy-Folge einführt.

Definition 4.14 (Cauchy-Folge): *Eine Folge* $(f_n)_{n\in\mathbb{N}}$ *von Funktionen aus* $C[a,b]$ *heißt „Cauchy-Folge“, wenn es zu jedem* $\varepsilon > 0$ *ein* $n_\varepsilon \in \mathbb{N}$ *gibt, so dass für* $n, m \geq n_\varepsilon$ *gilt:*

$$\|f_n - f_m\|_\infty < \varepsilon. \tag{4.5.76}$$

Lemma 4.15: *Eine Folge* $(f_n)_{n\in\mathbb{N}}$ *von Funktionen aus* $C[a,b]$, *welche gegen eine Grenzfunktion* $f \in C[a,b]$ *konvergiert, ist automatisch eine Cauchy-Folge.*

Beweis: Der Beweis verläuft analog wie der entsprechende für konvergente Zahlenfolgen. Aufgrund der Dreiecksungleichung gilt $\|f_n - f_m\|_\infty \leq \|f_n - f\|_\infty + \|f - f_m\|_\infty$, womit sich direkt die Behauptung ergibt. Q.E.D.

Satz 4.7 (Satz von der Vollständigkeit): *Der Raum* $C[a,b]$ *ist „vollständig“ bzgl. der gleichmäßigen Konvergenz; d. h.: Jede Cauchy-Folge von Funktionen aus* $C[a,b]$ *besitzt einen Limes in* $C[a,b]$.

Beweis: Sei $(f_n)_{n\in\mathbb{N}}$ eine Cauchy-Folge in $C[a,b]$. Dann ist für jedes feste $x \in [a,b]$ auch die Zahlenfolge $(f_n(x))_{n\in\mathbb{N}}$ eine Cauchy-Folge und besitzt folglich einen (eindeutig bestimmten) Limes $f(x) \in \mathbb{R}$, d. h.:

$$f_n(x) \to f(x) \quad (n \to \infty), \qquad x \in [a,b].$$

Dies definiert eine Funktion $f : [a,b] \to \mathbb{R}$. Wir wollen zeigen, dass $(f_n)_{n\in\mathbb{N}}$ gleichmäßig gegen f konvergiert. Angenommen, dies wäre nicht der Fall, dann gäbe es ein $\varepsilon \in \mathbb{R}_+$ und zu jedem $n \in \mathbb{N}$ einen Punkt $x_n \in [a,b]$, so dass

$$|f_n(x_n) - f(x_n)| > \varepsilon.$$

Wegen der Beschränktkeit des Intervalls $[a,b]$ und damit der Punktfolge $(x_n)_{n\in\mathbb{N}}$ besitzt diese nach dem Satz von Bolzano-Weierstraß eine konvergente Teilfolge $(x_{n_k})_{k\in\mathbb{N}}$ mit Limes $x \in [a,b]$. Wegen der Cauchy-Folgeneigenschaft gibt es ein $n_\varepsilon \in \mathbb{N}$, so dass für $m \geq n_\varepsilon$ gilt:

$$\|f_{n_\varepsilon} - f_m\|_\infty < \tfrac{1}{2}\varepsilon.$$

Wegen der Konvergenz $f_m(x_{n_\varepsilon}) \to f(x_{n_\varepsilon})$ $(m \to \infty)$ gibt es ein $m_\varepsilon \geq n_\varepsilon$, so dass

$$|f_{m_\varepsilon}(x_{n_\varepsilon}) - f(x_{n_\varepsilon})| < \tfrac{1}{2}\varepsilon.$$

Damit erschließen wir

$$|f_{n_\varepsilon}(x_{n_\varepsilon}) - f(x_{n_\varepsilon})| \leq \underbrace{|f_{n_\varepsilon}(x_{n_\varepsilon}) - f_{m_\varepsilon}(x_{n_\varepsilon})|}_{<\frac{1}{2}\varepsilon} + \underbrace{|f_{m_\varepsilon}(x_{n_\varepsilon}) - f(x_{n_\varepsilon})|}_{<\frac{1}{2}\varepsilon} < \varepsilon,$$

im Widerspruch zu obiger Annahme. Die Folge $(f_n)_{n\in\mathbb{N}}$ konvergiert also gleichmäßig gegen f. Nach Satz 4.6 ist f stetig; d. h.: $f \in C[a,b]$. Q.E.D.

Vollständige normierte Vektorräume werden „Banach[5]-Räume“ genannt. Der Funktionenraum $C[a,b]$ ist also ein solcher Banach-Raum. Der folgende Satz von Arzelà[6]-Ascoli[7] bedeutet für den Funktionenraum $C[a,b]$ das, was der Satz von Bolzano-Weierstraß für den Zahlenraum $\mathbb{R}$ ist; er liefert Kriterien für die Existenz von Häufungswerten von Folgen. Wir beweisen ihn im Folgenden in einer etwas vereinfachten Form.

Satz 4.8 (Satz von Arzelà-Ascoli): *Sei $(f_n)_{n\in\mathbb{N}}$ eine Folge von Funktionen in $C[a,b]$, welche „gleichmäßig beschränkt“ und zusätzlich „gleichgradig stetig“ sind:*

$$\sup_{n\in\mathbb{N}} \|f_n\|_\infty < \infty \,, \tag{4.5.77}$$

$$\forall\, \varepsilon > 0 \quad \exists\, \delta_\varepsilon > 0 \quad \forall n \in \mathbb{N}: \quad \max_{\substack{x,x'\in[a,b]\\ |x-x'|\le\delta_\varepsilon}} |f_n(x) - f_n(x')| < \varepsilon \,. \tag{4.5.78}$$

Dann existiert eine Teilfolge $(f_{n_k})_{k\in\mathbb{N}}$, welche gegen ein $f \in C[a,b]$ konvergiert, d. h.:

$$\|f_{n_k} - f\|_\infty \to 0 \qquad (k \to \infty)\,. \tag{4.5.79}$$

Beweis: i) Sei $(r_k)_{k\in\mathbb{N}}$ die auf irgendeine Weise durchnummerierte Folge der rationalen Punkte in $[a,b]$. Für jedes r_k gilt nach Voraussetzung:

$$\sup_{n\in\mathbb{N}} |f_n(r_k)| < \infty\,.$$

Durch sukzessive Anwendung des Satzes von Bolzano-Weierstraß gewinnnen wir Existenz einer Folge von Teilfolgen $(n_j^{(k)})_{j\in\mathbb{N}}$, $k \in \mathbb{N}$, mit den Eigenschaften:

- $(n_j^{(k+1)})_{j\in\mathbb{N}}$ ist Teilfolge von $(n_j^{(k)})_{j\in\mathbb{N}}$.
- Die Folgen $\big(f_{n_j^{(k)}}(r_k)\big)_{j\in\mathbb{N}}$ sind konvergent.

Gemäß dieser Konstruktion ist $\big(f_{n_j^{(k)}}(r_l)\big)_{j\in\mathbb{N}}$ konvergent für $l = 1,\dots,k$. Für die sog. „Diagonalfolge“ $\big(f_{n_k^{(k)}}\big)_{k\in\mathbb{N}}$ ist dann $\big(f_{n_k^{(k)}}(r_j)\big)_{k\in\mathbb{N}}$ konvergent für alle $j \in \mathbb{N}$:

$$\begin{array}{ccccccc}
\boxed{f_{n_1^{(1)}}} & f_{n_2^{(1)}} & f_{n_1^{(1)}} & \dots & f_{n_k^{(1)}} & \dots \\
f_{n_1^{(2)}} & \boxed{f_{n_2^{(2)}}} & f_{n_1^{(2)}} & \dots & f_{n_k^{(2)}} & \dots \\
f_{n_1^{(3)}} & f_{n_2^{(3)}} & \boxed{f_{n_3^{(3)}}} & \dots & f_{n_k^{(3)}} & \dots \\
\vdots & \vdots & \vdots & \ddots & \vdots & \vdots \\
f_{n_1^{(k)}} & f_{n_2^{(k)}} & f_{n_3^{(k)}} & \dots & \boxed{f_{n_k^{(k)}}} & \dots \\
\vdots & \vdots & \vdots & \dots & \vdots & \ddots
\end{array}$$

[5]Stefan Banach (1892–1945): Polnischer Mathematiker; Prof. in Lvov; begründete die Funktionalanalysis.

[6]Cesare Arzelà (1847–1912): Italienischer Mathematiker in Bologna; lieferte Beiträge zur Analysis und Variationsrechnung.

[7]Giulio Ascoli (1843–1896): Italienischer Mathematiker in Parma; lieferte Beiträge zur Analysis und Variationsrechnung.

ii) Der Einfachheit halber bezeichnen wir die eben konstruierte Diagonalfolge wieder mit $(f_n)_{n\in\mathbb{N}}$ und wollen ihre gleichmäßige Konvergenz auf $[a,b]$ zeigen. Nach Konstruktion konvergiert $(f_n)_{n\in\mathbb{N}}$ in allen rationalen Punkten in $[a,b]$. Sei $\varepsilon > 0$ beliebig gewählt. Für jedes $r_k \in [a,b]$ gibt es dann ein $n_\varepsilon(r_k) \in \mathbb{N}$, so dass

$$|f_n(r_k) - f_m(r_k)| \le \tfrac{1}{3}\varepsilon \qquad \forall\, n,m \ge n_\varepsilon(r_k)\,.$$

Aufgrund der gleichgradigen Stetigkeit der f_n gibt es ein δ_ε, so dass gilt:

$$x, x' \in [a,b],\ |x - x'| < \delta_\varepsilon \quad \Rightarrow \quad \sup_{n\in\mathbb{N}} |f_n(x) - f_n(x')| \le \tfrac{1}{3}\varepsilon\,.$$

Wir unterteilen nun das Intervall $[a,b]$ in Teilintervalle $I_k = [x_{k-1}, x_k],\ k = 1,\dots,n$, mit

$$a = x_0 < \ldots < x_n = b, \qquad \max_{1\le k\le n} |x_k - x_{k-1}| \le \delta_\varepsilon\,.$$

Aus jedem I_k wählen wir ein $r_k \in \mathbb{Q}$. Für beliebiges $x \in I_k$ gilt dann für $n,m \ge n_\varepsilon := \max\{n_\varepsilon(r_1),\dots,n_\varepsilon(r_n)\}$:

$$|f_n(x) - f_m(x)| \le \underbrace{|f_n(x) - f_n(r_k)|}_{<\frac{1}{3}\varepsilon} + \underbrace{|f_n(r_k) - f_m(r_k)|}_{<\frac{1}{3}\varepsilon} + \underbrace{|f_m(r_k) - f_m(x)|}_{<\frac{1}{3}\varepsilon} < \varepsilon\,.$$

Dies bedeutet, dass für $n,m \ge n_\varepsilon$ gilt:

$$\|f_n - f_m\|_\infty < \varepsilon\,.$$

Die Funktionenfolge $(f_n)_{n\in\mathbb{N}}$ ist also eine Cauchy-Folge im Banach-Raum $C[a,b]$. Wegen dessen Vollständigkeit existiert ein $f \in C[a,b]$, so dass $f_n \to f\ (n\to\infty)$. Q.E.D.

4.6 Übungen

Übung 4.1 (Aufgabe zur Definition von Funktionen):
Man gebe für die Funktionen

$$a)\quad f(x) = \sqrt{2 - x^2}, \qquad b)\quad f(x) = \frac{1}{|x+1|}, \qquad c)\quad f(x) = \sqrt{\min\{1, x^2\}}$$

die maximalen Definitionsbereiche $D \subset \mathbb{R}$ an und skizzieren ihre Graphen.

Übung 4.2 (Aufgabe zur Stetigkeit):
a) Man zeige, dass die folgenden Funktionen $f:\mathbb{R}\to\mathbb{R}$ stetig sind:

$$i)\quad f(x) := \min\{x, 1\}, \qquad ii)\quad f(x) := |x|^q,\quad q \in \mathbb{Q}_+.$$

b) Man zeige, dass die durch

$$f(x) := \begin{cases} 1/s, & \text{für} \quad x = r/s,\ r \in \mathbb{Z}\setminus\{0\},\ s \in \mathbb{N}\ \text{(teilerfremd)} \\ 1 & \text{für} \quad x = 0 \\ 0 & \text{sonst} \end{cases}$$

definierte Funktion $f : \mathbb{R} \to \mathbb{R}$ in allen Punkten $x \in \mathbb{R} \setminus \mathbb{Q}$ stetig und in allen Punkten $x \in \mathbb{Q}$ unstetig ist.

Bemerkung: Es gibt keine Funktion $f : \mathbb{R} \to \mathbb{R}$, die in allen $x \in \mathbb{Q}$ stetig und in allen $x \in \mathbb{R} \setminus \mathbb{Q}$ unstetig ist.

Übung 4.3 (Aufgabe zur „gleichmäßigen" und „Lipschitz-Stetigkeit"):
Eine Funktion $f : D \subset \mathbb{K} \to \mathbb{K}$ heißt „Lipschitz-stetig" (kurz „L-stetig") mit „Lipschitz-Konstante" $L \in \mathbb{R}_+$, wenn gilt:

$$|f(x) - f(x')| \leq L\,|x - x'|, \quad x, x' \in D.$$

a) Man zeige, dass jede L-stetige Funktion $f : D \subset \mathbb{K} \to \mathbb{K}$ gleichmäßig stetig ist.

b) Man zeige, dass die durch

$$f(x) := \sqrt{|1 - x|}$$

definierte Funktion $f : \mathbb{R} \to \mathbb{R}$ auf dem Intervall $[0, 2]$ gleichmäßig stetig aber nicht L-stetig ist.

c) Man zeige, dass die durch

$$f(x) := \frac{1}{x}$$

definierte Funktion $f : (0, 1] \to \mathbb{R}$ auf $D = (0, 1]$ zwar stetig aber nicht gleichmäßig stetig ist.

Übung 4.4 (Aufgabe zur Stetigkeit):
Man zeige, dass sich die Aussagen der drei grundlegenden Sätze für stetige (reelle) Funktionen auf einem kompakten Intervall, nämlich der „Zwischenwertsatz", der „Satz von der Beschränktheit" und der „Satz vom Extremum", äquivalent zusammengefaßt auch wie folgt formulieren lassen:

Für eine auf einem beschränkten, abgeschlossenen Intervall definierte, stetige Funktion ist der Bildbereich wieder ein beschränktes, abgeschlossenes Intervall.

(Hinweis: Der im Text angegebene „Beweisvorschlag" kann als Grundlage der Argumentation verwendet werden, ist aber noch im Detail auszuarbeiten.)

Übung 4.5 (Aufgabe zur Umkehrfunktion):
Die durch

$$f(x) := \begin{cases} x + 2 & \text{für } x < -2, \\ 0 & \text{für } x = 0, \\ x - 2 & \text{für } x > 2, \end{cases}$$

definierte Funktion $f : D_f := \{x \in \mathbb{R} |\ |x| > 2\} \cup \{0\} \to \mathbb{R}$ ist bijektiv, so dass ihre Umkehrfunktion $f^{-1} : \mathbb{R} \to D_f$ existiert. Man zeige, dass f stetig ist, aber f^{-1} nicht. Wieso widerspricht dies nicht dem Satz über die Stetigkeit der Umkehrfunktion aus der Vorlesung?

Übung 4.6 (Aufgabe zum Zwischenwertsatz):
Wie sind „Nullstellen" und „Fixpunkte" von Funktionen $f : D \to \mathbb{K}$ definiert?

a) Man zeige, dass das reelle Polynom

$$p(x) = x^6 + x^2 + 4x - 5$$

im Intervall $I = [-1, 1]$ mindestens eine Nullstelle hat.

b) Man zeige, dass die durch

$$f(x) := 1 - \sqrt{\frac{e^{(x^2)} - 1}{e - x}}$$

definierte reelle Funktion $f : [0, 1] \to [0, 1]$ mindestens einen Fixpunkt hat. (Hinweis: Man beachte, dass die Wurzelfunktion als Umkehrung der Quadratfunktion monoton ist.)

Übung 4.7 (Aufgabe zu periodischen Funktionen):
Eine Funktion $f : D \subset \mathbb{R} \to \mathbb{R}$ heißt „periodisch" mit Periode $\omega \neq 0$, wenn für alle $x \in D$ auch $x + \omega \in D$ ist und $f(x) = f(x + \omega)$ gilt.

a) Man setze die durch

$$f(x) := x$$

definierte Funktion $f : [0, 1] \to \mathbb{R}$ zu einer auf ganz $\mathbb{R}$ definierten, stetigen und periodischen Funktion $\tilde{f}$ mit Periode $\omega = 2$ fort. Wäre eine Fortsetzung zu einer stetigen Funktion mit der Periode $\omega = 1$ möglich?

b) Man begründe, warum eine reelle, nicht konstante „rationale Funktion"

$$f(x) = \frac{a_n x^n + \ldots + a_1 x + a_0}{b_m x^m + \ldots + b_1 x + b_0}$$

mit Koeffizienten $a_k \in \mathbb{R}$ nicht periodisch sein kann.

c) Man begründe, warum eine reelle, nicht konstante „Exponentialsumme"

$$f(x) = \sum_{k=-m}^{m} a_k e^{kx}, \quad x \in \mathbb{R},$$

mit Koeffizienten $a_k \in \mathbb{R}$ nicht periodisch sein kann.

Übung 4.8 (Aufgabe zu Funktionsgraphen):
Man skizziere (mit Achsenbezeichnungen) die Graphen der folgenden reellen Funktionen auf ihren maximalen Definitionsbereichen in $\mathbb{R}$:

i) $f(x) := e^x$; ii) $f(x) := \ln(x)$;

iii) $f(x) := \sin(1/x)$; iv) $f(x) := \sqrt{x}$.

Übung 4.9 (Aufgabe zu regulären Limiten):
Man Untersuche für $a \in \mathbb{R}_+$ die folgenden Grenzprozesse und bestimme gegebenenfalls die Grenzwerte

$$a) \quad \lim_{x\to 0} x^{-a}\sin(x)\,, \qquad b) \quad \lim_{x\to 0} x^{a}\,\sin(x^{-1})\,.$$

Hinweis: Man beachte die Potenzreihendarstellung des Sinus.

Übung 4.10 (Aufgabe zur Berechnung von π):
Man zeige für die Größen $T_n := n\sin(\frac{1}{n}\pi)$, $n \in \mathbb{N}$, die rekursive Beziehung

$$T_1 = 0,\ T_2 = 2, \qquad T_{2n} = \sqrt{2n^2 - 2n\sqrt{n^2 - T_n^2}}, \quad n \geq 2,$$

und die Konvergenz $\lim_{n\to\infty} T_n = \pi$. Warum gilt diese Formel nicht für $n = 1$?

Hinweis: Man erinnere sich an die in der Vorlesung bereitgestellten Beziehungen für Sinus und Cosinus und an das asymptotische Verhalten von $\sin(x)$ für $x \to 0$.

Übung 4.11 (Aufgabe zur Konvergenz von Funktionen):
Eine Folge $(f_n)_{n\in\mathbb{N}}$ von Funktionen $f_n : I = [a,b] \to \mathbb{R}$ heißt „punktweise konvergent" gegen eine Funktion $f : I \to \mathbb{R}$, wenn es für $x \in I$ zu jedem $\varepsilon \in \mathbb{R}_+$ ein $n_\varepsilon = n_\varepsilon(x) \in \mathbb{N}$ gibt, so daß

$$|f_n(x) - f(x)| < \varepsilon, \quad n \geq n_\varepsilon.$$

Sie heißt „gleichmäßig konvergent" gegen f, wenn n_ε unabhängig von $x \in I$ gewählt werden kann.

a) Man untersuche, ob die durch

$$f_n(x) := |\cos^n(x)|, \quad n \in \mathbb{N},$$

auf dem Intervall $I := [0,\pi]$ definierte Folge von reellen Funktionen auf I (punktweise) konvergiert und bestimme gegebenenfalls ihren Limes. Ist diese Konvergenz gleichmäßig?

b) Wie lautet das Ergebnis bei Betrachtung der Funktionenfolge auf dem kleineren Intervall $I' = [\frac{1}{4}\pi, \frac{3}{4}\pi] \subset I$?

Bemerkung: Dies ist ein Gegenbeispiel zu der Vermutung (in Anlehnung an das für die Stetigkeit bekannte Resultat), dass aus der *punktweisen* Konvergenz einer Folge stetiger Funktionen auf einer kompakten Menge auch deren *gleichmäßige* Konvergenz folgt.

Übung 4.12 (Über exotische Zahlen):
Mit Hilfe der Exponentialfunktion $\exp(\cdot)$ und des Logarithmus werden allgemeine reelle Potenzen positiver reeller Zahlen erklärt, u. a. etwa so exotische Ausdrücke wie

$$e^\pi := \exp(\pi), \qquad \pi^e := \exp(e\ln(\pi)).$$

(Man rekapituliere die Definitionen der „Eulerschen Zahl“ e und der „Kreiszahl“ π und gebe ihre ungefähren Werte an.)

Eine grobe Abschätzung liefert $21 < e^\pi, \pi^e < 24$, aber welche dieser „transzendenten“ Zahlen ist die größere von beiden? Man beantworte diese Frage mit Hilfe analytischer Argumente (Reines Ausprobieren gibt Hinweise, ist aber kein Beweis!).

(Hinweis: Man darf die Beziehung $\pi > e$ verwenden, die zwar „numerisch“ klar ist, aber eigentlich ebenfalls eines Beweises bedarf. Aus der Reihendarstellung haben wir bereits $e < 3$ erschlossen. Die Beziehung $\pi \geq 3$ erhalten wir mit Archimedes über die Approximation des Einheitskreises durch einbeschriebene Polygone oder einfacher aus der Bibel (1. Buch der Könige 7.23: *Und er machte ein Meer, gegossen, von einem Rand zum andern zehn Ellen weit, rundumher, und fünf Ellen hoch, und eine Schnur dreißig Ellen lang war das Maß ringsum.*

Übung 4.13 (Aufgabe zum regulären Limes):
Man zeige, dass für $a \neq 0$ der Grenzwert

$$\lim_{x \neq a, x \to a} \frac{x^n - a^n}{x - a}$$

existiert und bestimme diesen.

Übung 4.14 (Aufgabe zur Stetigkeit):
Man beweise die Äquivalenz der beiden folgenden Definitionen der Stetigkeit einer Funktion $f : D \subset \mathbb{K} \to \mathbb{K}$ auf ihrem ganzen Definitionsbereich:

a) Für beliebiges $x_0 \in D$ und für jede Folge $(x_n)_{n \in \mathbb{N}}$ aus D gilt:

$$x_0 = \lim_{n \to \infty} x_n \quad \Rightarrow \quad f(x_0) = \lim_{n \to \infty} f(x_n).$$

b) Für beliebiges $x_0 \in D$ gibt es zu jedem $\varepsilon \in \mathbb{R}_+$ ein $\delta \in \mathbb{R}_+$, so daß gilt:

$$|x - x_0| < \delta \quad \Rightarrow \quad |f(x) - f(x_0)| < \varepsilon.$$

Übung 4.15 (Aufgabe zu Funktionalgleichungen):
Die Funktion $f(x)$ sei für alle $x \in \mathbb{R}$ erklärt, stetig im Punkt $x = 0$ und erfülle für alle $x, y \in \mathbb{R}$ die Funktionalgleichung

$$f(x + y) = f(x)f(y).$$

Man beweise, dass sie dann auf ganz $\mathbb{R}$ stetig ist.

Übung 4.16 (Aufgabe zu trigonometrischen Funktionen):
Man gebe den maximalen Definitionsbereich $D \subset \mathbb{R}$ für die durch

$$f(x) = \tan\left(\frac{\pi x}{x^2 - 1}\right)$$

gegebene Funktion an. In welchen Punkten ist sie stetig?

Übung 4.17 (Aufgabe zur „gleichgradigen Stetigkeit"):
Sei $(f_n)_{n\in\mathbb{N}}$ eine Folge von Lipschitz-stetigen Funktionen $f_n := I \to \mathbb{R}$ auf einem (kompakten) Intervall $I = [a, b]$ mit derselben Lipschitz-Konstante $L \in \mathbb{R}_+$.

a) Man zeige, dass die Funktionen f_n dann gleichgradig stetig sind.

Ist die Folge zusätzlich gleichmäßig beschränkt, so besitzt sie nach dem Satz von Arzelá-Ascoli eine gleichmäßig konvergente Teilfolge.

b) Man zeige (z. B. durch ein Gegenbeispiel), dass die gleichmäßige Beschränktheit eine notwendige Voraussetzung im Satz von Arzelá-Ascoli ist.

Übung 4.18 (Aufgabe zum Satz von Arzelá-Ascoli):
Man versuche, den Satz von Arzelá-Ascoli für die auf dem Intervall $I = [0, \pi]$ durch

$$f_n(x) := \left(1 + \frac{1}{n}x\right)\sin(x + n\pi)$$

gegebene Folge von Funktionen $f_n : I \to \mathbb{R}$ anzuwenden, d.h.: Man verifiziere die zugehörigen Voraussetzungen.
Zusatz: Wer etwas mehr Zeit aufwenden will, möge sich an der Folge von Funktionen

$$f_n(x) := n \sin\left(\frac{1}{n}x\right)\cos(x + n\pi)$$

auf dem Intervall $[-\frac{1}{2}\pi, \frac{1}{2}\pi]$ versuchen.

5 Differentiation

Nach der Diskussion der „Stetigkeit" von Funktionen geht es jetzt um die Existenz und Charakterisierung ihrer „Extremalstellen" („Maxima" und „Minima"). Historisch stand dies am Anfang der Differentialrechnung. Die in Abb. 5.1 skizzierte Situation legt nahe, dass Extremalstellen einer Funktion geometrisch dadurch charakterisiert sind, dass dort der Graph eine horizontale Tangente hat. Dies führt uns auf den Begriff der „Tangentensteigung" bzw. allgemeiner der „Ableitung" einer Funktion. Im Folgenden beschränken wir die Diskussion auf *reelle* Funktionen.

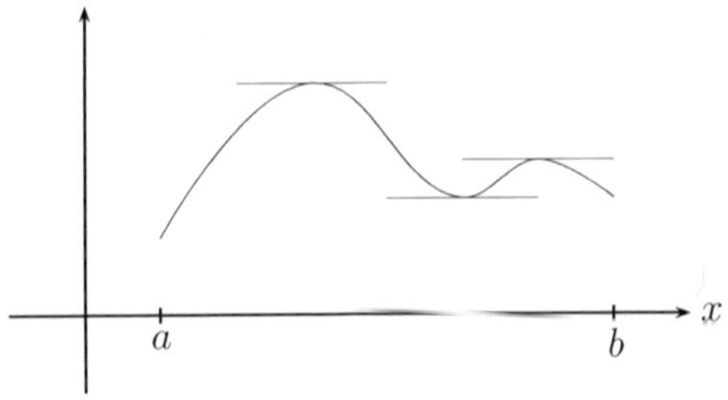

Abbildung 5.1: Illustration zum Satz vom Extremum.

Als einfaches Beispiel stellen wir folgende Aufgabe: *Zu gegebenen Zahlen* $a_1, \dots, a_n \in \mathbb{R}$ *ist ein* $a \in \mathbb{R}$ *zu bestimmen, für welches der folgende Ausdruck minimal wird:*

$$f(a) := \sum_{k=1}^{n} (a - a_k)^2 \quad \to \quad \min!$$

In diesem Kapitel werden wir u. a. Methoden zur Lösung solcher und wesentlich schwierigerer Aufgaben entwickeln.

5.1 Ableitung

Für eine Funktion $f : D \to \mathbb{R}$ mit Definitionsbereich $D \subset \mathbb{R}$ definieren wir in einem Punkt $x_0 \in D$ einen „Differenzenquotienten" durch

$$D_h f(x_0) := \frac{f(x_0 + h) - f(x_0)}{h},$$

wobei nur solche „Inkremente" $h \in \mathbb{R}$ zugelassen sind, für die $x_0 + h \in D$ ist.

Definition 5.1: *Eine Funktion* $f : D \to \mathbb{R}$ *heißt „differenzierbar" im Punkt* $x_0 \in D$ *mit „Ableitung"* $f'(x_0)$, *wenn für jede Nullfolge* $(h_n)_{n\in\mathbb{N}}$ *mit* $x_0 + h_n \in D$ *die Folge der zugehörigen Differenzenquotienten* $(D_{h_n} f(x_0))_{n\in\mathbb{N}}$ *konvergiert.*

Bemerkung 5.1: Ist eine Funktion $f : D \to \mathbb{R}$ in einem Punkt $x_0 \in D$ differenzierbar, so haben die Folgen von Differenzenquotienten alle denselben Limes, d. h.:

$$f'(x_0) := \lim_{x_0+h \in D,\, h\to 0} \frac{f(x_0+h)-f(x_0)}{h}.$$

Denn gilt für zwei Nullfolgen $(h_n)_{n\in\mathbb{N}}$ und $(h'_n)_{n\in\mathbb{N}}$

$$\lim_{n\to\infty} \frac{f(x_0+h_n)-f(x_0)}{h_n} = a, \qquad \lim_{n\to\infty} \frac{f(x_0+h'_n)-f(x_0)}{h'_n} = a'.$$

so können die beiden Nullfolgen zu einer einzigen zusammengefasst werden, z. B. wie $\{h_1, h'_1, h_2, h'_2, \dots\}$. Da auch für diese Nullfolge der zugehörige Differenzenquotient konvergiert, muss notwendig $a = a'$ sein. Dieser gemeinsame Limes heißt dann die „Ableitung" (oder genauer die „1. Ableitung") von f im Punkt x_0.

Im Hinblick auf die vorausgehende Aussage können wir die Differenzierbarkeit einer Funktion $f : D \to \mathbb{R}$ in einem Punkt $x_0 \in D$ auch folgendermaßen ausdrücken:

$$\frac{df}{dx}(x_0) := f'(x_0) = \lim_{x\in D,\, x\to x_0} \frac{f(x)-f(x_0)}{x-x_0}.$$

Diese Schreibweise wird im Folgenden je nach Bedarf gleichberechtigt neben der obigen verwendet. Wenn der Punkt x_0 ein Randpunkt von D ist, z. B. der untere oder obere Endpunkt eines Intervalls $D = [a, b]$, so spricht man auch von „einseitiger Differenzierbarkeit" von f in $x_0 = a$ oder $x_0 = b$ und schreibt

$$f'(x_0) = \lim_{x\downarrow x_0} \frac{f(x)-f(x_0)}{x-x_0}, \qquad f'(x_0) = \lim_{x\uparrow x_0} \frac{f(x)-f(x_0)}{x-x_0}.$$

Dabei bedeutet die Schreibweise $x \downarrow x_0$ und $x \uparrow x_0$, dass sich die Werte $x \in D$ dem Grenzwert x_0 von „oben" bzw. von „unten" annähern:

$$x \downarrow x_0 \quad :\Leftrightarrow \quad x > x_0,\ x \to x_0, \qquad x \uparrow x_0 \quad :\Leftrightarrow \quad x < x_0,\ x \to x_0.$$

Definition 5.2: *Eine Funktion $f : D \to \mathbb{R}$ heißt „differenzierbar" auf D, wenn sie in jedem Punkt $x_0 \in D$ differenzierbar (bzw. im Falle eines Randpunktes einseitig differenzierbar) ist. Sie heißt „stetig differenzierbar", wenn die Ableitung f' auf D eine stetige Funktion ist.*

Die obige qualitative Definition der Differenzierbarkeit ist für Beweiszwecke nicht besonders gut geeignet. Daher geben wir im Folgenden eine mehr quantitative Charakterisierung mit Hilfe der Sprache der „Epsilontik".

Satz 5.1: *Eine Funktion $f : D \to \mathbb{R}$ ist in einem Punkt $x_0 \in D$ genau dann differenzierbar mit Ableitung $f'(x_0)$, wenn zu jedem $\varepsilon > 0$ ein $\delta_\varepsilon > 0$ existiert, so dass gilt:*

$$x_0 + h \in D,\ |h| < \delta_\varepsilon \quad \Rightarrow \quad \Big|\frac{f(x_0+h)-f(x_0)}{h} - f'(x_0)\Big| < \varepsilon. \tag{5.1.1}$$

Beweis: Der Beweis ist evident. Q.E.D.

Satz 5.2: *Eine Funktion $f : D \to \mathbb{R}$ ist genau dann in einem Punkt $x_0 \in D$ differenzierbar, wenn es eine Konstante $c \in \mathbb{R}$ gibt, so dass*

$$f(x) = f(x_0) + c(x - x_0) + \omega(x), \quad x \in D,$$

mit einer Funktion $\omega : D \to \mathbb{R}$, für die gilt:

$$\lim_{x \in D, x \to x_0} \frac{\omega(x)}{x - x_0} = 0.$$

In diesem Fall ist $c = f'(x_0)$.

Beweis: i) Sei f in x_0 differenzierbar mit $c = f'(x_0)$. Wir definieren eine Funktion $\omega(x)$ durch

$$\omega(x) := f(x) - f(x_0) - c(x - x_0).$$

Dann gilt aufgrund der Differenzierbarkeit von f:

$$\frac{\omega(x)}{x - x_0} = \frac{f(x) - f(x_0)}{x - x_0} - f'(x_0) \to 0 \quad (x \to x_0).$$

ii) Sei umgekehrt

$$f(x) = f(x_0) + c(x - x_0) + \omega(x),$$

mit

$$\lim_{x \to x_0} \frac{\omega(x)}{x - x_0} = 0.$$

Dann gilt:

$$\frac{f(x) - f(x_0)}{x - x_0} - c = \frac{\omega(x)}{x - x_0} \to 0 \quad (x \to x_0),$$

d. h.: f ist in x_0 differenzierbar mit Ableitung $f'(x_0) = c$. Q.E.D.

Bemerkung 5.2: Satz 5.2 besagt in geometrischer Sprache, dass die differenzierbare Funktion f im Punkt x_0 durch eine affin-lineare Funktion (d. h. eine Gerade)

$$g(x) = f(x_0) + f'(x_0)(x - x_0)$$

approximiert wird. Der Graph von g ist die Tangente an den Graphen von f im Punkt $(x_0, f(x_0))$.

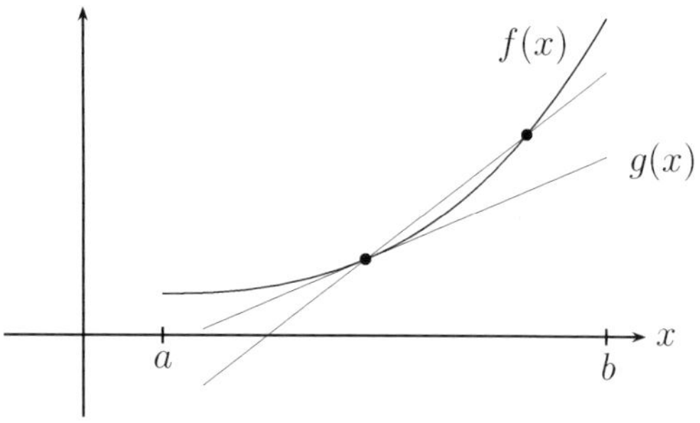

Abbildung 5.2: Approximation der Tangente durch Sekanten.

Lemma 5.1: *Eine Funktion $f : D \to \mathbb{R}$, die in einem Punkt $x_0 \in D$ differenzierbar ist, ist dort notwendig auch stetig.*

Beweis: Angenommen, f ist differenzierbar in $x_0 \in D$. Dann gilt nach Satz 5.2

$$f(x) = f(x_0) + f'(x_0)(x - x_0) + \omega(x)$$

mit einer Funktion $\omega : D \to \mathbb{R}$ mit der Eigenschaft $\omega(x)(x - x_0)^{-1} \to 0$ $(x \to x_0)$. Damit konvergiert für $x \to x_0$ auch $f(x) \to f(x_0)$, d. h.: f ist stetig in x_0. Q.E.D.

Bemerkung 5.3: Das Beispiel $f(x) = |x|$ zeigt, dass Stetigkeit allein noch nicht hinreichend für Differenzierbarkeit ist. Man kann sogar Funktionen (sog. „Monster“) konstruieren, die auf einem Intervall stetig, aber in keinem seiner Punkte differenzierbar sind.

Definition 5.3: Ist die Ableitung $f'(x)$ einer Funktion f wieder differenzierbar, so spricht man von der „2. Ableitung“ $f''(x)$. Allgemein ist die „n-te Ableitung“ rekursiv definiert durch

$$\frac{d^n f}{dx^n}(x) = f^{(n)}(x) := (f^{(n-1)})'(x), \quad n \geq 3, \qquad \frac{d^2 f}{dx^2}(x) = f^{(2)}(x) = f''(x).$$

Beispiel 5.1: Einfache Beispiele differenzierbarer Funktionen:

1. Die *konstante Funktion* $f(x) = c$ für ein $c \in \mathbb{R}$ ist (stetig) differenzierbar mit der Ableitung

$$f'(x) = \lim_{h \to 0} \frac{f(x+h) - f(x)}{h} = \lim_{h \to 0} \frac{c - c}{h} = 0, \quad x \in \mathbb{R}.$$

2. Die *lineare Funktion* $f(x) = ax$ ist (stetig) differenzierbar mit der Ableitung

$$f'(x) = \lim_{h \to 0} \frac{a(x+h) - ax}{h} = a.$$

3. Die *Monomfunktion* $f(x) = x^k$, $k \in \mathbb{N}$ ist (stetig) differenzierbar mit der Ableitung

$$\begin{aligned} f'(x) &= \lim_{h\to 0} \frac{(x+h)^k - x^k}{h} \\ &= \lim_{h\to 0} \frac{h\big((x+h)^{k-1} + (x+h)^{k-2}x + \cdots + (x+h)x^{k-2} + x^{k-1}\big)}{h} = kx^{k-1}. \end{aligned}$$

4. Die *elementare rationale Funktion* $f(x) = 1/x$ ist für $x \neq 0$ (stetig) differenzierbar mit der Ableitung

$$f'(x) = \lim_{h\to 0} \frac{1}{h}\Big(\frac{1}{x+h} - \frac{1}{x}\Big) = \lim_{h\to 0} \frac{1}{h} \frac{-h}{(x+h)x} = -\frac{1}{x^2}.$$

5. Die *Exponential-Funktion* $f(x) = e^x$, ist (stetig) differenzierbar mit

$$f'(x) = \lim_{h\to 0} \frac{e^{x+h} - e^x}{h} = e^x \lim_{h\to 0} \frac{e^h - 1}{h} = e^x.$$

   Die Exponentialfunktion hat die merkwürdige Eigenschaft, dass sie gleich ihrer Ableitung ist. Die Ableitung ihrer Umkehrfunktion, des natürlichen Logarithmus, werden wir später bestimmen.

6. Die *Sinus- und Cosinus-Funktion* $f(x) = \sin(x)$ und $f(x) = \cos(x)$ sind (stetig) differenzierbar. Die Ableitungen bestimmt man unter Verwendung der Formeln (4.3.37) und (4.3.38) wie folgt:

$$\begin{aligned} \sin'(x) &= \lim_{h\to 0} \frac{\sin(x+h) - \sin(x)}{h} = \lim_{h\to 0} \frac{2\cos(x+\frac{1}{2}h)\sin(\frac{1}{2}h)}{h} \\ &= \Big(\lim_{h\to 0} \cos(x+\tfrac{1}{2}h)\Big)\Big(\lim_{h\to 0} \frac{\sin(\frac{1}{2}h)}{\frac{1}{2}h}\Big) = \cos(x), \end{aligned}$$

   sowie

$$\begin{aligned} \cos'(x) &= \lim_{h\to 0} \frac{\cos(x+h) - \cos(x)}{h} = \lim_{h\to 0} \frac{-2\sin(x+\frac{1}{2}h)\sin(\frac{1}{2}h)}{h} \\ &= -\Big(\lim_{h\to 0} \sin(x+\tfrac{1}{2}h)\Big)\Big(\lim_{h\to 0} \frac{\sin(\frac{1}{2}h)}{\frac{1}{2}h}\Big) = -\sin(x). \end{aligned}$$

   Die Ableitungen der Tangens- und Cotangens-Funktionen werden später bestimmt.

7. Der *Absolutbetrag* $f(x) = |x|$ ist in $x_0 = 0$ nicht differenzierbar. Um dies zu sehen, betrachten wir für die alternierende Nullfolge $h_n = (-1)^n 1/n$, $n \in \mathbb{N}$, die zugehörigen Differenzenquotienten:

$$\frac{f(h_n) - f(0)}{h_n} = \frac{|h_n|}{h_n} = (-1)^n.$$

   Offenbar konvergiert diese Folge nicht. In $x_0 \neq 0$ ist der Absolutbetrag natürlich differenzierbar, da er dort für $x < 0$ mit der linearen Funktion $f(x) = -x$ und für $x > 0$ mit $f(x) = x$ übereinstimmt, aber die Ableitung ist unstetig in $x_0 = 0$.

Lemma 5.2: *Für die Ableitung gelten folgende Rechenregeln:*
i) Linearkombinationen differenzierbarer Funktionen $f, g : D \to \mathbb{R}$ sind differenzierbar:

$$(\alpha f + \beta g)'(x) = \alpha f'(x) + \beta g'(x), \quad \alpha, \beta \in \mathbb{R},$$

d. h.: Die Differentiation ist ein „linearer" Prozess.

ii) Für zwei differenzierbare Funktionen $f, g : D \to \mathbb{R}$ gilt die sog. „Produktregel":

$$(fg)'(x) = f'(x)g(x) + f(x)g'(x)\,. \tag{5.1.2}$$

iii) Für zwei differenzierbare Funktionen $f, g : D \to \mathbb{R}$ mit $g(x) \neq 0$ gilt die sog. „Quotientenregel":

$$\Big(\frac{f}{g}\Big)'(x) = \frac{f'(x)g(x) - f(x)g'(x)}{g(x)^2}\,. \tag{5.1.3}$$

Beweis: i) Die Behauptung ergibt sich aus dem entsprechenden Eigenschaften von konvergenten Zahlenfolgen:

$$\begin{aligned}\frac{(\alpha f + \beta g)(x) - (\alpha f + \beta g)(x_0)}{x - x_0} &= \alpha\,\frac{f(x) - f(x_0)}{x - x_0} + \beta\,\frac{g(x) - g(x_0)}{x - x_0}\\ &\to \alpha\, f'(x_0) + \beta\, g('(x_0) \quad (x \to x_0).\end{aligned}$$

ii) Mit den Regeln für konvergente Folgen gilt unter Verwendung der Stetigkeit von f:

$$\begin{aligned}(fg)'(x_0) &= \lim_{x\to x_0} \frac{(fg)(x) - (fg)(x_0)}{x - x_0}\\ &= \lim_{x\to x_0} \frac{f(x)\big(g(x) - g(x_0)\big) + \big(f(x) - f(x_0)\big)g(x)}{x - x_0}\\ &= \lim_{x\to x_0} f(x)\frac{g(x) - g(x_0)}{x - x_0} + \lim_{x\to x_0} \frac{f(x) - f(x_0)}{x - x_0} g(x_0)\\ &= f(x_0)g'(x_0) + f'(x_0)g(x_0).\end{aligned}$$

iii) Wir behandeln zunächst den Spezialfall $f \equiv 1$. Hierfür gilt:

$$\begin{aligned}\Big(\frac{1}{g}\Big)'(x_0) &= \lim_{x\to x_0} \frac{1}{x - x_0}\Big(\frac{1}{g(x)} - \frac{1}{g(x_0)}\Big)\\ &= \lim_{x\to x_0} \frac{1}{g(x)g(x_0)}\,\frac{g(x_0) - g(x)}{x - x_0} = -\frac{g'(x_0)}{g(x_0)^2}.\end{aligned}$$

Hieraus folgt dann mit Hilfe der schon gezeigten Produktregel:

$$\begin{aligned}\Big(\frac{f}{g}\Big)'(x_0) &= \Big(f \cdot \frac{1}{g}\Big)'(x_0) = f'(x_0)\frac{1}{g(x_0)} + f(x_0)\Big(\frac{1}{g}\Big)'(x_0)\\ &= f'(x_0)\frac{1}{g(x_0)} - f(x_0)\frac{g'(x_0)}{g(x_0)^2} = \frac{f'(x_0)g(x_0) - f(x_0)g'(x_0)}{g(x_0)^2}.\end{aligned}$$

Dies vervollständigt den Beweis. Q.E.D.

Beispiel 5.2: Mit Hilfe der Regeln aus Lemma 5.2 können die Ableitungen weiterer Funktionen bestimmt werden:

1. Das *Polynom* $p(x) = \sum_{k=0}^{n} a_k x^k$ ist in ganz $\mathbb{R}$ stetig differenzierbar mit der ebenfalls polynomialen Ableitung
$$p'(x) = \sum_{k=1}^{n-1} k a_k x^{k-1}.$$

2. Die *Rationale Funktion*
$$r(x) = \frac{p(x)}{q(x)} = \frac{a_0 + a_1 x + \ldots + a_n x^n}{b_0 + b_1 x + \ldots + b_m x^m}$$
ist in jedem Punkt ihres Definitionsbereiches $D = \{x \in \mathbb{R} | \; q(x) \neq 0\}$ stetig differenzierbar, und die Ableitung ist wieder eine rationale Funktion.

3. Die *Tangens- und Cotangens-Funktionen* sind in ihren jeweiligen Definitionsbereichen stetig differenzierbar mit den Ableitungen
$$\begin{aligned} \tan'(x) &= \left(\frac{\sin}{\cos}\right)'(x) = \frac{\sin'(x)\cos(x) - \sin(x)\cos'(x)}{\cos^2(x)} \\ &= \frac{\cos^2(x) + \sin^2(x)}{\cos^2(x)} = \frac{1}{\cos^2(x)}, \end{aligned}$$
sowie
$$\cot'(x) = \left(\frac{1}{\tan}\right)'(x) = -\frac{\tan'(x)}{\tan^2(x)} = -\frac{\cos^2(x)}{\sin^2(x)\cos^2(x)} = -\frac{1}{\sin^2(x)}.$$

Lemma 5.3: *Sei $f : D \to B \subset \mathbb{R}$ eine auf einem abgeschlossenen Definitionsbereich stetige, invertierbare Funktion mit Inverser $f^{-1} : B \to D$. Ist f in einem Punkt $x_0 \in D$ differenzierbar mit $f'(x_0) \neq 0$, so ist auch die Inverse f^{-1} in $y_0 = f(x_0)$ differenzierbar, und es gilt:*
$$(f^{-1})'(y_0) = \frac{1}{f'(x_0)}, \quad y_0 = f(x_0).$$

Beweis: Für $y_n = f(x_n), y_0 = f(x_0)$ mit $y_n \neq y_0$ und $y_n \to y_0 \; (n \to \infty)$ gilt wegen der Stetigkeit von f^{-1} auch $x_n \to x_0 \; (n \to \infty)$ und natürlich $x_n \neq x_0$. Somit folgt aus der Differenzierbarkeit von f in x_0:
$$\frac{f^{-1}(y_n) - f^{-1}(y_0)}{y_n - y_0} = \frac{x_n - x_0}{f(x_n) - f(x_0)} = \left(\frac{f(x_n) - f(x_0)}{x_n - x_0}\right)^{-1} \to f'(x_0)^{-1} \quad (n \to \infty).$$
Dies impliziert, dass f^{-1} im Punkt y_0 differenzierbar ist mit der angegebenen Ableitung.

Q.E.D.

Beispiel 5.3: Mit Hilfe der Regel aus Lemma 5.3 können Ableitungen weiterer Funktionen bestimmt werden:

1. Der *natürliche Logarithmus* $\ln(x)$ ist auf $I = (0, \infty)$ stetig differenzierbar mit der Ableitung
$$\ln'(y) = \frac{1}{(e^x)'} = \frac{1}{e^x} = \frac{1}{y}, \quad y = e^x.$$

2. Die *Arcus-Funktionen* $\arcsin(x)$ und $\arccos(x)$ sind als Umkehrfunktionen des Sinus bzw. des Cosinus in ihrem Definitionsintervall $D = (-1, 1)$ stetig differenzierbar mit den Ableitungen für $y = \sin(x)$, $x \in (-\frac{1}{2}\pi, \frac{1}{2}\pi)$:
$$\arcsin'(y) = \frac{1}{\sin'(x)} = \frac{1}{\cos(x)} = \frac{1}{\sqrt{1-\sin^2(x)}} = \frac{1}{\sqrt{1-y^2}},$$
sowie für $y = \cos(x)$, $x \in (0, \pi)$:
$$\arccos'(y) = \frac{1}{\cos'(x)} = -\frac{1}{\sin(x)} = -\frac{1}{\sqrt{1-\cos^2(x)}} = -\frac{1}{\sqrt{1-y^2}}.$$

3. Die *Arcus-Funktion* $\arctan(x)$ ist als Umkehrfunktion des Tangens auf ihrem definitionsbereich $\mathbb{R}$ stetig differenzierbar, und es gilt
$$\arctan'(y) = \frac{1}{\tan'(x)} = \cos^2(x).$$
Mit $y := \tan(x)$ ist
$$y^2 = \tan^2(x) = \frac{\sin^2(x)}{\cos^2(x)} = \frac{1-\cos^2(x)}{\cos^2(x)} = \frac{1}{\cos^2(x)} - 1, \qquad \cos^2(x) = \frac{1}{1+y^2}.$$
und folglich
$$\arctan'(y) = \frac{1}{1+y^2}.$$
Es ist erstaunlich, dass der doch recht komplizierte Arcustanges eine so einfache Ableitung hat.

Anwendung 5.1.1: Mit Hilfe der bisher abgeleiteten Differentiationsregeln lässt sich die bereits früher auf direktem Wege gefundene Beziehung
$$e := \lim_{n\to\infty} \Big(1 + \frac{1}{n}\Big)^n = \exp(1)$$
sehr viel eleganter beweisen. Wegen $\ln'(1) = 1$ gilt mit $h_n := 1/n$
$$\lim_{n\to\infty} n \ln\Big(1 + \frac{1}{n}\Big) = \lim_{n\to\infty} \frac{\ln(1+h_n) - \ln(1)}{h_n} = 1.$$
Hiermit folgt wegen der Stetigkeit der e-Funktion:
$$\lim_{n\to\infty} \Big(1 + \frac{1}{n}\Big)^n = \lim_{n\to\infty} \exp\Big(n \ln\Big(1 + \frac{1}{n}\Big)\Big) = \exp(1).$$

Lemma 5.4 (Kettenregel): *Seien $g : D_g \to \mathbb{R}$ und $f : D_f \to D_g \subset \mathbb{R}$ stetige Funktionen. Die Funktion f sei im Punkt $x_0 \in D_f$ differenzierbar, und g sei in $y_0 = f(x_0)$ differenzierbar. Dann ist die zusammengesetzte Funktion $g \circ f$ in x_0 differenzierbar, und es gilt die sog. „Kettenregel“*

$$(g \circ f)'(x_0) = g'(f(x_0))\, f'(x_0). \tag{5.1.4}$$

Beweis: Wir definieren die Funktion $\Delta g : D_g \to \mathbb{R}$ durch

$$\Delta g(y) := \begin{cases} \frac{g(y)-g(y_0)}{y-y_0} & \text{für } y \neq y_0 \\ g'(y) & \text{für } y = y_0 \end{cases}.$$

Da g in y_0 differenzierbar ist, gilt $\lim_{y\to y_0} \Delta g(y) = g'(y_0)$. Ferner gilt für $y \in D_g$:

$$g(y) - g(y_0) = \Delta g(y)(y - y_0).$$

Damit erhalten wir

$$\begin{aligned} (g \circ f)'(x_0) &= \lim_{x\to x_0} \frac{g\big(f(x)\big) - g\big(f(x_0)\big)}{x - x_0} = \lim_{x\to x_0} \frac{\Delta g\big(f(x)\big)\big(f(x) - f(x_0)\big)}{x - x_0} \\ &= \lim_{x\to x_0} \Delta g(f(x)) \lim_{x\to x_0} \frac{f(x) - f(x_0)}{x - x_0} = g'\big(f(x_0)\big) f'(x_0), \end{aligned}$$

was zu zeigen war. Q.E.D.

Beispiel 5.4: Zur Anwendung der Kettenregel geben wir die folgenden Beispiele:

1. Die Ableitung der Funktion $g(x) = f(ax + b)$, $a, b \in \mathbb{R}$, ist

$$g'(x) = af'(ax + b).$$

2. Die Ableitung der *allgemeinen Potenzfunktion*

$$x^\alpha = e^{\alpha \ln(x)} = f(g(x)), \quad \alpha \in \mathbb{R}, \quad f(y) := e^y,\ g(x) := \alpha \ln(x).$$

   erhält man mit Hilfe der Kettenregel zu

$$(x^\alpha)' = f'(g(x))g'(x) = e^{\alpha \ln(x)} \alpha x^{-1} = \alpha x^{\alpha-1}.$$

3. Die Ableitung der *allgemeinen Exponentialfunktion*

$$a^x = e^{x \ln(a)} = f(g(x)), \quad f(y) := e^y,\ g(x) := x \ln(a),$$

   erhält man mit Hilfe der Kettenregel zu

$$(a^x)' = f'(g(x))g'(x) = e^{x \ln(a)} \ln(a) = \ln(a) a^x.$$

5.2 Mittelwertsätze und Extremalbedingungen

Die folgende, bereits durch Abb 5.1 nahegelegte Charakterisierung von möglichen Extremalstellen einer differenzierbaren Funktion geht auf Fermat[1] zurück.

Definition 5.4: *Die Funktion* $f : D \to \mathbb{R}$ *hat in einem Punkt* $x_0 \in D$ *ein „globales Extremum" (Maximum oder Minimum), wenn gilt:*

$$f(x_0) \ge f(x),\ x \in D, \quad bzw. \quad f(x_0) \le f(x),\ x \in D.$$

Es handelt sich um ein „lokales Extremum" (Maximum oder Minimum), wenn auf einer sog. „δ-Umgebung" von x_0, *. einer Teilmenge* $U_\delta(x_0) = \{x \in D \mid |x - x_0| < \delta\}$, *gilt:*

$$f(x_0) \ge f(x),\ x \in U_\delta(x_0), \quad bzw. \quad f(x_0) \le f(x),\ x \in U_\delta(x_0).$$

Ein globales oder lokales Extremum x_0 *heißt „strikt", wenn es das einzige Extremum in* D *bzw. in* $U_\delta(x_0)$ *ist.*

Satz 5.3 (Satz vom Extremum): *Besitzt eine auf einem Intervall* $I = (a, b)$ *differenzierbare Funktion* f *ein lokales Extremum (Maximum oder Minimum)* $x_0 \in I$, *so gilt dort notwendig*

$$f'(x_0) = 0. \qquad (5.2.5)$$

Beweis: Habe f in x_0 ein Minimum. Dann gilt für eine Nullfolge $(h_n)_{n\in\mathbb{N}}$ mit $h_n > 0$ und $x_0 + h_n \in U_\delta(x_0)$:

$$\frac{f(x_0 + h_n) - f(x_0)}{h_n} \ge 0,$$

und für eine Nullfolge $(h_n)_{n\in\mathbb{N}}$ mit $h_n < 0$ und $x_0 + h_n \in U_\delta(x_0)$:

$$\frac{f(x_0 + h_n) - f(x_0)}{h_n} \le 0.$$

Bei Grenzübergang $h_n \to 0$ folgt

$$f'(x_0) \le 0 \le f'(x_0)$$

bzw. $f'(x_0) = 0$. Im Fall eines Maximum wird analog argumentiert. Q.E.D.

Bemerkung 5.4: Eine stetige Funktion besitzt auf einem abgeschlossenen Intervall $I = [a, b]$ ein Maximum. Dieses kann auch in den Randpunkten liegen, z. B. in a. In diesem Fall muss nicht notwendig $f'(a) = 0$ gelten; dies zeigt das Beispiel

$$f : [0, 1] \to \mathbb{R}, \quad f(x) = x.$$

[1] Pierre de Fermat (1601–1655): Französischer Mathematiker und Jurist, wirkte u. a. in Toulouse; lieferte beiträge zur Zahlentheorie und Analysis; berühmt durch die nach ihm benannte und kürzlich erst bewiesene Vermutung, dass die Gleichung $x^n + y^n = z^n$ für $n > 2$ keine ganzzahlige Lösung besitz.

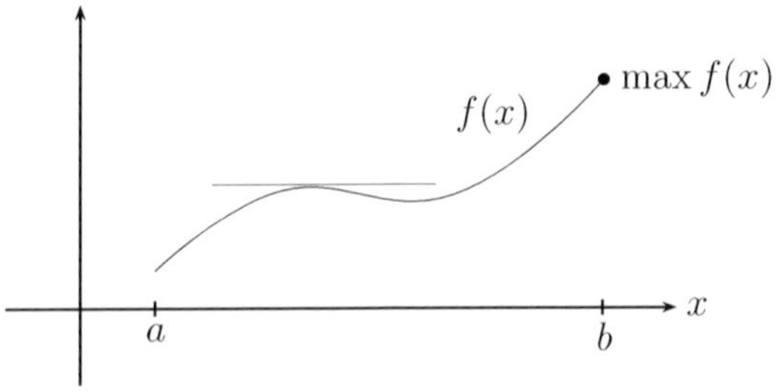

Abbildung 5.3: Extremum am Intervallrand.

Der folgende Satz von Rolle[2] ist von ähnlich fundamentaler Bedeutung in der Analysis wie der Bolzanosche Zwischenwertsatz.

Satz 5.4 (Satz von Rolle): *Wenn eine im Intervall $[a, b]$ stetige Funktion in (a, b) differenzierbar ist und $f(a) = f(b)$ gilt, so gibt es ein $c \in (a, b)$, in dem $f'(c) = 0$ ist. Insbesondere liegt zwischen zwei Nullstellen einer differenzierbaren Funktion stets auch eine Nullstelle ihrer Ableitung.*

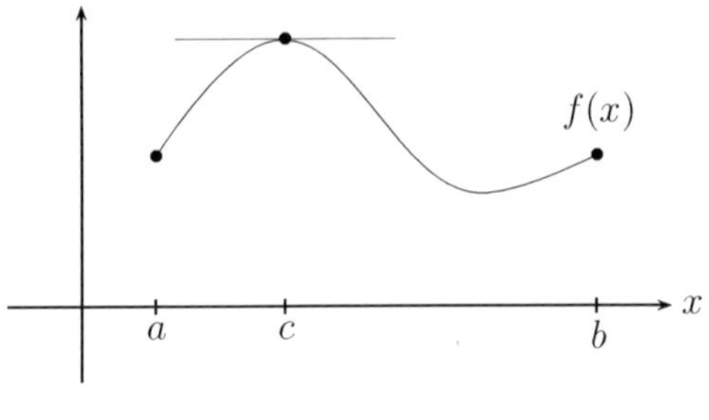

Abbildung 5.4: Illustration zum Satz von Rolle.

Beweis: Die stetige Funktion f nimmt auf dem kompakten Intervall $[a, b]$ ihr Maximum und ihr Minimum an. Für konstantes f ist die Behauptung trivialerweise richtig. Ist f nicht konstant, so gibt es ein $x_0 \in (a, b)$ mit $f(x_0) > f(a) = f(b)$ oder $f(x_0) < f(a) = f(b)$. Folglich wird das Maximum oder das Minimum von f in einem Punkt $x_0 \in (a, b)$ angenommen. Nach Satz 5.3 ist dann notwendig $f'(x_0) = 0$. Q.E.D.

Als Konsequenz des Satzes von Rolle ergibt sich der folgende „1. Mittelwertsatz (der Differentialrechnung)", der auf Lagrange zurückgeht.

[2]Michel Rolle (1652–1719): Französischer Mathematiker und Autodidakt; wirkte in Paris und leistete Beiträge zur Analysis, Algebra und Geometrie; der nach ihm benannten Satz wurde 1691 publiziert.

Satz 5.5 (1. Mittelwertsatz): *Ist die Funktion* f *im Intervall* $[a,b]$ *stetig und in* (a,b) *differenzierbar, so gibt es ein* $c \in (a,b)$ *, so dass*

$$f'(c) = \frac{f(b)-f(a)}{b-a}. \tag{5.2.6}$$

Beweis: Wir definieren die Funktion

$$g(x) := f(x) - \frac{f(b)-f(a)}{b-a}(x-a),$$

welche in $[a,b]$ stetig und in (a,b) differenzierbar ist. Wie man leicht nachrechnet, gilt $g(a) = f(a) = g(b)$. Nach dem Satz von Rolle gibt es also ein $c \in (a,b)$ mit $g'(c) = 0$. In diesem gilt dann konstruktionsgemäß

$$0 = g'(c) = f'(c) - \frac{f(b)-f(a)}{b-a}.$$

woraus die behauptete Aussage folgt. Q.E.D.

Aus dem Mittelwertsatz ergeben sich eine Reihe von Folgerungen:

Korollar 5.1: *Sei* $f : (a,b) \to \mathbb{R}$ *eine differenzierbare Funktion. Im Fall* $f'(x) \geq 0$ $(f'(x) \leq 0)$ *für* $x \in (a,b)$ *ist* f *monoton steigend (fallend) und im Fall* $f'(x) > 0$ $(f'(x) < 0)$ *für* $x \in (a,b)$ *strikt monoton steigend (fallend). Im Fall* $f' \equiv 0$ *auf* (a,b) *ist* f *konstant.*

Beweis: Sei $f'(x) > 0$ für $x \in (a,b)$. Für $x, y \in (a,b)$, $y > x$ gibt es nach dem Mittelwertsatz ein $\xi \in (x,y)$ mit

$$\frac{f(y)-f(x)}{y-x} = f'(\xi) > 0.$$

Dies impliziert $f(y) > f(x)$. Also ist f strikt monoton steigend. Für die anderen Fälle, insbesondere den Sonderfall $f \equiv 0$, wird analog argumentiert. Q.E.D.

Korollar 5.2: *Sei* $f : (a,b) \to \mathbb{R}$ *eine zweimal differenzierbare Funktion, und es gelte* $f'(x_0) = 0$ *für ein* $x_0 \in (a,b)$ *. Dann hat* f *im Fall* $f''(x_0) > 0$ *in* x_0 *ein striktes lokales Minimum und im Fall* $f''(x_0) < 0$ *ein striktes lokales Maximum.*

Beweis: Sei f zweimal differenzierbar mit $f''(x_0) > 0$. Wegen

$$f''(x_0) = \lim_{x \to x_0} \frac{f'(x)-f'(x_0)}{x-x_0} > 0$$

gibt es ein $\varepsilon \in \mathbb{R}_+$, so dass für $0 < |x - x_0| < \varepsilon$ gilt:

$$\frac{f'(x)-f'(x_0)}{x-x_0} > 0.$$

Mit $f'(x_0) = 0$ folgt damit

$$f'(x) < 0, \quad x \in (x_0 - \varepsilon, x_0), \qquad f'(x) > 0, \quad x \in (x_0, x_0 + \varepsilon).$$

Folglich ist f im Intervall $[x_0 - \varepsilon, x_0]$ streng monoton fallend und im Intervall $[x_0, x_0 + \varepsilon]$ streng monoton wachsend, d. h.: f hat in x_0 ein striktes (lokales) Minimum. Im Fall $f''(x_0) < 0$ wird analog erschlossen, dass f in x_0 ein striktes (lokales) Maximum hat. Q.E.D.

Bemerkung 5.5: Diese Bedingungen für ein Extremum sind nicht notwendig, wie das Beispiel der Funktion $f(x) = x^4$ zeigt, mit einem strikten Minimum im Punkt $x_0 = 0$, in welchem aber $f''(x_0) = 0$ ist.

Korollar 5.3: *Gilt für eine auf einem offenen, beschränkten oder unbeschränkten Intervall I definierte und zweimal differenzierbare Funktion $f : I \to \mathbb{R}$:*

$$f''(x) \geq 0, \quad x \in I, \tag{5.2.7}$$

so ist f „konvex“, d. h.: Für beliebige $x, y \in I$ und $\lambda \in (0,1)$ gilt:

$$f(\lambda x + (1-\lambda)y) \leq \lambda f(x) + (1-\lambda) f(y). \tag{5.2.8}$$

(Bem.: Die Funktion f heißt „konkav“, wenn $-f$ konvex ist. Die Eigenschaften „strikt konvex“ und „strikt konkav“ sind sinngemäß definiert.)

Beweis: Wegen $f'' \geq 0$ auf I ist nach Korollar 5.1 die Ableitung f' monton wachsend. Für $x = y \in I$ ist (5.2.8) offenbar richtig. Seien nun $x, y \in I$ mit (o.B.d.A.) $x < y$ und $\lambda \in (0,1)$. Wir setzen $x_\lambda := \lambda x + (1-\lambda)y$. Nach dem Mittelwertsatz gibt es dann $\xi \in (x, x_\lambda)$ und $\eta \in (x_\lambda, y)$ mit

$$\frac{f(x_\lambda) - f(x)}{x_\lambda - x} = f'(\xi) \leq f'(\eta) = \frac{f(y) - f(x_\lambda)}{y - x_\lambda}.$$

Wegen

$$x_\lambda - x = \lambda x + (1-\lambda)y - x = (1-\lambda)(y-x),$$
$$y - x_\lambda = y - \lambda x - (1-\lambda)y = \lambda(y-x),$$

ergibt sich somit

$$\frac{f(x_\lambda) - f(x)}{1-\lambda} \leq \frac{f(y) - f(x_\lambda))}{\lambda},$$

bzw.

$$f(x_\lambda) = \lambda f(x_\lambda) + (1-\lambda) f(x_\lambda) \leq \lambda f(x) + (1-\lambda) f(y).$$

Die Funktion ist also konvex. Q.E.D.

Korollar 5.4: *Ist die Ableitung einer in* $[a,b]$ *stetigen und in* (a,b) *differenzierbaren Funktion* f *beschränkt,* $|f'(x)| \leq K$, $x \in (a,b)$, *so gilt*

$$|f(x) - f(x')| \leq K|x - x'| \quad x, x' \in [a,b], \tag{5.2.9}$$

d. h.: Die Funktion ist „Lipschitz-stetig" auf $[a,b]$. *Diese Eigenschaft wird uns später bei der Behandlung von gewöhnlichen Differentialgleichungen wieder begegnen.*

Beweis: Für Paare $x, y \in [a,b]$ mit $y > x$, gibt es nach dem Mittelwertsatz ein $c \in (a,b)$ mit

$$f(x) - f(y) = f'(c)(x - y).$$

Hiermit folgt, wie behauptet:

$$|f(x) - f(y)| \leq |f'(c)|\,|x - y| \leq K|x - y|.$$

Q.E.D.

Korollar 5.5: *Sei* f *eine in* $[a,b]$ *stetige und in* (a,b) *differenzierbare Funktion. Gilt* $f'(x) = 0$ *für alle* $x \in (a,b)$, *so ist* f *konstant.*

Beweis: Wir haben die Voraussetzungen von Aussage Korollar 5.4 mit der speziellen Konstante $K = 0$. Dies impliziert dann, dass notwendig $f \equiv$ konst. Q.E.D.

Korollar 5.6: *Eine differenzierbare Funktion* $f : \mathbb{R} \to \mathbb{R}$, *welche mit einem* $c \in \mathbb{R}$ *die sog. „Anfangswertaufgabe"*

$$f'(x) = cf(x), \quad x \in \mathbb{R}, \qquad f(0) = A, \tag{5.2.10}$$

löst, hat die Form $f(x) = Ae^{cx}$. *Die Differentialgleichung (5.2.10) mit den Daten* $A = 1$ *und* $c = 1$ *kann also auch zur Charakterisierung der Exponentialfunktion verwendet werden.*

Beweis: Wir betrachten die Funktion $g(x) := f(x)e^{-cx}$. Ihre Ableitung ergibt sich mit der Voraussetzung zu

$$g'(x) = f'(x)e^{-cx} + f(x)(-c)e^{-cx} = \big(f'(x) - cf(x)\big)e^{-cx} = 0.$$

Nach Korollar 5.5 ist also $g \equiv$ konst. Wegen $g(0) = f(0) = A$ folgt

$$f(x) = e^{cx}g(x) = Ae^{cx}.$$

Q.E.D.

Wir geben ein paar einfache Anwendungen von Satz 5.3 und Korollar 5.2:

Anwendung 5.2.1: Die Funktion $f(x) = \sin(x)$ hat ihre Extrema in den Nullstellen von $f'(x) = \cos(x)$: Maxima in $x = \frac{1}{2}\pi \pm 2n\pi$ und Minima in $x = \frac{1}{2}\pi \pm (2n+1)\pi$ für $n \in \mathbb{N}_0$.

Anwendung 5.2.2: Zu bestimmen ist das Rechteck kleinsten Umfangs bei gegebenem Flächeninhalt. Sind die Seitenlängen x und y, so ist der Flächeninhalt $F = xy$ und der Umfang $U = 2(x+y) = 2(x + F/x)$. Zur Minimierung von $U = U(x)$ suchen wir eine Nullestelle x_0 der Ableitung, d. h.:

$$U'(x_0) = 2\Big(1 - \frac{F}{x_0^2}\Big) = 0.$$

Diese Gleichung wird gelöst durch $x_0 = \sqrt{F}$, was einem Quadrat entspricht. Dass es sich hier wirklich um ein Minimum handelt, zeigt die zweite Ableitung:

$$U''(x_0) = \frac{4F}{x_0^3} > 0.$$

Anwendung 5.2.3: Wir betrachten das Beispiel vom Beginn dieses Kapitels. Für Zahlen $a_1, \dots, a_n \in \mathbb{R}$ ist ein $a \in \mathbb{R}$ zu bestimmen, für welches der Ausdruck

$$f(a) = \sum_{k=1}^{n} (a - a_k)^2$$

minimal wird. Die Funktion $f(\cdot)$ ist ein quadratisches Polynom mit der Ableitung

$$f'(a) = 2\sum_{k=1}^{n} (a - a_k) = 2\Big(na - \sum_{k=1}^{n} a_k\Big).$$

Deren einzige Nullstelle, das arithmetische Mittel $a = \frac{1}{n}\sum_{k=1}^{n} a_k$ ist wegen

$$f''(a) = 2n > 0$$

die gesuchte Minimalstelle. Diese Aufgabenstellung ist der einfachste Fall der sog. „Methode der kleinsten Quadrate“, welche auf Gauß zurückgeht.

Anwendung 5.2.4: Als physikalische Anwendung wollen wir aus dem sog. „Fermatsche Prinzip“ der geometrischen Optik (nach Fermat 1657) das Brechungsgesetz ableiten. Das Fermatsche Prinzip postuliert, dass ein Lichtstrahl, der von einem Punkt P_1 zu einem Punkt P_2 gelangen soll, immer den Weg einschlägt , der die kürzeste Zeit erfordert.

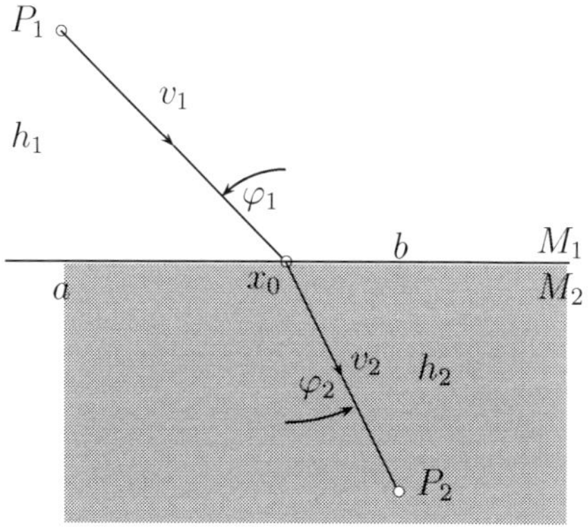

Abbildung 5.5: Illustration zum Brechungsgesetz der Optik.

In zwei ebenen, homogenen Medien M_1 und M_2, welche durch die x-Achse getrennt sind, seien die Ausbreitungsgeschwindigkeiten für Licht $v_1 > 0$ bzw. $v_2 > 0$. Gesucht ist der schnellste Weg von einem Punkt $P_1 = (a, h_1)$ des ersten Mediums (oberhalb der x-Achse) zu einem Punkt $P_2 = (b, h_2)$ des zweiten (unterhalb der x-Achse). Dabei wird angenommen, dass der schnellste Weg zwischen zwei Punkten innerhalb eines Mediums geradlinig verläuft. Gesucht ist der Punkt $P = (x_0, 0)$, in dem der Lichtstrahl die x-Achse schneidet sowie der „Einfallwinkel" φ_1 und „Ausfallwinkel" φ_2.

Die Zeit für den Weg von P_1 über einen Punkt $P = (x, 0)$ auf der x-Achse nach P_2 beträgt dann:

$$t(x) = \frac{\sqrt{(x-a)^2 + h_1^2}}{v_1} + \frac{\sqrt{(b-x)^2 + h_2^2}}{v_2}, \quad x \in \mathbb{R}.$$

Zur Bestimmung eines Minimums von $t(x)$ suchen wir eine Nullstelle der Ableitung

$$t'(x) = \frac{x-a}{v_1\sqrt{(x-a)^2 + h_1^2}} - \frac{b-x}{v_2\sqrt{(b-x)^2 + h_2^2}}.$$

Wegen $t'(b) > 0$ und $t'(a) < 0$ (Es wird $a < b$ vorausgesetzt.) besitzt t' mindestens eine Nullstelle $x_0 \in (a, b)$. Ferner wächst die Funktion t' streng monoton, da ihre Ableitung positiv ist:

$$t''(x) = \frac{h_1^2}{v_1\left(\sqrt{(x-a)^2 + h_1^2}\right)^3} + \frac{h_2^2}{v_2\left(\sqrt{(b-x)^2 + h_2^2}\right)^3} > 0.$$

Folglich ist x_0 die einzige Nullstelle von t' und somit die einzige Minimalstelle von t. Statt einer Berechnung von x_0 ist hier eine andere Charakterisierung von Bedeutung. Die Bedingung $t'(x_0) = 0$ ist gleichbedeutend mit:

$$\frac{\frac{x_0-a}{\sqrt{(x_0-a)^2+h_1^2}}}{\frac{b-x_0}{\sqrt{(b-x_0)^2+h_2^2}}} = \frac{v_1}{v_2}.$$

und bei Verwendung des Einfallswinkels φ_1 und des Brechungswinkels φ_2 (s. Abb. 5.5) also mit

$$\frac{\sin(\varphi_1)}{\sin(\varphi_2)} = \frac{v_1}{v_2},$$

was als „Snelliussches[3] Brechungsgesetz“ bezeichnet wird. Es gilt allgemein für wellenartige Ausbreitungsprozesse an Grenzflächen zwischen Medien unterschiedlicher Dichte.

Bemerkung 5.6: Das letzte Beispiel demonstriert ein wichtiges Phänomen der rationalen Naturbeschreibung. Es ist möglich, aus anerkannten Naturgesetzen, (z. B. dem Fermatschen Prinzip), rein rechnerisch neue Naturgesetze (z. B. das Reflexionsgesetz) zu gewinnen. Die Natur folgt gewissermaßen dem mathematischen Kalkül. Dies könnte man als Beleg dafür ansehen, dass der scheinbar rein formal entwickelte mathematische Formalismus im Kern doch „natürliche“ Zusammenhänge wiederspiegelt. Dabei wird dem Naturgeschehen aber oft, wie z. B. vom „Fermatschen Prinzip“, ein auf ein optimales Ziel gerichtetes Wirken unterstellt, was auch zu Trugschlüssen führen kann.

Als natürliche Verallgemeinerung des 1. Mittelwertsatzes ergibt sich der folgende „2. Mittelwertsatz“ (oder auch „verallgemeinerte Mittelwertsatz“)

Satz 5.6 (2. Mittelwertsatz): *Sind die Funktionen f und g im Intervall $[a,b]$ stetig und in (a,b) differenzierbar, und ist $g'(x) \neq 0$ für $x \in (a,b)$, so gibt es ein $c \in (a,b)$, so dass gilt*

$$\frac{f'(c)}{g'(c)} = \frac{f(b)-f(a)}{g(b)-g(a)}. \tag{5.2.11}$$

Beweis: Wegen $g'(x) \neq 0$ in (a,b) ist im Hinblick auf den Satz von Rolle notwendig $g(a) \neq g(b)$. Weiter ist dann mit einem $c \in (a,b)$:

$$\frac{g(b)-g(a)}{b-a} = g'(c) \neq 0.$$

Wir definieren auf $[a,b]$ die Funktion

$$F(x) := f(x) - \frac{f(b)-f(a)}{g(b)-g(a)}\big(g(x)-g(a)\big).$$

Man verifiziert leicht, dass $F(a) = f(a) = F(b)$. Nach dem Satz von Rolle gibt es dann ein $c \in (a,b)$ mit $F'(c) = 0$, d. h.:

$$0 = F'(c) = f'(c) - \frac{f(b)-f(a)}{g(b)-g(a)}g'(c).$$

Dies impliziert, wegen $g'(c) \neq 0$:

$$\frac{f'(c)}{g'(c)} = \frac{f(b)-f(a)}{g(b)-g(a)}.$$

Q.E.D.

[3]Willibrord Snellius (1580–1626): Holländischer Mathematiker; ab 1613 Professor in Leiden; fand das nach ihm benannte Brechungsgesetz experimentell (Dieses wurde zuerst von Descartes 1637 veröffentlicht.).

5.2.1 Die Regeln von L'Hospital

Die wichtigste Anwendung des 2. Mittelwertsatzes besteht in den Regeln zur Berechnung unbestimmter Ausdrücke nach L'Hospital[4]. Dabei handelt es sich um Grenzübergänge der Form

$$\lim_{x\to a}\frac{f(x)}{g(x)}\in\Big\{\frac{0}{0},\frac{\infty}{\infty},\frac{\infty}{-\infty},\frac{-\infty}{\infty}\Big\}.$$

Satz 5.7 (Regeln von L'Hospital): *Es seien $f,\, g$ zwei auf dem (beschränkten) Intervall $I=(a,b)$ differenzierbare Funktionen. Es gelte dort $g'(x)\neq 0$, und es existiere der Limes*

$$\lim_{x\downarrow a}\frac{f'(x)}{g'(x)} =: c\in\mathbb{R}. \tag{5.2.12}$$

Dann gelten die folgenden Regeln:

1. Im Fall $\lim_{x\downarrow a} f(x)=\lim_{x\downarrow a} g(x)=0$ ist $g(x)\neq 0$ in I, und es gilt:

$$\lim_{x\downarrow a}\frac{f(x)}{g(x)}=c. \tag{5.2.13}$$

2. Im Fall $f(x)\to\pm\infty$ und $g(x)\to\pm\infty$ für $x\downarrow a$ ist $g(x)\neq 0$ für $a<x<x_*\le b$, und es gilt:

$$\lim_{x\downarrow a}\frac{f(x)}{g(x)}=c. \tag{5.2.14}$$

Analoge Aussagen gelten für die Grenzübergänge $x\uparrow b$ und $x\to\pm\infty$.

Beweis: 1. Wir fassen f und g als Funktionen auf, die in a stetig sind und dort den Wert Null haben: $f(a)=g(a)=0$. Wegen $g'(x)\neq 0$ kann es dann keine weitere Nullstelle von g in I geben, d. h. $g(x)\neq 0$ in I. Nach dem verallgemeinerten Mittelwertsatz (5.2.11) gibt es dann zu jedem $x\in I$ ein $\xi\in(a,x)$, mit dem gilt

$$\frac{f(x)}{g(x)}=\frac{f'(\xi)}{g'(\xi)}.$$

Dann impliziert der Grenzübergang $x\downarrow a$ auch $\xi\downarrow a$, und ergibt damit die Gültigkeit der ersten Behauptung.

2. Sei $\varepsilon\in\mathbb{R}_+$ beliebig. Nach Voraussetzung ist $g'(x)\neq 0$ in (a,b) Wir wählen ein $\delta\in\mathbb{R}_+$, mit $a+\delta\le x_*$, so dass für alle $x\in(a,a+\delta)$ gilt $f(x)\neq 0$ und $g(x)\neq 0$ sowie:

$$\Big|\frac{f'(x)}{g'(x)}-c\Big|<\varepsilon,$$

[4]Guilliome F. A. Marquis de L'Hospital (1661–1704): Französischer Mathematiker; Schüler von Johann Bernoulli; veröffentlichte 1696 das erste Lehrbuch der Differentialrechnung, welches auch die nach ihm benannte Regel enthält.

Nach dem verallgemeinerten Mittelwertsatz (5.2.11) gilt dann für beliebige $x, y \in (a, a+\delta)$ mit $x \neq y$ auch $g(x) \neq g(y)$ sowie

$$\Big|\frac{f(x)-f(y)}{g(x)-g(y)} - c\Big| < \varepsilon.$$

Nun ist für beliebiges $x, y \in (a, a+\delta)$ mit $f(x) \neq f(y)$ und $g(x) \neq g(y)$:

$$\frac{f(x)}{g(x)} = \frac{f(x)-f(y)}{g(x)-g(y)} \frac{g(x)-g(y)}{f(x)-f(y)} \frac{f(x)}{g(x)} = \frac{f(x)-f(y)}{g(x)-g(y)} \frac{1-g(y)/g(x)}{1-f(y)/f(x)}.$$

Der zweite Faktor rechts geht beim Grenzübergang $x \to a$ gegen Eins, d. h.: Es gibt ein $\delta_* \in \mathbb{R}_+$ derart, dass für alle $x \in (a, a+\delta_*)$ gilt:

$$\Big|\frac{f(x)}{g(x)} - \frac{f(x)-f(y)}{g(x)-g(y)}\Big| < \varepsilon.$$

Für x mit $a < x < a + \min\{\delta, \delta_*\}$ ergibt sich damit

$$\Big|\frac{f(x)}{g(x)} - c\Big| < 2\varepsilon,$$

was die Gültigkeit der zweiten Behauptung impliziert. Q.E.D.

Bemerkung 5.7: Grenzprozesse für $x \to \pm\infty$, d. h.:

$$\lim_{x\to\pm\infty} \frac{f(x)}{g(x)}$$

können durch die Substitution $y := 1/x$ in solche für $y \to 0$, d. h.:

$$\lim_{y\to\pm 0} \frac{f(1/y)}{g(1/y)}$$

umformuliert werden. Auf diesem Wege erhalten wir mit Hilfe der obigen Regel von L'Hospital die Formel:

$$\lim_{x\to\pm\infty} \frac{f(x)}{g(x)} = \lim_{x\to\pm\infty} \frac{f'(x)}{g'(x)}. \tag{5.2.15}$$

Bemerkung 5.8: Bei der Anwendung der Regeln von L'Hospital ist zunächst zu prüfen, ob die Limiten der Ableitungsquotienten überhaupt existieren. Z. B. ist, obwohl gilt

$$\lim_{x\downarrow 0} \frac{x^2 \sin(1/x)}{\sin(x)} = \lim_{x\downarrow 0} \frac{x}{\sin(x)} x \sin(1/x) = 0,$$

der Schluss

$$\begin{aligned}\lim_{x\downarrow 0} \frac{x^2 \sin(1/x)}{\sin(x)} &= \lim_{x\downarrow 0} \frac{2x\sin(1/x) - x^2\cos(1/x)x^{-2}}{\cos(x)} \\ &= \lim_{x\downarrow 0} \frac{2x\sin(1/x) - \cos(1/x)}{\cos(x)} = -\lim_{x\downarrow 0} \cos(1/x)\end{aligned}$$

nicht zulässig, da der rechte Limes nicht existiert.

Beispiel 5.5: Wir geben einige Beispiele für die Anwendung der Regeln von L'Hospital.

1. Auf dem Intervall $I = (0,1)$ gilt:

$$\lim_{x \downarrow 0} \frac{\sin(x)}{x} = \lim_{x \downarrow 0} \frac{\cos(x)}{1} = \frac{\cos(0)}{1} = 1.$$

2. Auf dem Intervall $I = (a,b)$ gilt für $p, q \in \mathbb{N}$:

$$\lim_{x \downarrow a} \frac{x^p - a^p}{x^q - a^q} = \lim_{x \downarrow a} \frac{px^{p-1}}{qx^{q-1}} = \frac{pa^{p-1}}{qa^{q-1}} = \frac{p}{q} a^{p-q}.$$

3. Auf dem Intervall $I = (0,1)$ gilt:

$$\lim_{x \downarrow 0} \frac{e^{2x} - 1}{\ln(1+x)} = \lim_{x \downarrow 0} \frac{2e^{2x}}{(1+x)^{-1}} = 2.$$

4. Auf dem Intervall $I = (0,1)$ gilt:

$$\lim_{x \uparrow 1} \frac{\ln(x)}{x-1} = \lim_{x \uparrow 1} \frac{x^{-1}}{1} = 1.$$

5. Durch zweimalige Anwendung der L'Hospitalschen Regeln erhält man auf dem Intervall $I = (0,1)$:

$$\begin{aligned} \lim_{x \downarrow 0} \Big(\frac{1}{\sin(x)} - \frac{1}{x} \Big) &= \lim_{x \downarrow 0} \frac{x - \sin(x)}{x \sin(x)} = \lim_{x \downarrow 0} \frac{1 - \cos(x)}{\sin(x) + x\cos(x)} \\ &= \lim_{x \downarrow 0} \frac{\sin(x)}{2\cos(x) - x\sin(x)} = 0. \end{aligned}$$

6. Für $n \in \mathbb{N}$ erhält man durch n-malige Anwendung der L'Hospitalschen Regeln:

$$\lim_{x \to \infty} \frac{x^n}{e^x} = \lim_{x \to \infty} \frac{nx^{n-1}}{e^x} = \ldots = \lim_{x \to \infty} \frac{n!}{e^x} = 0.$$

Bemerkung 5.9: (1) Neben den oben diskutierten Grenzübergängen in Quotienten treten auch irreguläre Produktausdrücke der folgenden Art auf:

$$\lim_{x \to a} f(x) = 0, \quad \lim_{x \to a} g(x) = \infty, \quad \Rightarrow \quad \lim_{x \to a} f(x)g(x) = ?$$

Dies kann häufig in der Form

$$\lim_{x \to a} f(x)g(x) = \lim_{x \to a} \frac{f(x)}{g(x)^{-1}}$$

mit den obigen L'Hospitalschen Regeln behandelt werden.

(2) Manchmal sind auch irreguläre Exponentialausdrücke der Form

$$\lim_{x \to a} f(x)^{g(x)} = ?$$

zu untersuchen, was zu Grenzfällen der Art 0^0, ∞^0 und 0^∞ führen kann. In diesem Fall wird zunächst logarithmiert,

$$\lim_{x \to a} g(x) \ln(f(x)) = ?$$

was zu Grenzfällen der Art $0 \cdot (-\infty)$, $0 \cdot \infty$ und $\infty \cdot 0$ führt. Man berechnet nun den Limes für diesen Ausdruck mit dem unter (1) beschriebenen Ansatz. Der Limes des gegebenen Ausdrucks ist dann wegen der Stetigkeit der Exponentialfunktion gegeben durch

$$\exp\big(\lim_{x \to a} g(x) \ln(f(x))\big).$$

Wir geben hierzu ein paar Beispiele:

1. Der Grenzfall 0^0: $\lim_{x \downarrow 0} x^x = ?$
   Logarithmieren und Anwenden der L'Hospitalschen Regeln ergibt:
   $$\lim_{x \downarrow 0} x \ln(x) = \lim_{x \downarrow 0} \frac{\ln(x)}{x^{-1}} = \lim_{x \downarrow 0} -\frac{1}{x} x^2 = 0,$$
   und somit
   $$\lim_{x \downarrow 0} x^x = e^0 = 1.$$
2. Der Grenzfall 1^∞: $\lim_{x \to 1} x^{1/(x-1)} = ?$
   Logarithmieren und Anwenden der L'Hospitalschen Regeln ergibt:
   $$\lim_{x \to 1} \frac{\ln(x)}{x-1} = \lim_{x \to 1} \frac{1}{x} = 1,$$
   und somit
   $$\lim_{x \to 1} x^{1/(x-1)} = e^1 = e.$$

5.3 Taylor-Entwicklung

Wir haben schon gesehen, dass sich gewisse Funktionen durch Potenzreihen darstellen lassen; dazu gehören z. B. die trigonometrischen Funktionen und insbesondere die Exponentialfunktion mit der zugehörigen Potenzreihe

$$e^x = \sum_{k=0}^{\infty} \frac{x^k}{k!}, \tag{5.3.16}$$

welche für alle $x \in \mathbb{R}$ absolut konvergiert. Dabei gilt für einen beliebigen anderen sog. „Entwicklungspunkt" $x_0 \in \mathbb{R}$:

$$e^{x-x_0} = \sum_{k=0}^{\infty} \frac{1}{k!}(x-x_0)^k \quad \text{bzw.} \quad e^x = \sum_{k=0}^{\infty} \frac{e^{x_0}}{k!}(x-x_0)^k. \tag{5.3.17}$$

Wir wollen im Folgenden untersuchen, unter welchen Bedingungen solche Potenzreihenentwicklungen für eine Funktion f möglich sind und wie man diese aus f bestimmen kann. Zur Illustration betrachten wir zunächst ein Polynom

$$p(x) = \sum_{k=0}^{n} a_k x^k.$$

Mit $x = x - x_0 + x_0$ wird hieraus

$$p(x) = \sum_{k=0}^{n} a_k (x - x_0 + x_0)^k$$

und mit Hilfe der allgemeinen binomischen Formel

$$p(x) = \sum_{k=0}^{n} b_k (x - x_0)^k,$$

mit gewissen Koeffizienten b_k. Statt diese aus den a_k zubestimmen, wollen wir sie direkt aus der Funktion p ableiten. m–malige Differentiation für $0 \leq m \leq n$ ergibt:

$$p^{(m)}(x) = \sum_{k=m}^{n} b_k \, k(k-1) \cdot \ldots \cdot (k-m+1)(x - x_0)^{k-m}$$

und dann durch Auswertung bei $x = x_0$:

$$p^{(m)}(x_0) = b_m \, m! \, .$$

Wir finden also die Darstellung

$$p(x) = \sum_{k=0}^{n} \frac{p^{(k)}(x_0)}{k!} (x - x_0)^k. \tag{5.3.18}$$

Wir wollen nun untersuchen, in wie weit sich diese Formel auch auf allgemeinere Funktionen übertragen lässt.

Definition 5.5: *Für eine auf dem offenen Intervall (a, b) definierte und n-mal stetig differenzierbare Funktion f heißt*

$$t_n(x_0, x) := \sum_{k=0}^{n} \frac{f^{(k)}(x_0)}{k!} (x - x_0)^k$$

für ein $x_0 \in (a, b)$ das „n-te Taylor[5]-Polynom" von f um x_0.

Wir studieren den Fehler bei der Approximation von f durch sein Taylor-Polynom.

[5]Brook Taylor (1685–1731): Englischer Mathematiker und Schüler Newtons; die nach ihm benannte Reihenentwicklung war im Kern bereits Gregory, Newton, Leibniz und Johann Bernoulli bekannt.

Satz 5.8: *Sei f eine auf dem offenen Intervall (a,b) definierte und $(n+1)$-mal stetig differenzierbare Funktion und $t_n(x_0,\cdot)$ ihr n-tes Taylor-Polynom um ein $x_0 \in (a,b)$. Dann gibt es zu jedem $x \in (a,b)$ ein ξ zwischen x und x_0, so dass gilt:*

$$f(x) = t_n(x_0,x) + \frac{f^{(n+1)}(\xi)}{(n+1)!}(x-x_0)^{n+1}, \tag{5.3.19}$$

mit dem sog. „Lagrangeschen Restglied“ der Taylor-Approximation.

Beweis: Zunächst bemerken wir, dass $t_n(x_0,x_0) = f(x_0)$. Wir definieren das „Restglied“

$$R_{n+1}(y,x) := f(x) - t_n(y,x)$$

und fassen es (für festes x) als Funktion von y auf. Wegen der $(n+1)$-maligen Differenzierbarkeit von f ist $R_{n+1}(y,x)$ mindestens einmal nach y differenzierbar, und es gilt:

$$\begin{aligned}\frac{d}{dy}R_{n+1}(y,x) &= \frac{d}{dy}\big(f(x) - t_n(y,x)\big) = -\frac{d}{dy}\sum_{k=0}^{n}\frac{f^{(k)}(y)}{k!}(x-y)^k \\ &= -\sum_{k=0}^{n}\frac{f^{(k+1)}(y)}{k!}(x-y)^k + \sum_{k=1}^{n}\frac{f^{(k)}(y)}{(k-1)!}(x-y)^{k-1} \\ &= -\frac{f^{(n+1)}(y)}{n!}(x-y)^n.\end{aligned}$$

Wir wenden nun den 2. Mittelwertsatz (Satz 5.6) für die Funktionen $f(y) := R_{n+1}(y,x)$ und $g(y) := (x-y)^{n+1}$ an und erhalten wegen $R_{n+1}(x,x) = f(x) - t_n(x,x) = 0$:

$$\frac{R_{n+1}(y,x)}{(x-y)^{n+1}} = \frac{R_{n+1}(x,x) - R_{n+1}(y,x)}{(x-x)^{n+1} - (x-y)^{n+1}} = \frac{\frac{d}{dy}R_{n+1}(\xi,x)}{-(n+1)(x-\xi)^n},$$

mit einem $\xi \in (a,b)$ zwischen x und y. Mit der obigen Identität für $\frac{d}{dy}R_{n+1}(y,x)$, ausgewertet für $y = \xi$, ergibt sich weiter:

$$\frac{R_{n+1}(y,x)}{(x-y)^{n+1}} = \frac{f^{(n+1)}(\xi)}{(n+1)!}.$$

Hieraus folgt die behauptete Identität. Q.E.D.

Definition 5.6: *a) Eine Funktion f auf einem Intervall (a,b) heißt „glatt“ oder „C^∞-Funktion“, wenn sie beliebig oft differenzierbar ist, d. h. wenn für jedes $k \in \mathbb{N}$ ihre k-te Ableitung $f^{(k)}$ existiert. Ihre „Taylor-Reihe“ um ein $x_0 \in (a,b)$ ist dann definiert durch*

$$t_\infty(x_0,x) := \sum_{k=0}^{\infty}\frac{f^{(k)}(x_0)}{k!}(x-x_0)^k.$$

b) Konvergiert die Taylor-Reihe von f um x_0 für alle x in einer Umgebung von x_0 und gilt $f(x) = t_\infty(x_0,x)$, so heiß f „(reell) analytisch“ in x_0.

Satz 5.9 (Taylor-Entwicklung): *Sei f auf dem beschränkten Intervall (a,b) eine C^∞-Funktion mit gleichmäßig beschränkten Ableitungen:*

$$\sup_{x\in(a,b)} |f^{(n)}(x)| \le M < \infty, \quad n \in \mathbb{N}. \tag{5.3.20}$$

Dann ist f auf (a,b) analytisch, d.h.: Für alle $x, x_0 \in (a,b)$ konvergiert die Taylor-Reihe von f, und es gilt:

$$f(x) = \sum_{k=0}^{\infty} \frac{f^{(k)}(x_0)}{k!}(x-x_0)^k. \tag{5.3.21}$$

Beweis: Aus der Restglieddarstellung (5.3.19) folgt mit Hilfe der Voraussetzung (5.3.20):

$$\Big|f(x) - t_n(x_0,x)\Big| \le \frac{|f^{(n+1)}(\xi)|}{(n+1)!}|x-x_0|^{n+1} \le \frac{M}{(n+1)!}(b-a)^{n+1}.$$

Zu beliebigem $\varepsilon \in \mathbb{R}_+$ gibt es nun ein $n_\varepsilon \in \mathbb{N}$, so dass für alle $n \ge n_\varepsilon$ gilt:

$$\frac{M}{(n+1)!}(b-a)^{n+1} < \varepsilon.$$

Dies impliziert die Behauptung. Q.E.D.

Bemerkung 5.10: Eine C^∞-Funktion muss nicht analytisch sein. Das übliche Gegenbeispiel ist die auf ganz $\mathbb{R}$ definierte Funktion

$$f(x) = \begin{cases} \exp(-x^{-2}), & x \ne 0, \\ 0, & x = 0. \end{cases}$$

Wegen $\lim_{x\to 0}\exp(-x^{-2}) = 0$ ist f in $x_0 = 0$ und damit auf ganz $\mathbb{R}$ stetig. Wir wollen die Ableitungen von f in $x_0 = 0$ bestimmen. Zunächst ist für $x \ne 0$:

$$f'(x) = 2x^{-3}\exp(-x^{-2}), \quad f''(x) = \big(4x^{-6} - 6x^{-4}\big)\exp(-x^{-2}).$$

Durch Induktion können wir erschließen, dass alle Ableitungen von f in $x \ne 0$ die folgende Gestalt haben:

$$f^{(n)}(x) = p_n(x^{-1})\exp(-x^{-2}), \quad n \ge 1,$$

mit gewissen Polynomen p_n. Alle Ableitungen sind also in $x \ne 0$ stetig. Wir substituieren $y := x^{-2}$ und sehen wegen

$$\frac{y^k}{e^y} \to 0 \quad (y \to \infty),\ k \in \mathbb{N},$$

dass sich die Ableitungen in $x_0 = 0$ stetig durch Null fortsetzen lassen:

$$f^{(n)}(x) \to 0 \quad (x \to 0),\ n \in \mathbb{N}.$$

Hieraus folgt, dass f eine C^∞-Funktion ist. Ihre Taylor-Reihe um $x_0 = 0$ ist offenbar die Nullfunktion, d. h.: Sie ist trivialerweise für alle $x \in \mathbb{R}$ konvergent, stellt aber die Funktion f außer in $x = 0$ nirgends dar. Es gibt auch Funktionen, deren Taylor-Reihen außer in $x = x_0$ in keinem anderen Punkt konvergieren.

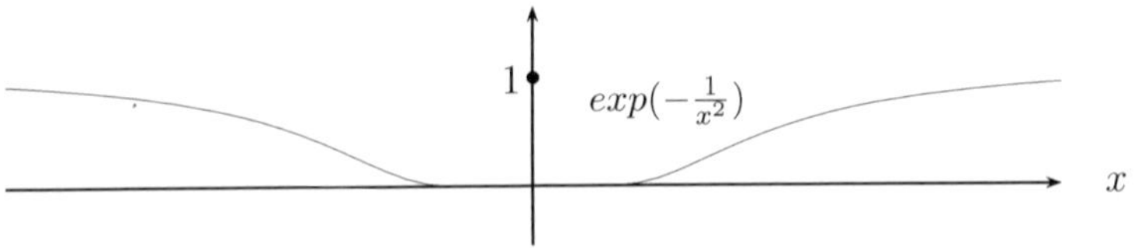

Abbildung 5.6: Graph einer C^∞-Funktion, die nicht durch ihre Taylor-Reihe um $x_0 = 0$ dargestellt wird.

Als erste Anwendung der Taylor-Entwicklung wollen wir die Aussage von Satz 5.3 über Extremalbedingungen vervollständigen.

Korollar 5.7: *Sei $f : (a,b) \to \mathbb{R}$ eine n-mal ($n \geq 2$) stetig differenzierbare Funktion, und in einem Punkt $x_0 \in (a,b)$ sei*

$$f'(x_0) = f''(x_0) = \cdots = f^{(n-1)}(x_0) = 0, \quad f^{(n)}(x_0) \neq 0. \tag{5.3.22}$$

Ist n gerade, so hat f in x_0 ein striktes lokales Minimum oder Maximum, je nachdem ob $f^{(n)}(x_0) > 0$ oder $f^{(n)}(x_0) < 0$ ist. Ist n ungerade, so hat f in x_0 weder ein lokales Minimum noch ein lokales Maximum sondern einen sog. „Wendepunkt“.

Beweis: Ist f n-mal differenzierbar in (a,b) und gilt (5.3.22), so folgt mit der Taylor-Entwicklung von f um x_0:

$$f(x) = \sum_{k=0}^{n-1} \frac{f^{(k)}(x_0)}{k!}(x-x_0)^k + \frac{f^{(n)}(\xi)}{n!}(x-x_0)^n = f(x_0) + \frac{f^{(n)}(\xi)}{n!}(x-x_0)^n,$$

mit einem $\xi \in (a,b)$ zwischen x und x_0. Die Funktion

$$\Delta_n(x) := \frac{f(x)-f(x_0)}{(x-x_0)^n}, \quad x \neq x_0,$$

konvergiert für $x \to x_0$ gegen $f^{(n)}(x_0)/n!$. Folglich kann die Funktion Δ_n zu einer auf (a,b) stetigen (genauso bezeichneten) Funktion fortgesetzt werden. Für diese gilt dann

$$f(x) - f(x_0) = \Delta_n(x)(x-x_0)^n, \qquad \Delta_n(x_0) = \frac{f^{(n)}(x_0)}{n!}.$$

Ist nun etwa gemäß Voraussetzung $\Delta_n(x_0) > 0$, so existiert wegen der Stetigkeit von Δ_n eine ganze ε-Umgebung von x_0, in der $\Delta_n > 0$ ist. Auf dieser ε-Umgebung gilt daher für gerades n:

$$f(x) - f(x_0) = \Delta_n(x)(x - x_0)^n > 0,$$

d.h.: $f(x_0)$ ist ein striktes lokales Minimum. Im Fall $\Delta_n(x_0) < 0$ wird analog argumentiert. Für ungerades n ist dagegen

$$f(x) - f(x_0) = \Delta_n(x)(x - x_0)^n \begin{cases} > 0, & x > x_0, \\ < 0, & x < x_0, \end{cases}$$

d. h.: $f(x_0)$ ist weder ein lokales Minimum noch ein Maximum. Q.E.D.

Taylor-Reihen sind offenbar spezielle Potenzreihen. Ist nun eine Funktion, für die wir eine Potenzreihendarstellung mit positivem Konvergenzradius haben (z. B. der Sinus) automatisch analytisch, und stimmt die Potenzreihe mit ihrer Taylor-Reihe überein? Diese Frage werden wir erst am Ende dieses Kapitels beantworten.

Anwendung 5.3.1: Die Taylor-Entwicklung (mit Restglied) einer Funktion f

$$f(x) = \sum_{k=0}^{n} \frac{f^{(k)}(x_0)}{k!}(x - x_0)^k + \frac{f^{(n+1)}(\xi)}{(n+1)!}(x - x_0)^{n+1}$$

kann u. a. zur Berechnung von Funktionswerten $f(x)$ dienen. Die zugehörigen Taylor-Reihen sind konvergent (und stellen die Funktion dar), wenn die Restglieder für $n \to \infty$ gegen Null konvergieren.

1. *Exponentialfunktion:* Die e-Funktion besitzt um $x_0 = 0$ die Taylor-Entwicklung

$$e^x = \sum_{k=0}^{n} \frac{x^k}{k!} + R_{n+1}(x), \tag{5.3.23}$$

mit dem Restglied

$$R_{n+1}(x) = \frac{e^\xi}{(n+1)!} x^{n+1}. \tag{5.3.24}$$

Die zugehörige Reihe konvergiert offenbar für alle $x \in \mathbb{R}$ und stimmt mit der uns schon bekannten Potenzreihendarstellung der e-Funktion überein.

2. *Sinus- und Cosinus:* Die Sinus- und Cosinus-Funktionen haben um $x_0 = 0$ die Taylor-Enwicklungen

$$\sin(x) = \sum_{k=0}^{n} \frac{(-1)^k}{(2k+1)!} x^{2k+1} + R_{2n+3}(x), \tag{5.3.25}$$

mit Restglied

$$R_{2n+3}(x) = \frac{\sin^{(2n+3)}(\xi)}{(2n+3)!} x^{2n+3} = \frac{(-1)^{n+1}\cos(\xi)}{(2n+3)!} x^{2n+3}, \tag{5.3.26}$$

sowie

$$\cos(x) = \sum_{k=0}^{n} \frac{(-1)^k}{(2k)!} x^{2k} + R_{2n+2}(x), \tag{5.3.27}$$

mit Restglied

$$R_{2n+2}(x) = \frac{\cos^{(2n+2)}(\xi)}{(2n+2)!} x^{2n+2} = \frac{(-1)^{n+1}\cos(\xi)}{(2n+2)!} x^{2n+2}. \tag{5.3.28}$$

Die zugehörigen Reihen konvergieren offenbar für alle $x \in \mathbb{R}$ und stimmen mit den uns schon bekannten Potenzreihendarstellungen des Sinus und des Cosinus überein. Aus den Restglieddarstellungen (5.3.26) und (5.3.28) folgen ihre, oben nur für eingeschränkte x-Bereiche abgeleiteten Abschätzungen (4.3.43) und (4.3.44) nunmehr für alle $x \in \mathbb{R}$.

3. *Logarithmus:* Da der natürliche Logarithmus bei $x_0 = 0$ nicht definiert ist, betrachten wir die Taylor-Entwicklung der Funktion $f(x) = \ln(1+x)$ um $x_0 = 0$. Bei Beachtung von $\ln(1) = 0$ und

$$\ln^{(k)}(1+x)|_{x=0} = (-1)^{k-1}\frac{(k-1)!}{(1+x)^k}\Big|_{x=0} = (-1)^{k-1}(k-1)!, \quad k \in \mathbb{N}, \tag{5.3.29}$$

erhalten wir für $-1 < x \leq 1$:

$$\ln(1+x) = \sum_{k=1}^{n} \frac{\ln^{(k)}(1)}{k!} x^k + R_{n+1} = \sum_{k=1}^{n} \frac{(-1)^{k-1}}{k} x^k + R_{n+1}, \tag{5.3.30}$$

mit dem Restglied

$$R_{n+1} = \frac{\ln^{(n)}(1+\xi)}{(n+1)!} x^{n+1} = \frac{(-1)^n}{(n+1)(1+\xi)^{n+1}} x^{n+1}. \tag{5.3.31}$$

Für festes $x, \xi \in (-1,1)$ ist $|R_{n+1}(x)| \leq c(x)/n$ mit einer von x abhängigen Konstante $c(x)$, so dass das Restglied für $n \to \infty$ gegen Null konvergiert. Im Grenzfall $x = 1$ ist der Zwischenwert $\xi \geq 0$ und daher $|R_{n+1}(x)| \leq (n+1)^{-1}$. Das Restglied konvergiert also auch in diesem Fall gegen Null, d.h.: die Reihe konvergiert (aber nicht absolut). (Für den anderen Grenzfall $x = -1$ ist der Logarithmus nicht definiert.) Wir finden also, dass die Taylor-Reihe des natürlichen Logarithmus für $x \in (-1,1]$ konvergiert (für $x \in (-1,1)$ sogar absolut) und den natürlichen Logarithmus darstellt. Insbesondere für $x = 1$ ist

$$\ln(2) = \sum_{k=1}^{\infty} \frac{(-1)^{k-1}}{k}, \tag{5.3.32}$$

womit wir den bereits vorher erwähnten Limes der alternierenden harmonischen Reihe bestimmt haben.

Die Konvergenz dieser Reihenentwicklung des natürlichen Logarithmus ist aber recht langsam (Berücksichtigung von n Reihengliedern bewirkt einen Fehler der Größenordnung

$1/n$.) und sind zu seiner Auswertung nicht gut geeignet. Zur Verbesserung der Approximation kombiniert man, einer Idee von Gregory[6] folgend, die beiden Reihen

$$\ln(1+x) = \sum_{k=1}^{\infty} \frac{(-1)^{k-1}x^k}{k}, \qquad \ln(1-x) = -\sum_{k=1}^{\infty} \frac{x^k}{k},$$

welche beide für $|x| < 1$ absolut konvergieren, zu

$$\ln\Big(\frac{1+x}{1-x}\Big) = \ln(1+x) - \ln(1-x) = 2\sum_{k=1}^{\infty} \frac{x^{2k-1}}{2k-1}. \tag{5.3.33}$$

Ausgehend von dieser Darstellung und unter Verwendung weiterer Kunstgriffe berechnete schon Newton den natürlichen Logarithmus zahlreicher Primzahlen auf 57 Dezimalstellen genau.

4. *Allgemeiner binomischer Lehrsatz:* Am Anfang hatten wir bereits den binomischen Lehrsatz kennen gelernt:

$$(a+b)^n = \sum_{k=0}^{n} \binom{n}{k} a^{n-k} b^k.$$

Wir wollen dies jetzt für beliebige Exponenten $r \in \mathbb{R}$ verallgemeinern. Im Hinblick auf die Beziehung $(a+b)^r = a^r(1+b/a)^r$, für $a \neq 0$, genügt es, Terme der Form $(1+x)^r$ zu betrachten. Der Binomialkoeffizient

$$\binom{r}{k} = \frac{r(r-1)\cdot\ldots\cdot(r-k+1)}{k!}, \qquad r \geq k,$$

kann auch für beliebiges $r \in \mathbb{R}$ definiert werden. Zusätzlich wird gesetzt:

$$\binom{r}{k} := 0, \quad r < k, \qquad \binom{r}{0} := 1.$$

Die Funktion $f(x) := (1+x)^r$ ist für $|x| < 1$ definiert und eine C^∞-Funktion. Für ihre Ableitungen gilt:

$$\frac{f^{(k)}(x)}{k!} = \frac{r(r-1)\cdot\ldots\cdot(r-k+1)}{k!}(1+x)^{r-k} = \binom{r}{k}(1+x)^{r-k}.$$

Die Taylor-Reihe von f um $x_0 = 0$ ist dann die sog. „Binomialreihe“

$$(1+x)^r = \sum_{k=0}^{\infty} \binom{r}{k} x^k. \tag{5.3.34}$$

Diese ist für beliebiges $r \in \mathbb{R}$ für alle $x \in (-1,1)$ konvergent, was aus der folgenden Abschätzung des zugehörigen Restglieds folgt:

$$|R_{n+1}(x)| = \left|\binom{r}{n+1}(1+\xi)^{r-n-1}x^{n+1}\right| \leq c(r)\frac{|x|^{n+1}}{(n+1)!} \to 0 \quad (n \to \infty),$$

mit einer von r abhängigen Konstante $c(r)$.

[6] James Gregory (1638–1675): Schottischer Mathematiker; Beiträge zu Geometrie und Analysis; Vorläufer Newtons.

5.3.1 Newton-Verfahren

Im Folgenden diskutieren wir das sog. „Newton-Verfahren“ zur Berechnung von Nullstellen differenzierbarer Funktionen, d. h. zur Lösung der nichtlinearen Gleichung

$$f(x) = 0, \tag{5.3.35}$$

mit einer auf ihrem ganzen Definitionsintervall $I = [a, b]$ stetig differenzierbaren Funktion $f : I \to \mathbb{R}$. Ziel ist es, eine Methode zu finden, welche deutlich schneller konvergiert als die einfache Intervallschachtelung aus Abschnitt 4.2. Das (klassische) Newton-Verfahren ist motiviert durch die in Abb 5.7 dargestellte graphische Überlegung.

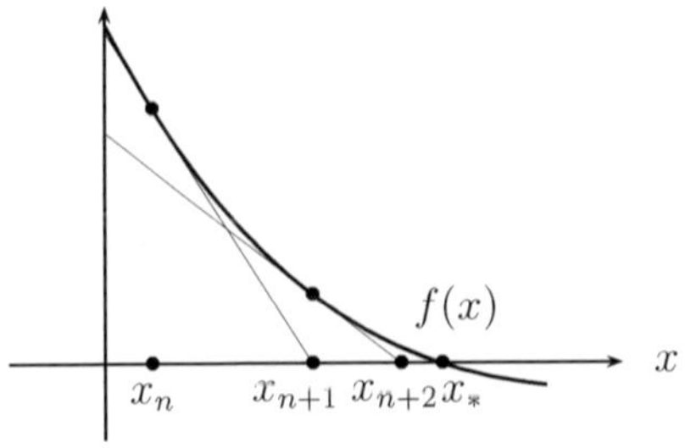

Abbildung 5.7: Illustration zum Newton-Verfahren.

Im Punkt x_n wird die Tangente an $f(x)$ berechnet und deren Schnittpunkt mit der x-Achse als neue Näherung x_{n+1} für die Nullstelle x_* von f genommen. Die Tangente ist gegeben durch die Gleichung

$$t(x) = f'(x_n)(x - x_n) + f(x_n).$$

Ihre Nullstelle x_{n+1} ist bestimmt durch

$$x_{n+1} = x_n - \frac{f(x_n)}{f'(x_n)}. \tag{5.3.36}$$

Diese Iteration ist möglich, wenn die Ableitungswerte $f'(x_n)$ nicht zu klein werden. In dieser Form gestattet das Newton-Verfahren es also, *einfache* Nullstellen zu approximieren.

Satz 5.10 (Newton-Verfahren): *Die zweimal stetig differenzierbare Funktion* $f : I = [a, b] \to \mathbb{R}$ *habe eine Nullstelle* $x_* \in (a, b)$, *und es sei*

$$m := \min_{a \le x \le b} |f'(x)| > 0, \quad M := \max_{a \le x \le b} |f''(x)|.$$

Sei $\rho > 0$ so gewählt, daß

$$q := \frac{M}{2m}\rho < 1. \tag{5.3.37}$$

und $K_\rho(x_*) := \{x \in \mathbb{R} | \, |x - x_*| \le \rho\} \subset [a, b]$. Dann sind für jeden Startpunkt $x_0 \in K_\rho(z)$ die Newton-Iterierten $x_n \in K_\rho(z)$ definiert und konvergieren gegen die Nullstelle x_*. Dabei gelten die a priori Fehlerabschätzung

$$|x_n - x_*| \le \frac{2m}{M} q^{(2^n)}, \quad n \in \mathbb{N}, \tag{5.3.38}$$

und die a posteriori Fehlerabschätzung

$$|x_n - x_*| \le \frac{1}{m}|f(x_n)|, \quad n \in \mathbb{N}. \tag{5.3.39}$$

Beweis: i) Für Punkte $x, y \in [a, b]$, $x \neq y$, gilt aufgrund des 1. Mittelwertsatzes mit einem $\xi \in [x, y]$:

$$\left|\frac{f(x) - f(y)}{x - y}\right| = |f'(\xi)| \ge m, \qquad |x - y| \le \frac{1}{m}|f(x) - f(y)|.$$

Die Nullstelle x_* von f ist also die einzige in $[a, b]$. Ferner ergibt sich im Falle der Konvergenz mit $y = x_*$ unmittelbar die behauptete a posteriori Fehlerabschätzung.

ii) Weiter liefert die Taylor-Formel mit Restglied zweiter Ordnung:

$$f(y) = f(x) + (y - x)f'(x) + \underbrace{\frac{1}{2}(y - x)^2 f''(\xi)}_{=: R(y,x)}, \qquad |R(y; x)| \le \frac{M}{2}|y - x|^2.$$

Für $x \in K_\rho(x_*)$ setzen wir $g(x) := x - \frac{f(x)}{f'(x)}$ und finden

$$g(x) - x_* = x - \frac{f(x)}{f'(x)} - x_* = -\frac{1}{f'(x)} \underbrace{\{f(x) + (x_* - x)f'(x)\}}_{= -R(x_*, x)}.$$

Folglich gilt:

$$|g(x) - x_*| \le \frac{M}{2m}|x - x_*|^2 \le \frac{M}{2m}\rho^2 < \rho, \tag{5.3.40}$$

d. h.: $g(x) \in K_\rho(x_*)$. Für $x_0 \in K_\rho(x_*)$ bleiben also alle Newton-Iterierten in $K_\rho(x_*)$. Setzt man $q_n := \frac{M}{2m}|x_n - x_*|$, so impliziert (5.3.40), dass

$$q_n \le q_{n-1}^2 \le \ldots \le q_0^{2^n}, \quad |x_n - x_*| \le \frac{2m}{M} q_0^{2^n}.$$

Für

$$q_0 = \frac{M}{2m}|x_0 - x_*| \le \frac{M}{2m}\rho < 1$$

liegt also die Konvergenz $x_n \to x_*(n \to \infty)$ vor mit der behaupteten a priori Fehlerabschätzung.
Q.E.D.

Bemerkung 5.11: Der Vollständigkeit halber ergänzen wir noch ein paar Bemerkungen zum Newton-Verfahren:

1) Für eine zweimal stetig differenzierbare Funktion f existiert zu jeder einfachen Nullstelle x_* ($f(x_*) = 0,\ f'(x_*) \neq 0$) stets eine (möglicherweise sehr kleine) Umgebung $K_\rho(x_*)$, für welche die Voraussetzungen von Satz 5.10 erfüllt sind. Das Problem beim Newton-Verfahren ist also die Bestimmung eines im „Einzugsbereich" der Nullstelle x_* gelegenen Startpunktes x_0. Ist ein solcher einmal gefunden, so konvergiert das Newton-Verfahren enorm schnell gegen die Nullstelle x_*: Im Fall $q \le \frac{1}{2}$ gilt z. B. nach nur 10 Iterationsschritten bereits ($2^{10} > 1.000$):

$$|x_{10} - x_*| \le \frac{2m}{M} q^{1.000} \sim \frac{2m}{M} 10^{-300}.$$

Wegen der Gültigkeit der Fehlerabschätzung (5.3.38) nennt man das Newton-Verfahren „quadratisch konvergent". In jedem Iterationsschritt $x_n \to x_{n+1}$ quadriert sich die momentane Fehlerschranke, d. h. die mindest Anzahl der akkuraten Dezimalstellen von x_n verdoppelt sich.

2) Die a priori Abschätzung (5.3.38) für das Newton-Verfahren basiert auf einer Abschätzung für die Iterierten x_n der Form

$$|x_{n+1} - x_*| \le A|x_n - x_*|^2, \tag{5.3.41}$$

mit einer gewissen Konstante $A \in \mathbb{R}_+$. Eine solche kann manchmal direkt aus der Iterationsvorschrift, d. h. ohne Verwendung der unteren bzw. oberen Schranken m und M abgeleitet werden. Ein Beispiel ist die unten diskutierte Berechnung der Quadratwurzel. Das im Beweis von Satz 5.10 verwendete Argument ergibt dann, dass die Iteration für Anfangswerte x_0 mit $q_0 := A|x_0 - x_*| < 1$ konvergiert, und es gilt die a priori Fehlerabschätzung

$$|x_n - x_*| \le A^{-1} q_0^{(2^n)}, \quad n \in \mathbb{N}. \tag{5.3.42}$$

Dies erlaubt die Vorhersage der (maximal) benötigten Anzahl von Iterationsschritten zur Erreichung einer gegebenen Fehlerschranke ε:

$$\begin{aligned} A^{-1} q_0^{(2^n)} \approx \varepsilon \quad &\Leftrightarrow \quad 2^n \ln(q_0) \approx \ln(A\varepsilon) \\ &\Leftrightarrow \quad 2^n \approx \frac{\ln(A\varepsilon)}{\ln(q_0)} =: \beta \quad \Leftrightarrow \quad n \approx \frac{\ln(\beta)}{\ln(2)}. \end{aligned} \tag{5.3.43}$$

3) Für das Resultat von Satz 5.10 zur Konvergenz des Newton-Verfahrens ist die Bedingung $f'(x) \neq 0$ wesentlich. Dies schließt mehrfache Nullstellen, in denen ja $f'(x_*) = 0$ gilt, aus. In diesem Fall ist das Newton-Verfahrten trotzdem definiert. Im Fall einer zweifachen Nullstelle x_* mit $f(x_*) = f'(x_*) = 0,\ f''(x_*) \neq 0$ gilt nach dem 2. Mittelwertsatz

$$x_n = x_{n-1} - \frac{f(x_{n-1}) - f(x_*)}{f'(x_{n-1}) - f'(x_*)} = x_{n-1} - \frac{f'(\xi_n)}{f''(\eta_n)}$$

mit Zwischenpunkten $\xi_n, \eta_n \in [x_{n-1}, x_*]$. Der Quotient $f(x_{n-1})/f'(x_{n-1})$ bleibt also für $x_{n-1} \to x_*$ wohl definiert, die Konvergenz ist aber i. Allg. nur noch linear.

Beispiel 5.6: Newton-Verfahren zur Wurzelberechnung
Die k-te Wurzel ($k \in \mathbb{N}$) einer Zahl $a \in \mathbb{R}_+$ ist Nullstelle der Funktion $f(x) = x^k - a$. Das Newton-Verfahren zur Berechnung von $x_* = \sqrt[k]{a} > 0$ hat die Gestalt

$$x_{n+1} = x_n - \frac{x_n^k - a}{kx_n^{k-1}} = \frac{1}{k}\Big((k-1)\,x_n + \frac{a}{x_n^{k-1}}\Big). \tag{5.3.44}$$

Aufgrund von Satz 5.10 konvergiert $x_n \to x_*$ $(n \to \infty)$, wenn nur x_0 nahe genug bei x_* gewählt wird. Bei diesem einfachen Beispiel kann aber mit Hilfe der folgenden geometrischen Betrachtung die Konvergenz für jeden Startpunkt $x_0 > 0$ gesichert werden:

Die monoton fallende Folge $(x_n)_{n\in\mathbb{N}}$ konvergiert notwendig gegen $\sqrt[k]{a}$. Für hinreichend großes n ist dann x_n im Einzugsbereich der Nullstelle x_*, und die Fehlerabschätzung von Satz 5.10 gelten mit diesem x_n als Startpunkt. Im Spezialfall $k = 2$ hat die Newton-Iteration die Form (Verfahren von Heron von Alexandria (um 100 n. Chr.))

$$x_{n+1} = \frac{1}{2}\Big(x_n + \frac{a}{x_n}\Big),$$

und es gilt für $x_0 \geq \sqrt{a}$:

$$|x_{n+1} - \sqrt{a}| = \Big|\frac{1}{2}\Big(x_n + \frac{a}{x_n}\Big) - \sqrt{a}\Big| = \frac{1}{2x_n}\,|x_n^2 + a - 2x_n\sqrt{a}| \leq \frac{1}{2\sqrt{a}}\,|x_n - \sqrt{a}|^2.$$

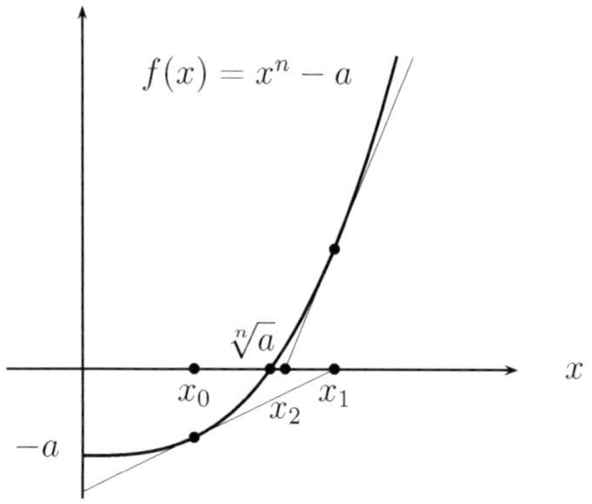

$$x_0 > 0 \;\Rightarrow\; \begin{cases} x_n > \sqrt[k]{a}, & n \in \mathbb{N}. \\ \sqrt[k]{a} < x_{n+1} < x_n \end{cases}$$

Abbildung 5.8: Illustration zum Newton-Verfahren zur Berechnung von $\sqrt[k]{a}$.

Beispiel: $a = 2,\ k = 2$ $(\sqrt{2} = 1.414213562373095\ldots)$:

$$\begin{aligned} x_0 &= 2 \quad (16 - \text{stellige Rechnung}) \\ x_1 &= \underline{1}.5 \\ x_2 &= \underline{1.41}6\,, \\ x_3 &= \underline{1.41421}568627451\,, \\ x_4 &= \underline{1.41421356137}469\,. \end{aligned}$$

In jedem Iterationsschritt verdoppelt sich die Anzahl der richtigen Dezimalen.

5.4 Differentiation und Grenzprozesse

Zum Abschluss dieses Kapitels behandeln wir die Frage nach der Stabilität der Eigenschaft der Differenzierbarkeit unter Störungen bzw. der Vertauschbarkeit der Grenzprozesse „Differentiation" und „Konvergenz". Der Limes einer gleichmäßig konvergenten Folge stetiger Funktionen ist wieder stetig. Die Frage ist nun, unter welchen Bedingungen für eine gleichmäßig konvergente Folge differenzierbarer Funktionen auch der Limes wieder differenzierbar ist.

Bemerkung 5.12: Die Problematik dieser Frage wird durch die folgenden pathologischen Beispiele illustriert:

1) Eine gleichmäßig konvergente Folge differenzierbarer Funktionen mit nicht differenzierbarem Limes:

$$f_n(x) := \begin{cases} \frac{n}{2}x^2 + \frac{1}{2n}, & |x| \le \frac{1}{n}, \\ |x|, & |x| > \frac{1}{n}. \end{cases}$$

Die Funktionen sind überall differenzierbar und konvergieren auf $\mathbb{R}$ gleichmäßig gegen die in $x_0 = 0$ nicht differenzierbare Betragsfunktion.

2) Eine Folge differenzierbarer Funktionen, die gleichmäßig gegen eine differenzierbare Funktion konvergiert, aber die Folge der Ableitungen divergiert:

$$f_n(x) := \frac{\sin(n^2 x)}{n}.$$

Die Funktionen sind überall differenzierbar und konvergieren auf $\mathbb{R}$ gleichmäßig gegen die (differenzierbare) Nullfunktion $f(x) \equiv 0$. Die Folge der Ableitungen $f_n'(x) = n\cos(n^2 x)$ ist aber z. B. in den Punkten $x = m\pi$ $(m \in \mathbb{Z})$ divergent.

3) Eine Folge differenzierbarer Funktionen, die gleichmäßig gegen eine differenzierbare Funktion konvergiert, die Folge der Ableitungen konvergiert ebenfalls (nicht gleichmäßig), aber nicht gegen die Ableitung der Grenzfunktion:

$$f_n(x) := x - \frac{x^n}{n}.$$

Die Funktionen sind auf $I = [0,1]$ differenzierbar und konvergieren dort gleichmäßig gegen die differenzierbare Funktion $f(x) = x$. Die Folge der Ableitungen $f_n'(x) = 1 - x^{n-1}$ konvergiert ebenfalls in I, aber in $x_0 = 1$ nicht gegen die Ableitung der Grenzfunktion $f'(1) = 1$.

Diese Beispiele zeigen, dass die Voraussetzungen des folgenden Satzes in gewissem Sinne notwendig sind.

Satz 5.11 (Stabilität der Differenzierbarkeit): *Sei $(f_n)_{n\in\mathbb{N}}$ eine Folge stetig differenzierbarer Funktionen auf einem (beschränkten) Intervall I (offen oder abgeschlossen), welche punktweise gegen eine Funktion f konvergiert. Ist die Folge der Ableitungen*

$(f_n')_{n\in\mathbb{N}}$ *gleichmäßig konvergent gegen ein* f^* *, so ist auch* f *differenzierbar, und es gilt* $f' = f^*$ *, d. h.:*

$$\frac{d}{dx}\big(\lim_{n\to\infty} f_n\big) = \lim_{n\to\infty} f_n'. \tag{5.4.45}$$

Beweis: Sei $x_0 \in I$. Wir definieren auf I eine Funktion $\Delta(x)$ durch

$$\Delta(x) := \begin{cases} \frac{f(x)-f(x_0)}{x-x_0}, & x \neq x_0, \\ f^*(x_0), & x = x_0. \end{cases}$$

Die Differenzierbarkeit von f in x_0 mit der Ableitung $f'(x_0) = f^*(x_0)$ ist dann gleichbedeutend mit der Stetigkeit von $\Delta(x)$ in $x = x_0$. Für $x \in I \setminus \{x_0\}$ konvergiert

$$\Delta_n(x) := \frac{f_n(x) - f_n(x_0)}{x - x_0} \to \Delta(x) \quad (n \to \infty).$$

Nach dem Mittelwertsatz gibt es nun Punkte $\xi_n \in I$, zwischen x und x_0, so dass

$$f_n'(\xi_n) = \frac{f_n(x) - f_n(x_0)}{x - x_0} = \Delta_n(x).$$

Folglich ist

$$\Delta(x) - \Delta(x_0) = \Delta(x) - \Delta_n(x) + f_n'(\xi_n) - f^*(x_0).$$

Sei nun ein $\varepsilon \in \mathbb{R}_+$ gegeben. Wir wählen ein $n_0 \in \mathbb{N}$ und ein $\delta \in \mathbb{R}_+$, so daß für alle $n \geq n_0$ und $x \in U_\delta(x_0) := \{x \in I \,|\, |x - x_0| < \delta\}$ gilt:

$$|f_n'(x) - f^*(x_0)| \leq |f_n'(x) - f^*(x)| + |f^*(x) - f^*(x_0)| < \tfrac{1}{2}\varepsilon.$$

Hier wird die gleichmäßige Konvergenz $f_n' \to f^*$ und die Stetigkeit von f^* verwendet. Mit $x \in U_\delta(x_0)$ gilt auch $\xi_n \in U_\delta(x_0)$. Zu beliebigem $x \in U_\delta(x_0) \setminus \{x_0\}$ können wir nun ein $n_1(x) \geq n_0$ finden, so dass für alle $n \geq n_1(x)$ gilt:

$$|\Delta(x) - \Delta_n(x)| < \tfrac{1}{2}\varepsilon.$$

Für beliebiges $x \in U_\delta(x_0) \setminus \{x_0\}$ folgt dann, dass für $n \geq n_1(x)$ die Abschätzung gilt:

$$|\Delta(x) - \Delta(x_0)| \leq |\Delta(x) - \Delta_n(x)| + |f_n'(\xi_n) - f^*(x_0)| < \tfrac{1}{2}\varepsilon + \tfrac{1}{2}\varepsilon = \varepsilon.$$

Da $\varepsilon \in \mathbb{R}_+$ beliebig war, erhalten wir die Konvergenz $\Delta(x) \to \Delta(x_0)$ $(x \to x_0)$. Q.E.D.

Als wichtige Folgerung von Satz 5.11 ergibt sich die folgende Aussage über die gliedweise Differenzierbarkeit von Funktionenreihen.

Korollar 5.8: *Seien* f_k *stetig differenzierbare Funktionen auf dem beschränkten Intervall* I *(offen oder abgeschlossen) mit Ableitungen* f_k'. *Wenn die Partialsummen* $\sum_{k=1}^n f_k$ *punktweise und* $\sum_{k=1}^n f_k'$ *auf* I *gleichmäßig konvergieren, so darf in den zugehörigen Reihen gliedweise differenziert werden und es gilt:*

$$\frac{d}{dx}\sum_{k=1}^{\infty} f_k = \sum_{k=1}^{\infty} f_k'. \tag{5.4.46}$$

Wir wenden das letzte Resultat auf Potenzreihen an und klären insbesondere ihren Zusammenhang mit den Taylor-Reihen.

Korollar 5.9: *Eine Potenzreihe* $\sum_{k=1}^{\infty} c_k(x-x_0)^k$ *mit Konvergenzradius* $\rho > 0$ *stellt eine in ihrem Konvergenzintervall* $I := (x_0 - \rho, x_0 + \rho)$ *differenzierbare Funktion* f *dar, und zwar ist*

$$f'(x) = \sum_{k=1}^{\infty} k c_k (x-x_0)^{k-1}. \tag{5.4.47}$$

Diese durch gliedweise Ableitung entstandene Potenzreihe hat ebenfalls den Konvergenzradius ρ*. Durch Iteration dieses Prozesses sieht man, daß die Potenzreihe, d.h. die Funktion* f*, Ableitungen beliebig hoher Ordnung besitzt, welche durch sukzessive gliedweise Differentiation in der Reihe gewonnen werden können. Die Potenzreihe ist dann identisch mit der Taylor-Reihe der Funktion* f*.*

Beweis: Der Konvergenzradius der gliedweise abgeleiteten Reihe sei ρ^*. Es gilt

$$\rho^* = \frac{1}{\limsup_{k\to\infty} \sqrt[k]{|kc_k|}} = \frac{1}{\limsup_{k\to\infty} \left(\sqrt[k]{k}\sqrt[k]{|c_k|}\right)} = \frac{1}{\limsup_{k\to\infty} \sqrt[k]{|c_k|}} = \rho.$$

Da eine Potenzreihe in jedem kompakten Teilintervall ihres Konvergenzintervalls gleichmäßig konvergiert, folgt die Richtigkeit der ersten Behauptung aus Korollar 5.8. Durch n-malige Ableitung der Potenzreihe erhalten wir

$$f^{(n)}(x) = \sum_{k=n}^{\infty} c_k k(k-1)\cdot\ldots\cdot(k-n+1)(x-x_0)^{k-n}$$

und folglich, wenn $x = x_0$ gesetzt wird: $f^{(n)}(x_0) = c_n n!$. Die Potenzreihe stimmt also mit der Taylor-Reihe der durch sie dargestellten Funktion überein. Q.E.D.

Beispiel 5.7: 1) Die Sinus-Funktion besitzt gemäß Abschnitt 4.3.3 die Potenzreihendarstellung

$$\sin(x) = \sum_{k=0}^{\infty}(-1)^k \frac{x^{2k+1}}{(2k+1)!} = x - \frac{x^3}{3!} + \frac{x^5}{5!} \mp \ldots.$$

Gliedweise Differentiation ergibt die Reihe

$$\sum_{k=0}^{\infty}(-1)^k \frac{x^{2k}}{(2k)!} = 1 - \frac{x^2}{2!} + \frac{x^4}{4!} \mp \ldots,$$

welche gerade die Potenzreihendarstellung der Cosinus-Funktion ist, d. h.:

$$\sin'(x) = \sum_{k=0}^{\infty}(-1)^k \frac{x^{2k}}{(2k)!} = \cos(x).$$

2) Die Arcus-Tangens-Funktion besitzt die Ableitung

$$\arctan'(x) = \frac{1}{1+x^2}.$$

Die geometrische Reihe konvergiert absolut für Argumente $z = -x^2 \in I := (-1,1)$ mit dem Limes

$$\sum_{k=0}^{\infty} z^k = \frac{1}{1-z} = \frac{1}{1+x^2} = \sum_{k=0}^{\infty} (-1)^k x^{2k}.$$

Wir haben somit eine Potenzreihendarstellung von $\arctan(x)$:

$$\arctan'(x) = \sum_{k=0}^{\infty} (-1)^k x^{2k},$$

welche auf jedem Teilintervall $[-1+\varepsilon, 1-\varepsilon]$, $\varepsilon \in \mathbb{R}_+$ gleichmäßig konvergiert. Diese Reihe ist zugleich auch die Ableitung der Reihe

$$\sum_{k=0}^{\infty} \frac{(-1)^k}{2k+1} x^{2k+1},$$

welche ebenfalls auf $[-1+\varepsilon, 1-\varepsilon]$ gleichmäßig konvergiert. Somit gilt mit einem $c \in \mathbb{R}$:

$$\arctan(x) = \sum_{k=0}^{\infty} \frac{(-1)^k}{2k+1} x^{2k+1} + c. \tag{5.4.48}$$

Wegen $\arctan(0) = 0$ ist $c = 0$, und wir haben eine Potenzreihendarstellung des Arcus-Tangens gefunden.

Eine weitere Anwendung von Satz 5.11 sichert die Vollständigkeit der Räume stetig differenzierbarer Funktionen.

Korollar 5.10: *Der normierte Raum $C^m[a,b]$ der auf dem Intervall $[a,b]$ m-mal stetig differenzierbaren Funktionen, versehen mit der Norm $\|\cdot\|_{m;\infty}$, ist vollständig.*

Beweis: Der Beweis wird als Übungsaufgabe gestellt. Q.E.D.

5.5 Übungen

Übung 5.1 (Aufgabe zum Differenzieren): Man gebe die Ableitungen der folgen Funktionen an:

$$a)\quad f(x) = x\ln(x), \quad x \in \mathbb{R}_+, \qquad b)\quad f(x) = x^{1/(x^2)}, \quad x \in \mathbb{R}_+.$$

Übung 5.2 (Aufgabe zum Differenzieren): Man betrachte die für $k \in \mathbb{N}$ durch

$$f_k(x) := \begin{cases} x^k \sin(1/x), & x \neq 0, \\ 0, & x = 0, \end{cases}$$

definierten Funktionen $f_k : \mathbb{R} \to \mathbb{R}$. Diese Funktionen sind offenbar für $x \neq 0$ beliebig oft differenzierbar.

a) Man zeige, dass die Funktion f_1 in $x = 0$ stetig aber nicht differenzierbar ist.

b) Man zeige, dass die Funktion f_2 in $x = 0$ einmal differenzierbar, aber die Ableitung dort nicht stetig ist.

c) Ist die Funktion f_3 in $x = 0$ zweimal differenzierbar und ist diese Ableitung gegebenenfalls stetig (Antwort mit Begründung!)?

Übung 5.3 (Aufgabe zu höheren Ableitungen): Man bestimme die folgenden Ableitungen 10-ter Ordnung:

$$a) \quad \frac{d^{10}}{dx^{10}}\big(\sin(x)\cos(x)\big), \qquad b) \quad \frac{d^{10}}{dx^{10}}\Big(\frac{1+x}{1-x}\Big) \quad (x \neq 1).$$

(Hinweis: Erst denken, dann rechnen!)

Übung 5.4 (Aufgabe zur Konvexität): Eine Funktion $f : [a,b] \to \mathbb{R}$ heißt „strikt konvex", wenn für alle $x, y \in [a,b]$, $x \neq y$, gilt:

$$f\big(\lambda x + (1-\lambda)y\big) < \lambda f(x) + (1-\lambda) f(y) \qquad \forall\, \lambda \in (0,1).$$

a) Man zeige, dass eine zweimal differenzierbare Funktion $f : [a,b] \to \mathbb{R}$, für die $f'' > 0$ ist, auf (a,b) strikt konvex ist.

b) Auf welchen Intervallen ist die Cosinus-Funktion $f(x) = \cos(x)$ strikt konvex? (Die Anschauung kann hier einen Hinweis geben, im Beweis ist aber analytisch zu argumentieren.)

Übung 5.5 (Aufgabe zum Extremum): Man bestimme die Extrema der folgenden Funktionen $f : \mathbb{R}_+ \to \mathbb{R}$:

$$a) \quad f(x) = x^x, \qquad b) \quad f(x) = x^{1/x}.$$

Übung 5.6 (Aufgabe zum Extremum): Man zeige, dass für $n \in \mathbb{N}$ die durch

$$f(x) = x^n e^{-x}$$

definierte Funktion $f : \mathbb{R}_+ \to \mathbb{R}$ im Punkt $x = n$ ein striktes, globales Maximum hat.

Übung 5.7 (Aufgabe zum Extremum): In einem Halbkreis vom Radius R ist ein einbeschriebenes Trapez größten Inhalts zu konstruieren (s. Abbildung). Die Länge der unteren Seite des Trapezes ist $2R$; zu bestimmen ist die Länge der oberen Seite $2x$ des „optimalen" Trapezes.

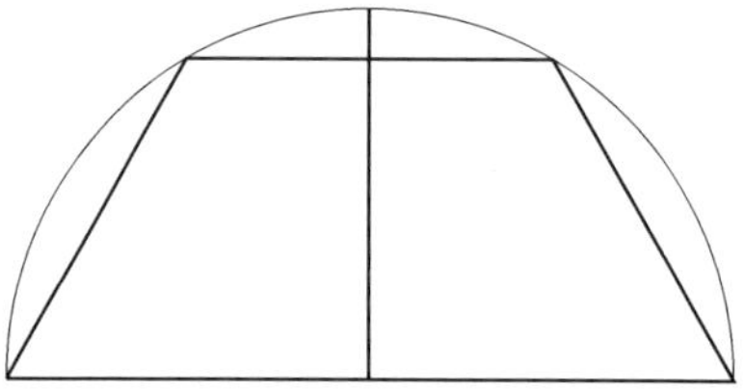

Übung 5.8 (Aufgabe zum Mittelwertsatz): Man bestimme die punktweisen Grenzwerte der beiden durch

$$a)\quad f_n(x) := \sin\left(\tfrac{1}{n}x\right),\quad x \in [-\pi, \pi],\qquad b)\quad f_n(x) := nx(1-x)^n,\quad x \in [0,1],$$

definierten Funktionenfolgen $(f_n)_{n\in\mathbb{N}}$. Ist die Konvergenz gleichmässig? (Hinweis: Zur Untersuchung der gleichmäßigen Konvergenz soll der 1. Mittelwertsatz verwendet werden.)

Übung 5.9 (Aufgabe zur Taylor-Entwicklung): Man bestimme die Taylor-Reihe um $x_0 = 0$ der für $x \neq -1$ definierten Funktion

$$f(x) = \frac{1}{1+x}.$$

Wie groß ist der Konvergenzbereich dieser Taylor-Reihe, und stellt sie die Funktion dar?

Übung 5.10 (Aufgabe zur Taylor-Entwicklung): Man bestimme die Taylor-Entwicklung der Funktion

$$f(x) = \sin^2(x)$$

um $x_0 = 0$. Für welche x ist diese Reihe konvergent und stellt die Funktion f dar?

Übung 5.11 (Aufgabe zu Differenzenquotienten): Zur Approximation der ersten und zweiten Ableitungen einer ein- bzw. zweimal differenzierbaren Funktion $f:(a,b)\to\mathbb{R}$ in einem Punkt $x_0 \in (a,b)$ können die sog. „vorwärts genommenen" Differenzenquotienten 1. Ordnung bzw. 2. Ordnung verwendet werden:

$$D_h^{(1)} f(x_0) := \frac{f(x_0+h) - f(x_0)}{h} \approx f'(x_0),\quad x_0 + h \in (a,b),$$

$$D_h^{(2)} f(x_0) := \frac{f(x_0+2h) - 2f(x_0+h) + f(x_0)}{h^2} \approx f''(x_0),\quad x_0 + 2h \in (a,b).$$

Man leite unter der Annahme der zwei- bzw. dreimaligen Differenzierbarkeit von f Fehlerabschätzungen der folgenden Form

$$|D_h^{(1)} f(x_0) - f'(x_0)| \le ch \sup_{x\in(a,b)} |f^{(2)}(x)|,$$
$$|D_h^{(2)} f(x_0) - f''(x_0)| \le ch \sup_{x\in(a,b)} |f^{(3)}(x)|,$$

ab mit Angabe der Konstante c. (Hinweis: Man betrachte die Taylor-Entwicklungen der Differenzenquotienten.)

Übung 5.12 (Aufgabe zu Differenzenquotienten): Zur Approximation der ersten und zweiten Ableitungen einer ein- bzw. zweimal differenzierbaren Funktion $f:(a,b)\to\mathbb{R}$ in einem Punkt $x_0\in(a,b)$ können die sog. „zentrale Differenzenquotienten" 1. Ordnung bzw. 2. Ordnung verwendet werden:

$$D_h^{(1)} f(x_0) := \frac{f(x_0+h) - f(x_0-h)}{2h} \approx f'(x_0),$$
$$D_h^{(2)} f(x_0) := \frac{f(x_0+h) - 2f(x_0) + f(x_0-h)}{h^2} \approx f''(x_0).$$

Man zeige unter der Annahme der drei- bzw. viermaligen Differenzierbarkeit von f die folgenden Fehlerabschätzungen:

$$|D_h^{(1)} f(x_0) - f'(x_0)| \le \tfrac{1}{6}h^2 \sup_{x\in(a,b)} |f^{(3)}(x)|,$$
$$|D_h^{(2)} f(x_0) - f''(x_0)| \le \tfrac{1}{12}h^2 \sup_{x\in(a,b)} |f^{(4)}(x)|.$$

(Hinweis: Man betrachte die Taylor-Entwicklungen der Differenzenquotienten.)

Übung 5.13 (Aufgabe zu den Regeln von L'Hospital): Man untersuche, wenn möglich, mit Hilfe der Regeln von L'Hospital die folgenden Grenzprozesse:

$$a)\quad \lim_{x\to 0} \frac{\ln(1+x) - \sin(x)}{x^2},$$
$$b)\quad \lim_{x\to\infty} x\big((1+x^{-1})^x - e\big),$$
$$c)\quad \lim_{x\downarrow 0} \frac{\ln(1+x) - e^{-x}}{x}.$$

(Hinweis: Für Teil b) versuche man zunächst die Transformation $y := x^{-1}$.)

Übung 5.14 (Aufgabe zu den Regeln von L'Hospital): Man versuche, mit Hilfe der Regeln von L'Hospital die folgenden Grenzwerte zu bestimmen:

$$a)\quad \lim_{x\downarrow 0} \frac{\sin(x) + \cos(x)}{x}, \qquad b)\quad \lim_{x\to\infty} \frac{\ln(x)}{x^\alpha},\quad \alpha\in\mathbb{R}_+.$$

Übung 5.15 (Aufgabe zu den Regeln von L'Hospital): Man berechne mit Hilfe der Regeln von L'Hospital die folgenden Grenzwerte:

$$a) \quad \lim_{x\to\frac{1}{2}\pi} \tan(x)^{\cot(x)}, \qquad b) \quad \lim_{x\to 0} \big(1+\sin(x)\big)^{1/\sin(x)}.$$

Übung 5.16 (Aufgabe zum Newton-Verfahren): Addition und Multiplikation reeller Zahlen sind (sowohl per Hand als auf dem Digitalrechner) in der Regel wesentlich schneller zu bewerkstelligen als die Division. Daher ist es wünschenswert, letztere auf eine Folge von Additionen und Multiplikationen zurückzuführen.

a) Man zeige, dass dies mit Hilfe des Newton-Verfahrens möglich ist. Dazu wende man dieses auf die Funktion

$$f(x) = x^{-1} - a, \quad a \neq 0,$$

an. Dabei genügt es, Argumente $1 \le a < 10$ zu betrachten.

b) Für welche Startwerte ist die Iteration quadratisch konvergent?

c) Wie viele Schritte sind in etwa erforderlich, um ausgehend von dem Startwert $x_0 := 0,5$ stets eine Genauigkeit von 16 Dezimalstellen (Rundungsfehlergenauigkeit) zu erhalten. Dabei sei „exakte" Rechner-Arithmetik angenommen. (Hinweis: Man versuche direkt eine Beziehung der Form $|x_{n+1} - x_*| \le A|x_n - x_*|^2$ herzuleiten.)

Übung 5.17 (Aufgabe zur Vertauschung von Grenzprozessen): Man rekapituliere die Definition einer „analytischen Funktion" und zeige a) dass die Reihe

$$f(x) = \sum_{k=0}^{\infty} e^{-kx}$$

für alle $x \in \mathbb{R}_+$ konvergiert und b) eine analytische Funktion darstellt. (Hinweis: Man rechtfertige die gliedweise Ableitung der Reihe.)

Übung 5.18 (Aufgabe zu Funktionenräumen): Man zeige, dass die Menge der auf einem beschränkten, abgeschlossenen Intervall $I := [a,b]$ Lipschitz-stetigen Funktionen einen Vektorraum bildet, auf welchem durch

$$\|f\|_{\text{Lip}} := \max_{x\in I} |f(x)| + \sup_{x,y\in I, x\neq y} \frac{|f(x) - f(y)|}{|x-y|}$$

eine Norm definiert ist. Ist der so gewonnene normierte Raum $C^{0,1}[a,b]$ vollständig?

Übung 5.19 (Aufgabe zu Funktionenräumen): Man zeige, dass für $m \in \mathbb{N}_0$ bildet die Menge der auf einem beschränkten Intervall $[a,b]$ m-mal stetig differenzierbaren Funktionen einen Vektorraum bildet; auf diesem ist durch

$$\|f\|_{m;\infty} := \max_{k=0,\dots,m} \|f^{(k)}\|_\infty$$

eine Norm definiert. Man zeige weiter, dass der Raum $C^m[a,b]$ vollständig und damit ein Banach-Raum ist.

6 Integration

In diesem Kapitel beschäftigen wir uns mit der sog. „Integration“ von Funktionen, welche aus der klassischen Aufgabe der „Inhaltsmessung“ entstanden ist. Gesucht ist die Fläche des Bereiches zwischen dem Graphen der Funktion $f : [a,b] \to \mathbb{R}$ und der x-Achse. Wir werden sehen, dass der Prozeß der Integration in gewissem Sinne als Umkehrung der Differentiation aufgefasst werden kann.

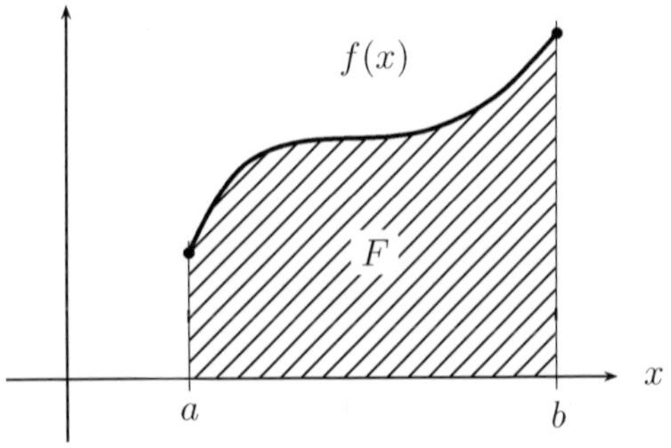

$$|F| = \int_a^b f(x)\,dx$$

Abbildung 6.1: „Integral“ einer Funktion $f : [a,b] \to \mathbb{R}$ als Fläche unter ihrem Graphen.

6.1 Das Riemann-Integral

Eine Unterteilung $Z = \{x_0, \dots, x_n\}$,

$$a =: x_0 < x_1 < \cdots < x_n := b,$$

eines (beschränkten) Intervalls $I = [a,b]$ in Teilintervalle $I_k := [x_{k-1}, x_k]$ heißt eine (endliche) „Zerlegung“ von I mit „Feinheit“

$$h := \max_{k=1,\dots,n} |x_k - x_{k-1}|.$$

Die Menge aller solcher Zerlegungen des Intervalls $[a,b]$ sei mit $\mathcal{Z}(a,b)$ bezeichnet. Eine „Verfeinerung“ $Z' = \{x'_0, \dots, x'_{n'}\} \in \mathcal{Z}(a,b)$ von $Z \in \mathcal{Z}(a,b)$ enthält die Zerlegungspunkte von Z und möglicherweise noch weitere; insbesondere gilt für ihre Feinheit:

$$h' = \max_{k=1,\dots,n'} (x'_k - x'_{k-1}) \leq h\,.$$

Für zwei Zerlegungen $Z_1, Z_2 \in \mathcal{Z}(a,b)$ besteht die „gemeinsame Verfeinerung“ Z_{12} aus allen Unterteilungspunkten von Z_1 und Z_2, und es ist $h_{12} \leq \min\{h_1, h_2\}$. Eine Zerlegung $Z \in \mathcal{Z}(a,b)$ mit $|x_k - x_{k-1}| = h \ (k = 1, \dots, n)$ heißt „äquidistant“.

Für eine beschränkte Funktion $f: I = [a,b] \to \mathbb{R}$ und eine Zerlegung $Z \in \mathcal{Z}(a,b)$ definieren wir die zugehörige „Obersumme“ $\overline{S}_Z(f)$ und „Untersumme“ $\underline{S}_Z(f)$ von f durch

$$\overline{S}_Z(f) := \sum_{k=1}^{n} \sup_{x \in I_k} f(x)\,(x_k - x_{k-1}), \qquad \underline{S}_Z(f) := \sum_{k=1}^{n} \inf_{x \in I_k} f(x)\,(x_k - x_{k-1}).$$

Das „Oberintegral“ und das „Unterintegral“ von f sind nun wie folgt definiert:

$$\overline{\int_a^b} f(x)\,dx := \inf_{Z \in \mathcal{Z}(a,b)} \overline{S}_Z(f), \qquad \underline{\int_a^b} f(x)\,dx := \sup_{Z \in \mathcal{Z}(a,b)} \underline{S}_Z(f).$$

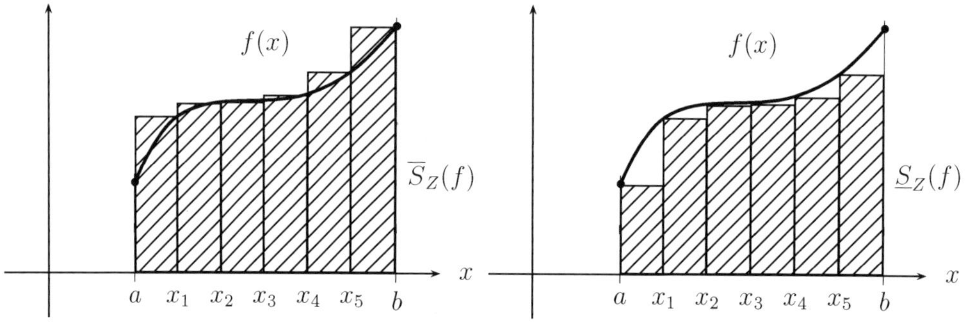

Abbildung 6.2: Ober- (links) und Untersumme (rechts) einer Funktion $f: [a,b] \to \mathbb{R}$.

Bemerkung 6.1: Die obige Konstruktion von Ober- und Untersummen einer Funktion f lässt sich auch interpretieren als die auf natürliche Weise definierten Integrale zweier f einschließenden Treppenfunktionen $\underline{t}_Z(f) \le f \le \overline{t}_Z(f)$ zur Zerlegung $Z \in \mathcal{Z}$:

$$\underline{t}_Z(f)_{|I_k} := \inf_{x \in I_k} f(x), \qquad \overline{t}_Z(f)_{|I_k} := \sup_{x \in I_k} f(x).$$

Das Ober- und das Unterintegral entsprechen dann dem Infinum bzw. dem Supremum der Integrale aller f nach oben bzw. nach unten beschränkenden Treppenfunktionen. Wir werden auf diesen Aspekt der Integraldefinition später nochmals zurückkommen.

Lemma 6.1: *Für eine beschränkte Funktion $f: I = [a,b] \to \mathbb{R}$ existieren das Ober- sowie das Unterintegral, und für jede Folge von Zerlegungen $Z_n \in \mathcal{Z}(a,b)$ $(n \in \mathbb{N})$ mit Feinheiten $h_n \to 0$ $(n \to \infty)$ gilt:*

$$\lim_{n\to\infty} \underline{S}_{Z_n} = \underline{\int_a^b} f(x)\,dx \le \overline{\int_a^b} f(x)\,dx = \lim_{n\to\infty} \overline{S}_{Z_n}. \tag{6.1.1}$$

Beweis: i) Die Ober- und Untersummen der beschränkten Funktion f sind beschränkt gemäß

$$\inf_{x\in I} f(x)\,(b-a) \;\le\; \underline{S}_Z(f) \;\le\; \overline{S}_Z(f) \;\le\; \sup_{x\in I} f(x)\,(b-a).$$

Die Existenz von Ober- und Unterintegral folgt dann wieder aus der Existenz von Supremum und Infimum beschränkter Zahlenmengen.

ii) Sei eine Folge von Zerlegungen $Z_n \in \mathcal{Z}(a,b)$ mit Feinheiten $h_n \to 0$ $(n\to\infty)$ gegeben. Zu beliebigem $\varepsilon \in \mathbb{R}_+$ gibt es nach Definition von Supremum und Infimum Zerlegungen $Z_\varepsilon,\, Z^\varepsilon \in \mathcal{Z}(a,b)$ $(n\in\mathbb{N})$ mit

$$\underline{\int_a^b} f(x)\,dx \le \underline{S}_{Z_\varepsilon}(f) + \tfrac12\varepsilon, \qquad \overline{S}_{Z^\varepsilon}(f) \le \overline{\int_a^b} f(x)\,dx + \tfrac12\varepsilon.$$

Da die Zerlegungen Z_ε und Z^ε nur endlich viele Teilungspunkte haben und die Feinheiten h_n von Z_n gegen Null gehen, kann $n\in\mathbb{N}$ so groß gewählt werden, dass die Teilintervalle von Z_n, welche Teilungspunkte von Z_ε oder Z^ε enthalten, insgesamt eine Länge $L < \frac12\varepsilon/M$ mit $M := \sup_{x\in I}|f(x)|$ haben. Dafür gilt dann:

$$\underline{S}_{Z_\varepsilon}(f) \le \underline{S}_{Z_n}(f) + \tfrac12\varepsilon, \qquad \overline{S}_{Z_n}(f) \le \overline{S}_{Z^\varepsilon}(f) + \tfrac12\varepsilon,$$

und folglich

$$\underline{\int_a^b} f(x)\,dx \le \underline{S}_{Z_n}(f) + \varepsilon, \qquad \overline{S}_{Z_n}(f) \le \overline{\int_a^b} f(x)\,dx + \varepsilon.$$

Dies impliziert wegen der Beliebigkeit der Wahl von ε die Richtigkeit der Behauptung.

Q.E.D.

Definition 6.1 (Riemann-Integral): *Sind Ober- und Unterintegral für eine beschränkte Funktion $f: I=[a,b]\to\mathbb{R}$ gleich, so heißt der gemeinsame Wert das (bestimmte) „Riemann[1]-Integral" von f über I,*

$$\int_a^b f(x)\,dx = \underline{\int_a^b} f(x)\,dx = \overline{\int_a^b} f(x)\,dx,$$

und die Funktion f wird „Riemann-integrierbar" genannt.

Aus der Definition des Riemann-Integrals ergibt sich unmittelbar die folgende Charakterisierung der Riemann-Integrierbarkeit:

Satz 6.1 (Riemannsches Integrabilitätskriterium): *Eine beschränkte Funktion $f: I=[a,b]\to\mathbb{R}$ ist genau dann über I Riemann-integrierbar, wenn es zu beliebigem $\varepsilon\in\mathbb{R}_+$ eine Zerlegung $Z\in\mathcal{Z}(a,b)$ gibt, so dass für die zugehörigen Ober- und Untersummen gilt:*

$$\big|\overline{S}_Z(f) - \underline{S}_Z(f)\big| < \varepsilon. \tag{6.1.2}$$

[1]Bernhard Riemann (1826–1866): Deutscher Mathematiker; Prof. in Göttingen als Nachfolger Dirichlets; Mitbegründer der Funktionentheorie und der modernen Geometrie; einer der bedeutendsten Mathematiker des 19. Jh.s, von großem Einfluß auch auf die theoretische Physik.

Definition 6.2 (Riemannsche Summe): *Für eine Funktion* $f : [a,b] \to \mathbb{R}$ *und eine Zerlegung* $Z \in \mathcal{Z}(a,b)$ *wird die mit irgend welchen Punkten* $\xi_k \in [x_{k-1}, x_k]$ *gebildete Summe*

$$RS_Z(f) = \sum_{k=1}^{n} f(\xi_k)(x_k - x_{k-1})$$

als eine „Riemannsche Summe" von f *bezeichnet.*

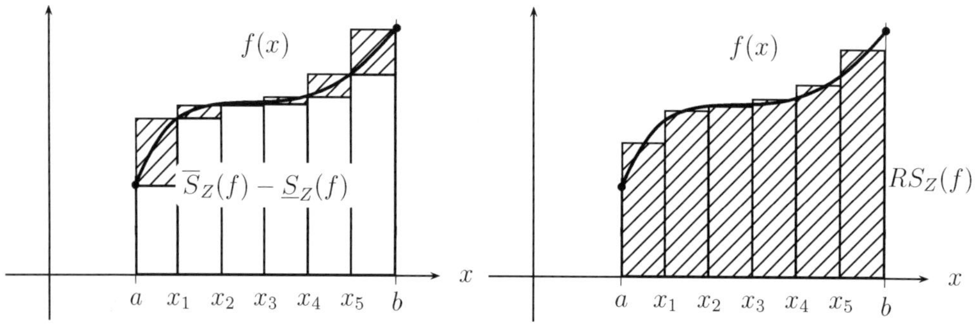

Abbildung 6.3: Differenz von Ober- und Untersumme (links) und die Riemannsche Summe (rechts) einer Funktion $f : [a,b] \to \mathbb{R}$.

Satz 6.2: *Eine beschränkte Funktion* $f : I = [a,b] \to \mathbb{R}$ *ist genau dann Riemann-integrierbar, wenn für jede Folge von Zerlegungen* $Z_n \in \mathcal{Z}(a,b)$ *mit* $h_n \to 0$ $(n \to \infty)$ *alle zugehörigen Riemannschen Summen konvergieren und denselben Limes haben:*

$$RS_{Z_n}(f) \to \int_a^b f(x)\,dx \quad (n \to \infty). \tag{6.1.3}$$

Beweis: i) Sei $f : I \to \mathbb{R}$ Riemann-integrierbar. Auf jeder Zerlegung $Z \in \mathcal{Z}(a,b)$ mit Feinheit h gilt offenbar

$$\underline{S}_Z(f) \le RS_Z(f) \le \overline{S}_Z(f).$$

Aus der Konvergenz $|\underline{S}_Z(f) - \overline{S}_Z(f)| \to 0$ $(h \to 0)$ folgt die Konvergenz der Riemannschen Summen gegen den Integralwert.

ii) Seien alle Riemannschen Summen von f konvergent gegen denselben Limes. Für jede Ober- und Untersumme $\overline{S}_Z(f)$, $\underline{S}_Z(f)$ auf einer beliebigen Zerlegung $Z \in \mathcal{Z}(a,b)$ gibt es dann zu beliebigem $\varepsilon \in \mathbb{R}_+$ Riemannsche Summen $\overline{RS}_Z(f)$, $\underline{RS}_Z(f)$ mit

$$\underline{RS}_Z(f) - \varepsilon \le \underline{S}_Z(f) \le \overline{S}_Z(f) \le \overline{RS}_Z(f) + \varepsilon.$$

Aus der Konvergenz (für Feinheit $h \to 0$) aller Riemannscher Summen gegen denselben Limes und der Beliebigkeit der Wahl von $\varepsilon \in \mathbb{R}_+$ folgt damit

$$\big|\underline{S}_Z(f) - \overline{S}_Z(f)\big| \to 0 \quad (h \to 0),$$

d. h. die Riemann-Integrierbarkeit von f. Q.E.D.

Satz 6.3: *Eine stetige Funktion* $f : I = [a,b] \to \mathbb{R}$ *ist Riemann-integrierbar.*

Beweis: Auf dem kompakten Intervall I ist die stetige Funktion f auch *gleichmäßig* stetig. Zu beliebigem $\varepsilon \in \mathbb{R}_+$ gibt es also ein $\delta_\varepsilon \in \mathbb{R}_+$, so dass gilt:

$$x, x' \in I,\ |x - x'| < \delta_\varepsilon \quad \Rightarrow \quad |f(x) - f(x')| < \varepsilon.$$

Für jede Zerlegung $Z \in \mathcal{Z}(a,b)$ von I mit Feinheit $h < \delta_\varepsilon$ gilt dann

$$|\overline{S}_Z(f) - \underline{S}_Z(f)| \le \sum_{k=1}^{n} \big| \sup_{x \in I_k} f(x) - \inf_{x \in I_k} f(x) \big| (x_k - x_{k-1}) \le \varepsilon\,(b-a).$$

Dies impliziert die Existenz des Riemann-Integrals von f. Q.E.D.

Satz 6.4: *Eine (beschränkte) monotone Funktion* $f : I = [a,b] \to \mathbb{R}$ *ist Riemann-intergrierbar.*

Beweis: O.b.d.A. sei f monoton steigend. Dann gilt $f(a) \le f(x) \le f(b)$ für $x \in I$. Ferner gilt für jede Zerlegung Z von I mit Feinheit h:

$$\begin{aligned}
\overline{S}_Z(f) - \underline{S}_Z(f) &= \sum_{k=1}^{n} (x_k - x_{k-1}) \big(f(x_k) - f(x_{k-1}) \big) \\
&\le h \sum_{k=1}^{n} \big(f(x_k) - f(x_{k-1}) \big) = h\big(f(b) - f(a)\big).
\end{aligned}$$

Für beliebiges $\varepsilon \in \mathbb{R}_+$ gibt es also ein $h_\varepsilon \in \mathbb{R}_+$, so dass für $h \le h_\varepsilon$ gilt:

$$|\overline{S}_Z(f) - \underline{S}_Z(f)| < \varepsilon.$$

Dies impliziert die Existenz des Riemann-Integrals von f. Q.E.D.

Beispiel 6.1: Nicht alle beschränkten Funktionen $f : I = [0,1] \to \mathbb{R}$ sind auch Riemann-integrierbar; z. B. gilt für die pathologische Funktion

$$f(x) := \begin{cases} 0, & x \in \mathbb{Q}, \\ 1, & x \in \mathbb{R} \setminus \mathbb{Q}, \end{cases}$$

auf jeder Zerlegung $Z \in \mathcal{Z}(0,1)$:

$$\underline{S}_Z(f) = 0 < 1 = \overline{S}_Z(f).$$

Bemerkung 6.2 (Regelintegral): Wir haben bereits in Kapitel 4 gesehen, dass sich jede auf einem beschränkten, abgeschlossenen Intervall $I = [a, b]$ stetige Funktion f gleichmäßig durch Treppenfunktionen t_n bzgl. Zerlegungen $Z_n \in \mathcal{Z}(a, b)$ mit Feinheiten $h_n \to 0$ $(n \to \infty)$ approximieren lässt:

$$\|f - t_n\|_\infty \to 0 \quad (n \to \infty).$$

Für diese Treppenfunktionen ist das Integral auf natürliche Weise erklärt durch

$$\int_a^b t_n(x)\, dx := \sum_{k=1}^n t_{n;k}(x_k - x_{k-1}).$$

Damit lässt sich dann auch das Integral für die Grenzfunktion f über folgenden Grenzprozeß definieren:

$$\int_a^b f(x)\, dx := \lim_{n\to\infty} \int_a^b t_n(x)\, dx.$$

Dieses sog. „Regelintegral“ ist unabhängig von der speziellen Wahl der approximierenden Folge von Treppenfunktionen. Das Regelintegral ist für alle Funktionen erklärbar, welche sich gleichmäßig durch Treppenfunktionen approximieren lassen. Die Klasse solcher sog. „Regelfunktionen“ auf dem Intervall $I = [a, b]$ umfasst neben den stetigen Funktionen auch die monotonen Funktionen; insbesondere ist die Menge der Regelfunktionen ein Vektorraum und vollständig bzgl. der gleichmäßigen Konvergenz. Für Regelfunktionen entspricht das Regelintegral dem Riemann-Integral, d. h.: Regelfunktionen sind Riemann-integrierbar. Die Klasse der Riemann-integrierbaren Funktionen ist aber echt größer als die der Regelfunktionen. Als Beispiel betrachten wir auf dem Intervall $[0, 1]$ die Funktion

$$f(x) := \begin{cases} 0, & x = 0, \\ \sin(1/x), & 0 < x \le 1. \end{cases}$$

Diese ist keine Regelfunktion aber Riemann-integrierbar. Dies sehen wir wie folgt:

i) Seien $Z = \{x_0, \dots, x_n\}$ eine beliebige Zerlegung des Intervalls $[0, 1]$ und $t : [0, 1] \to \mathbb{R}$ eine zugehörige Treppenfunktion. Auf dem halboffenen Teilintervall $(0, x_1]$ ist t konstant; es gibt aber Punkte $x \in (0, x_1]$ mit $\sin(1/x) = 1$ und solche mit $\sin(1/x) = -1$. Also ist

$$\|f - t\|_\infty \ge \sup_{x\in(0,x_1]} |\sin(1/x) - t(x)| \ge 1.$$

Folglich kann f keine Regelfunktion sein.

ii) Andererseits ist $f : [0, 1] \to \mathbb{R}$ beschränkt und hat nur die eine Unstetigkeitsstelle $x = 0$. Damit ist f Riemann-integrierbar, was wir mit Hilfe des Riemannschen Integrabilitätskriteriums erschließen. Sei $\varepsilon \in \mathbb{R}_+$ beliebig gegeben. Dann gibt es ein $\delta \in (0, 1]$, mit dem gilt:

$$\sup_{x\in(0,\delta]} |f(x)|\delta < \tfrac{1}{4}\varepsilon.$$

Auf dem Teilintervall $[\delta, 1]$ ist f stetig und damit Riemann-integrierbar. Es gibt also eine Zerlegung $Z_\delta \in \mathcal{Z}(\delta, 1)$ sowie zugehörige Ober- und Untersummen $\overline{S}_{Z_\delta}(f)$, $\underline{S}_{Z_\delta}(f)$, so dass

$$\left|\overline{S}_{Z_\delta}(f) - \underline{S}_{Z_\delta}(f)\right| < \tfrac{1}{2}\varepsilon.$$

Wir ergänzen nun die Zerlegung Z_δ um das Teilintervall $[0, \delta]$ und machen sie so zu einer Zerlegung $Z \in \mathcal{Z}(0, 1)$. Für die zugehörigen Ober- und Untersummen gilt dann aufgrund des eben Gezeigten:

$$\left|\overline{S}_Z(f) - \underline{S}_Z(f)\right| \le \left|\overline{S}_{Z_\delta}(f) - \underline{S}_{Z_\delta}(f)\right| + 2 \sup_{x\in(0,\delta]} |f(x)|\delta < \varepsilon.$$

Folglich ist die Funktion $f(x) = \sin(1/x)$ über $[0, 1]$ Riemann-integrabel (trotz ihres oszillierenden Verhaltens bei $x = 0$).

Satz 6.5 (Zusammengesetzte Integrale): *a) Eine (beschränkte) Riemann-integrierbare Funktion $f : [a, b] \to \mathbb{R}$ ist auch über jedem Teilintervall $[a', b'] \subset [a, b]$ Riemann-integrierbar; insbesondere gilt für $c \in (a, b)$:*

$$\int_a^b f(x)\,dx = \int_a^c f(x)\,dx + \int_c^b f(x)\,dx. \tag{6.1.4}$$

b) Ist eine (beschränkte) Funktion $f : [a, b] \to \mathbb{R}$ für ein $c \in (a, b)$ über den Teilintervallen $[a, c]$ und $[c, b]$ Riemann-integrierbar, so ist sie auch über $[a, b]$ Riemann-integrierbar, und es gilt ebenfalls (6.1.4).

Beweis: a) Seien $Z_n \in \mathcal{Z}(a, b)$ Zerlegungen von $[a, b]$, mit Feinheiten $h_n \to 0$ und $RS_{Z_n}(f)$ zugehörige Riemannsche Summen, so daß

$$RS_{Z_n}(f) \to \int_a^b f(x)\,dx \quad (n \to \infty).$$

i) Wir zeigen zunächst die Integrierbarkeit von f über $[a', b']$. O.B.d.A. können wir annehmen, daß die obigen Zerlegungen Z_n die Intervallenden a', b' als Teilungspunkte enthalten. Wir betrachten nun zwei beliebige Folgen von Zerlegungen $Z_n^{(1)}$ und $Z_n^{(2)}$ in $\mathcal{Z}(a', b')$, mit Feinheiten $h_n^{(1)}, h_n^{(2)} \to 0$, und irgendwelche zugehörige Riemannsche Summen $RS_{Z_n^{(1)}}(f)$ und $RS_{Z_n^{(2)}}(f)$. Die Zerlegungen $Z_n^{(1)}$ und $Z_n^{(2)}$ lassen sich durch Verwendung von gleichen Teilungspunkten aus $[a, a'] \cup [b', b]$ und gleichen Funktionswerten von f zu Zerlegungen $\tilde{Z}_n^{(1)}$ bzw. $\tilde{Z}_n^{(2)}$ in $\mathcal{Z}(a, b)$ und zugehörigen Riemannschen Summen $RS_{\tilde{Z}_n^{(1)}}(f)$ bzw. $RS_{\tilde{Z}_n^{(2)}}(f)$ mit Feinheiten $\tilde{h}_n^{(1)}, \tilde{h}_n^{(2)} \to 0$ erweitern. Nach Konstruktion gilt dann:

$$\left|RS_{Z_n^{(1)}}(f) - RS_{Z_n^{(2)}}(f)\right| = \left|RS_{\tilde{Z}_n^{(1)}}(f) - RS_{\tilde{Z}_n^{(2)}}(f)\right| \to 0 \quad (n \to \infty).$$

Hieraus folgern wir, dass jede Folge von Riemannschen Summen $RS_{Z'_n}(f)$ zu Zerlegungen $Z'_n \in \mathcal{Z}(a', b')$ mit $h' \to 0$ Cauchy-Folge ist, und dass alle solche Folgen gegen denselben Limes konvergieren. Also ist f über $[a', b']$ integrierbar.

ii) Sei nun $c \in (a,b)$. Nach Teil (i) ist f auch über die Teilintervalle $[a,c]$ und $[c,b]$ integrierbar. Da jedes Paar $RS_{Z^{(1)}}(f)$ und $RS_{Z^{(2)}}(f)$ von Riemannschen Summen über $[a,c]$, bzw. $[c,b]$ zu einer solchen $RS_Z(f)$ über $[a,b]$ kombiniert werden kann, erhalten wir durch Grenzübergang $h \to 0$:

$$\begin{aligned}\int_a^c f(x)\,dx + \int_c^b f(x)\,dx &= \lim_{h\to 0} RS_{Z^{(1)}}(f) + \lim_{h\to 0} RS_{Z^{(2)}}(f)\\ &= \lim_{h\to 0}\big(RS_{Z^{(1)}}(f) + RS_{Z^{(2)}}(f)\big) = \lim_{h\to 0} RS_Z(f) = \int_a^b f(x)\,dx.\end{aligned}$$

b) Sei f über die Teilintervalle $[a,c]$ und $[c,b]$ integrierbar. Jede Riemannsche Summe über $[a,b]$ mit c als Teilungspunkt besteht aus zwei Riemannsche Summen, $RS_{Z^{(1)}}(f)$ über $[a,c]$ und $RS_{Z^{(2)}}(f)$ über $[c,b]$. Die Konvergenz

$$\lim_{h\to 0} RS_{Z^{(1)}}(f) = \int_a^c f(x)\,dx, \qquad \lim_{h\to 0} RS_{Z^{(2)}}(f) = \int_c^b f(x)\,dx,$$

impliziert dann auch die Konvergenz

$$\begin{aligned}\int_a^c f(x)\,dx + \int_c^b f(x)\,dx &= \lim_{h\to 0} RS_{Z^{(1)}}(f) + \lim_{h\to 0} RS_{Z^{(2)}}(f)\\ &= \lim_{h\to 0}\big(RS_{Z^{(1)}}(f) + RS_{Z^{(2)}}(f)\big) = \lim_{h\to 0} RS_Z(f) =: \int_a^b f(x)\,dx.\end{aligned}$$

Q.E.D.

Korollar 6.1: *Eine beschränkte Funktion $f: I = [a,b] \to \mathbb{R}$, welche bzgl. einer Zerlegung $Z = \{x_0,\dots,x_n\} \in \mathcal{Z}(a,b)$ von I „stückweise stetig" oder „stückweise monoton" ist, ist über I Riemann-integrierbar, und es gilt*

$$\int_a^b f(x)\,dx = \sum_{k=1}^{n} \int_{x_{k-1}}^{x_k} f(x)\,dx. \tag{6.1.5}$$

Satz 6.6 (Linearität des Riemann-Integrals): *Sind $f,g : I = [a,b] \to \mathbb{R}$ (beschränkte) Riemann-integrierbare Funktionen, so ist auch jede Linearkombination $\alpha f + \beta g$ mit $\alpha,\beta \in \mathbb{R}$ über I Riemann-integrierbar, und es gilt*

$$\int_a^b \big(\alpha f(x) + \beta g(x)\big)\,dx = \alpha \int_a^b f(x)\,dx + \beta \int_a^b g(x)\,dx. \tag{6.1.6}$$

Beweis: Wegen der Integrabilität von f und g existieren Riemannsche Summen $RS_Z(f)$ und $RS_Z(g)$ mit Feinheiten $h \to 0$, so dass

$$\lim_{h\to 0} RS_Z(f) = \int_a^b f(x)\,dx, \qquad \lim_{h\to 0} RS_Z(g) = \int_a^b g(x)\,dx,$$

wobei o.B.d.A. angenommen werden kann, dass die Zerlegungen $Z \in \mathcal{Z}(a,b)$ sowie die Auswertungspunkte $\xi_k \in [x_{k-1}, x_k]$ für beide Riemannsche Summen dieselben sind. Dann ist für $\alpha,\ \beta \in \mathbb{R}$ auch

$$RS_Z(\alpha f + \beta g) := RS_Z(\alpha f) + RS_Z(\beta g) = \alpha RS_Z(f) + \beta RS_Z(g)$$

Riemannsche Summe von $\alpha f + \beta g$, und es gilt:

$$\begin{aligned}
\alpha \int_a^b f(x)\,dx + \beta \int_a^b g(x)\,dx &= \alpha \lim_{h\to 0} RS_Z(f) + \beta \lim_{h\to 0} RS_Z(g) \\
&= \lim_{h\to 0} RS_Z(\alpha f) + \lim_{h\to 0} RS_Z(\beta g) \\
&= \lim_{h\to 0} RS_Z(\alpha f + \beta g) =: \int_a^b \big(\alpha f(x) + \beta g(x)\big)\,dx.
\end{aligned}$$

Q.E.D.

Bemerkung 6.3: Satz 6.6 besagt, dass das Riemann-Integral eine *lineare* Abbildung von der Menge der Riemann-integrierbaren Funktionen in $\mathbb{R}$ definiert. Eine solche spezielle Abbildung wird „lineares Funktional“ genannt.

Satz 6.7 (Monotonie des Riemann-Integrals): *Seien $f, g : I = [a,b] \to \mathbb{R}$ (beschränkte) Riemann-integrierbare Funktionen mit $g(x) \geq f(x),\ x \in [a,b]$. Dann gilt auch*

$$\int_a^b g(x)\,dx \geq \int_a^b f(x)\,dx. \tag{6.1.7}$$

Beweis: Für die Riemannschen Summen zu f und g zu gleichen Zerlegungen $Z \in \mathcal{Z}(a,b)$ und Auswertungspunkten $\xi_k \in [x_{k-1}, x_k]$ gilt gemäß der Voraussetzung:

$$RS_Z(f) = \sum_{k=1}^{n} f(\xi_k)(x_k - x_{k-1}) \leq \sum_{k=1}^{n} g(\xi_k)(x_k - x_{k-1}) = RS_Z(g).$$

Durch Grenzübergang $h \to 0$ folgt dann die behauptete Ungleichung. Q.E.D.

Korollar 6.2: *Für eine (beschränkte) Riemann-integrierbare Funktion $f : [a,b] \to \mathbb{R}$ mit $m \leq f(x) \leq M$ gilt*

$$m(b-a) \leq \int_a^b f(x)\,dx \leq M(b-a). \tag{6.1.8}$$

Beweis: Die konstante Funktion $g(x) = 1$ hat (als Treppenfunktion) auf $[a,b]$ das Integral $\int_a^b dx = b - a$. Mit der Monotonie des Riemann-Integrals folgt also:

$$m(b-a) = \int_a^b m\,dx \leq \int_a^b f(x)\,dx \leq \int_a^b M\,dx = M(b-a).$$

Q.E.D.

Korollar 6.3: *Es seien* $f, g : I = [a, b] \to \mathbb{R}$ *zwei (beschränkte) Riemann-integrierbare Funktionen. Dann gilt:*

a) Die Funktionen $f_+ := \max\{f, 0\}$ *und* $f_- := \min\{f, 0\}$ *sind Riemann-integrierbar.*

b) Der Absolutbetrag $|f|$ *ist Riemann-integrierbar, und es gilt*

$$\Big|\int_a^b f(x)\,dx\Big| \le \int_a^b |f(x)|\,dx. \tag{6.1.9}$$

c) Für jedes $p \in [1, \infty)$ *ist* $|f|^p$ *Riemann-integrierbar.*

d) Das Produkt fg *ist Riemann-integrierbar.*

Beweis: a) Für jede Zerlegung $Z \in \mathcal{Z}(a, b)$ gilt:

$$\begin{aligned} 0 &\le \overline{S}_Z(f_+) - \underline{S}_Z(f_+) \le \overline{S}_Z(f) - \underline{S}_Z(f), \\ 0 &\le \overline{S}_Z(f_-) - \underline{S}_Z(f_-) \le \overline{S}_Z(f) - \underline{S}_Z(f), \end{aligned}$$

d. h.: Mit f sind auch f_+ und f_- integrierbar.

b) Wegen $|f| = f_+ - f_-$ folgt die Integrabilität von $|f|$ aus der von f_+ und f_-. Die Integralungleichung (6.1.9) folgt wegen $f \le |f|$, $-f \le |f|$ aus der Monotonie des Riemann-Integrals.

c) Sei $M := \sup_{x\in[a,b]} |f|$. Mit f ist nach (b) auch $|f|$ und weiter wegen der Linearität des Riemann-Integrals auch $|f|/M$ integrierbar. Wir brauchen also nur den Fall $0 \le f \le 1$ zu betrachten. Mit Hilfe des Mittelwertsatzes der Differentialrechnung folgt für $0 \le x < y \le 1$:

$$y^p - x^p = p\xi^{p-1}(y - x), \quad x < \xi < y, \qquad |y|^p - |x|^p \le p(|y| - |x|).$$

Für jede Zerlegung $Z \in \mathcal{Z}(a, b)$ gilt daher:

$$\overline{S}_Z(|f|^p) - \underline{S}_Z(|f|^p) \le p\big(\overline{S}_Z(|f|) - \underline{S}_Z(|f|)\big),$$

d. h.: Mit $|f|$ ist auch $|f|^p$ integrierbar.

d) Wegen $fg = \frac{1}{4}\big((f + g)^2 - (f - g)^2\big)$ folgt die Integrabilität von fg mit Hilfe von (c).

Q.E.D.

Bemerkung 6.4: Man beachte, dass i. Allg. gilt (z. B. für $f \equiv 1$):

$$\int_a^b f(x)g(x)\,dx \ne \Big(\int_a^b f(x)\,dx\Big)\Big(\int_a^b g(x)\,dx\Big).$$

Korollar 6.4 (Definitheit des Riemann-Integrals): *Sei* $f : I = [a, b] \to \mathbb{R}$ *eine stetige Funktion mit* $f(x) \ge 0$, $x \in [a, b]$. *Dann gilt:*

$$\int_a^b f(x)\,dx = 0 \quad \Rightarrow \quad f \equiv 0. \tag{6.1.10}$$

Beweis: Angenommen, es ist $f \not\equiv 0$, d. h.: Es gibt ein $x_0 \in [a,b]$ mit $f(x_0) > 0$. Dann gibt es wegen der Stetigkeit von f ein Teilintervall $I_\varepsilon := [x_0, x_0+\varepsilon]$ oder $I_\varepsilon := [x_0-\varepsilon, x_0]$, auf dem f positiv ist: $f(x) \ge \delta > 0,\ x \in I_\varepsilon$. Da jede Zerlegung Z von I mit hinreichend kleiner Feinheit h ein Teilintervall $I_k \subset I_\varepsilon$ beinhaltet, gilt für die zugehörigen Untersummen

$$0 < \delta(x_k - x_{k-1}) \le \inf_{x\in I_k} f(x)\,(x_k - x_{k-1}) \le \underline{S}_Z(f) \le \int_a^b f(x)\,dx,$$

im Widerspruch zur Voraussetzung. Q.E.D.

Das Riemannsche Integral ist bisher für Funktionen auf (beschränkten) Intervallen $I = [a,b]$ erklärt worden, d. h.: Die obere Integrationsgrenze b ist größer als die untere Integrationsgrenze a. Aus technischen Gründen wollen wir das Riemann-Integral aber auch für den Fall definieren, dass die obere Integrationsgrenze gleich oder sogar kleiner als die untere Integrationsgrenze ist. Für $a \le b$ setzen wir:

$$\int_b^a f(x)\,dx := -\int_a^b f(x)\,dx, \qquad \int_a^a f(x)\,dx := 0. \tag{6.1.11}$$

Der folgende „Mittelwertsatz“ der Integration hat eine ähnlich große Bedeutung wie sein Analogon für die Differentiation.

Satz 6.8 (1. Mittelwertsatz): *Es seien $f : I = [a,b] \to \mathbb{R}$ stetig und $g : I \to \mathbb{R}$ Riemann-integrierbar, und g habe in I keinen Vorzeichenwechsel. Dann gibt es eine Zwischenstelle $\xi \in [a,b]$, so dass gilt:*

$$\int_a^b f(x)g(x)\,dx = f(\xi)\int_a^b g(x)\,dx. \tag{6.1.12}$$

Beweis: Die Behauptung ist eine Konsequenz des Zwischenwertsatzes für stetige Funktionen. Wir betrachten o.B.d.A. nur den Fall $g \ge 0$. Da f stetig ist, existieren

$$m := \min_{x\in I} f(x), \qquad M := \max_{x\in I} f(x).$$

Damit gilt wegen $g \ge 0$:

$$m\int_a^b g(x)\,dx \le \int_a^b f(x)g(x)\,dx \le M\int_a^b g(x)\,dx.$$

Aufgrund des Zwischenwertsatzes, angewendet auf die lineare Funktion

$$\varphi(t) := \big(m(1-t) + Mt\big)\int_a^b g(x)\,dx, \quad 0 \le t \le 1,$$

sowie die Funktion f gibt es zunächst ein $\mu \in [m,M]$ mit

$$\int_a^b f(x)g(x)\,dx = \mu\int_a^b g(x)\,dx,$$

und dann ein $\xi \in [a,b]$ mit $\mu = f(\xi)$. Dies beweist die Behauptung. Q.E.D.

Aus dem 1. Mittelwertsatz 6.8 ergeben sich unmittelbar die folgenden Beziehung:

Korollar 6.5: *a) Sei* $f : I = [a,b] \to \mathbb{R}$ *stetig. Dann gilt mit einem* $\xi \in I$ *:*

$$\int_a^b f(x)\,dx = f(\xi)(b-a). \tag{6.1.13}$$

b) Seien $f : [a,b] \to \mathbb{R}$ *stetig mit* $m \le f(x) \le M, \quad x \in I$ *und* $g : [a,b] \to \mathbb{R}$ *Riemann-integrierbar mit* $g \ge 0$ *. Dann gilt:*

$$m \int_a^b g(x)\,dx \le \int_a^b f(x)g(x)\,dx \le M \int_a^b g(x)\,dx. \tag{6.1.14}$$

Beispiel 6.2: Die folgenden Beispiele zeigen, dass auf die zentralen Voraussetzungen im 1. Mittelwertsatz nicht verzichtet werden kann:

1. *Stetigkeit*: Für die durch

$$f(x) := \begin{cases} 0, & 0 \le x < 1, \\ 1, & 1 \le x \le 2, \end{cases}$$

definierte *unstetige* Funktion $f : [0,2] \to \mathbb{R}$ gilt für alle $\xi \in [0,2]$:

$$\int_1^2 f(x)\,dx = 1 \ne f(\xi)(2-0).$$

2. *Positivität*: Für die durch

$$f(x) := x, \qquad g(x) := \begin{cases} -1, & 0 \le x < 1, \\ 1, & 1 \le x \le 2, \end{cases}$$

definierten Funktionen $f, g : [0,2] \to \mathbb{R}$ gilt für alle $\xi \in [0,2]$:

$$\int_0^2 f(x)g(x)\,dx = -\int_0^1 x\,dx + \int_1^2 x\,dx = 1 \ne f(\xi)\int_0^2 g(x)\,dx = 0.$$

6.2 Berechnung von Integralen

Die Definition des Riemannschen Integrals als Limes Riemannscher Summen ist sehr unhandlich für seine praktische Berechnung. Diese wird wesentlich erleichtert durch die Erkenntnis, dass die Integration in gewissem Sinne die Umkehrung der Differentiation ist.

6.2.1 Das unbestimmte Riemann-Integral

Definition 6.3: *Eine Funktion* $F : I = [a,b] \to \mathbb{R}$ *heißt „unbestimmtes Integral" (oder „Stammfunktion") einer Funktion* $f : I \to \mathbb{R}$ *, wenn sie differenzierbar ist und wenn gilt:*

$$F'(x) = f(x), \quad x \in I. \tag{6.2.15}$$

Wir verwenden für diesen Zusammenhang die (nicht ganz unproblematische) Schreibweise

$$F(x) = \int f(x)\,dx.$$

Satz 6.9 (Fundamentalsatz der Analysis): *a) Für eine stetige Funktion* $f : I = [a,b] \to \mathbb{R}$ *ist das bestimmte Riemann-Integral*

$$F(x) := \int_a^x f(y)\,dy, \quad x \in [a,b], \tag{6.2.16}$$

aufgefasst als Funktion der oberen Grenze x *eine Stammfunktion von* f*. Jede weitere Stammfunktion von* f *unterscheidet sich von* F *nur durch eine Konstante.*

b) Ist umgekehrt die Funktion $F : I = [a,b] \to \mathbb{R}$ *Stammfunktion einer stetigen Funktion* f *, so gilt:*

$$\int_a^b f(x)\,dx = F(x)\Big|_a^b := F(b) - F(a). \tag{6.2.17}$$

Beweis: a) Wir betrachten Differenzenquotienten der Funktion $F(x)$:

$$\frac{F(x+h) - F(x)}{h} = \frac{1}{h}\left(\int_a^{x+h} f(y)\,dy - \int_a^x f(y)\,dy\right) = \frac{1}{h}\int_x^{x+h} f(y)\,dy.$$

Nach dem 1. Mittelwertsatz gilt dann mit einem $\xi_h \in [x, x+h]$:

$$\frac{F(x+h) - F(x)}{h} = f(\xi_h).$$

Für $h \to 0$ konvergiert $\xi_h \to x$, so dass wegen der Stetigkeit von f folgt:

$$F'(x) = \lim_{h \to 0} \frac{F(x+h) - F(x)}{h} = f(x).$$

Sei G eine weitere Stammfunktion von f. Dann gilt $F' - G' = (F - G)' = 0$, d. h.: $F - G$ ist konstant.

b) Sei nun F Stammfunktion von f, d. h. $F'(x) = f(x)$. Mit der Funktion

$$G(x) := \int_a^x f(y)\,dy, \quad G(a) = 0,$$

ist dann gemäß Teil (a) $F - G$ konstant. Deshalb ist

$$F(b) - F(a) = G(b) - G(a) = G(b) = \int_a^b f(x)\,dx,$$

was zu zeigen war. Q.E.D.

Bemerkung 6.5: Satz 6.9 besagt, dass Integration und Differentiation zu einander inverse Prozesse sind:

$$\frac{d}{dx}\int_a^x f(y)\,dy = f(x), \qquad f(x) = f(a) + \int_a^x f'(y)\,dy. \tag{6.2.18}$$

Aus den Regeln für die Differentiation in Kapitel 4 gewinnen wir die folgenden speziellen Stammfunktionen:

1. Allgemeine Potenzfunktion $f(x) = x^\alpha,\ \alpha \in \mathbb{R},\ x \in \mathbb{R}_+:$

$$\int y^\alpha\,dy = \tfrac{1}{\alpha+1}x^{\alpha+1}\,; \tag{6.2.19}$$

2. Polynom $f(x) = \sum_{k=0}^n a_k x^k:$

$$\int \sum_{k=0}^n a_k y^k\,dy = \sum_{k=1}^n \tfrac{1}{k+1}a_k x^{k+1}; \tag{6.2.20}$$

3. Allgemeine Exponentialfunktion $f(x) = a^x = e^{x\ln(a)},\ a \in \mathbb{R}_+:$

$$\int a^y\,dy = \int e^{y\ln(a)}\,dy = \frac{e^{x\ln(a)}}{\ln(a)} = \frac{a^x}{\ln(a)}\,; \tag{6.2.21}$$

4. Reziproke Funktion $f(x) = 1/x,\ x \neq 0\,;$

$$\left.\begin{array}{ll} x > 0: & \ln'(x) = x^{-1}, \\ x < 0: & \ln'(-x) = x^{-1}, \end{array}\right\} \quad \Rightarrow \quad \int \frac{1}{y}\,dy = \ln(|x|)\,; \tag{6.2.22}$$

5. Sinus $f(x) = \sin(x)$ und Cosinus $f(x) = \cos(x):$

$$\int \sin(y)\,dy = -\cos(x), \qquad \int \cos(y)\,dy = \sin(x)\,. \tag{6.2.23}$$

Wir listen im Folgenden ohne Kommentar einige weitere Stammfunktionen:

$$\int \frac{dy}{\cos^2(y)} = \tan(x), \qquad \int \frac{dy}{\sin^2(y)} = -\cot(x)\,; \tag{6.2.24}$$

$$\int \frac{dy}{\sqrt{1-y^2}} = \arcsin(x), \qquad \int \frac{dy}{1+y^2} = \arctan(x)\,. \tag{6.2.25}$$

Korollar 6.6 (2. Mittelwertsatz): *Es seien $f: I = [a,b] \to \mathbb{R}$ monoton und $g: I \to \mathbb{R}$ Riemann-integrierbar. Dann gibt es eine Zwischenstelle $\xi \in [a,b]$, so dass gilt:*

$$\int_a^b f(x)g(x)\,dx = f(a)\int_a^\xi g(x)\,dx + f(b)\int_\xi^b g(x)\,dx. \tag{6.2.26}$$

Beweis: Wir nehmen o.B.d.A. an, dass f monoton fallend ist. Die Funktion

$$\varphi(t) := f(a) \int_a^t g(x)\,dx + f(b) \int_t^b g(x)\,dx, \quad a \le t \le b,$$

ist nach dem Fundamentalsatz 6.9 stetig, und es gilt wegen der Monotonie von f:

$$\varphi(a) = f(b) \int_a^b g(x)\,dx \le \int_a^b f(x)g(x)\,dx \le f(a) \int_a^b g(x)\,dx = \varphi(b).$$

Nach dem Zwischenwertsatz gibt es dann ein $\xi \in [a,b]$, so dass

$$\varphi(\xi) = \int_a^b f(x)g(x)\,dx,$$

was zu beweisen war. Q.E.D.

Beispiel 6.3: Das folgende Beispiel zeigt, dass auf die Monotonievoraussetzung im 2. Mittelwertsatz nicht verzichtet werden kann: Für die durch

$$f(x) := x^2, \qquad g(x) := 1,$$

definierten Funktionen $f, g : [-1,1] \to \mathbb{R}$ gilt für alle $\xi \in [-1,1]$:

$$\begin{aligned} f(-1) \int_{-1}^{\xi} g(x)\,dx + f(1) \int_{\xi}^{1} g(x)\,dx &= \int_{-1}^{1} g(x)\,dx = 2 \\ &\ne \int_{-1}^{1} f(x)g(x)\,dx = \frac{2}{3}. \end{aligned}$$

6.2.2 Integrationsformeln

Wir beschreiben im Folgenden einige nützliche Methoden zur Berechnung von bestimmten Integralen bzw. zur Bestimmung von Stammfunktionen.

Lemma 6.2 (Partielle Integration): *Seien $f, g : I \to \mathbb{R}$ zwei stetig differenzierbare Funktionen. Dann gilt:*

$$\int_a^b f(x)g'(x)\,dx = (fg)(x)\Big|_a^b - \int_a^b f'(x)g(x)\,dx. \tag{6.2.27}$$

Beweis: Durch Integration der Identität

$$(fg)'(x) = f'(x)g(x) + f(x)g'(x)$$

erhalten wir

$$\int_a^b \big(f'(x)g(x) + f(x)g'(x)\big)\,dx = \int_a^b (fg)'(x)\,dx = (fg)(x)\Big|_a^b,$$

woraus die behauptete Formel folgt. Q.E.D.

Anwendung 6.2.1: Als Anwendung der partiellen Integration wollen wir einige spezielle Integrale berechnen:

1. Wir setzen $f(x) := x$, $g(x) := e^x$ und erhalten

$$\int_a^b xe^x\,dx = xe^x\Big|_a^b - \int_a^b e^x\,dx = xe^x\Big|_a^b - e^x\Big|_a^b = e^b(b-1) - e^a(a-1).$$

2. Wir setzen $f(x) := \sin(x)$, $g(x) = -\cos(x)$ und erhalten

$$\begin{aligned}\int_a^b \sin^2(x)\,dx &= -\sin(x)\cos(x)\Big|_a^b + \int_a^b \cos^2(x)\,dx\\ &= -\sin(x)\cos(x)\Big|_a^b + \int_a^b (1-\sin^2(x))\,dx.\end{aligned}$$

   Folglich gilt:

$$\int_a^b \sin^2(x)\,dx = \frac{b-a}{2} - \frac{1}{2}\sin(x)\cos(x)\Big|_a^b.$$

3. Wir setzen $f(x) := \ln(x)$, $g(x) := x$ und erhalten

$$\int_a^b \ln(x)\,dx = x\ln(x)\Big|_a^b - \int_a^b dx = b\big(\ln(b)-1\big) - a\big(\ln(a)-1\big).$$

4. Wir setzen zunächst $f(x) := \sin(x)$, $g(x) = e^x$ und dann $f(x) := \cos(x)$, $g(x) = e^x$ und erhalten durch zweimalige partielle Integration

$$\begin{aligned}\int_a^b e^x\sin(x)\,dx &= e^x\sin(x)\Big|_a^b - \int_a^b e^x\cos(x)\,dx\\ &= e^x\sin(x)\Big|_a^b - e^x\cos(x)\Big|_a^b - \int_a^b e^x\sin(x)\,dx.\end{aligned}$$

   Dies ergibt

$$\int_a^b e^x\sin(x)\,dx = \frac{1}{2}e^x\big(\sin(x)-\cos(x)\big)\Big|_a^b.$$

Anwendung 6.2.2: Wir wollen eine Integraldarstellung des Restglieds in der Taylor-Entwicklung (5.3.19) von Satz 5.8 ableiten:

$$f(x) = \sum_{k=0}^{n} \frac{f^{(k)}(x_0)}{k!}(x-x_0)^k + R_{n+1}(x), \tag{6.2.28}$$

wobei

$$R_{n+1}(x) = \frac{f^{(n+1)}(\xi)}{(n+1)!}(x-x_0)^{n+1} = \frac{1}{n!}\int_{x_0}^x (x-t)^n f^{(n+1)}(t)\,dt. \tag{6.2.29}$$

Zum Beweis verwenden wir ein Induktionsargument. Für $n = 0$ gilt zunächst aufgrund des Fundamentalsatzes:

$$f(x) = f(x_0) + \int_{x_0}^{x} f'(t)\, dt.$$

Sei nun (6.2.29) bereits gezeigt für $n \geq 1$. Dann gilt:

$$\begin{aligned} R_n(x) &= \frac{1}{(n-1)!}\int_{x_0}^{x} (x-t)^{n-1} f^{(n)}(t)\, dt = -\frac{1}{n!}\int_{x_0}^{x} \Big(\frac{d}{dt}(x-t)^n\Big) f^{(n)}(t)\, dt \\ &= -\frac{(x-t)^n}{n!} f^{(n)}(t)\Big|_{x_0}^{x} + \frac{1}{n!}\int_{x_0}^{x} (x-t)^n f^{(n+1)}(t)\, dt \\ &= \frac{1}{n!} f^{(n)}(x_0)(x-x_0)^n + \frac{1}{n!}\int_{x_0}^{x} (x-t)^n f^{(n+1)}(t)\, dt, \end{aligned}$$

was die Richtigkeit der Behauptung für $n+1$ impliziert.

Satz 6.10 (Substitutionsregel): *Seien $f : I \to \mathbb{R}$ eine stetige und $\varphi : [a,b] \to I$ eine stetig differenzierbare Funktion. Dann gilt die sog. „Substitutionsregel“:*

$$\int_a^b f\big(\varphi(y)\big)\varphi'(y)\, dy = \int_{\varphi(a)}^{\varphi(b)} f(x)\, dx. \tag{6.2.30}$$

Beweis: Sei $F : I \to \mathbb{R}$ eine Stammfunktion von f. Die Komposition $F \circ \varphi : [a,b] \to \mathbb{R}$ ist dann stetig differenzierbar, und nach der Kettenregel gilt:

$$(F \circ \varphi)'(y) = F'\big(\varphi(y)\big)\varphi'(y) = f\big(\varphi(y)\big)\varphi'(y).$$

Aufgrund des Fundamentalsatzes (6.9) folgt dann

$$\begin{aligned} \int_a^b f\big(\varphi(y)\big)\varphi'(y)\, dy &= \int_a^b (F\circ\varphi)'(y)\, dy = (F\circ\varphi)(y)\Big|_a^b = (F\circ\varphi)(b) - (F\circ\varphi)(a) \\ &= \int_{\varphi(a)}^{\varphi(b)} f(x)\, dx, \end{aligned}$$

was zu zeigen war. Q.E.D.

Bemerkung 6.6: Die Aussage des Substitutionssatzes läßt sich am einfachsten merken, wenn man sich der folgenden symbolischen Schreibweise bedient:

$$\int_a^b f\big(\varphi(y)\big)\, d\varphi(y) = \int_{\varphi(a)}^{\varphi(b)} f(x)\, dx, \qquad d\varphi(y) := \varphi'(y)dy,$$

wobei x durch $\varphi(y)$ ersetzt ist und die Integrationsgrenzen entsprechend angepasst sind.

Anwendung 6.2.3: Wir geben einige Anwendungen der Substitutionsregel zur Berechnung von bestimmten oder unbestimmten Integralen:

1. Die Funktion $\varphi(y) := \sin(y)$ bildet das Intervall $[-\frac{1}{2}\pi, \frac{1}{2}\pi]$ bijektiv auf das Intervall $[-1, 1]$ ab, und es ist dort $\cos(y) \ge 0$. Wir erhalten damit für $x = \varphi(y)$:

$$\int_{-1+\varepsilon}^{1-\varepsilon} \frac{dx}{\sqrt{1-x^2}} = \int_{-\frac{1}{2}\pi+\delta}^{\frac{1}{2}\pi-\delta} \frac{1}{\sqrt{1-\varphi(y)^2}}\varphi'(y)\,dy = \int_{-\frac{1}{2}\pi+\delta}^{\frac{1}{2}\pi-\delta} \frac{\cos(y)}{\cos(y)}\,dy = \pi - 2\delta.$$

   Für $\varepsilon \to 0$ geht $\delta \to 0$ und wir finden:

$$\lim_{\varepsilon\to 0} \int_{-1+\varepsilon}^{1-\varepsilon} \frac{dx}{\sqrt{1-x^2}} = \pi.$$

   Dies ist ein Spezialfall sog. „uneigentlicher“ Riemann-Integrale, die wir im nächsten Abschnitt betrachten werden.

2. Wir setzen $f(z) := 1/z$ und $\varphi(y) := \cos(y)$ und erhalten

$$\int \tan(y)\,dy = \int \frac{\sin(y)}{\cos(y)}\,dy = \int f(\varphi(y))\varphi'(y)\,dy = -\int \frac{dz}{z} = -\ln(|\cos(x)|).$$

3. Wir setzen $f(y) := 1/y$ und $z = \varphi(y) := \tan(\frac{1}{2}y)$ mit

$$\varphi'(y) = \frac{1}{2\cos^2(\frac{1}{2}y)}, \qquad \sin(y) = 2\sin(\tfrac{1}{2}y)\cos(\tfrac{1}{2}y)$$

   und erhalten

$$\begin{aligned}\int \frac{dy}{\sin(y)} &= \int \frac{dy}{2\sin(\frac{1}{2}y)\cos(\frac{1}{2}y)} = \int \frac{dy}{\tan(\frac{1}{2}y)2\cos^2(\frac{1}{2}y)} = \int f(\varphi(y))\varphi'(y)\,dy\\ &= \int f(z)\,dz = \int \frac{dz}{z} = \ln(|z|) = \ln(|\tan(\tfrac{1}{2}y)|).\end{aligned}$$

Integration rationaler Funktionen (Partialbruchzerlegung)

Jede rationale Funktion

$$r(x) = \frac{p(x)}{q(x)} = \frac{a_r x^r + \cdots + a_0}{a_s x^s + \cdots + b_0}, \qquad r < s,$$

lässt sich schreiben als Summe von Partialbrüchen der folgenden zwei Typen:

$$r_1(x) = \frac{A}{(x+a)^n}, \quad r_2(x) = \frac{B + Cx}{(x^2 + 2bx + c)^n}, \qquad n \ge 1.$$

Dies ist eine Folgerung der Produktzerlegung des Nennerpolynoms $q(x)$ mit Hilfe seiner reellen und (möglicherweise) komplexen Nullstellen in der Form (4.3.9):

$$q(x) = b_s \prod_{k=1}^{m'} (x - x_k)^{\mu_k} \prod_{k=m'+1}^{m} (x^2 - 2\mathrm{Re}\, x_k x + |x_k|^2)^{\mu_k}.$$

Wir wollen dies nicht beweisen, sondern nur durch ein Beispiel illustrieren.

Beispiel 6.4: Für den Ansatz

$$r(x) = \frac{x^3+2x^2+x-1}{x^4-1} = \frac{x^3+2x^2+x-1}{(x+1)(x-1)(x^2+1)} = \frac{A_1}{x+1} + \frac{A_2}{x-1} + \frac{B+Cx}{x^2+1}$$

erhalten wir durch Ausmultiplizieren

$$\begin{aligned} x^3+2x^2+x-1 &= A_1(x-1)(x^2+1) + A_2(x+1)(x^2+1) + (B+Cx)(x^2-1) \\ &= (A_1+A_2+C)x^3 + (-A_1+A_2+B)x^2 + (A_1+A_2-C)x \\ &\quad - A_1 + A_2 - B. \end{aligned}$$

und dann durch Koeffizientenvergleich

$$\begin{aligned} 1 &= A_1+A_2+C \\ 2 &= -A_1+A_2+B \\ 1 &= A_1+A_2-C \\ -1 &= -A_1+A_2-B. \end{aligned}$$

Aus der ersten und dritten sowie der zweiten und vierten Gleichung erhalten wir $C=0$ und $B=\frac{3}{2}$. Kombination der ersten und zweiten Gleichung liefert ferner $A_2=\frac{3}{4}$ und $A_1=\frac{1}{4}$. Dies ergibt die Partialbruchzerlegung

$$\frac{x^3+2x^2+x-1}{x^4-1} = \frac{\frac{1}{4}}{x+1} + \frac{\frac{3}{4}}{x-1} + \frac{\frac{3}{2}}{x^2+1}.$$

Mit der obigen Partialbruchzerlegung ist die Integration allgemeiner rationaler Funktionen auf die der speziellen Funktionen r_1 und r_2 zurückgeführt. Wir wollen nun deren Stammfunktionen bestimmen.

a) Es gilt mit $n \geq 2$:

$$\int \frac{1}{x+a}\,dx = \ln(|x+a|), \qquad \int \frac{1}{(x+a)^n}\,dx = \frac{1}{(1-n)(x+a)^{n-1}}. \qquad (6.2.31)$$

b) Da das Polynom $= x^2+2bx+c = (x+b)^2+c-b^2$ konstruktionsgemäß irreduzibel ist, muss $d := c-b^2 > 0$ sein. Die Substitution $y=(x+b)/d$ ergibt dann

$$\int \frac{B+Cx}{(x^2+2bx+c)^n}\,dx = \int \frac{B'+C'y}{(y^2+1)^n}\,dy,$$

mit gewissen Zahlen B', C'. Zunächst gilt dann wieder mit $n \geq 2$:

$$\int \frac{y}{y^2+1}\,dy = \tfrac{1}{2}\ln(y^2+1), \qquad \int \frac{y}{(y^2+1)^n}\,dy = \frac{1}{2(1-n)(y^2+1)^{n-1}}.$$

Aus der Beziehung

$$I_n := \int \frac{1}{(y^2+1)^n}\,dy = \int \frac{1}{(y^2+1)^{n-1}}\,dy - \int \frac{y^2}{(y^2+1)^n}\,dy$$

erhalten wir durch partielle Integration mit $f(y) := y$ und $g'(y) := y(y^2+1)^{-n}$:

$$\begin{aligned} I_n &= I_{n-1} - \frac{y}{2(1-n)(y^2+1)^{n-1}} + \frac{1}{2(1-n)} \int \frac{1}{(y^2+1)^{n-1}}\, dy \\ &= \frac{3-2n}{2-2n} I_{n-1} - \frac{y}{(2-2n)(y^2+1)^{n-1}}. \end{aligned}$$

Mit Hilfe dieser rekursiven Beziehung kann man ausgehend von

$$I_1 = \int \frac{1}{y^2+1}\, dy = \arctan(x)$$

sukzessiv r_2 für $n \geq 2$ berechnen.

6.3 Uneigentliche Integrale

Wir wollen nun das Konzept des (bestimmten) Riemann-Integrals für Funktionen auf unbeschränkten Intervallen und mit Singularitäten ausdehnen. Solche Integrale werden „uneigentlich" genannt.

Uneigentliche Integrale auf endlichen Intervallen

Wir nennen eine Funktion auf einem endlichen, halboffenen Intervall $(a, b]$ „integrierbar", wenn sie auf jedem abgeschlossenen Teilintervall $[a', b] \subset (a, b]$ im oben definierten Sinne Riemann-integrierbar ist.

Satz 6.11 (Uneigentliches Riemann-Integral 1): *Sei $f : (a, b] \to \mathbb{R}$ eine auf dem halboffenen Intervall $(a, b]$ aber nicht auf dem Abschluss $[a, b]$ im Riemannschen Sinne integrierbare Funktion. Existiert für jede Folge von Punkten $a_n \in (a, b]$ der Limes*

$$\int_a^b f(x)\, dx := \lim_{a_n \downarrow a} \int_{a_n}^b f(x)\, dx,$$

so ist dieser unabhängig von der Wahl der Folge $(a_n)_{n \in \mathbb{N}}$ und heißt das „uneigentliche Integral" von f über $[a, b]$.

Beweis: Ist $(a'_n)_{n \in \mathbb{N}}$ eine zweite Folge mit

$$\lim_{a'_n \downarrow a} \int_{a'_n}^b f(x)\, dx = A',$$

so konvergieren gemäß Voraussetzung auch die Integrale zu der zusammengesetzten Folge $\{a_1, a'_1, a_2, a'_2, \ldots, a_n, a'_n, \ldots\}$ gegen einen Limes A''. Da aber Teilfolgen gegen denselben Limes konvergieren wie die Gesamtfolge, muss $A'' = A'$ sein. Also konvergieren alle Integralfolgen gegen denselben Limes. Q.E.D.

Lemma 6.3: *Sei $f : (a,b] \to \mathbb{R}$ auf $(a,b]$ aber nicht auf $[a,b]$ integrierbar. Existiert dann das uneigentliche Integral von $|f|$ über $[a,b]$, so existiert auch das uneigentliche Integral von f über $[a,b]$, und es gilt*

$$\Big| \int_a^b f(x)\,dx \Big| \le \int_a^b |f(x)|\,dx. \tag{6.3.32}$$

Beweis: Für $\varepsilon \in \mathbb{R}_+$, $\varepsilon < b-a$, schreiben wir

$$\int_{a+\varepsilon}^b f(x)\,dx = \int_{a+\varepsilon}^b \frac{|f(x)|+f(x)}{2}\,dx - \int_{a+\varepsilon}^b \frac{|f(x)|-f(x)}{2}\,dx.$$

Die Integrale rechts sind für $\varepsilon \to 0$ nach Voraussetzung gleichmäßig beschränkt und wegen der Nichtnegativität der Integranden jeweils monoton wachsend,

$$\Big| \int_{a+\varepsilon}^b \frac{|f(x)|+f(x)}{2}\,dx \Big| + \Big| \int_{a+\varepsilon}^b \frac{|f(x)|-f(x)}{2}\,dx \Big| \le 2\int_{a+\varepsilon}^b |f(x)|\,dx \le 2\int_a^b |f(x)|\,dx.$$

Folglich konvergieren die Integrale für $\varepsilon \to 0$. Damit hat auch das linke Integral für $\varepsilon \to 0$ einen Limes, d. h. f besitzt über $[a,b]$ ein uneigentliches Integral. Q.E.D.

Bemerkung 6.7: Die Umkehrung der Aussage von Lemma 6.3, d. h. dass aus der uneigentlichen Integrierbarkeit von f auch die von $|f|$ folgt (in Analogie zum regulären Riemann-Integral) ist i. Allg. nicht richtig. Beim uneigentlichen Riemann-Integral muss also wie bei Reihen zwischen „einfacher“ und „absoluter“ Konvergenz unterschieden werden.

Beispiel 6.5: Wir betrachten eine typische Anwendung von Satz 6.11: Wir untersuchen die Integrierbarkeit der Funktion $f(x) = (x-a)^{-\mu}$ für $\mu > 0$. Im Fall $\mu = 1$ ist

$$\int_{a+\varepsilon}^b \frac{dx}{x-a} = \ln(b-a) - \ln(\varepsilon) \to \infty \quad (\varepsilon \to 0),$$

d. h.: Das uneigentliche Integral über $[a,b]$ existiert nicht. Im Fall $\mu \neq 1$ gilt

$$\int_{a+\varepsilon}^b \frac{dx}{(x-a)^\mu} = \frac{1}{1-\mu}\,\frac{1}{(x-a)^{\mu-1}}\Big|_{a+\varepsilon}^b = \frac{1}{1-\mu}\left(\frac{1}{(b-a)^{\mu-1}} - \frac{1}{(-\varepsilon)^{\mu-1}}\right).$$

Offenbar existiert für $0 < \mu < 1$ das uneigentliche Integral, während es für $\mu \ge 1$ nicht existiert.

Bemerkung 6.8 (Cauchyscher Hauptwert): Das Beispiel

$$\int_{-1}^{\varepsilon} \frac{dx}{x} = \ln(x)\Big|_{-1}^{\varepsilon} = \ln(\varepsilon), \qquad \int_{\varepsilon}^{1} \frac{dx}{x} = \ln(x)\Big|_{\varepsilon}^{1} = -\ln(\varepsilon)$$

zeigt, dass man durch Zusammenfassung singulärer Teilintegrale gemäß

$$\lim_{\varepsilon \to 0} \left(\int_{-1}^{\varepsilon} \frac{dx}{x} + \int_{\varepsilon}^{1} \frac{dx}{x} \right) = 0$$

durchaus zu konvergenten Prozessen gelangen kann, auch wenn die Einzelintegrale selbst nicht als uneigentliche Integrale existieren. Diesen Limes nennt man dann den „Cauchyschen Hauptwert“ des Integrals, d. h. im betrachteten Beispiel:

$$\text{CH}-\int_{-1}^{1} \frac{dx}{x} := 0.$$

Uneigentliche Integrale auf unendlichen Intervallen

Wir nennen eine Funktion auf einem unendlichen, halboffenen Intervall $[a, \infty)$ „lokal intergrierbar“, wenn sie auf jedem abgeschlossenen Teilintervall $[a, b'] \subset [a, \infty)$ im oben definierten Sinne Riemann-integrierbar ist.

Satz 6.12 (Uneigentliches Riemann-Integral 2): *Sei $f : [a, \infty) \to \mathbb{R}$ eine lokal integrierbare Funktion. Existiert für jede Folge von Punkten $b_n \in [a, \infty)$ der Limes*

$$\int_a^{\infty} f(x)\, dx := \lim_{b_n \to \infty} \int_a^{b_n} f(x)\, dx,$$

so ist dieser unabhängig von der Wahl der Folge $(b_n)_{n \in \mathbb{N}}$ und heißt das „uneigentliche Integral“ von f über $[a, \infty)$.

Beweis: Das Argument ist analog wie im Beweis von Satz 6.11. Q.E.D.

Lemma 6.4: *Sei $f : [a, \infty) \to \mathbb{R}$ lokal integrierbar. Existiert dann das uneigentliche Integral von $|f|$ über $[a, \infty)$, so existiert auch das uneigentliche Integral von f über $[a, \infty)$, und es gilt*

$$\left| \int_a^{\infty} f(x)\, dx \right| \le \int_a^{\infty} |f(x)|\, dx. \tag{6.3.33}$$

Beweis: Der Beweis verläuft analog zum Beweis von Lemma 6.3. Q.E.D.

Das folgende Konvergenzkriterium für uneigentliche Integrale stammt von Dirichlet und ist das Analogon des entsprechenden Kriteriums für Reihen aus Abschnitt 3.2.1.

Satz 6.13: *Sei $f : [a, \infty) \to \mathbb{R}$ in $[a, \infty)$ integrierbar mit*

$$\sup_{x \ge a} \left| \int_a^x f(t)\, dt \right| = M < \infty. \tag{6.3.34}$$

Ferner sei $g : [a, \infty) \to \mathbb{R}_+$ *differenzierbar und monoton gegen Null fallend. Dann existiert das uneigentliche Integral*

$$\int_a^\infty f(x)g(x)\,dx = \lim_{x\to\infty} \int_a^x f(x)g(x)\,dx. \tag{6.3.35}$$

Beweis: Mit f und g ist auch das Produkt fg in $[a, \infty)$ lokal integrabel. Das Integral

$$F(x) = \int_a^x f(t)\,dt$$

ist nach dem Hauptsatz Stammfunktion von f. Für $a < x < \infty$ erhalten wir dann durch partielle Integration:

$$\int_a^x f(t)g(t)\,dt = F(t)g(t)\Big|_a^x - \int_a^x F(t)g'(t)\,dt.$$

Sei nun $\varepsilon \in \mathbb{R}_+$ beliebig. Dazu gibt es ein $\beta_\varepsilon > a$, so dass

$$g(x) < \frac{\varepsilon}{2M}, \quad x \geq \beta_\varepsilon.$$

Für beliebige $\beta \geq \alpha \geq \beta_\varepsilon$ folgt damit wegen $g' \leq 0$:

$$\Big|\int_\alpha^\beta F(t)g'(t)\,dt\Big| \leq M \int_\alpha^\beta |g'(t)|\,dt = -M \int_\alpha^\beta g'(t)\,dt = -M\,g(t)\Big|_\alpha^\beta \leq \varepsilon.$$

Nach dem Cauchy-Kriterium hat daher das Integral $\int_a^x F(t)g'(t)\,dt$ für $x \to \infty$ einen Limes. Mit

$$\lim_{x\to\infty} \int_a^x f(t)g(t)\,dt = \underbrace{\lim_{x\to\infty} F(x)g(x)}_{=0} - \underbrace{F(a)}_{=0}g(a) - \int_a^\infty F(t)g'(t)\,dt$$

folgt so die Richtigkeit der Behauptung. Q.E.D.

Satz 6.14: *Es sei* $f : [n_0, \infty) \to \mathbb{R}$ *eine stetige, positive, monoton fallende Funktion. Dann gilt:*

$$\sum_{k=n_0}^\infty f(k) < \infty \quad \Leftrightarrow \quad \int_{n_0}^\infty f(x)\,dx < \infty. \tag{6.3.36}$$

Beweis: i) Die Reihe sei konvergent. Wegen der Monotonie von f gilt für jedes $n \in \mathbb{N}$ mit $n > n_0$:

$$\int_{n_0}^{n+1} f(x)\,dx = \sum_{k=n_0}^n \int_k^{k+1} f(x)\,dx \leq \sum_{k=n_0}^n f(k) \leq \sum_{k=n_0}^\infty f(k).$$

Folglich existiert das uneigentliche Integral über $[n_0, \infty)$.

ii) Das uneigentliche Integral existiere. Wegen der Beziehung, für alle $n > n_0$,

$$\sum_{k=n_0}^{n} f(k) \leq f(n_0) + \sum_{k=n_0}^{n-1} f(k+1) \leq f(n_0) + \sum_{k=n_0}^{n-1} \int_k^{k+1} f(x)\,dx \leq \int_{n_0}^{\infty} f(x)\,dx$$

ist dann auch die Reihe konvergent. Q.E.D.

Beispiel 6.6: Wir betrachten ein paar typische Anwendungen der vorausgehenden Sätze:

1. Wir untersuchen die Integrierbarkeit der Potenzfunktion $f(x) = x^{-\mu}$ auf $[1, \infty)$ für $\mu > 0$. Für $\varepsilon \in \mathbb{R}_+$ ist

$$\int_1^{1/\varepsilon} \frac{dx}{x^\mu} = \frac{1}{(1-\mu)x^{\mu-1}}\Big|_1^{1/\varepsilon} = \frac{1}{(1-\mu)}\Big(\frac{1}{\varepsilon^{1-\mu}} - 1\Big).$$

   Das uneigentliche Integral existiert also für $\mu > 1$, während es für $\mu \leq 1$ nicht existiert.

2. Wir haben die folgende Stammfunktion

$$\int \frac{dx}{x\ln^2(x)} = -\frac{1}{\ln(x)},$$

   d. h.: Das folgende uneigentliche Integral existiert:

$$\int_2^{\infty} \frac{dx}{x\ln^2(x)} = \frac{1}{\ln(2)}.$$

   Da die Funktion $f(x) := 1/(x\ln^2(x))$ auf dem Intervall $[2, \infty)$ positiv und monoton fallen ist, folgt nach Satz 6.14 die Konvergenz der Reihe

$$\sum_{k=2}^{\infty} \frac{1}{k\ln^2(k)} < \infty.$$

3. Die Integrale

$$\int_1^{\infty} \frac{\sin(x)}{x}\,dx, \qquad \int_1^{\infty} \frac{\cos(x)}{x}\,dx$$

   existieren nach Satz 6.13 mit der Setzung $f(x) := \sin(x)$ bzw. $f(x) := \cos(x)$ und $g(x) := 1/x$. Ebenso erhalten wir die Existenz der Integrale

$$\int_2^{\infty} \frac{\sin(x)}{\ln(x)}\,dx, \qquad \int_3^{\infty} \frac{\sin(x)}{\ln(\ln(x))}\,dx.$$

6.4 Kurvenlänge

Wir wollen die bisher gewonnenen Ergebnisse zur Bestimmung der Länge sog. „ebener Kurven“ verwenden. Beipiel einer solchen Kurve ist der Graph

$$G(f) = \{(x, f(x)) \in \mathbb{R} \times \mathbb{R} | \, x \in [a, b]\}$$

einer stetigen Funktion f über einem Intervall $[a, b]$. Wir führen die folgende Diskussion aber in einem etwas allgemeineren Kontext.

Definition 6.4: *Es seien φ, ψ zwei stetige Funktionen eines Parameters $t \in [a, b]$. Sind die Punkte der Ebene $(\varphi(t), \psi(t))$, $t \in [a, b]$, alle verschieden, so nennt man die Punktmenge*

$$\Gamma := \{(\varphi(t), \psi(t)) \,|\, t \in [a, b]\}$$

ein ebenes „Kurvenstück“ mit der Parameterdarstellung $\{\varphi, \psi\}$.

Der Graph einer Funktion f über einem Intervall $[a, b]$ ist in diesem Sinne ein Kurvenstück mit der Parameterdarstellung

$$\varphi(t) := t, \quad \psi(t) := f(t), \quad t \in [a, b].$$

Durch Aneinanderfügung von endlich vielen Kurvenstücken $K_1, \dots, K_n$ erhält man eine „ebene Kurve“; diese heißt „geschlossen“ , wenn der Endpunkt von K_n gleich dem Anfangspunkt von K_1 ist.

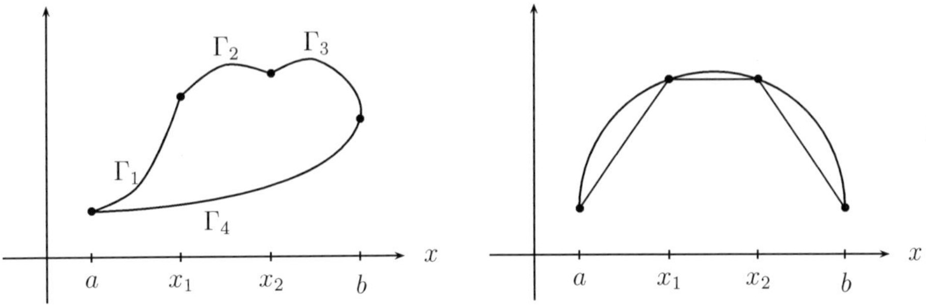

Abbildung 6.4: Aus Kurvenstücken zusammengesetzte ebene Kurve (links) und Polygonapproximation eines Kurvenstücks (rechts).

Wir wollen die „Länge“ eines Kurvenstücks K bestimmen. Sei $Z \in \mathcal{Z}(a, b)$ eine Zerlegung des Parameterintervalls $[a, b]$ in Teilpunkte $a = t_0 < t_1 < \cdots < t_n = b$ mit Feinheit $h = \max_{k=1,\dots,n}(t_k - t_{k-1})$. Wir approximieren das Kurvenstück durch einen Polygonzug $p_Z(\Gamma)$ (aneinander gefügte lineare Kurvenstücke) zu den Stützpunkten $(\varphi(t_k), \psi(t_k))$, $k = 0, \dots, n$. Die Länge $|p_Z(\Gamma)|$ des Polygonzugs ist die Summe der Längen seiner einzelnen linearen Teilstücke, welche wiederum als der euklidische Abstand ihrer Endpunkte definiert ist, d.h.:

$$|p_Z(\Gamma)| := \sum_{k=1}^{n} \sqrt{\big(\varphi(x_k) - \varphi(x_{k-1})\big)^2 + \big(\psi(x_k) - \psi(x_{k-1})\big)^2}.$$

Definition 6.5: *Haben die Längen aller Polygonzüge $p_Z(\Gamma)$ zu einem Kurvenstück Γ eine (endliche) obere Grenze, so heißt Γ „rektifizierbar“ mit der „Länge*

$$|\Gamma| := \sup_{Z\in\mathcal{Z}(a,b)} |p_Z(\Gamma)|.$$

Satz 6.15 (Kurvenlänge): *Ist die Parameterdarstellung des Kurvenstücks Γ stetig differenzierbar, so ist es rektifizierbar, und seine Länge ist gegeben durch*

$$|\Gamma| = \int_a^b \sqrt{\varphi'(t)^2 + \psi'(t)^2}\, dt \tag{6.4.37}$$

Beweis: Mit φ' und ψ' ist auch $\sqrt{(\varphi')^2 + (\psi')^2}$ stetig und folglich Riemann-integrierbar über $[a,b]$. Das Integral in (6.4.37) existiert daher als Limes Riemannscher Summen. Sei $Z \in \mathcal{Z}(a,b)$ eine Zerlegung und $p_Z(\Gamma)$ der zugehörige Polygonzug. Für die Länge $|p_Z|$ erhalten wir mit Hilfe des Mittelwertsatzes:

$$\begin{aligned}
|p_Z(\Gamma)| &= \sum_{k=1}^{n} \sqrt{(\varphi(t_k) - \varphi(t_{k-1}))^2 + (\psi(t_k) - \psi(t_{k-1}))^2} \\
&= \sum_{k=1}^{n} (t_k - t_{k-1}) \sqrt{\Big(\frac{\varphi(t_k) - \varphi(t_{k-1})}{t_k - t_{k-1}}\Big)^2 + \Big(\frac{\psi(t_k) - \psi(t_{k-1})}{t_k - t_{k-1}}\Big)^2} \\
&= \sum_{k=1}^{n} (t_k - t_{k-1}) \sqrt{\varphi'(\tau_k)^2 + \psi'(\tau_k')^2},
\end{aligned}$$

mit gewissen Zwischenstellen $\tau_k, \tau_k' \in [t_{k-1}, t_k]$. Dies sieht fast aus wie eine Riemannsche Summe für das Integral in (6.4.37), ist es aber nicht, da i. Allg. $\tau_k \neq \tau_k'$. Wegen der gleichmäßigen Stetigkeit von ψ' auf $[a,b]$ existiert nun ein $h_\varepsilon \in \mathbb{R}_+$, so dass für jede Zerlegung $Z \in \mathcal{Z}(a,b)$ mit Feinheit $h \le h_\varepsilon$ gilt:

$$\sum_{k=1}^{n} (t_k - t_{k-1}) \sqrt{|\psi'(\tau_k')^2 - \psi'(\tau_k)^2|} < \tfrac{1}{2}\varepsilon.$$

O.B.d.A. können wir annehmen, dass für $h \le h_\varepsilon$ auch gilt:

$$\Big| \int_a^b \sqrt{\varphi'(t)^2 + \psi'(t)^2}\, dt - \sum_{k=1}^{n} (t_k - t_{k-1}) \sqrt{\varphi'(\tau_k)^2 + \psi'(\tau_k)^2} \Big| < \tfrac{1}{2}\varepsilon.$$

Dies zusammengenommen impliziert dann auch

$$\Big| \int_a^b \sqrt{\varphi'(t)^2 + \psi'(t)^2}\, dt - \sum_{k=1}^n (t_k - t_{k-1}) \sqrt{\varphi'(\tau_k)^2 + \psi'(\tau_k')^2} \Big| < \varepsilon.$$

Wegen der Beliebigkeit von ε folgt die Konvergenz

$$|p_Z(\Gamma)| \to \int_a^b \sqrt{\varphi'(t)^2 + \psi'(t)^2}\, dt \quad (h \to 0),$$

was zu zeigen war. Q.E.D.

Beispiel 6.7: Wir bestimmen mit Hilfe der gerade entwickelten Theorie die Länge des Einheitskreisbogens K. Zunächst betrachten wir den oberen Kreisbogen als Graph der Funktion

$$f(t) := \sqrt{1 - t^2}, \quad t \in [-1, 1].$$

Dass der Graph dieser Funktion tätsächlich der obere Einheitskreisbogen ist, entnehmen wir der Beziehung $f(t)^2 + t^2 = 1$ bei Berücksichtigung des Satzes von Pythogoras. Da die Ableitung von f,

$$f'(t) = -\frac{t}{\sqrt{1 - t^2}}, \quad \sqrt{1 + f'(t)^2} = \frac{1}{\sqrt{1 - t^2}},$$

für $t \to \pm 1$ singulär wird, kann die Formel (6.4.37) nicht direkt angewendet werden. Um dieses Problem zu lösen, kann man entweder versuchen, das Integral in (6.4.37) für singuläre Integranden als „uneigentliches" Riemann-Integral zu erklären, oder eine andere Parameterdarstellung mit beschränkten Ableitungen zu finden.

i) Unter Ausnutzung der bereits gewonnenen Kenntnisse über die trigonometrischen Funktionen können wir die folgende Parameterdarstellung verwenden:

$$\varphi(t) := \sin(t), \quad \psi(t) := \cos(t), \quad t \in [0, 2\pi].$$

Für $0 \le t \le 2\pi$ durchläuft der Punkt $\big(\sin(t), \cos(t)\big)$ wegen $\sin^2(t) + \cos^2(t) = 1$ den ganzen Kreisbogen K. Für seine Länge finden wir aus Formel (6.4.37):

$$|K| = \int_0^{2\pi} \sqrt{\cos^2(t) + \sin^2(t)}\, dt = \int_0^{2\pi} dt = 2\pi,$$

was natürlich nicht überraschend ist. Diese Überlegung kann offenbar nicht zur Definition von π verwendet werden, da in ihr π in der oberen Integrationsgrenze erscheint.

ii) Ausgehend von der Parameterdarstellung

$$\varphi(t) := t, \quad \psi(t) := \sqrt{1 - t^2}, \quad t \in [-1, 1].$$

erhalten wir aus Satz 6.15 für das Teilintervall $[\varepsilon-1, 1-\varepsilon]$ als Länge des zugehörigen Kreisbogenabschnitts:

$$\begin{aligned}|K_\varepsilon| &= \int_{\varepsilon-1}^{1-\varepsilon} \sqrt{\varphi'(t)^2+\psi'(t)^2}\,dt = \int_{\varepsilon-1}^{1-\varepsilon} \sqrt{1+\frac{t^2}{1-t^2}}\,dt \\ &= \int_{\varepsilon-1}^{1-\varepsilon} \frac{1}{\sqrt{1-t^2}}\,dt = \arcsin(x)\Big|_{\varepsilon-1}^{1-\varepsilon} = \arcsin(1-\varepsilon)-\arcsin(\varepsilon-1).\end{aligned}$$

Da der Arcussinus auf dem ganzen Intervall $[-1, 1]$ definiert und stetig ist, können wir zum Limes $\varepsilon \to 0$ übergehen und erhalten das uneigentliche Integral

$$|K| = \int_{-1}^{1} \frac{1}{\sqrt{1-t^2}}\,dt = \arcsin(1)-\arcsin(-1) = \tfrac{1}{2}\pi - (-\tfrac{1}{2}\pi) = \pi.$$

Diese Beziehung könnte auch zur Definition der Zahl π verwendet werden, alternativ zur obigen Definition über die kleinste positive Nullstelle des Cosinus. Damit ist der Zusammenhang zur traditionellen, auf geometrischer Anschauung basierenden Einführung der Trigonometrie hergestellt.

Bemerkung 6.9: Der Begriff der „Kurvenlänge“ ist heikler, als man sich auf der Basis naiver Anschauung vorstellen mag.

a) Die Differenzierbarkeit der Parameterdarstellung einer (ebenen) Kurve ist eine wesentliche Voraussetzung für ihre Rektifizierbarkeit. Man kann beschränkte Kurven mit stetiger (aber nicht differenzierbarer) Parameterdarstellung konstruieren, welche eine im obigen Sinne *unendliche* Länge haben.

b) Die „Länge“ des Graphen einer rektifizierbaren Funktion ist als Limes der Längen einer Folge von interpolierenden Polygonzügen definiert worden. Durch die Interpolationseigenschaft wird sichergestellt, dass auch die Ableitungen der Polygonzüge gegen die Ableitungen der Funktion konvergieren. Dies ist wesentlich, wie das folgende Beispiel zeigt: Auf äquidistanten Zerlegungen $Z_n = \{t_k = k/n,\ k = 0,\dots,n\}$ des Einheitsintervalls $[0, 1]$ definieren wir „Zickzack-Funktionen“ p_n durch

$$p_n(t) := \begin{cases} t-t_{k-1}, & t_{k-1} \le t \le t_{k-1}+\frac{1}{2}h, \\ t_k - t, & t_{k-1}+\frac{1}{2}h \le t \le t_k, \end{cases} \quad,\quad k = 1,\dots,n.$$

Die Polygonzüge p_n konvergieren auf $[0, 1]$ gleichmäßig gegen die Nullfunktion; ihre Graphen haben aber alle die Länge $|p_n| = \sqrt{2}$.

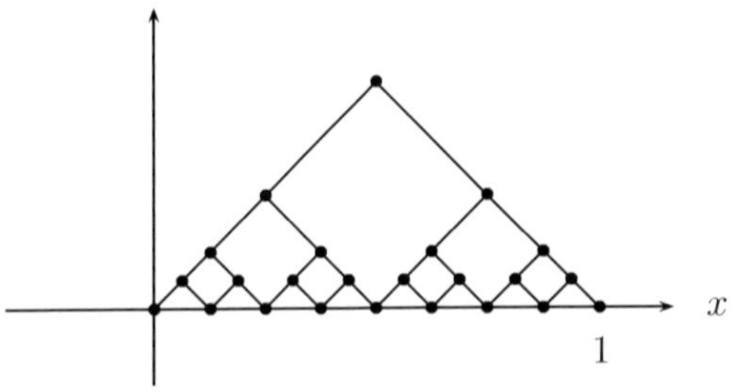

Abbildung 6.5: Zickzack-Polygonapproximation der Nullfunktion.

6.5 Integration und Grenzprozesse

Wir stellen nun wieder die Frage nach der Stabilität der Integrierbarkeit gegenüber Störungen. Sei dazu $(f_n)_{n\in\mathbb{N}}$ eine Folge integrierbarer Funktionen $f_n : I \to \mathbb{R}$ auf einem beschränkten abgeschlossenen Intervall $I = [a,b]$, welche punktweise gegen eine Funktion $f : I \to \mathbb{R}$ konvergiert:

$$f_n(x) \to f(x) \quad (n \to \infty), \quad x \in I. \tag{6.5.38}$$

Die Frage ist dann, ob auch die Limesfunktion f wieder intergrierbar ist und ob die Grenzprozesse Integration und Folgenkonvergenz vertauschbar sind:

$$\int_a^b \lim_{n\to\infty} f_n(x)\,dx = \lim_{n\to\infty} \int_a^b f_n(x)\,dx. \tag{6.5.39}$$

Letzteres muß i. Allg. nicht der Fall sein, wie das folgende Beispiel zeigt:

$$f_n(x) := nxe^{-nx^2},\ x \in [0,1], \qquad \lim_{n\to\infty} f_n(x) = 0, \qquad \int_0^1 \lim_{n\to\infty} f_n(x)\,dx = 0,$$

$$\lim_{n\to\infty} \int_0^1 f_n(x)\,dx = \lim_{n\to\infty} \Big(-\tfrac{1}{2}e^{-nx^2}\Big|_0^1 \Big) = \lim_{n\to\infty} \Big(-\tfrac{1}{2}e^{-n} + \tfrac{1}{2} \Big) = \tfrac{1}{2}.$$

Ein einfaches Kriterium für die Vertauschbarkeit der Grenzprozesse ist wieder die *Gleichmäßigkeit* der Konvergenz $f_n \to f\ (n \to \infty)$.

Satz 6.16 (Gleichmäßige Konvergenz): *Die Folge $(f_n)_{n\in\mathbb{N}}$ stetiger (und Riemann-integrierbarer) Funktionen $f_n : I = [a,b] \to \mathbb{R}$ konvergiere gleichmäßig gegen eine Funktion $f : I \to \mathbb{R}$. Dann ist die Grenzfunktion ebenfalls stetig (und Riemann-integrierbar), und es gilt:*

$$\lim_{n\to\infty} \int_a^b f_n(x)\,dx = \int_a^b \lim_{n\to\infty} f_n(x)\,dx. \tag{6.5.40}$$

Beweis: Die gleichmäßige Konvergenz der stetigen Funktionen f_n impliziert nach Satz 4.6 auch die Stetigkeit der Grenzfunktion f. Ferner ist daher nach Satz 6.3 mit f_n auch f integrierbar. Aufgrund der Eigenschaften des Riemann-Integrals gilt

$$\begin{aligned}\Big|\int_a^b f_n(x)\,dx - \int_a^b f(x)\,dx\Big| &= \Big|\int_a^b \big(f_n(x) - f(x)\big)\,dx\Big| \\ &\le \int_a^b \big|f_n(x) - f(x)\big|\,dx \le \|f_n - f\|_\infty (b-a).\end{aligned}$$

Die gleichmäßige Konvergenz $\|f_n - f\|_\infty \to 0$ $(n \to \infty)$ impliziert dann die Beziehung (6.5.40). Q.E.D.

Satz 6.17: *Für eine Folge stetiger Funktionen $f_k : I \to \mathbb{R}$, $k \in \mathbb{N}$, konvergiere die Reihe $\sum_{k=1}^\infty f_k$ auf dem Intervall $I = [a,b]$ gleichmäßig. Dann stellt die Reihe eine integrierbare Funktion dar, und es gilt:*

$$\int_a^b \sum_{k=1}^\infty f_k(x)\,dx = \sum_{k=1}^\infty \int_a^b f_k(x)\,dx, \qquad (6.5.41)$$

d. h.: Es darf in der Reihe gliedweise integriert werden.

Beweis: Wegen der Stetigkeit der einzelnen Reihenglieder f_k sind auch alle Partialsummen der Reihe stetige Funktionen und damit integrierbar. Aufgrund der vorausgestzten gleichmäßigen Konvergenz der Partialsummen ist auch ihr Limes, d. h. die Reihe, eine stetige und damit integrierbare Funktion. Es gilt:

$$\int_a^b \sum_{k=1}^\infty f_k(x)\,dx = \sum_{k=1}^n \int_a^b f_k(x)\,dx + \int_a^b \sum_{k=n+1}^\infty f_k(x)\,dx.$$

Wegen der gleichmäßigen Konvergenz der Reihe gibt es zu beliebigem $\varepsilon \in \mathbb{R}_+$ ein $n_\varepsilon \in \mathbb{N}$, so dass für $n \ge n_\varepsilon$ gilt:

$$\Big|\int_a^b \sum_{k=n+1}^\infty f_k(x)\,dx\Big| \le \varepsilon(b-a).$$

Dies impliziert die Konvergenz

$$\Big|\int_a^b \sum_{k=1}^\infty f_k(x)\,dx - \sum_{k=1}^n \int_a^b f_k(x)\,dx\Big| \to 0 \quad (n \to \infty).$$

Q.E.D.

Satz 6.18: *Die Potenzreihe $\sum_{k=0}^\infty c_k(x-x_0)^k$ habe den Konvergenzradius $\rho > 0$; sie stellt also auf dem Intervall $I = (x_0 - \rho, x_0 + \rho)$ eine stetige Funktion dar. Deren Stammfunktion erhält man dann durch gliedweise Integration, und diese hat denselben Konvergenzradius ρ:*

$$\int \sum_{k=0}^\infty c_k(x-x_0)^k\,dx = \sum_{k=0}^\infty \frac{c_k}{k+1}(x-x_0)^{k+1} + c. \qquad (6.5.42)$$

Beweis: Sei $|x - x_0| \leq R < \rho$ und $\varepsilon \in \mathbb{R}_+$ beliebig. Dann gilt wegen der gleichmäßigen Konvergenz der Reihe auf dem Intervall $[x_0 - R, x_0 + R]$ für $n \geq n_\varepsilon \in \mathbb{N}$:

$$\Big| \sum_{k=n+1}^{\infty} c_k (x - x_0)^k \Big| \leq \sum_{k=n+1}^{\infty} |c_k| R^k < \varepsilon.$$

Ferner gilt:

$$\int_{x_0}^{x} \sum_{k=0}^{\infty} c_k (x - x_0)^k \, dx = \sum_{k=0}^{\infty} \int_{x_0}^{x} c_k (y - x_0)^k \, dy = \sum_{k=0}^{\infty} \frac{c_k}{k+1} (x - x_0)^{k+1}.$$

Q.E.D.

Bemerkung 6.10: Die Aussage von Satz 6.16 gilt sinngemäß auch für Folgen von uneigentlich integrierbaren Funktionen auf *beschränkten* Intervallen. Bei uneigentlichen Integralen auf *unbeschränkten* Intervallen reicht die gleichmäßige Konvergenz der approximierenden Folge i. Allg. nicht aus. Dies sieht man an folgendem Beispiel:

$$f_n(x) := \begin{cases} \frac{1}{n}, & 0 \leq x \leq n, \\ 0, & x > n, \end{cases} .$$

Die Folge $(f_n)_{n \in \mathbb{N}}$ konvergiert auf $I = [0, \infty)$ gleichmäßig gegen Null, aber es ist

$$\int_0^{\infty} \lim_{n \to \infty} f_n(x) \, dx = 0 \neq 1 = \lim_{n \to \infty} \int_0^{\infty} f_n(x) \, dx.$$

Die folgenden beiden Konvergenzsätze sind insbesondere auf uneigentliche Integrale zugeschnitten. Wir verzichten hier auf die Angabe der Beweise, da sogar noch etwas stärkere Ergebnisse später im Zusammenhang mit dem sog. „Lebesgue-Integral" abgeleitet werden.

Satz 6.19 (Monotone Konvergenz): *Die Folge $(f_n)_{n \in \mathbb{N}}$ von auf einem beschränkten Intervall $I = [a, b)$ (uneigentlich) integrierbaren Funktionen $f_n : I \to \mathbb{R}$ konvergiere punktweise gegen eine Funktion $f : I \to \mathbb{R}$. Ist die Konvergenz $f_n \to f$ monoton wachsend, und ist f ebenfalls (uneigentlich) integrierbar, so gilt:*

$$\lim_{n \to \infty} \int_a^b f_n(x) \, dx = \int_a^b \lim_{n \to \infty} f_n(x) \, dx. \tag{6.5.43}$$

Satz 6.20 (Beschränkte Konvergenz): *Die Folge $(f_n)_{n \in \mathbb{N}}$ von auf einem Intervall $I = [a, b)$ oder $I = [a, \infty)$ (uneigentlich) integrierbaren Funktionen $f_n : I \to \mathbb{R}$ konvergiere punktweise gegen eine Funktion $f : I \to \mathbb{R}$. Ist die Grenzfunktion f ebenfalls (uneigentlich) integrierbar und sind die Funktionen f_n gleichmäßig beschränkt durch eine auf I (uneigentlich) integrierbare Funktion $g : I \to \mathbb{R}$, d. h. $|f_n(x)| \leq g(x)$, $x \in I$, so gilt:*

$$\lim_{n \to \infty} \int_a^b f_n(x) \, dx = \int_a^b \lim_{n \to \infty} f_n(x) \, dx. \tag{6.5.44}$$

6.6 Charakterisierung der Riemann-Integrabilität

Wir wissen bereits, dass alle auf $[a,b]$ stetigen und monotonen Funktionen in $R[a,b]$ sind. Dies gilt auch für Funktionen, die nur „stückweise" stetig oder monoton sind, mit *endlich vielen* Ausnahmepunkten. Gehen wir einen Schritt weiter und lassen auch Funktionen mit unendlich vielen, aber nicht zu vielen, solcher Ausnahmepunkte zu, so gelangen wir zu einer vollständigen Charakterisierung des Raumes $R[a,b]$ durch den grundlegenden Satz von Lebesgue[2], den wir im Folgenden ableiten wollen.

Definition 6.6 (Nullmenge): *Eine Teilmenge $M \subset \mathbb{R}$ heißt „Nullmenge" (genauer „Lebesgue-Nullmenge"), wenn es zu jedem $\varepsilon > 0$ höchstens abzählbar unendlich viele abgeschlossene (oder offene) Intervalle $I_1, I_2, \dots$ gibt, so dass gilt:*

$$M \subset \bigcup_k I_k, \qquad \sum_k |I_k| \le \varepsilon.$$

Man nennt das System der Intervalle I_k eine abzählbare (offene bzw. abgeschlossene) „Überdeckung" der Menge M. Eine Funktion $f : [a,b] \to \mathbb{R}$ besitzt eine Eigenschaft (z. B. stetig oder differenzierbar) „fast überall", wenn die Menge der Punkte, in denen sie die Eigenschaft nicht besitzt, eine Nullmenge ist.

Lemma 6.5: *Es gelten die folgenden Aussagen:*

i) Jede Teilmenge einer Nullmenge ist ebenfalls Nullmenge.

ii) Endliche und abzählbare Teilmengen von $\mathbb{R}$ sind Nullmengen.

iii) Die Vereinigung von abzählbar vielen Nullmengen ist wieder eine Nullmenge.

iv) Eine kompakte Teilmenge $K \subset \mathbb{R}$ ist genau dann Nullmenge, wenn es zu jedem $\varepsilon > 0$ endlich viele abgeschlossene (oder offene) Intervalle I_k, $k = 1, \dots, n$, gibt, so dass

$$K \subset \bigcup_{k=1}^{n} I_k, \qquad \sum_{k=1}^{n} |I_k| \le \varepsilon. \tag{6.6.45}$$

Beweis: i) Da jede Intervallüberdeckung einer Nullmenge auch jede ihrer Teilmengen überdeckt, ist diese Aussage evident.

ii) Sei $M \subset \mathbb{R}$ eine endliche oder abzählbare Menge von Punkten. Dann ist für beliebiges $\varepsilon > 0$ jeder der Punkte $x_k \in M$ Mittelpunkt eines Intervalls $I_k := [x_k - 2^{-k-1}\varepsilon, x_k + 2^{-k-1}\varepsilon]$. Damit gilt

$$M \subset \bigcup_k I_k, \qquad \sum_k |I_k| \le \sum_{k=1}^{\infty} 2^{-k}\varepsilon = \varepsilon,$$

d. h.: M ist Nullmenge.

iii) Seien M_k höchstens abzählbar viele Nullmengen. Zu gegebenem $\varepsilon > 0$ lässt sich M_k

[2]Henri Léon Lebesgue (1875–1941): Französischer Mathematiker, Prof. am Collège de France in Paris, lieferte grundlegende Beiträge zur modernen Integrationstheorie („Lebesgue-Intgeral")

durch höchstens abzählbar viele Intervalle I_{kl} überdecken, so dass $\sum_j |I_{kl}| \le 2^{-l}\varepsilon$. Dann überdecken die höchstens abzählbar vielen Intervalle I_{kl} auch die Vereinigung $\cup_k M_k$, und es gilt

$$\sum_{k,l} |I_{kl}| = \sum_k \Big(\sum_l |I_{kl}| \Big) \le \sum_k 2^{-k}\varepsilon = \varepsilon.$$

Die Vereinigung $\cup_k M_k$ ist also ebenfalls Nullmenge.

iv) Diese Aussage wird später in etwas allgemeinerem Rahmen für Nullmengen im $\mathbb{R}^n$ bewiesen werden. Da wir sie für das Folgende nicht benötigen, verzichten wir hier auf den Beweis. Q.E.D.

Bemerkung 6.11: a) Die Aussage (ii) in obigem Lemma erscheint zunächst etwas verwirrend, da sie u. a. impliziert, dass die im Intervall $I := [0,1] \subset \mathbb{R}$ dicht liegenden Menge $I_{\mathbb{Q}} := I \cap \mathbb{Q}$ der rationalen Zahlen in $[0,1]$ eine Nullmenge ist. Man könnte meinen, dass jede Intervallüberdeckung von $I_{\mathbb{Q}}$ automatisch auch das ganze Intervall I überdeckt und damit das Maß $|I| = 1$ hat. Dies ist aber ein Trugschluss, dessen Kern man sich selbst genau klar machen sollte.

b) Es gibt auch überabzählbare Punktmengen, die Nullmengen sind. Ein Beispiel ist das sog. „Cantorsche Diskontinuum". Diese Teilmenge von $M_0 := [0,1] \subset \mathbb{R}$ wird wie folgt konstruiert: Aus der Menge M_0 entfernt mann das offene mittlere Drittel $(\frac{1}{3}, \frac{2}{3}$ und erhält die Menge

$$M_1 = [0, \tfrac{1}{3}] \cup [\tfrac{2}{3}, 1].$$

Aus den beiden Teilintevallen von M_1 werden nun jeweils wieder die offenen mittleren Drittel entfernt, was auf

$$M_2 = [0, \tfrac{1}{9}] \cup [\tfrac{2}{9}, \tfrac{1}{3}] \cup [\tfrac{2}{3}, \tfrac{7}{9}] \cup [\tfrac{8}{9}, 1]$$

führt. So fortfahrend erhalten wir nach k Schritten eine Menge M_k, die aus 2^k disjunkten, kompakten Intervallen besteht. Durch Wegnahme der jeweiligen offenen mittleren Drittel dieser Teilintervalle entsteht die nächste Menge $M_{k+1} \subset M_k$. Die Schnittmenge

$$C := \bigcap_{k\in\mathbb{N}} M_k$$

wird „Cantorsches Diskontinuum" genannt. Das Cantorsche Diskontinuum ist nun überabzählbar, aber dennoch eine Nullmenge (Übungsaufgabe).

Wir hatten früher schon den Begriff der „kompakten" Menge eingeführt: *Eine Teilmenge $M \subset \mathbb{R}$ (oder allgemeiner $M \subset \mathbb{C}$) heißt „kompakt", wenn sie abgeschlossen ist und jede (unendliche) Folge von Punkten in M einen Häufungswert hat.* Der folgende Satz von Heine[3] und Borel[4] ist neben dem Satz von Bolzano-Weierstraß („*Eine Teilmenge*

[3]Eduard Heine (1821–1881): Deutscher Mathematiker; Prof. in Halle; einer der wichtigsten Vertreter der „Weierstraßschen Schule" im 19. Jahrhundert; Beiträge zur Theorie der reellen Funktionen, Potentialtheorie und Theorie der Differentialgleichungen.

[4]Félix Éduard Justin Émile Borel (1871–1956): Französischer Mathematiker, u. a. Prof. an der Universität Sorbonne in Paris; wichtige Beiträge zur Maßtheorie und zur Spieltheorie; war auch politisch aktiv (1925-1940 Marineminister) und während des Krieges Mitglied der Résistance.

$M \subset \mathbb{R}$ ist genau dann kompakt, wenn sie beschränkt und abgeschlosen ist.“) der zweite fundamentale Satz über kompakte Teilmengen des Zahlenraumes $\mathbb{R}$.

Satz 6.21 (Satz von Heine-Borel): *Eine Teilmenge $M \subset \mathbb{R}$ ist genau dann kompakt, wenn jede ihrer offenen Überdeckungen eine endliche Teilüberdeckung enthält.*

Beweis: i) Sei zunächst M kompakt. Wir führen einen Widerspruchsbeweis, nehmen also an, dass es eine Überdeckung $\mathcal{U}$ von M gibt, welche keine endliche Überdeckung enthält. Die Menge M ist beschränkt, ist also in einem beschränkten Intervall $I_0 = [a, b]$ enthalten. Mindesten eine der beiden Hälften von I_1 enthält einen Teil von M, der sich nicht durch endlich viele Mengen aus $\mathcal{U}$ überdecken lässt. Eine solche Hälfte wird ausgewählt und mit I_1 bezeichnet. Durch Fortsetzung dieser Konstruktion ergibt sich eine Folge von Intervallen I_n mit den Eigenschaften

$$I_n \subset I_{n-1} \subset \cdots \subset I_0, \qquad |I_n| \le 2^{-n}|I_0|,$$

und keins der I_n kann durch endlich viele Mengen aus $\mathcal{U}$ überdeckt werden. Diese Intervallschachtelung definiert nach dem Intervallschachtelungsprinzip eine reelle Zahl

$$x \in \cap_{n=0}^{\infty} I_n.$$

Für beliebige $x_n \in I_n \cap M$ gilt dann $|x_n - x| \to 0 \ (n \to \infty)$, so dass nach Voraussetzung $x \in M$ sein muß. Dann liegt x aber in einer der Mengen $U \in \mathcal{U}$. Da U offen ist, gibt es ein Intervallumgebung $I_\varepsilon = (x - \varepsilon, x + \varepsilon)$ von x mit $I_\varepsilon \subset U$. Ferner liegt eins der Intervalle I_m in U, denn fast alle der linken und rechten Endpunkte der I_n gehören zu U. Es gilt also

$$M \cap I_m \subset I_m \subset I_\varepsilon \subset U.$$

Dies besagt, dass die Teilmenge $M \cap I_m$ durch das endliche Teilsystem $\{U\}$ von $\mathcal{U}$ überdecken lässt, im Widerspruch zur Konstruktion der $M \cap I_m$.

ii) Wir nehmen nun an, dass jede offene Überdeckung von M eine endliche Überdeckung enthält. Sei $(x_n)_{n\in\mathbb{N}}$ eine Folge aus M. Wir müssen zeigen, dass sie eine Teilfolge enthält, welche gegen einen Punkt aus M konvergiert. Wir führen einen Widerspruchsbeweis und nehmen entsprechend an, dass keine Teilfolge von $(x_n)_{n\in\mathbb{N}}$ einen Limes in M besitzt. Dies bedeutet, dass die Folge keinen Häufungswert in M hat. Ist also y ein beliebiger Punkt in M, so gibt es eine ε-Umgebung $U_\varepsilon(y)$ von y, so dass die Beziehung $x_n \in U_\varepsilon(y)$ für höchstens endlich viele Indizes n gilt. Das System aller Umgebungen $U_\varepsilon(y)$, $y \in M$, überdeckt M. Nach Voraussetzung gibt es dann endlich viele Punkte, etwa y_k, $k = 1, \ldots, m$, so dass gilt:

$$M \subset \cup_{k=1}^{m} U_\varepsilon(y_k).$$

Daraus folgt aber, dass die Beziehung

$$x_n \in \cup_{k=1}^{m} U_\varepsilon(y_k)$$

für alle n gilt, im Widerspruch dazu, dass dies nach Konstruktion nur für endlich viele n gelten kann. Q.E.D.

Nach diesen Vorbereitungen können wir nun die angekündigte Charakterisierung der Riemann-Intergierbarkeit beweisen.

Satz 6.22 (Satz von Lebesgue): *Die Funktion $f : [a,b] \to \mathbb{R}$ ist genau dann Riemann-integerierbar, wenn sie auf $[a,b]$ beschränkt und fast überall stetig ist.*

Beweis: i) Sei f beschränkt mit $\sup_{x\in[a,b]} |f(x)| \leq C_f$, und die Menge M seiner Unstetigkeitsstellen eine Nullmenge. Für ein beliebig vorgegebenes $\varepsilon > 0$ kann M durch abzählbar viele offene Intervalle $\{J_k, k \in \mathbb{N}\}$ mit

$$\sum_{k=1}^{\infty} |J_k| < \varepsilon$$

überdeckt werden. Die zugehörigen abgeschlossenen Intervalle $\bar{J}_k$ überdecken dann erst recht M und auch für ihre Längen gilt die obige Ungleichung. In jedem Punkt $x \in [a,b] \setminus M$ ist f stetig. Dazu gibt es offene Intervalle J_x mit $x \in J_x$ und

$$\sup_{\bar{J}_x \cap [a,b]} f - \inf_{\bar{J}_x \cap [a,b]} f < \varepsilon.$$

Das System der offenen Intervalle J_k und J_x bildet nun eine Überdeckung von $[a,b]$. Nach dem Satz von Heine-Borel wird dann $[a,b]$ bereits durch ein endliches Teilsystem $\{J_{k_1}, \ldots, J_{k_n}, J_{x_1}, \ldots, J_{x_m}\}$ überdeckt. Erst recht wird $[a,b]$ von dem System der zugehörigen abgeschlossenen Intervallen überdeckt. Wir wählen nun eine so feine Zerlegung Z von $[a,b]$, so dass jedes ihrer Teilintervalle $I_1, \ldots, I_r$ in einem der Intervalle J_{k_i}, J_{x_j} enthalten ist. Wir wollen das Riemannsche Integrabilitätskriterium anwenden. Dazu betrachten wir die Differenz

$$\overline{S}_Z(f) - \underline{S}_Z(f) = \sum_{k=1}^{n} (M_k - m_k)|I_k| = \Sigma_1 + \Sigma_2,$$

wobei Σ_1 die Summe ist über alle $(M_k - m_k)|I_k|$, bei denen I_k in einem der Intervalle J_{k_i} liegt, und Σ_2 die Summe über alle anderen $(M_k - m_k)|I_k|$ bedeutet. Nach Konstruktion gilt dann

$$\Sigma_1 < 2C_f\varepsilon, \qquad \Sigma_2 < \varepsilon\,|b-a|.$$

Folglich ist

$$\overline{S}_Z(f) - \underline{S}_Z(f) < (2C_f + |b-a|)\varepsilon.$$

Nach dem Riemannschen Integrabilitätskriterium ist die Funktion f also über $[a,b]$ Riemann-integrierbar.

ii) Sei nun $f \in R[a,b]$. Dann ist f notwendig beschränkt, da es sonst keine beschränkten Obersummen von f geben könnte. Es bleibt also nachzuweisen, dass die Menge M der Unstetigkeitsstellen von f notwendig das Maß Null hat. Dieser Beweis ist sehr technisch und wird daher hier nicht ausgeführt; für einen vollständige Beweis siehe H. Heuser: Lehrbuch der Analysis, Teil 1, B. G. Teubner, Stuttgart 1991. Q.E.D.

Bemerkung 6.12: Wir hatten bereits die beiden durch

$$f(x) = \begin{cases} 1 & \text{für } x \in \mathbb{Q}, \\ 0 & \text{für } x \in \mathbb{R}\setminus\mathbb{Q}, \end{cases}$$

$$g(x) := \begin{cases} 1/s, & \text{für} \quad x = r/s,\ r \in \mathbb{Z} \setminus \{0\},\ s \in \mathbb{N}\ \text{(teilerfremd)}, \\ 1 & \text{für} \quad x = 0, \\ 0 & \text{sonst} \end{cases},$$

definierten pathologischen Funktionen $f, g : \mathbb{R} \to \mathbb{R}$ kennengelernt und gesehen, dass f nirgends, g aber in allen $x \in \mathbb{R} \setminus \mathbb{Q}$ stetig ist. Die Funktion f ist über kein Intervall $[a, b]$ Riemann-integrierbar, da Ober- und Untersummen sich immer um den Wert $|b-a|$ unterscheiden. Dagegen ist die nicht minder pathologische Funktion g offenbar nach dem Satz von Lebesgue über jedes Intervall $[a, b]$ Riemann-integrierbar.

6.7 Übungen

Übung 6.1 (Aufgabe zum Fundamentalsatz): Man zeige, dass für eine stetige Funktion $f(t, x)$ und ein $u_0 \in \mathbb{R}$ die beiden folgenden Aufgabenstellungen äquivalent sind:
i) Bestimme eine Funktion $u \in C^1[0, \infty)$ als Lösung der „Anfangswertaufgabe“

$$u'(t) = f(t, u(t)), \quad t \geq 0, \quad u(0) = u_0,$$

ii) Bestimme eine Funktion $u \in C[0, \infty)$ als Lösung der „Integralgleichung“

$$u(t) = u_0 + \int_0^t f(s, u(s))\, ds, \quad t \geq 0.$$

Übung 6.2 (Aufgabe zur Stammfunktion): Eine Funktion $F : D \to \mathbb{R}$ heißt „Stammfunktion“ einer Funktion $f : D \to \mathbb{R}$, wenn sie differenzierbar ist und wenn gilt:

$$F'(x) = f(x), \quad x \in D.$$

Man bestimme Stammfunktionen zu

$$\begin{aligned} a)\quad & f(x) = \frac{2\ln(x)}{x}, \quad x > 0, \\ b)\quad & f(x) = \sin(x)\cos(x), \quad x \in \mathbb{R}, \\ c)\quad & f(x) = \frac{1}{(1+x)^3}, \quad x \neq -1, \\ d)\quad & f(x) = \frac{2}{1-x^2}, \quad x \in (-1, 1). \end{aligned}$$

Übung 6.3 (Aufgabe zum bestimmten Integral): Man beweise die folgenden Beziehungen

$$a) \quad \int_0^{2\pi} |\sin(x)|\,dx = 4\,, \qquad b) \quad \sum_{k=1}^{\infty} \frac{(-1)^{k-1}}{k} = \int_e^{e^2} \frac{dx}{x\ln(x)}.$$

Übung 6.4 (Aufgabe zur partiellen Integration): Man berechne die folgenden Integrale:

$$a) \quad \int_0^{\pi/2} \sin^2(x)\,dx, \qquad b) \quad \int_0^{\pi} x\sin(x)\,dx.$$

Übung 6.5 (Aufgabe zum uneigentlichen Integral): Welcher von den Ausdrücken

$$a) \quad \int_0^{\infty} \sin(x)\,dx, \qquad b) \quad \int_0^{\infty} \sin(x^2)\,dx,$$

existiert als uneigentliches Riemann-Integral? (Hinweis: Bei (b) versuche man die Substitution $y := x^2$ und erinnere sich an das Leibnizsche Konvergenzkriterium für alternierende Reihen.)

Übung 6.6 (Aufgabe zur Substitutionsregel): Man berechne das uneigentliche Riemann-Integral

$$\int_{-1}^{1} \frac{1}{\sqrt{1-x^2}}\,dx\,.$$

(Hinweis: Substitution $x = \sin(y)$)

Übung 6.7 (Aufgabe zur Γ-Funktion): a) Man zeige, dass für $x \in \mathbb{R}_+$ das uneigentliche Riemann-Integral

$$\Gamma(x) := \int_0^{\infty} e^{-t}t^{x-1}\,dt$$

existiert. Die so definierte Funktion $\Gamma : \mathbb{R}_+ \to \mathbb{R}$ heißt „Gamma-Funktion".

b) Man verifiziere für diese die Funktionalgleichung

$$\Gamma(x+1) = x\Gamma(x), \quad x > 0.$$

c) Man zeige für die Gamma-Funktion die speziellen Funktionswerte

$$\Gamma(n) = (n-1)!, \quad n \in \mathbb{N}.$$

Die Gamma-Funktion interpoliert also die Fakultäts-Funktion. (Hinweis: Man bestimme $\Gamma(1)$.)

Übung 6.8 (Aufgabe über Integralnormen): Man zeige, dass auf dem Vektorraum der über einem Intervall $[c,d]$ definierten und stetigen Funktionen durch

$$\|g\|_1 := \int_c^d |g(x)|\,dx$$

eine Norm definiert ist. Man zeige, dass jede auf $[c,d]$ gleichmäßig konvergente Folge von Funktionen auch bzgl. dieser Norm konvergiert.

7 Fourier-Analysis

Neben den Polynomen werden die trigonometrischen Funktionen $\cos(kx)$ und $\sin(kx)$ als besonders „einfache", d. h. leicht auswertbare, Funktionen angesehen. In diesem Kapitel untersuchen wir in Analogie zur Taylor-Entwicklung die Approximation von Funktionen durch Linearkombination von solchen trigonometrischen Funktionen, die sog. Fourier[1]-Entwicklung.

7.1 Der Funktionenraum $R[a, b]$

Bisher haben wir reellwertige Funktionen betrachtet. Für das Folgende benötigen wir den Begriff der Riemann-Integrierbarkeit auch für *komplexwertige* Funktionen. Dabei verwenden wir wieder die Bezeichnung $\mathbb{K}$ je nach Situation für den Körper $\mathbb{R}$ der reellen Zahlen oder den Körper $\mathbb{C}$ der komplexen Zahlen. Wir erinnern an die folgenden Rechenregeln für komplexe Zahlen:

$$\overline{\overline{a}} = a, \quad a\overline{a} = |a|^2, \quad a + \overline{a} = 2\mathrm{Re}\, a, \quad a - \overline{a} = 2i\, \mathrm{Im}\, a,$$

wobei $\overline{a} := \mathrm{Re}\, a - i\, \mathrm{Im}\, a$ den konjugiert komplexen Wert von einem $a \in \mathbb{C}$ bezeichnet.

Wir nennen eine auf einem Intervall $I = [a, b] \subset \mathbb{R}$ definierte Funktion $f : I \to \mathbb{C}$ „Riemann-integrierbar", wenn ihr Real- und ihr Imaginärteil Riemann-integrierbar sind, und setzen

$$\int_a^b f(x)\, dx := \int_a^b \mathrm{Re}\, f(x)\, dx + i \int_a^b \mathrm{Im}\, f(x)\, dx.$$

Diese Definition fällt natürlich für reellwertige Funktionen mit $\mathrm{Im}\, f \equiv 0$ mit der üblichen zusammen. Analog werden auch uneigentliche Riemann-Integrale für komplexwertige Funktionen definiert. Die üblichen Rechenregeln für das *reelle* Riemann-Integral übertragen sich sinngemäß auch auf komplexwertige Integrale. Insbesondere gilt

$$\int_a^b \overline{f(x)}\, dx = \overline{\int_a^b f(x)\, dx}.$$

Wir hatten schon gesehen, dass stetige und allgemeiner auch Funktionen mit nur endlich vielen Unstetigkeitsstellen Riemann-integrierbar sind. Letztere Eigenschaft wird in der folgenden Definition präzisiert.

Definition 7.1: *Eine Funktion $f : [a, b] \to \mathbb{K}$ heißt „stückweise stetig", wenn sie in $[a, b]$ bis auf endlich viele Ausnahmestellen stetig und beschränkt ist, und wenn in jeder*

[1] Jean-Baptiste Baron de Fourier (1768–1830): Französischer Mathematiker und Physiker; Mitglied der Pariser Akademie lehrte an der École Polytechniqe; begleitete Napoleon auf seinem Feldzug nach Ägypten; zählt zu den bedeutendsten Mathematikern des 19. Jahrhunderts; fand bei seinen Arbeiten zur Theorie der Wärmeleitung die Darstellbarkeit periodischer Funktionen durch triginometrische Reihen.

dieser Unstetigkeitsstellen $\xi \in [a,b]$ *die links- bzw. rechtsseitigen Grenzwerte* $f(\xi_\pm) := \lim_{h\downarrow 0} f(\xi \pm h)$ *existieren. In den Ausnahmenstellen* $\xi \in (a,b)$ *sei gesetzt:*

$$f(\xi) := \frac{f(\xi_-) + f(\xi_+)}{2}.$$

(Diese zunächst willkürliche Festlegung hat keinen Einfluss auf den Wert des Riemann-Integrals von f *.) Die Menge der in diesem Sinne auf* $[a,b]$ *stückweise stetigen (Riemann-integrierbar) Funktionen bilden offenbar einen Vektorraum, der mit* $R[a,b]$ *bezeichnet wird.*

Bemerkung 7.1: Wir erinnern an die vollständige Charakterisierung der Riemann-Integrierbarkeit durch den Satz von Lebesgue: *Die Funktion* $f : [a,b] \to \mathbb{R}$ *ist genau dann Riemann-integerierbar, wenn sie auf* $[a,b]$ *beschränkt und fast überall, d. h. bis auf eine Nullmenge von Ausnahmestellen, stetig ist.* Eine Menge $M \subset \mathbb{R}$ ist Nullmenge, wenn sie durch endlich oder abzählbar unendlich viele Intervalle I_k mit beliebig kleiner Gesamtlänge $\sum_{k=1}^{\infty} |I_k| < \varepsilon$ überdeckbar ist. Jede endliche oder abzählbar unendliche Punktmenge (z. B. die Menge $\mathbb{Q}$ der rationalen Zahlen) ist Nullmenge; es gibt aber auch überabzählbare Nullmengen (z. B. das „Cantorsche Diskontinuum").

Für Funktionen $f, g \in R[a,b]$ ist auch das Produkt $f\bar{g}$ stückweise stetig und damit über $[a,b]$ Riemann-integrierbar. Damit ist auf $R[a,b]$ die „Sesquilinearform"

$$(f,g) := \int_a^b f(x)\overline{g(x)}\,dx\,,$$

wohl definiert. Der Name „Sesquilinearform" rührt von der Tatsache her, dass für beliebige $\alpha, \beta \in \mathbb{C}$ gilt

$$(\alpha f_1 + \beta f_2, g) = (\alpha f_1, g) + (\beta f_2, g) = \alpha(f_1, g) + \beta(f_2, g), \tag{7.1.1}$$

$$(f, \alpha g_1 + \beta g_2) = (f, \alpha g_1) + (f, \beta g_2) = \overline{\alpha}(f, g_1) + \overline{\beta}(f, g_2), \tag{7.1.2}$$

was unmittelbar aus der Linearität des Riemann-Integrals folgt. Genauso ergeben sich die „Symmetrieeigenschaft"

$$(f,g) = \int_a^b f\bar{g}\,dx = \overline{\int_a^b \bar{f}g\,dx} = \overline{\int_a^b g\bar{f}\,dx} = \overline{(g,f)}, \tag{7.1.3}$$

sowie die „Semi-Definitheit"

$$(f,f) = \int_a^b |f(x)|^2\,dx \geq 0. \tag{7.1.4}$$

Eine Sesquilinearform mit der Eigenschaft (7.1.3) wird im Fall $\mathbb{K} = \mathbb{C}$ „hermitesch" und im Fall $\mathbb{K} = \mathbb{R}$ „symmetrisch" genannt. Für Funktionen aus $R[a,b]$ folgt, wie man sich leicht überlegt, aus $(f,f) = 0$ notwendig $f \equiv 0$. Auf $R[a,b]$ besitzt die Sesquilinearform $(\cdot,\cdot)$ also die Eigenschaften eines sog. „Skalarprodukts"; dieses wird „L^2-Skalarprodukt" (auf $[a,b]$) genannt.

Lemma 7.1: *Für ein Skalarprodukt* $(\cdot,\cdot)$ *gilt die sog. „Schwarzsche[2] Ungleichung“*

$$|(f,g)|^2 \leq (f,f)\,(g,g). \tag{7.1.5}$$

Beweis: Im Fall $g=0$ (d. h.: g ist die Nullfunktion.) gilt trivialerweise

$$|(f,g)|^2 = 0 = (f,f)\,(g,g).$$

Sei nun $g \neq 0$. Für beliebiges $\alpha \in \mathbb{K}$ ist

$$0 \leq (f+\alpha g, f+\alpha g) = (f,f) + \alpha(g,f) + \overline{\alpha}(f,g) + \alpha\overline{\alpha}(g,g).$$

Mit $\alpha := -(f,g)(g,g)^{-1}$ impliziert dies

$$\begin{aligned} 0 &\leq (f,f) - (f,g)(g,g)^{-1}(g,f) - \overline{(f,g)}(g,g)^{-1}(f,g) + (f,g)\overline{(f,g)}(g,g)^{-1} \\ &= (f,f) - |(f,g)|^2(g,g)^{-1} \end{aligned}$$

bzw.

$$0 \leq (f,f)(g,g) - |(f,g)|^2.$$

Dies zeigt die Richtigkeit der Behauptung. Q.E.D.

Durch die Setzung $\|f\| := (f,f)^{1/2}$ erhalten wir dann auf $R[a,b]$ eine durch das Skalarprodukt $(\cdot,\cdot)$ induzierte „Norm“, die sog. „L^2-Norm“ . Die Normeigenschaften, Positivität, Homogenität und Subadditivität (Dreiecksungleichung) ergeben sich dabei unmittelbar aus den Eigenschaften des Skalarprodukts:

$$\|f\| = 0 \quad \Rightarrow \quad (f,f) = 0 \quad \Rightarrow \quad f \equiv 0,$$

$$\|\alpha f\| = (\alpha f, \alpha f)^{1/2} = \big(|\alpha|^2 (f,f)\big)^{1/2} = |\alpha|\,\|f\|,$$

$$\begin{aligned} \|f+g\| &= (f+g, f+g)^{1/2} = \big(\|f\|^2 + (f,g) + (g,f) + \|g\|^2\big)^{1/2} \\ &\leq \big(\|f\|^2 + 2\|f\|\,\|g\| + \|g\|^2\big)^{1/2} = \|f\| + \|g\|. \end{aligned}$$

Mit Hilfe der Norm $\|\cdot\|$ lässt sich die sog. „Konvergenz im Quadratischen Mittel“ (oder kurz „L^2-Konvergenz“) von Funktionen $f_n \in R[a,b]$ gegen eine Funktion $f \in R[a,b]$ erklären:

$$f_n \to_{L^2} f \quad :\Leftrightarrow \quad \|f_n - f\| \to 0 \quad (n \to \infty).$$

Dies bedeutet, dass das quadratische Mittel der Abweichung zwischen f_n und f gegen Null geht, d. h.:

$$\int_a^b |f_n(x) - f(x)|^2\,dx \to 0 \quad (n \to \infty).$$

[2]Hermann Schwarz (1843–1921): Deutscher Mathematiker; wirkte in Halle, Göttingen und Berlin; leistete grundlegende Beiträge zur Funktionentheorie, Differentialgeometrie und Variationsrechnung.

Aus der Abschätzung

$$\|f_n - f\| = \Big(\int_a^b |f_n(x) - f(x)|^2\,dx\Big)^{1/2} \le \max_{x\in[a,b]} |f_n(x) - f(x)|\,\sqrt{b-a}$$

sehen wir, dass die gleichmäßige Konvergenz von f_n gegen f auch ihre Konvergenz im L^2-Sinne impliziert. Die umgekehrte Aussage ist i. Allg. nicht richtig; eine L^2-konvergente Funktionenfolge muss nicht einmal punktweise konvergieren. Umgekehrt impliziert aber die punktweise Konvergenz auch nicht automatisch die L^2-Konvergenz (Übungsaufgabe). Analog zur L^2-Norm ist auf $R[a,b]$ für beliebiges $p \in [1,\infty)$ die sog. L^p-Norm definiert

$$\|f\|_p := \Big(\int_a^b |f(x)|^p\,dx\Big)^{1/p}.$$

Der zugehörigen Konvergenzbegriff ist die sog. L^p-Konvergenz. Für $p = 2$ ergibt sich die L^2-Norm. Den Nachweis der Normeigenschaften, insbesondere der Dreicksungleichung, verschieben wir auf später. Speziell für $p = 1$ erhalten wir die L^1-Norm

$$\|f\|_1 := \int_a^b |f(x)|\,dx,$$

für welche die Normeigenschaften direkt aus denen des Absolutbetrags folgen.

Beispiel 7.1: Die Folge der durch $f_n(x) := x^n$, $x \in [-1,1]$, definierten Funktionen $f_n \in R[-1,1]$ konvergiert wegen

$$\|f_n\|^2 = \int_{-1}^1 x^{2n}\,dx = 2\int_0^1 x^{2n}\,dx = \frac{2}{2n+1}x^{2n+1}\Big|_0^1 \le \frac{2}{2n+1}$$

im L^2-Sinne gegen die Nullfunktion $f \equiv 0$. Sie konvergiert aber offenbar wegen $f_n(1) = 1$, $n \in \mathbb{N}$ nicht punktweise gegen Null und wegen $f_n(-1) = (-1)^n$, $n \in \mathbb{N}$ in $x = -1$ sogar überhaupt nicht. Trotzdem würde man die Funktion $f_n(x) = x^n$ für große n „im Mittel" als gute Approximation zu $f_\infty(x) \equiv 0$ ansehen.

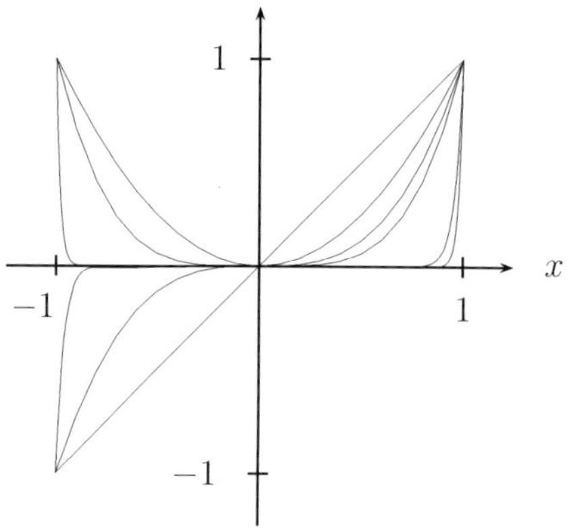

Abbildung 7.1: Eine im L^2-Sinne aber nicht punktweise konvergente Funktionenfolge: $f(x) = x^n$ für $n = 1, 2, 3, 4, 19, 20$.

Bemerkung 7.2: Wir hatten früher schon gesehen, dass der Raum $C[a,b]$ der auf dem Intervall $[a,b]$ stetigen Funktionen versehen mit der Maximumnorm

$$\|f\|_\infty := \max_{x\in[a,b]} |f(x)|$$

vollständig ist, d. h. dass in ihm jede Cauchy-Folge einen Limes hat. Damit wird $C[a,b]$ zu einem sog. „Banach-Raum“ (⇔: *vollständiger normierter Raum*). Es stellt sich nun die Frage, ob auch der Raum $R[a,b]$ versehen mit der L^2-Norm $\|\cdot\|$ vollständig ist. Dies ist aber nicht der Fall. Es gibt Cauchy-Folgen in $R[a,b]$, die keinen Limes in $R[a,b]$ haben. Dies legt einen Vervollständigungsprozess über Äquivalenzklassen von Cauchy-Folgen nahe (analog zur Konstruktion der reellen Zahlen $\mathbb{R}$ aus den rationalen Zahlen $\mathbb{Q}$). Der so entstehende *vollständige* normierte Raum wird $L^2(a,b)$ genannt und als der „Lebesguesche Hilbert-Raum“ über $[a,b]$ bezeichnet. Seine Elemente können identifiziert werden mit den auf (a,b) im Lebesgueschen Sinne quadratintegrablen Funktionen (⇒ Lebesgue-Intergral). Die „L^2-Norm“ ist daher auf diesem Raum zunächst nur eine „Semi-Norm“ (nicht streng definit); sie wird zur Norm, wenn man alle Funktionen identifiziert, welche sich höchstens auf einer Nullmenge unterscheiden. Wir haben dieses Problem für unstetige Funktionen aus $R[a,b]$ dadurch umgangen, dass die Werte an den Unstetigkeitsstellen als Mittelwerte der rechts- und linksseitigen Grenzwerte festgelegt wurden.

Das L^2-Skalarprodukt und die L^2-Norm stehen zueinander ähnlich wie das euklidische Skalarprodukt auf dem Vektorraum $\mathbb{K}^n$ zur euklidischen Norm. Damit können wir in $R[a,b]$ Geometrie betreiben, d. h. den geometrischen Begriff „Orthogonalität“ einführen.

Definition 7.2: *Zwei Funktionen $f,g \in R[a,b]$ werden „orthogonal“ genannt, wenn gilt:*

$$(f,g) = 0. \tag{7.1.6}$$

Eine Teilmenge $S \subset R[a,b]$ heißt „Orthogonalsystem“, wenn ihre Elemente paarweise orthogonal sind.

Satz 7.1: *Die trigonometrischen Funktionen*

$$c_0(x) :\equiv 1, \quad c_k(x) := \cos(kx), \quad s_l(x) := \sin(lx) \quad (k,l \in \mathbb{N}),$$

bilden bzgl. des L^2-Skalarprodukts $(\cdot,\cdot)$ ein Orthogonalsystem in $R[0,2\pi]$. Speziell gilt für $k,l \in \mathbb{N}$:

$$\int_0^{2\pi} c_k(x)\,dx = \int_0^{2\pi} s_l(x)\,dx = \int_0^{2\pi} c_k(x)s_l(x)\,dx = 0, \tag{7.1.7}$$

sowie

$$\int_0^{2\pi} c_k(x)c_l(x)\,dx = \pi\delta_{kl}, \qquad \int_0^{2\pi} s_k(x)s_l(x)\,dx = \pi\delta_{kl}, \tag{7.1.8}$$

mit der Abkürzung $\delta_{kl} := 1$ für $k = l$ und $\delta_{kl} := 0$ für $k \neq l$ („Kronecker-Delta“ oder „Kronecker-Symbol“).

Beweis: Zunächst erhalten wir durch partielle Integration für $k, l \in \mathbb{N}$:

$$\int_0^{2\pi} c_k(x)\,dx = \frac{1}{k}s_k(x)\Big|_0^{2\pi} = 0, \qquad \int_0^{2\pi} s_l(x)\,dx = -\frac{1}{l}c_l(x)\Big|_0^{2\pi} = 0.$$

Analog ergeben sich die folgenden Beziehungen:

$$\int_0^{2\pi} c_k(x)s_l(x)\,dx = \frac{1}{k}s_k(x)s_l(x)\Big|_0^{2\pi} - \int_0^{2\pi} \frac{1}{k}s_k(x)lc_l(x)\,dx, \tag{7.1.9}$$

$$\int_0^{2\pi} c_k(x)c_l(x)\,dx = \frac{1}{k}s_k(x)c_l(x)\Big|_0^{2\pi} + \int_0^{2\pi} \frac{1}{k}s_k(x)ls_l(x)\,dx \tag{7.1.10}$$

$$\int_0^{2\pi} s_k(x)s_l(x)\,dx = -\frac{1}{k}c_k(x)s_l(x)\Big|_0^{2\pi} + \int_0^{2\pi} \frac{1}{k}c_k(x)lc_l(x)\,dx. \tag{7.1.11}$$

Die Randterme verschwinden alle wegen der 2π-Periodiziät von $s_k(x)$ und $c_k(x)$. Für $k = l$ folgern wir aus (7.1.9):

$$\int_0^{2\pi} c_k(x)s_k(x)\,dx = -\int_0^{2\pi} c_k(x)s_k(x)\,dx,$$

sowie aus (7.1.10) und (7.1.11):

$$\int_0^{2\pi} c_k(x)^2\,dx = \int_0^{2\pi} s_k(x)^2\,dx = 2\pi - \int_0^{2\pi} c_k(x)^2\,dx,$$

und damit wie behauptet

$$\int_0^{2\pi} c_k(x)s_k(x)\,dx = 0, \qquad \int_0^{2\pi} c_k(x)^2\,dx = \int_0^{2\pi} s_k(x)^2\,dx = \pi.$$

Für $k \neq l$ erhalten wir durch Kombination von (7.1.10) und (7.1.11):

$$\int_0^{2\pi} c_k(x)c_l(x)\,dx = k^{-1}l\int_0^{2\pi} s_k(x)s_l(x)\,dx = k^{-2}l^2\int_0^{2\pi} c_k(x)c_l(x)\,dx,$$

und damit wie behauptet

$$\int_0^{2\pi} c_k(x)c_l(x)\,dx = \int_0^{2\pi} s_k(x)s_l(x)\,dx = 0.$$

Schließlich ergibt nochmalige partielle Integration in (7.1.9):

$$\int_0^{2\pi} c_k(x)s_l(x)\,dx = k^{-2}l^2\int_0^{2\pi} c_k(x)s_l(x)\,dx,$$

und damit für $k \neq l$ die noch fehlende Aussage

$$\int_0^{2\pi} c_k(x)s_l(x)\,dx = 0.$$

Q.E.D.

7.2 Fourier-Entwicklung

Im Folgenden wollen wir die „Entwickelbarkeit“ periodischer Funktionen in Summen von trigonometrischen Funktionen untersuchen. Wir erinnern daran, dass eine Funktion $f:\mathbb{R}\to\mathbb{K}$ „periodisch“ heißt, mit Periode $L>0$, wenn

$$f(x+L)=f(x),\quad x\in\mathbb{R}.$$

Dann gilt natürlich auch $f(x+nL)=f(x),\ x\in\mathbb{R}$ für alle $n\in\mathbb{Z}$. Durch eine Variablentransformation kann jede L-periodische Funktion $f(\cdot)$ in eine 2π-periodische Funktion $F(\cdot)$ überführt werden und umgekehrt:

$$F(x):=f\Big(\frac{L}{2\pi}x\Big),\qquad f(x)=F\Big(\frac{2\pi}{L}x\Big),$$
$$F(x+2\pi)=f\Big(\frac{L}{2\pi}(x+2\pi)\Big)=f\Big(\frac{L}{2\pi}x+L\Big)=f\Big(\frac{L}{2\pi}x\Big)=F(x).$$

Wir werden uns daher im Folgenden auf die Betrachtung von 2π-periodischen Funktionen $f:\mathbb{R}\to\mathbb{K}$ beschränken. Wir sprechen dabei von einer „2π-periodischen Funktion $f\in R[0,2\pi]$“, wenn f auf $[0,2\pi]$ (und damit wegen der Periodizität auf jedem endlichen Intervall) Riemann-Integrierbar ist. Wegen der geforderten Periodizität muss dann $f(0)=f(2\pi)$ sein. In diesem Sinne kann jede Funktion $f\in R[0,2\pi]$ gegebenenfalls durch Abänderung der Funktionswerte in $x=0$ oder $x=2\pi$ zu einer 2π-periodischen Funktion $\tilde f:\mathbb{R}\to\mathbb{K}$ fortgesetzt werden. Ihre Riemann-Interierbarkeit über $[0,2\pi]$ bleibt davon unberührt.

Beispiel 7.2: Zu der auf $[0,2\pi]$ definierten Funktion $f(x):=x-\pi$ erhält man durch

$$\tilde f(x)=\begin{cases} x-\pi, & 0<x<2\pi,\\ 0, & x\in\{0,2\pi\},\end{cases}$$

und anschließende 2π-periodische Fortsetzung eine 2π-periodische Funktion $\tilde f\in R[0,2\pi]$ (siehe Abb. 7.2).

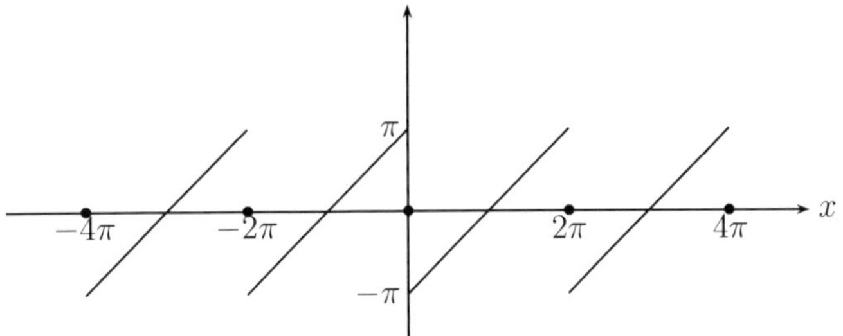

Abbildung 7.2: Eine 2π-periodische, unstetige Zackenfunktion.

Spezielle 2π-periodische Funktionen sind die sog. „trigonometrischen Polynome“

$$T_n(x) = \tfrac{1}{2}a_0 + \sum_{k=1}^{n} \big\{a_k \cos(kx) + b_k \sin(kx)\big\}.$$

Im Falle $a_n \neq 0$ oder $b_n \neq 0$ spricht man von einem „trigonometrischen Polynom“ vom Grad n. Aufgrund der Orthogonalitätsbeziehungen (7.1.7) und (7.1.8) gilt, für $l \in N_0$:

$$\begin{aligned}\int_0^{2\pi} T_n(x)\cos(lx)\,dx &= \tfrac{1}{2}a_0 \int_0^{2\pi} \cos(lx)\,dx \\ &\quad + \sum_{k=1}^{n} \Big\{a_k \int_0^{2\pi} \cos(kx)\cos(lx)\,dx + \int_0^{2\pi} b_k \sin(kx)\cos(lx)\,dx\Big\} \\ &= a_l \int_0^{2\pi} \cos(lx)\cos(lx)\,dx = a_l\pi,\end{aligned}$$

sowie für $l \in \mathbb{N}$:

$$\begin{aligned}\int_0^{2\pi} T_n(x)\sin(lx)\,dx &= \tfrac{1}{2}a_0 \int_0^{2\pi} \sin(lx)\,dx \\ &\quad + \sum_{k=1}^{n} \Big\{a_k \int_0^{2\pi} \cos(kx)\sin(lx)\,dx + \int_0^{2\pi} b_k \sin(kx)\sin(lx)\,dx\Big\} \\ &= b_l \int_0^{2\pi} \sin(lx)\sin(lx)\,dx = b_l\pi,\end{aligned}$$

und wir erhalten die Beziehungen, für $k \in \mathbb{N}$,

$$a_0 = \frac{1}{\pi}\int_0^{2\pi} T_n(x)\,dx\,, \quad a_k = \frac{1}{\pi}\int_0^{2\pi} T_n(x)\cos(kx)\,dx\,, \quad b_k = \frac{1}{\pi}\int_0^{2\pi} T_n(x)\sin(kx)\,dx\,.$$

Dies motiviert für eine beliebige Funktion $f \in R[0, 2\pi]$ die Definition der zugehörigen trigonometrischen Summe, sog. „Fourier-Summe“,

$$F_n^f(x) = \tfrac{1}{2}a_0 + \sum_{k=1}^{n} \big\{a_k \cos(kx) + b_k \sin(kx)\big\} \tag{7.2.12}$$

mit den Koeffizienten

$$a_0 = \frac{1}{\pi}\int_0^{2\pi} f(x)\,dx\,, \quad a_k = \frac{1}{\pi}\int_0^{2\pi} f(x)\cos(kx)\,dx \quad b_k = \frac{1}{\pi}\int_0^{2\pi} f(x)\sin(kx)\,dx\,.$$

Wegen der 2π-Periodizität der Funkion f können die zugehörigen Fourier-Koeffizienten auch durch Integration über ein beliebiges anderes Intervall der Länge 2π berechnet werden.

Wir beschäftigen uns im Folgenden mit der Frage, in wie weit die formale Fourier-Summe F_n^f einer Funktion $f \in R[a, b]$ diese für $n \to \infty$ tatsächlich approximiert.

Es erweist sich als zweckmäßig, diese Untersuchung unter Verwendung der komplexen Schreibweise durchzuführen. Mit Hilfe der Beziehungen (Man beachte $i^{-1} = -i$.)

$$\cos(x) = \tfrac{1}{2}\big(e^{ix} + e^{-ix}\big), \qquad \sin(x) = \tfrac{1}{2i}\big(e^{ix} - e^{-ix}\big) = -\tfrac{i}{2}\big(e^{ix} - e^{-ix}\big) \tag{7.2.13}$$

kann die Fourier-Summe

$$F_n^f = \tfrac{1}{2}a_0 + \sum_{k=1}^{n} \big\{a_k \cos(kx) + b_k \sin(kx)\big\}$$

in eine sog. „Exponentialsumme" umgeschrieben werden:

$$\begin{aligned} F_n^f &= \tfrac{1}{2}a_0 + \sum_{k=1}^{n} \big\{\tfrac{1}{2}a_k e^{ikx} + \tfrac{1}{2}a_k e^{-ikx} - \tfrac{i}{2}b_k e^{ikx} + \tfrac{i}{2}b_k e^{-ikx}\big\} \\ &= \tfrac{1}{2}a_0 + \sum_{k=1}^{n} \tfrac{1}{2}(a_k - ib_k)e^{ikx} + \sum_{k=1}^{n} \tfrac{1}{2}(a_k + ib_k)e^{-ikx} \\ &= c_0 + \sum_{k=1}^{n} c_k e^{ikx} + \sum_{k=1}^{n} c_{-k} e^{-ikx} = \sum_{k=-n}^{n} c_k e^{ikx}, \end{aligned}$$

mit den Koeffizienten

$$c_0 := \tfrac{1}{2}a_0, \qquad c_k := \tfrac{1}{2}(a_k - ib_k), \quad c_{-k} := \tfrac{1}{2}(a_k + ib_k), \quad k \in \mathbb{N},$$

Wegen $\cos(kx) \pm i\sin(kx) = e^{\pm ikx}$ gilt auch

$$c_k = \frac{1}{2\pi}\int_0^{2\pi} f(x)\big(\cos(kx) - i\sin(kx)\big)\,dx = \frac{1}{2\pi}\int_0^{2\pi} f(x)e^{-ikx}\,dx, \quad k \in \mathbb{Z}. \tag{7.2.14}$$

Definition 7.3 (Fourier-Reihe): *Für eine Funktion $f \in R[0, 2\pi]$ heißen die Zahlen*

$$c_k := \frac{1}{2\pi}\int_0^{2\pi} f(x)e^{-ikx}\,dx, \quad k \in \mathbb{Z},$$

„Fourier-Koeffizienten" und die damit gebildeten Summen

$$F_n^f(x) := \sum_{k=-n}^{n} c_k e^{ikx}$$

„Fourier-Summen". Im Falle von deren Konvergenz für $n \to \infty$ heißt der Limes

$$F_\infty^f(x) := \sum_{-\infty}^{\infty} c_k e^{ikx} = \lim_{n\to\infty} \sum_{k=-n}^{n} c_k e^{ikx}$$

die „Fourier-Reihe" der Funktion f.

Lemma 7.2: *Sei* $f \in R[0,2\pi]$ *eine* 2π*-periodische Funktion mit den Fourier-Koeffizienten* c_k, $k \in \mathbb{Z}$. *Dann gilt für alle* $n \in \mathbb{N}$ *:*

$$\|f - F_n^f\|^2 = \|f\|^2 - 2\pi \sum_{k=-n}^{n} |c_k|^2. \tag{7.2.15}$$

Beweis: Wir setzen zur Abkürzung $e_k(x) := e^{ikx}$. Mit dem oben eingeführten L^2-Skalarprodukt $(\cdot,\cdot)$ gilt (Übungsaufgabe)

$$(e_k, e_l) = \int_0^{2\pi} e^{ikx} e^{-ilx}\, dx = \begin{cases} 2\pi, & k = l, \\ 0, & k \neq l, \end{cases}$$

und

$$c_k = \frac{1}{2\pi} \int_0^{2\pi} f(x) e^{-ikx}\, dx = \frac{1}{2\pi} \int_0^{2\pi} f(x) \overline{e^{ikx}}\, dx = \frac{1}{2\pi}(f, e_k).$$

Für $F_n^f := \sum_{k=-n}^{n} c_k e_k$ folgt damit

$$(f, F_n^f) = \sum_{k=-n}^{n} \bar{c}_k (f, e_k) = 2\pi \sum_{k=-n}^{n} \bar{c}_k c_k = 2\pi \sum_{k=-n}^{n} |c_k|^2,$$

$$(F_n^f, F_n^f) = \sum_{k=-n}^{n} \sum_{k=-l}^{l} c_k \bar{c}_l (e_k, e_l) = 2\pi \sum_{k=-n}^{n} |c_k|^2.$$

Mit diesen Identitäten erschließen wir nun

$$\begin{aligned} \|f - F_n^f\|^2 &= (f - F_n^f, f - F_n^f) = (f, f) - (f, F_n^f) - (F_n^f, f) + (F_n^f, F_n^f) \\ &= \|f\|^2 - 2\pi \sum_{k=-n}^{n} |c_k|^2 - 2\pi \sum_{k=-n}^{n} |c_k|^2 + 2\pi \sum_{k=-n}^{n} |c_k|^2 \\ &= \|f\|^2 - 2\pi \sum_{k=-n}^{n} |c_k|^2, \end{aligned}$$

was zu zeigen war. Q.E.D.

Satz 7.2 (Besselsche Ungleichung): *Sei* $f \in R[0,2\pi]$ *eine* 2π*-periodische Funktion mit den Fourier-Koeffizienten* c_k, $k \in \mathbb{Z}$. *Dann konverghieren die Quadratsummen der Fourier-Koeffizienten, und es gilt die sog. „Besselsche*[3] *Ungleichung“:*

$$2\pi \sum_{-\infty}^{\infty} |c_k|^2 = \lim_{n\to\infty} 2\pi \sum_{k=-n}^{n} |c_k|^2 \le \|f\|^2. \tag{7.2.16}$$

[3]Friedrich Wilhelm Bessel (1784–1846): Deutscher Astromom und Mathematiker; Direktor des Observatoriums in Königsberg und Mitglied der Berliner Akademie; grundlegende Beiträge zur mathematischen Fehlerkorrektur bei astronomischen Beobachtungen und zur Sternpositionierung.

Beweis: Die behauptete Ungleichung ergibt sich unmittelbar aus der Abschätzung

$$2\pi \sum_{k=-n}^{n} |c_k|^2 = \|f\|^2 - \|f - F_n^f\|^2 \leq \|f\|^2$$

durch Grenzübergang $n \to \infty$ und Beachtung der Monotonie der Folge der Partialsummen $\sum_{k=-n}^{n} |c_k|^2$. Q.E.D.

Wir wollen nun untersuchen, unter welchen Bedingungen die Fourier-Summen einer periodischen Funktion $f \in R[0, 2\pi]$ für $n \to \infty$ im quadratischen Mittel gegen f konvergiert. Nach Lemma 7.2 ist dies äquivalent zu der Beziehung

$$\|f\|^2 = \lim_{n\to\infty} \sum_{k=-n}^{n} |c_k|^2 = 2\pi \sum_{-\infty}^{\infty} |c_k|^2. \tag{7.2.17}$$

Wir stellen zunächst drei Hilfssätze bereit.

Lemma 7.3 (Riemannsches Lemma): *Sei* $f : [a, b] \to \mathbb{R}$ *eine stetig differenzierbare Funktion. Für* $x \in [a, b]$ *und* $s \in \mathbb{R}$ *gilt dann:*

$$F_s(x) := \int_a^x f(y) \sin(sy)\, dy \to 0 \quad (|s| \to \infty), \tag{7.2.18}$$

wobei die Konvergenz gleichmäßig für $x \in [a, b]$ *ist.*

Beweis: Für $s \neq 0$ ergibt sich durch partielle Integration

$$F_s(x) = -f(y)\frac{\cos(sy)}{s}\Big|_a^x + \frac{1}{s}\int_a^x f'(y)\cos(sy)\, dx.$$

Da f und f' auf $[a, b]$ stetig sind, gibt es eine Konstante $M > 0$, so dass

$$|f(y)| \leq M, \qquad |f'(y)| \leq M, \quad y \in [a, b].$$

Damit erhalten wir die Abschätzung

$$|F_s(x)| \leq \frac{2M}{|s|} + \frac{M(b-a)}{|s|},$$

woraus die Richtigkeit der Behauptung folgt. Q.E.D.

Lemma 7.4: *a) Auf jedem Intervall* $[\delta, 2\pi - \delta]$ *mit* $\delta > 0$ *konvergiert die Reihe*

$$\sum_{k=1}^{\infty} \frac{\sin(kx)}{k} = \frac{\pi - x}{2} \tag{7.2.19}$$

gleichmäßig.

b) Die Reihe

$$\sum_{k=1}^{\infty} \frac{\cos(kx)}{k^2} = \Big(\frac{x-\pi}{2}\Big)^2 - \frac{\pi^2}{12}, \qquad (7.2.20)$$

konvergiert gleichmäßig für $x \in \mathbb{R}$. *Insbesondere für* $x = 0$ *gilt:*

$$\sum_{k=1}^{\infty} \frac{1}{k^2} = \frac{\pi^2}{6}. \qquad (7.2.21)$$

Beweis: i) Wir benötigen die folgende Identität:

$$\frac{1}{2} + \sum_{k=1}^{n} \cos(kx) = \frac{\sin((n+\frac{1}{2})x)}{2\sin(\frac{1}{2}x)}. \qquad (7.2.22)$$

Zu ihrem Beweis rekapitulieren wir die Beziehungen

$$\cos(kx) = \tfrac{1}{2}(e^{ikx} + e^{-ikx}), \qquad \sin(kx) = \tfrac{1}{2i}(e^{ikx} - e^{-ikx}).$$

Damit gilt:

$$\frac{1}{2} + \sum_{k=1}^{n} \cos(kx) = \frac{1}{2} \sum_{k=-n}^{n} e^{ikx}.$$

Mit Hilfe der geometrischen Summenformel folgt

$$\begin{aligned}\sum_{k=-n}^{n} e^{ikx} &= e^{-inx} \sum_{k=0}^{2n} (e^{ix})^k = e^{-inx} \frac{1-e^{(2n+1)ix}}{1-e^{ix}} = \frac{e^{-inx} - e^{(n+1)ix}}{1-e^{ix}} \\ &= \frac{e^{-i(n+\frac{1}{2})x} - e^{i(n+\frac{1}{2})x}}{e^{-\frac{1}{2}ix} - e^{\frac{1}{2}ix}} = \frac{e^{i(n+\frac{1}{2})x} - e^{-i(n+\frac{1}{2})x}}{2i} \, \frac{2i}{e^{\frac{1}{2}ix} - e^{-\frac{1}{2}ix}} = \frac{\sin((n+\frac{1}{2})x)}{\sin(\frac{1}{2}x)},\end{aligned}$$

woraus sich die behauptete Identität ergibt.

ii) Wir beweisen nun die Beziehung (7.2.19). Für beliebiges $x \in (0, 2\pi)$ gilt

$$\int_{\pi}^{x} \cos(ky)\, dy = \frac{\sin(ky)}{k}\Big|_{\pi}^{x} = \frac{\sin(kx)}{k},$$

und folglich unter Verwendung von (7.2.22):

$$\sum_{k=1}^{n} \frac{\sin(kx)}{k} = \int_{\pi}^{x} \sum_{k=1}^{n} \cos(ky)\, dy = \int_{\pi}^{x} \frac{\sin((n+\frac{1}{2})y)}{2\sin(\frac{1}{2}y)}\, dy - \frac{x-\pi}{2}.$$

Die Funktion $f(y) := \frac{1}{2}\sin(\frac{1}{2}y)^{-1}$ ist auf dem Intervall $[\delta, 2\pi-\delta]$ stetig differenzierbar, so dass nach Lemma 7.3 gilt:

$$\int_{\pi}^{x} \frac{1}{2\sin(\frac{1}{2}y)} \sin((n+\tfrac{1}{2})y)\, dy \to 0 \quad (n \to \infty),$$

wobei die Konvergenz gleichmäßig für $x \in [\delta, 2\pi - \delta]$ ist. Dies impliziert (7.2.19).

iii) Wir beweisen schließlich (7.2.20). Die Reihe

$$F(x) := \sum_{k=1}^{\infty} \frac{\cos(kx)}{k^2}$$

konvergiert offenbar nach dem Majorantenkriterium gleichmäßig für alle $x \in \mathbb{R}$ und stellt eine stetige Funktion dar. Die Reihe der zugehörigen Ableitungen

$$-\sum_{k=1}^{\infty} \frac{\sin(kx)}{k} = \frac{x-\pi}{2}$$

konvergiert nach Teil a) für jedes $\delta > 0$ gleichmäßig auf dem Intervall $[\delta, 2\pi - \delta]$. Nach dem Satz über die Vertauschbarkeit von Differentiation und Summation folgt für $x \in (0, 2\pi)$:

$$F'(x) = \tfrac{1}{2}(x-\pi), \qquad F(x) = \tfrac{1}{4}(x-\pi)^2 + c$$

mit einer Konstante $c \in \mathbb{R}$. Da F stetig ist, gilt dies auf ganz $[0, 2\pi]$. Zur Bestimmung der Konstante c schreiben wir

$$\int_0^{2\pi} F(x)\,dx = \tfrac{1}{4}\int_0^{2\pi} (x-\pi)^2\,dx + \int_0^{2\pi} c\,dx = \tfrac{1}{12}(x-\pi)^3\Big|_0^{2\pi} + 2\pi c = \frac{\pi^3}{6} + 2\pi c.$$

Wegen

$$\int_0^{2\pi} \cos(kx)\,dx = 0, \quad k \in \mathbb{N},$$

gilt dann nach dem Satz über die Vertauschbarkeit von Integration und Summation

$$\int_0^{2\pi} F(x)\,dx = \int_0^{2\pi} \sum_{k=1}^{\infty} \frac{\cos(kx)}{k^2}\,dx = \sum_{k=1}^{\infty} \int_0^{2\pi} \frac{\cos(kx)}{k^2} = 0.$$

Also folgt $c = -\pi^2/12$, womit der Beweis vollständig ist. Q.E.D.

Lemma 7.5: *Sei $f \in R[0, 2\pi]$ eine 2π-periodische Treppenfunktion. Dann konvergiert die Fourier-Reihe F_∞^f von f im quadratischen Mittel gegen f.*

Beweis: i) Wir betrachten zunächst den Fall einer Treppenfunktion mit nur einer Unstetigkeitsstelle $a \in (0, 2\pi)$:

$$f(x) := \begin{cases} 1, & 0 < x < a, \\ 0{,}5, & x \in \{0, a\}, \\ 0, & a < x < 2\pi. \end{cases}$$

Für diese gilt offenbar $\|f\|^2 = a$. Ihre Fourier-Koeffizienten sind

$$c_0 = \frac{a}{2\pi}, \qquad c_k = \frac{1}{2\pi}\int_0^a e^{-ikx}\,dx = \frac{1}{2\pi(-ik)}(e^{-ika} - 1) = \frac{i}{2\pi k}(e^{-ika} - 1), \quad k \neq 0.$$

Für $k \neq 0$ gilt

$$
\begin{aligned}
|c_k|^2 &= \frac{i(-i)}{4\pi^2 k^2}(e^{ika}-1)(e^{-ika}-1) = \frac{1}{4\pi^2 k^2}(1-e^{ika}-e^{-ika}+1) \\
&= \frac{1}{2\pi^2 k^2}\Big(1-\frac{e^{ika}+e^{-ika}}{2}\Big) = \frac{1-\cos(ka)}{2\pi^2 k^2}
\end{aligned}
$$

und somit unter Verwendung von Lemma 7.4, da $\cos(x)$ gerade ist:

$$
\begin{aligned}
\sum_{k=-n}^{n} |c_k|^2 &= c_0^2 + \sum_{k=1}^{n}\big\{|c_{-k}|^2 + |c_k|^2\big\} = \frac{a^2}{4\pi^2} + \sum_{k=1}^{n} \frac{1-\cos(ka)}{\pi^2 k^2} \\
&= \frac{a^2}{4\pi^2} + \frac{1}{\pi^2}\sum_{k=1}^{n}\frac{1}{k^2} - \frac{1}{\pi^2}\sum_{k=1}^{n}\frac{\cos(ka)}{k^2} \\
&\to_{n\to\infty} \frac{a^2}{4\pi^2} + \frac{1}{6} - \frac{1}{\pi^2}\Big(\frac{(\pi-a)^2}{4} - \frac{\pi^2}{12}\Big) = \frac{a}{2\pi}.
\end{aligned}
$$

Es ergibt sich also

$$
2\pi \sum_{-\infty}^{\infty} |c_k|^2 = a = \int_0^{2\pi} |f(x)|^2\, dx = \|f\|^2.
$$

Nach Lemma 7.2 folgt hieraus die L^2-Konvergenz der Fourier-Reihe:

$$
\|f - F_n^f\|^2 = \|f\|^2 - 2\pi \sum_{k=-n}^{n} |c_k|^2 \to 0 \quad (n \to \infty).
$$

ii) Sei nun $f \in R[0,2\pi]$ eine beliebige 2π-periodische Treppenfunktion mit Sprungstellen $x_i \in (a,b)$, $i = 1,\dots,m$. Die dazu gehörenden „einfachen" Treppenfunktionen $f_k \in R[a,b]$ mit einziger Sprungstelle $a = x_k$ und Werten $f(x) \in \{0,1\}$ spannen dann einen m-dimensionalen Unterraum von $R[a,b]$ auf, der die Funktion f enthällt, d. h.: Es gibt Konstanten $\alpha_1,\dots,\alpha_m$, so daß

$$
f(x) = \sum_{k=1}^{m} \alpha_k f_k(x), \qquad x \in [a,b].
$$

Dies macht man sich mit einer einfachen geometrischen Überlegung klar. Mit den n-ten Fourier-Summen F_n^f und $F_n^{f_k}$ gilt dann

$$
F_n^f(x) = \sum_{k=1}^{m} \alpha_k F_n^{f_k}(x)
$$

und folglich

$$
\|f - F_n^f\| = \Big\|\sum_{k=1}^{m} \alpha_k (f_k - F_n^{f_k})\Big\| \le \sum_{k=1}^{m} |\alpha_k|\, \|f_k - F_n^{f_k}\|.
$$

Nach Teil (i) konvergiert die rechte Seite für $n \to \infty$ gegen Null. Q.E.D.

Nach diesen Vorbereitungen können wir das Hauptergebnis zur Fourier-Analyse periodischer Funktionen beweisen.

Satz 7.3 (Vollständigkeitsrelation): *Sei $f \in R[0, 2\pi]$ eine 2π-periodische Funktion. Dann konvergiert die Fourier-Reihe von f im quadratischen Mittel gegen f, und mit ihren Fourier-Koeffizienten c_k gilt die sog. „Vollständigkeitsrelation" (auch „Parsevalsche[4] Gleichung" genannt)*

$$2\pi \sum_{-\infty}^{\infty} |c_k|^2 = \|f\|^2. \tag{7.2.23}$$

Beweis: i) Da Realteil und Imaginärteil von f getrennt behandelt werden können, kann f o.B.d.A. als reellwertig angenommen werden. Ferner erlaubt es der Übergang von f zu $\tilde{f}(x) := f(x)/M$ mit $M := \sup_{x\in[0,2\pi]} |f(x)|$ o.B.d.A. anzunehmen, dass $|f(x)| \le 1$ ist. Sei $\varepsilon > 0$ gegeben. Dann gibt es zu beliebigem $\varepsilon > 0$ 2π-periodische Treppenfunktionen $\varphi_\varepsilon, \psi_\varepsilon : \mathbb{R} \to \mathbb{R}$ mit folgenden Eigenschaften:

$$-1 \le \varphi_\varepsilon \le f \le \psi_\varepsilon \le 1, \qquad \max_{x\in[0,2\pi]} |\psi_\varepsilon(x) - \varphi_\varepsilon(x)| \le \frac{1}{16\pi}\varepsilon^2.$$

Zur Konstruktion einer solchen Einschließung gehen wir wie folgt vor: Nach Satz 4.1 ist f auf jedem seiner Stetigkeitsintervalle auch *gleichmäßig* stetig. Sei $I = [c, d] \subset [0, 2\pi]$ ein solches Intervall. Es gibt dann zu beliebigem $\varepsilon > 0$ ein $\delta_\varepsilon > 0$, so dass gilt:

$$x, x' \in [c, d],\ |x - x'| < \delta_\varepsilon \quad \Rightarrow \quad |f(x) - f(x')| < \tfrac{1}{2}\varepsilon.$$

Sei nun $n \in \mathbb{N}$ so groß, daß $(d - c)/n < \delta_\varepsilon$. Mit den Teilpunkten

$$x_k := c + \frac{d - c}{n} k, \quad k = 0. \dots, n,$$

erhalten wir so eine „äquidistante" Unterteilung des Intervalls $[c, d]$:

$$c = x_0 < x_1 < \ldots < x_{n-1} < x_n = d,$$

mit $|x_k - x_{k-1}| < \delta_\varepsilon$. Dazu definieren wir nun zwei Treppenfunktionen φ_ε, $\psi_\varepsilon : [c, d] \to \mathbb{R}$ durch die Setzung

$$x_{k-1} < x < x_k : \quad \begin{array}{l} \varphi(x) := \inf\{f(x) |\, x_{k-1} < x < x_k\} \ge -1, \\ \psi(x) := \sup\{f(x) |\, x_{k-1} < x < x_k\} \le 1, \end{array}$$

mit der üblichen Mittelwertsvorgabe in den Sprungpunkten x_k. Für diese gilt dann konstruktionsgemäß $\varphi_\varepsilon(x) \le f(x) \le \psi_\varepsilon(x)$ in allen $x \in [c, d]$. Wegen der Stetigkeit der Fortsetzung von f auf $[c, d]$ existieren in jedem der abgeschlossenen Teilintervalle $[x_{k-1}, x_k]$ Punkte ξ_k, η_k mit

$$f(\xi_k) = \inf\{f(x) : x_{k-1} < x < x_k\}, \qquad f(\eta_k) = \sup\{f(x) : x_{k-1} < x < x_k\}.$$

[4]Marc-Antoine Parseval des Chênes (1755–1836): Französischer Mathematiker; Arbeiten über partielle Differentialgleichungen der Physik (nur fünf mathematische Publikationen); bekannt durch die nach ihm benannte Gleichung, die er aber ohne Beweis und Bezug zu Fourier-Reihen angegeben hat.

Nach Wahl von δ_ε gilt daher für $x \in [x_{k-1}, x_k)$:

$$|\varphi_\varepsilon(x) - \psi_\varepsilon(x)| = |f(\xi_k) - f(\eta_k)| \leq |f(\xi_k) - f(x)| + |f(x) - f(\eta_k)| < \tfrac{1}{2}\varepsilon + \tfrac{1}{2}\varepsilon = \varepsilon\,.$$

Durchführung dieser Konstruktion auf den (endlich vielen) Stetigkeitsintervallen von f liefert Treppenfunktionsstücke, die zusammengesetzt die gewünschte Einschließung bilden (nach geeigneter Umdefinition von ε).

ii) Mit den obigen Bezeichnungen gilt nun für $g := f - \varphi_\varepsilon$:

$$|g|^2 = |f - \varphi_\varepsilon|^2 \leq |\psi_\varepsilon - \varphi_\varepsilon|^2 \leq (|\psi_\varepsilon| + |\varphi_\varepsilon|)(\psi_\varepsilon - \varphi_\varepsilon) \leq 2(\psi_\varepsilon - \varphi_\varepsilon),$$

d. h.:

$$\int_0^{2\pi} |g(x)|^2\,dx \leq 2\int_0^{2\pi} (\psi_\varepsilon(x) - \varphi_\varepsilon(x))\,dx \leq \frac{4\pi}{16\pi}\varepsilon^2 \leq \frac{\varepsilon^2}{4}.$$

Mit den zugehörigen n-ten Fourier-Summen F_n^f, $F_n^{\varphi_\varepsilon}$ und F_n^g gilt dann $F_n^f = F_n^g + F_n^{\varphi_\varepsilon}$. Nach Lemma 7.5 gibt es nun ein $n_\varepsilon \in \mathbb{N}$, so dass

$$\|\varphi_\varepsilon - F_n^{\varphi_\varepsilon}\| \leq \frac{\varepsilon}{2}, \quad n \geq n_\varepsilon.$$

Weiter ist nach Lemma 7.2

$$\|g - F_n^g\|^2 \leq \|g\|^2 \leq \frac{\varepsilon^2}{4}.$$

Daher gilt für alle $n \geq n_\varepsilon$:

$$\|f - F_n^f\| \leq \|\varphi_\varepsilon - F_n^{\varphi_\varepsilon}\| + \|g - F_n^g\| \leq \frac{\varepsilon}{2} + \frac{\varepsilon}{2} = \varepsilon,$$

Die Fourier-Reihe konvergiert also im L^2-Sinne gegen f. Dies bedeutet nach Lemma 7.2 auch, dass aus der Besselschen Ungleichung eine Gleichung wird. Q.E.D.

Beispiel 7.3: Wir betrachten die durch

$$f(x) = \begin{cases} 1, & 0 < x \leq \pi, \\ -1, & \pi < x \leq 2\pi, \end{cases}$$

definierte 2π-periodische Funktion $f : \mathbb{R} \to \mathbb{R}$.

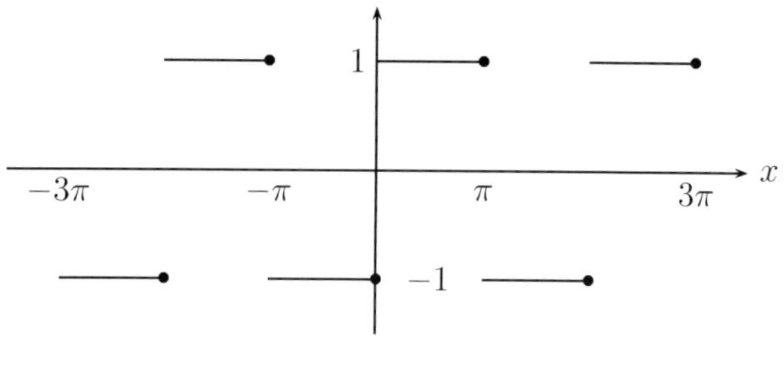

Abbildung 7.3: Eine 2π-periodische Treppenfunktion.

Wir wollen die Fourier-Reihe in der „komplexen“ Form

$$F_\infty^f(x) = \sum_{-\infty}^{\infty} c_k e^{ikx}$$

bestimmen. Die zugehörigen Fourier-Koeffizienten sind

$$c_0 = \frac{1}{2\pi}\Big(\int_0^\pi dx - \int_\pi^{2\pi} dx\Big) = 0$$

und

$$c_k = \frac{1}{2\pi}\Big(\int_0^\pi e^{-ikx}\,dx - \int_\pi^{2\pi} e^{-ikx}\,dx\Big) = -\frac{1}{2\pi ik}\big(e^{-ikx}\big|_0^\pi - e^{-ikx}\big|_\pi^{2\pi}\big) = -\frac{1}{2\pi ik}\big(2e^{-ik\pi} - 2\big).$$

d. h.: $c_k = 0$ für gerades k und $c_k = \frac{2}{ik\pi}$ für ungerades k. Folglich ist die Fourier-Reihe von f gegeben durch

$$F_\infty^f(x) = \frac{2}{i\pi}\sum_{k=1}^{\infty} \frac{e^{i(2k-1)x} - e^{-i(2k-1)x}}{2k-1} = \frac{4}{\pi}\sum_{k=1}^{\infty} \frac{\sin((2k-1)x)}{2k-1}.$$

Man beachte, dass an den Unstetigkeitsstellen $x = k\pi$ die Fourier-Summen jeweils den Mittelwert approximieren:

$$\lim_{n\to\infty} F_n^f(\pi) = 0.$$

Dabei scheint der Approximationsfehler bei Annäherung an die Unstetigkeitsstellen für $n \to \infty$ nicht gegen Null zu gehen; dies wird „Gibbs'sches[5] Phänomen“ genannt. Die obige Fourier-Reihe konvergiert punktweise gegen die Funktion f, aber nicht gleichmäßig.

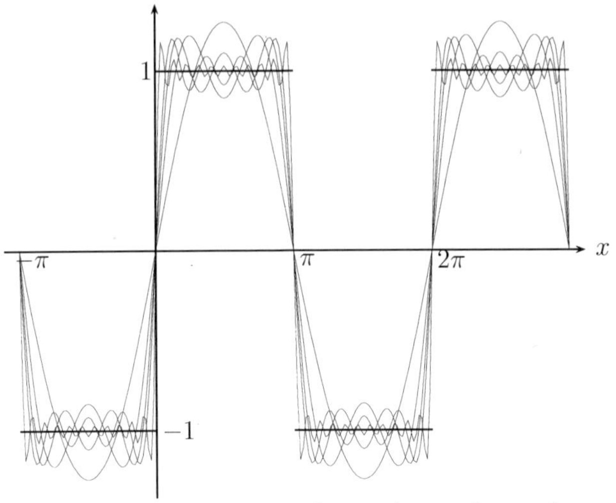

Abbildung 7.4: Fourier-Summen $F_1^f(x), F_3^f(x), F_5^f(x), F_7^f(x)$ und $F_{21}^f(x)$.

[5]Josiah Willard Gibbs (1839–1903): US-amerikanischer Mathematiker; Prof. an der Yale-University in New Haven; Mitbegründer der Vektorrechnung und statistischen Mechanik.

Definition 7.4: *Eine Funktion $f : \mathbb{R} \to \mathbb{R}$ heißt „gerade", wenn $f(-x) = f(x)$, und „ungerade", wenn $f(-x) = -f(x)$.*

Typische Beispiele von geraden bzw. ungeraden Funktionen sind die trigonometrischen Funktionen; für jedes $k \in \mathbb{N}$ sind $\cos(kx)$ gerade und $\sin(kx)$ ungerade.

Beispiel 7.4: Wir betrachten die stetige, periodische Funktion $f : \mathbb{R} \to \mathbb{R}$ mit

$$f(x) = \begin{cases} \frac{1}{2}\pi - x, & 0 < x \leq \pi, \\ x - \frac{3}{2}\pi, & \pi < x \leq 2\pi. \end{cases}$$

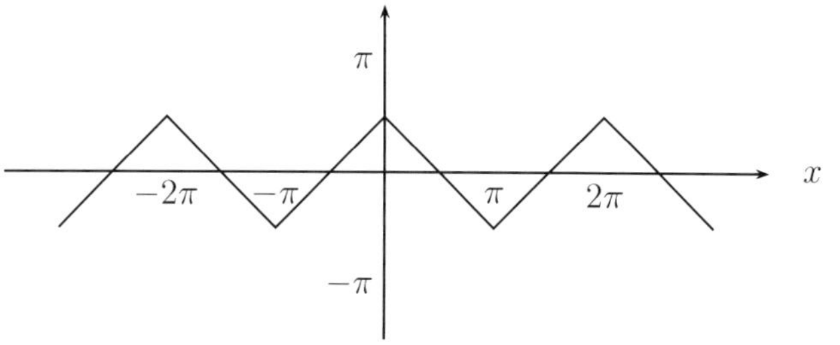

Abbildung 7.5: Eine stetige Zickzack-Funktion.

Diesmal wollen wir die Fourier-Reihe in der „reellen" Form

$$F_\infty^f(x) = \frac{1}{2}a_0 + \sum_{k=1}^{\infty} \{a_k \cos(kx) + b_k \sin(kx)\}$$

bestimmen. Da die Funktion f gerade ist, d. h. $f(x) = f(-x)$, sind die Fourier-Koeffizienten $b_k = 0$ (Übungsaufgabe). Weiter ist

$$a_k = \frac{1}{\pi}\int_0^\pi (\tfrac{1}{2}\pi - x)\cos(kx)\,dx + \frac{1}{\pi}\int_\pi^{2\pi} (x - \tfrac{3}{2}\pi)\cos(kx)\,dx.$$

Offenbar ist $a_0 = 0$ (geometrische Überlegung), und für $k \in \mathbb{N}$ ergibt sich mittels partieller Integration

$$\begin{aligned} a_k &= \frac{1}{\pi k}(\tfrac{1}{2}\pi - x)\sin(kx)\Big|_0^\pi + \frac{1}{\pi k}\int_0^\pi \sin(kx)\,dx \\ &\quad + \frac{1}{\pi k}(x - \tfrac{3}{2}\pi)\sin(kx)\Big|_\pi^{2\pi} - \frac{1}{\pi k}\int_\pi^{2\pi} \sin(kx)\,dx \\ &= -\frac{1}{\pi k^2}\cos(kx)\Big|_0^\pi + \frac{1}{\pi k^2}\cos(kx)\Big|_\pi^{2\pi} \\ &= -\frac{1}{\pi k^2}\big(\cos(k\pi) - \cos(0)\big) + \frac{1}{\pi k^2}\big(\cos(k2\pi) - \cos(k\pi)\big) \\ &= \frac{2}{\pi k^2}\big(1 - \cos(k\pi)\big) = \frac{2}{\pi k^2}\big(1 - (-1)^k\big). \end{aligned}$$

Also ist $a_k = 0$ für gerades k, und wir erhalten

$$F_\infty^f(x) = \frac{4}{\pi}\sum_{k=1}^{\infty}\frac{\cos((2k-1)x)}{(2k-1)^2}.$$

Da die Reihe

$$\sum_{k=1}^{\infty}\frac{1}{k^2}$$

konvergiert, konvergiert die Fourier-Reihe gleichmäßig gegen die Funktion f.

Beispiel 7.5: Wir betrachten die unstetige, periodische Funktion $f : \mathbb{R} \to \mathbb{R}$ vom Anfang dieses Kapitels:

$$f(x) = \begin{cases} x - \pi, & 0 < x < 2\pi, \\ 0, & x \in \{0, 2\pi\}, \end{cases}$$

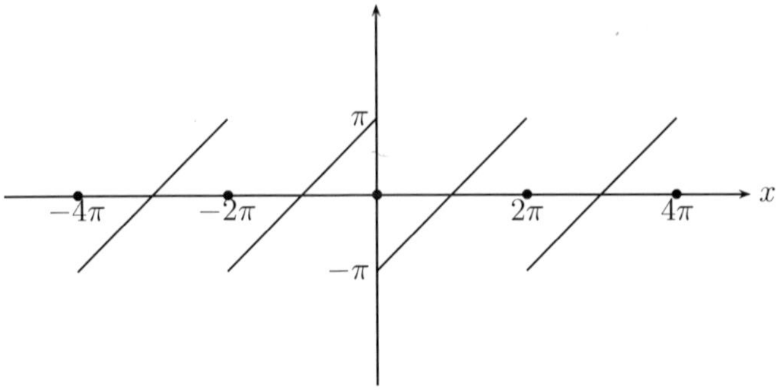

Abbildung 7.6: Eine 2π-periodische, unstetige Zackenfunktion.

In der zugehörigen Fourier-Reihe

$$F_\infty^f(x) = \frac{1}{2}a_0 + \sum_{k=1}^{\infty}\{a_k\cos(kx) + b_k\sin(kx)\}$$

ist $a_k = 0$, da f ungerade ist, i.e., $f(x) = -f(-x)$ (Übungsaufgabe). Weiter ist

$$\begin{aligned} b_k &= \frac{1}{\pi}\int_0^{2\pi}(x-\pi)\sin(kx)\,dx \\ &= -\frac{1}{\pi k}(x-\pi)\cos(kx)\Big|_0^{2\pi} + \frac{1}{\pi k}\int_0^{2\pi}\cos(kx)\,dx \\ &= -\frac{1}{\pi k}\big(\pi\cos(k2\pi) + \pi\cos(0)\big) = -\frac{2}{k} \end{aligned}$$

und folglich

$$F_\infty^f(x) = -2\sum_{k=1}^{\infty} \frac{\sin(kx)}{k}.$$

Diese Fourier-Reihe konvergiert punktweise gegen die Funktion f, aber nicht gleichmäßig (s. Lemma 7.4).

Bemerkung 7.3: Die Konvergenzfrage der Fourier-Reihe scheint mit dem obigen allgemeinen Satz 7.3 im Wesentlichen erledigt. Dies ist aber nicht der Fall. Die Konvergenz im quadratischen Mittel impliziert, wie obiges Beispiel gezeigt hat, nicht notwendig auch die gleichmäßige oder punktweise Konvergenz. Im 19. Jahrhundert spielte das Problem der punktweisen Konvergenz der Fourier-Reihe, d. h. der Darstellbarkeit einer Funktion durch ihre Fourier-Reihe (analog zur Darstellbarkeit einer Funktion durch ihre Taylor-Reihe) eine wichtige Rolle. Im Jahre 1871 konstruierte Du Bois-Reymond[6] eine stetige 2π-periodische Funktion, deren Fourier-Reihe in einem Punkt nicht einmal konvergiert. Allein die Stetigkeit der darzustellenden Funktion genügt also nicht.

Bemerkung 7.4: Aus der folgenden Abschätzung für die Fourier-Summen einer Funktion $f \in R[0, 2\pi]$,

$$\Big| \sum_{k=-n}^{n} c_k e^{ikx} \Big| \le \sum_{k=-n}^{n} |c_k|,$$

entnehmen wir, dass die Fourier-Reihe absolut und gleichmäßig auf $[0, 2\pi]$ (gegen eine stetige Funktion) konvergiert, wenn für die Fourier-Koeffizienten gilt

$$\sum_{k\in\mathbb{Z}} |c_k| < \infty. \tag{7.2.24}$$

Wir werden dieses handliche Kriterium unten noch ausnutzen. Leider bedeutet es für viele interessante Fälle eine zu starke Einschränkung, da sich die Fourier-Koeffizienten häufig gerade wie $|c_k| \approx 1/k$ (harmonische Reihe!) verhalten. Meistens haben die Fourier-Koeffizienten oszillierendes Vorzeichen, so dass die Fourier-Reihe zwar einfach konvergiert aber nicht absolut. In diesem Fall ist zu beachten, was „Konvergenz“ bedeutet: Aus der Konvergenz der Partialsummenfolge $\sum_{k=-n}^{n} a_k$ für $n \to \infty$ folgt zwar die Konvergenz von $\sum_{k=0}^{n}(a_k + a_{-k})$ aber nicht notwendig die der Einzelsummen $\sum_{k=0}^{n} a_k$ und $\sum_{k=1}^{n} a_{-k}$. Dies zeigt das Beispiel mit $a_k := k$. Die Konvergenz beider Teilreihen erst macht die Schreibweise $\sum_{-\infty}^{\infty} a_k$ sinnvoll. Erst unter geeigneten Voraussetzungen an die Funktion f erhält man Abschätzungen für ihre Fourier-Koeffizienten c_k, aus denen man die absolute und gleichmäßige Konvergenz erschließen kann.

Satz 7.4: *Sei $f \in R[0, 2\pi]$ eine 2π-periodische Funktion, die in $[0, 2\pi]$ bis auf endlich viele Ausnahmestellen x_j, $j = 1, \dots, m$, differenzierbar ist mit stückweise definierter*

[6] Paul Du Bois-Reymond (1831–1889): Deutscher Mathematiker; Prof. in Freiburg i. Br. und Tübingen; Beiträge zur Fourier-Analysis und der Theorie der partiellen Differentialgleichungen.

Ableitung $\tilde{f}' \in R[a,b]$. Dann konvergiert die Fourier-Reihe von f auf ganz $[0,2\pi]$ punktweise gegen f, und gleichmäßig auf jedem abgeschlossenen Teilintervall, auf dem f stetig ist. Insbesondere gilt in jeder der Ausnahmestellen $\xi := x_j$:

$$F_n^f(\xi) \to \frac{f(\xi_-) + f(\xi_+)}{2} \quad (n \to \infty), \tag{7.2.25}$$

mit den links- und rechtsseitigen Grenzwerten $f(\xi_-) := \lim_{h\downarrow 0} f(\xi - h)$ und $f(\xi_+) := \lim_{h\downarrow 0} f(\xi + h)$.

Beweis: Wir geben den Beweis nur für die zwei Hauptaussagen des Satzes und verweisen für den Rest auf die einschlägige Literatur.

i) Wir nehmen zunächst an, dass die Funktion f stetig ist. Auf den Teilintervallen $[x_{j-1}, x_j]$, $j = 1, \dots, m$, ($x_0 := 0$, $x_m := 2\pi$) hat f gemäß Voraussetzung stetige Ableitungen, die mit f_j' bezeichnet seien. Bezeichne $\tilde{f}' \in R[a,b]$ die aus diesen Ableitungsstücken zusammengesetzte, 2π-periodische Funktion:

$$\tilde{f}'|_{[x_{j-1},x_j]} := f_j'.$$

Für die Fourier-Koeffizienten γ_k von $\tilde{f}'$ gilt nach der Besselschen Ungleichung

$$2\pi \sum_{-\infty}^{\infty} |\gamma_k|^2 \le \|\tilde{f}'\|^2.$$

Weiter gilt für die Fourier-Koeffizienten c_k von f für $k \neq 0$:

$$c_k = \frac{1}{2\pi} \int_0^{2\pi} f(x) e^{-ikx}\, dx = \frac{1}{2\pi} \sum_{j=1}^m \int_{x_{j-1}}^{x_j} f(x) e^{-ikx}\, dx.$$

Durch partielle Integration erhalten wir für die einzelnen Integrale:

$$\begin{aligned}
\int_{x_{j-1}}^{x_j} f(x) e^{-ikx}\, dx &= \int_{x_{j-1}}^{x_j} f(x) \cos(kx)\, dx - i \int_{x_{j-1}}^{x_j} f(x) \sin(kx)\, dx \\
&= \frac{1}{k} f(x) \sin(kx)\Big|_{x_{k-1}}^{x_k} - \frac{1}{k} \int_{x_{j-1}}^{x_j} f_k'(x) \sin(kx)\, dx \\
&\quad + \frac{i}{k} f(x) \cos(kx)\Big|_{x_{k-1}}^{x_k} - \frac{i}{k} \int_{x_{j-1}}^{x_j} f_k'(x) \cos(kx)\, dx \\
&= \frac{i}{k} f(x) e^{-ikx}\Big|_{x_{k-1}}^{x_k} - \frac{i}{k} \int_{x_{k-1}}^{x_k} f_k'(x) e^{-ikx}\, dx.
\end{aligned}$$

Damit ergibt sich unter Ausnutzung der Stetigkeit und Periodizität von f:

$$c_k = -\frac{i}{2\pi k} \int_0^{2\pi} \tilde{f}'(x) e^{-ikx}\, dx = -\frac{i}{k} \gamma_k.$$

Mit Hilfe der Ungleichung $|\alpha\beta| \le \frac{1}{2}|\alpha|^2 + \frac{1}{2}|\beta|^2$ folgt weiter

$$\sum_{-\infty}^{\infty} |c_k| \le \frac{1}{2}\sum_{-\infty}^{\infty} \frac{1}{k^2} + \frac{1}{2}\sum_{-\infty}^{\infty} |\gamma_k|^2 < \infty.$$

Die Fourier-Reihe F_∞^f von f konvergiert also absolut und gleichmäßig gegen eine stetige Funktion g. Da dies auch die Konvergenz im L^2-Sinne impliziert gilt $\|f-g\| = 0$, woraus wegen der Stetigkeit von f und g auch $f \equiv g$ folgt.

ii) Wir betrachten nun noch den Fall, dass die Funktion f Unstetigkeitstellen hat. O.B.d.A. habe f genau eine, mit $\xi \in [0, 2\pi)$ bezeichnete Unstetigkeitsstelle. Wir verwenden die durch

$$\varphi(x) := \left\{ \begin{array}{ll} x - \pi, & 0 < x < 2\pi, \\ 0, & x \in \{0, 2\pi\}, \end{array} \right\} = -2\sum_{k=1}^{\infty} \frac{\sin(kx)}{k}$$

definierte stückweise differenzierbare, 2π-periodische Funktion. Sie hat die Werte $\varphi(0_\pm) = \mp\pi$, und für ihre Fourier-Reihe gilt offenbar $F_\infty^\varphi(0) = 0$. Die durch

$$g(x) := f(x) + \frac{f(\xi_+) - f(\xi_-)}{2\pi}\varphi(x - \xi)$$

definierte (stückweise differenzierbare) Funktion g ist auch stetig in ξ:

$$\begin{aligned} g(\xi_\pm) &= f(\xi_\pm) + \frac{f(\xi_+) - f(\xi_-)}{2\pi}\varphi(\xi_\pm - \xi) = f(\xi_\pm) + \frac{f(\xi_+) - f(\xi_-)}{2\pi}\varphi(0_\pm) \\ &= f(\xi_\pm) + \frac{f(\xi_+) - f(\xi_-)}{2\pi}(\mp\pi) = f(\xi_\pm) \mp \frac{f(\xi_+) - f(\xi_-)}{2} \\ &= \frac{2f(\xi_\pm) \mp f(\xi_+) \pm f(\xi_-)}{2} = \frac{f(\xi_+) + f(\xi_-)}{2}. \end{aligned}$$

Somit ist nach Teil (i) g gleichmäßiger Limes seiner Fourier-Reihe. Insbesondere gilt also

$$F_\infty^f(\xi) = F_\infty^g(\xi) - \frac{f(\xi_+) + f(\xi_-)}{2\pi}F_\infty^\varphi(0) = g(\xi) = \frac{f(\xi_+) + f(\xi_-)}{2},$$

was den Beweis vervollständigt. Q.E.D.

Zur genaueren Analyse des oben schon beschriebenen Gibbs-Phänomens betrachten wir wieder die Fourier-Entwicklung der durch

$$f(x) := \begin{cases} -1, & -\pi < x < 0, \\ 0, & x \in \{-\pi, 0, \pi\}, \\ 1, & 0 < x < \pi, \end{cases}$$

2π-periodischen Funktion $f \in R[0, 2\pi]$. Die Fourier-Koeffizienten dieser Funktion wuden bereits berechnet:

$$a_k = 0, \quad k \in \mathbb{N}_0, \qquad b_k = \frac{2}{\pi}\frac{1 - (-1)^k}{k}, \quad k \in \mathbb{N}.$$

Die zugehörigen Fourier-Summen haben damit die Gestalt:

$$F^f_{2n-1}(x) = \frac{4}{\pi}\Big(\sin(x) + \frac{\sin(3x)}{3} + \ldots + \frac{\sin((2n-1)x)}{2n-1}\Big) = \frac{4}{\pi}\sum_{k=1}^{n}\frac{\sin((2k-1)x)}{2k-1}.$$

Wir interessieren uns für das Verhalten dieser Summen in der Umgebung von $x = 0$. Zur Bestimmung ihrer Maximalwerte berechnen wir ihre Ableitung:

$$\frac{d}{dx}F^f_{2n-1}(x) = \frac{4}{\pi}\sum_{k=1}^{n}\cos((2k-1)x).$$

Mit Hilfe der Beziehung

$$2\sin(nx)\cos(mx) = \sin(n-m)x + \sin(n+m)x, \qquad n, m \in \mathbb{N},$$

folgt

$$\begin{aligned}\pi\sin(x)\frac{d}{dx}F^f_{2n-1}(x) &= 4\sum_{k=1}^{n}\sin(x)\cos((2k-1)x) = 2\sum_{k=1}^{n}\big\{\sin(2-2k)x + \sin(2kx)\big\}\\ &= 2\sum_{k=1}^{n}\big\{-\sin(2k-2)x) + \sin(2kx)\big\} = 2\sin(2nx).\end{aligned}$$

Die Extremalstellen von F^f_{2n-1} sind also gegeben durch $2nx = \pm\pi, \pm 2\pi, \ldots, \pm(2n-1)\pi$. Da die Funktion f ungerade ist, beschränken wir uns auf die Betrachtung ihres Verhaltens rechts von $x = 0$ mit dem nahesten Extremalpunkt $x = \frac{\pi}{2n}$. An dieser Stelle ist

$$F^f_{2n-1}(\tfrac{\pi}{2n}) = \frac{4}{\pi}\sum_{k=1}^{n}\frac{\sin((2k-1)\frac{\pi}{2n})}{2k-1}.$$

Dies kann interpretiert werden als eine Riemannsche Summe für die Funktion $F(x) = \sin(x)/x$ zur Zerlegung $\{k\pi/n,\ k = 1, \ldots, n\}$ von $[0, \pi]$:

$$\begin{aligned}F^f_{2n-1}(\tfrac{\pi}{2n}) &= \frac{4}{\pi}\sum_{k=1}^{n}\frac{\sin((2k-1)\frac{\pi}{2n})}{2k-1}\\ &= \frac{2}{\pi}\Big(\frac{\pi}{n}\sum_{k=1}^{n}\frac{\sin\big(\frac{2k-1}{2n}\pi\big)}{\frac{2k-1}{2n}\pi}\Big) \to \frac{2}{\pi}\int_0^{\pi}\frac{\sin(x)}{x}\,dx \quad (n \to \infty).\end{aligned}$$

Durch Taylor-Entwicklung von $\sin(x)$ folgt

$$\frac{2}{\pi}\int_0^{\pi}\frac{\sin(x)}{x}\,dx = 2 - \frac{\pi^2}{9} + \frac{\pi^4}{300} - \frac{\pi^6}{17\,600} + \ldots = 1{,}18\ldots .$$

Dies bedeutet, dass in der vorliegenden Situation für die Fourier-Reihe in der Umgebung der Unstetigkeitsstelle $x = 0$ gilt

$$\limsup_{x\to 0_+} F^f_{2n-1}(\tfrac{\pi}{2n}) = 1{,}18\ldots,$$

was die Existenz des „Gibbs-Phänomens“ belegt.

7.3 Übungen

Übung 7.1 (Aufgabe zum komplex-wertigen Integral): Komplexwertige Funktionen $f : [a,b] \to \mathbb{C}$ sind Riemann-integrierbar, wenn ihre Real- und Imaginärteile es sind, und es wird gesetzt:

$$\int_a^b f(x)\,dx = \int_a^b \mathrm{Re} f(x)\,dx + i\int_a^b \mathrm{Im} f(x)\,dx.$$

Man verifiziere die Beziehung

$$\int_a^b \overline{f(x)}\,dx = \overline{\int_a^b f(x)\,dx}.$$

Übung 7.2 (Aufgabe zu den Konvergenzbegriffen): Man rekapituliere die Eigenschaften „punktweise konvergent", „gleichmäßig konvergent" und „konvergent im quadratischen Mittel" für Folgen von Funktionen $f_n \in R[a,b]$, $n \in \mathbb{N}$ (Was bedeutet $R[a,b]$ und wie unterscheidet sich dieser Funktionenraum vom $C[a,b]$?). Man bestimme die punktweisen Grenzwerte der beiden durch

$$a)\quad f_n(x) := \sin\left(\tfrac{1}{n}x\right), \quad x \in [-\pi,\pi], \qquad b)\quad f_n(x) := nx(1-x)^n, \quad x \in [0,1],$$

definierten Funktionenfolgen $(f_n)_{n\in\mathbb{N}}$. Liegt auch gleichmäßige Konvergenz oder Konvergenz im quadratischen Mittel vor? Man zeige durch weitere Beispiele, dass tatsächlich keiner dieser drei Konvergenzbegriffe äquivalent zu einem der anderen ist.

Übung 7.3 (Aufgabe zur Konvergenz im quadratischen Mittel): Man überlege, ob die folgenden Funktionenfolgen auf dem Intervall $[0,2\pi]$ im quadratischen Mittel konvergieren und bestimme gegebenenfalls ihren Limes:

$$a)\quad f_n(x) := \cos(\tfrac{1}{n}x), \qquad b)\quad f_n(x) := (x+\tfrac{1}{n})^{-1/2}.$$

Übung 7.4 (Aufgabe zur Konvergenz im quadratischen Mittel): Man rekapituliere die Gestalt der L^2-Norm und der L^1-Norm auf dem Funktionenraum $R[a,b]$. Man untersuche, ob die folgenden Funktionenfolgen auf dem Intervall $[0,1]$ bzgl. der L^2-Norm, d. h. im quadratischen Mittel, konvergieren und bestimme gegebenenfalls ihren Limes:

$$i)\quad f_n(x) := \sin(\tfrac{1}{2}\pi + \tfrac{1}{n}x), \qquad ii)\quad f_n(x) := \frac{\sqrt{x}}{(x^2+\frac{1}{n^2})^{1/2}}.$$

Wie steht es mit ihrer Konvergenz bzgl. der L^1-Norm?

Übung 7.5 (Aufgabe zum Orthogonalsystem): Man zeige die Beziehungen

$$\frac{1}{2\pi}\int_{-\pi}^{\pi} e^{ikx}e^{-ilx}\,dx = \delta_{kl}, \qquad k,l \in \mathbb{N},$$

mit dem sog. Kronecker-Delta $\delta_{kl} := 0$ für $k \neq l$ und $\delta_{kk} := 1$. (Hinweis: Man erinnere sich an die Eulersche Formel und die Eigenschaften der Sinus- und Cosinus-Funktionen.)

Übung 7.6 (Aufgabe zur Fourier-Entwicklung): Eine Funktion $f:\mathbb{R}\to\mathbb{R}$ ist „gerade“ im Falle $f(-x)=f(x)$ und „ungerade“ im Falle $f(-x)=-f(x)$. Man zeige, dass die Fourier-Entwicklungen gerader bzw. ungerader Funktionen f die folgende Form haben:

$$F_\infty^f(x)=\frac{1}{2}a_0+\sum_{k=1}^\infty a_k\cos(kx)\qquad\text{bzw.}\qquad F_\infty^f(x)=\sum_{k=1}^\infty b_k\sin(kx).$$

Übung 7.7 (Aufgabe zur konkreten Fourier-Entwicklung): Man bestimme die Fourier-Reihe der durch

$$f(x)=|x|,\quad -\pi\le x\le\pi$$

gegebenen 2π-periodischen Funktion $f:\mathbb{R}\to\mathbb{R}$. Konvergiert die Fourier-Reihe gegen die Funktion f, und in welchen Punkten stellt sie die Funktion dar?

Übung 7.8 (Aufgabe zur konkreten Fourier-Entwicklung): a) Man gebe die allgemeine (reelle) Form der Fourier-Reihe einer 2π-periodischen Funktion $f:\mathbb{R}\to\mathbb{R}$ und die Formeln für ihre Koeffizienten an.

b) Eine Funktion $f:\mathbb{R}\to\mathbb{R}$ heißt „gerade“ im Falle $f(-x)=f(x)$ und „ungerade“ im Falle $f(-x)=-f(x)$. Man zeige, dass für die Fourier-Entwicklungen gerader bzw. ungerader Funktionen f die folgenden speziellen Formen haben:

$$F_\infty^f(x)=\frac{1}{2}a_0+\sum_{k=1}^\infty a_k\cos(kx)\qquad\text{bzw.}\qquad F_\infty^f(x)=\sum_{k=1}^\infty b_k\sin(kx).$$

c) Man bestimme die Fourier-Reihe der durch

$$f(x)=\begin{cases} x, & x\in(-\pi,\pi),\\ 0, & x=\pm\pi,\end{cases}$$

definierten 2π-periodischen Funktion $f:\mathbb{R}\to\mathbb{R}$. In welchem Sinne konvergiert diese Fourier-Reihe und wo stellt sie die Funktion dar?

Übung 7.9 (Aufgabe zu konkreten Fourier-Reihen): Man zeige, dass

a) durch

$$(i)\quad f_2(x):=\sum_{k=1}^\infty\frac{\cos(kx)}{k^3}=\lim_{n\to\infty}\sum_{k=1}^n\frac{\cos(kx)}{k^3},\quad x\in[0,2\pi],$$

$$(ii)\quad f_1(x):=\sum_{k=1}^\infty\frac{\cos(kx)}{k^2}=\lim_{n\to\infty}\sum_{k=1}^n\frac{\cos(kx)}{k^2},\quad x\in[0,2\pi],$$

2π-periodische, gerade Funktionen in $R[0,2\pi]$ erklärt sind,

b) diese Funktionen auf $(0,2\pi)$ stetig differenzierbar sind, und

c) mit ihrern Fourier-Reihen übereinstimmt.

Übung 7.10 (Aufgabe zum Riemannschen Lemma): Das Riemannsche Lemma aus der Vorlesung besagt speziell, dass für jede Funktion $f \in C^1[0,2\pi]$ gilt:

$$(i) \qquad \int_0^{2\pi} f(x)\sin(kx)\,dx \to 0 \quad (k \to \infty).$$

a) Man zeige, dass für $f \in C^1[0,2\pi]$ auch gilt:

$$(ii) \qquad \int_0^{2\pi} f(x)\cos(kx)\,dx \to 0 \quad (k \to \infty).$$

b) Man begründe, dass (i) und (ii) sogar allgemein für Funktionen $f \in R[0,2\pi]$ gelten.

Übung 7.11 (Aufgabe zur konkreten Fourier-Entwicklung): a) Man bestimme die Fourier-Reihe der durch

$$f(x) := \begin{cases} e^x, & x \in (0,2\pi), \\ \frac{1}{2}(e^{2\pi}+1), & x \in \{0,2\pi\}, \end{cases}$$

2π-periodischen Funktion $f \in R[0,2\pi]$ in reller und komplexer Darstellung:

$$(i) \qquad f(x) = \frac{a_0}{2} + \sum_{k=1}^{n} a_k\cos(kx) + \sum_{k=1}^{n} b_k\sin(kx), \qquad x \in [0,2\pi],$$

$$(ii) \qquad f(x) = \sum_{-\infty}^{\infty} c_k e^{ikx}, \qquad x \in [0,2\pi].$$

b) In welchem Sinne konvergieren diese Reihendarstellungen?

Übung 7.12 (Aufgabe zur Konvergenz der Fourier-Entwicklung): Der Satz der Vorlesung zur punktweisen Konvergenz der Fourier-Entwick- lung besagt: *Sei $f \in R[0,2\pi]$ eine 2π-periodische Funktion, die in $[0,2\pi]$ bis auf endlich viele Ausnahmestellen x_j, $j = 1,\dots,m$, differenzierbar ist mit stückweise definierter Ableitung $\tilde{f}' \in R[a,b]$. Dann konvergiert die Fourier-Reihe von f auf ganz $[0,2\pi]$ punktweise gegen f, und gleichmäßig auf jedem abgeschlossenen Teilintervall, auf dem f stetig ist. Insbesondere gilt in jeder der Ausnahmestellen $\xi := x_j$:*

$$F_n^f(\xi) \to \frac{f(\xi_-)+f(\xi_+)}{2} \quad (n \to \infty),$$

mit den links- und rechtsseitigen Grenzwerten $f(\xi_-) := \lim_{h\downarrow 0} f(\xi - h)$ und $f(\xi_+) := \lim_{h\downarrow 0} f(\xi + h)$.

a) Man begründe, dass für eine unstetige Funktion $f \in R[0,2\pi]$ die Konvergenz der Fourier-Reihe

$$f = \lim_{n\to\infty} F_n^f, \qquad F_n^f(x) := \frac{a_0}{2} + \sum_{k=1}^{n} a_k\cos(kx) + \sum_{k=1}^{n} b_k\sin(kx),$$

nicht gleichmäßig sein kann. Ist dies auch für jede Teilfolge so?

b) Man leite hieraus ab, dass es insbesondere in der Umgebung einer Unstetigkeitsstelle $\xi \in (0, 2\pi)$ stets Punkte $x_n \in (0, 2\pi)$ geben muss, so dass

$$|x_n - \xi| \to 0 \quad (n \to \infty), \qquad |f(x_n) - F_n^f(x_n)| \geq c_\xi > 0,$$

gilt mit einer Konstante $c_\xi > 0$. Dies ist das sog. „Gibbs'sche" Phänomen.

A Lösungen der Übungsaufgaben

Im Folgenden sind Lösungen für die am Ende der einzelnen Kapitel formulierten Übungsaufgaben zusammengestellt. Es handelt sich dabei nicht um „Musterlösungen" mit vollständig ausformuliertem Lösungsweg, sondern meist nur um „Lösungsansätze" in knapper Form.

A.1 Kapitel 1

Lösung A.1.1: a) $A \cap B = \{3,10\}$, $A \cup B = \{1,2,3,4,5,6,7,8,9,10\}$, $A \setminus B = \{1,2,5,6,7,8\}$.
b) $A \cap B = \{n \in \mathbb{N} | 5 < n \le 100\}$, $A \cup B = \mathbb{N}$, $A \setminus B = \{n \in \mathbb{N} | n \le 5\}$.
c) $A \cap B = A \setminus \{2\}$, $A \cup B = B \cup \{2\}$, $A \setminus B = \{2\}$.

Lösung A.1.2: $\exists a \in \mathbb{Q}\ \forall n_a \in \mathbb{N}\ \exists n \ge n_a:\ n \le a$.

Lösung A.1.3: Wir zeigen, dass die Negation der Behauptung zu einem Widerspruch führt. Diese besagt, dass es ein ungerades $n \in \mathbb{N}$ gibt, für das n^2 gerade ist. Sei also $n = 2m-1$ und $n^2 = (2m-1)^2 = 4m^2 - 4m + 1$ gerade. Dann müsste aber auch $1 = n^2 - 4m^2 + 4m$ gerade sein, was nicht richtig ist.

Lösung A.1.4: Für $n = 1$, d. h. $A = \{a_1\}$, ist wegen $\mathcal{P}(A) = \{\emptyset, A\}$ und $\#\mathcal{P}(A) = 2 = 2^1$ die Behauptung richtig. Sei sie nun als richtig angenommen für ein $n \in \mathbb{N}$. Dann ist für $A_{n+1} = \{a_1, \ldots, a_n, a_{n+1}\}$

$$\mathcal{P}(A_{n+1}) = \mathcal{P}(A_n) \cup \{B \cup \{a_{n+1}\},\ B \in \mathcal{P}(A_n)\}$$

und folglich $\#\mathcal{P}(A_{n+1}) = 2 \cdot \#\mathcal{P}(A_n) = 2^{n+1}$.

Lösung A.1.5: 1. Injektiv wegen $n^2 = m^2 \ \Rightarrow\ n^2 - m^2 = (n+m)(n-m) = 0 \ \Rightarrow\ n - m = 0$, aber offenbar nicht surjektiv;
2. Nicht injektiv aber surjektiv;
3. Injektiv und surjektiv, d. h. bijektiv.

Lösung A.1.6: a) Die Induktionsverankerung ist offensichtlich gegegen. Als Induktionsannahme sei die Formel nun gültig für ein $n \in \mathbb{N}$. Dann ist sie auch richtig für $n+1$:

$$\sum_{k=1}^{n+1} k = \sum_{k=1}^{n} k + n+1 = \frac{n(n+1)}{2} + n+1 = \frac{n^2 + n + 2n + 2}{2} = \frac{(n+1)(n+2)}{2}.$$

b) Für $n = 1$ ist die Behauptung wegen $1 = \frac{1\cdot 2\cdot 3}{6}$ richtig. Sei die Behauptung nun richtig für ein $n \in \mathbb{N}$. Dann gilt die Behauptung auch für $n + 1$:

$$\sum_{k=1}^{n+1} k^2 = \sum_{k=1}^{n} k^2 + (n+1)^2 = \frac{n(n+1)(2n+1)}{6} + (n+1)^2$$
$$= \frac{n(n+1)(2n+1) + 6(n+1)^2}{6} = \frac{(n+1)\big(n(2n+1) + 6(n+1)\big)}{6}$$
$$= \frac{(n+1)(n+2)(2n+3)}{6}.$$

c) Ein Blick in den Text liefert die Formel

$$\sum_{k=1}^{n} k^3 = \Big(\frac{n(n+1)}{2}\Big)^2,$$

die offensichtlich für $n = 1$ richtig ist. Der Schritt von n nach $n+1$ im Induktionsbeweis lautet dann

$$\sum_{k=1}^{n+1} k^3 = \sum_{k=1}^{n} k^3 + (n+1)^3 = \Big(\frac{n(n+1)}{2}\Big)^2 + (n+1)^3$$
$$= \left(n + 1 + \Big(\frac{n}{2}\Big)^2\right)(n+1)^2 = \Big(\frac{(n+1)(n+2)}{2}\Big)^2.$$

Lösung A.1.7: a) Eine Äquivalenzrelation auf einer Menge A ist eine Beziehung zwischen ihren Elementen, in Symbolen $a \sim b$, mit den folgenden Eigenschaften:

1. Für je zwei $a, b \in A$ gilt entweder $a \sim b$ oder $a \not\sim b$. (Relation)
2. $a \sim a$ (Reflexivität)
3. $a \sim b \;\Rightarrow\; b \sim a$ (Symmetrie)
4. $a \sim b,\ b \sim c \;\Rightarrow\; a \sim c$ (Transitivität).

Mit Hilfe einer Äquivalenzrelation lassen sich die Elemente einer Menge A in sog. Äquivalenzklassen einteilen:

$$[a] := \{b \in A |\ b \sim a\}.$$

Das (zufällig gewählte) erzeugende Element a wird dann als ein „Repräsentant" der Äquivalenzklasse $[a]$ bezeichnet.

b) Die gegebene Beziehung ist offensichtlich eine „Relation" mit den Eigenschaften:
i) Reflexivität: $rs = rs$;
ii) Symmetrie: $rs' = r's \;\Rightarrow\; r's = rs'$;
iii) Transitivität: $rs' = r's,\ r's'' = r''s'$,
$s'(r''s) = (s'r'')s = (r's'')s = s''(r's) = s''(rs') = s'(s''r) \;\Rightarrow\; r''s = s''r$.
Sie ist also eine Äquivalenzreation.

c) Die Menge der zugehörigen Äquivalenzklassen kann mit der Menge $\mathbb{Q}$ der rationalen Zahlen identifiziert werden. Jeder solchen Äquivalenzklasse $[\{r,s\}]$ kann z. B. als „Repräsentant" $\{r_0,s_0\}$ zugeordnet werden, wobei der Bruch r_0/s_0 jeweils durch maximales Kürzen aus r/s entsteht.

Lösung A.1.8: a) Der *Widerspruchsbeweis* beginnt mit der (zu widerlegenden) Annahme, dass es nur endlich viele Primzahlen gibt. Diese seien ihrer Größe nach nummeriert: $p_1,p_2,\dots,p_N$. Jenseits der größten Primzahl p_N soll es also nach Annahme keine weitere Primzahl geben. Wir betrachten nun die Zahl

$$p := \prod_{n=1}^N p_n + 1 = p_1{\cdot}p_2\cdot\ldots\cdot p_N + 1.$$

Wegen $p_k \ge 2$ $(k=1,\dots,N-1)$, ist sicherlich $p > p_N$. Ferner kann p wegen

$$p - \prod_{n=1}^N p_n = 1$$

nicht durch irgend eine der N Primzahlen p_n teilbar sein. Da sich jede natürliche Zahl als Produkt von Primzahlen darstellen lässt, kann p also durch keine natürliche Zahl außer 1 und sich selbst teilbar sein und muss folglich selbst prim sein. Dies ist aber ein Widerspruch zur Annahme, dass p_N die größte Primzahl ist.

b) Angenommen eine Primzahl p hätte eine rationale Wurzel $\sqrt{p} = r/s$ ($r \in \mathbb{Z}$ und $s \in \mathbb{N}$ teilerfrei). Dann wäre

$$r^2 = ps^2.$$

Folglich ist r^2 und damit auch r durch p teilbar. Also ist r^2 durch p^2 teilbar. Dies impliziert aber, dass auch s^2 durch p teilbar ist, was wiederum die Teilbarkeit von s durch p impliziert im Widerspruch zur angenommenen Teilerfremdheit von r und s.

Lösung A.1.9: a) Die Produktmengen sind definiert durch

$$\mathbb{N}\times\mathbb{N} := \{\{n,m\}\,|\,n,m\in\mathbb{N}\}, \qquad \mathbb{N}\times\mathbb{N}\times\mathbb{N} := \{\{n,m,p\}\,|\,n,m,p\in\mathbb{N}\}.$$

b) Die wie folgt definierten Abbildungen

$$1\to\{1,1\},\ 2\to\{2,1\},\ 3\to\{1,2\},\ 4\to\{2,2\},\ 5\to\{3,1\},\ 6\to\{3,2\},\ 7\to\{3,3\},\ \dots$$
$$1\to\{1,1,1\},\ 2\to\{2,1,1\},\ 3\to\{1,2,1\},\ 4\to\{1,1,2\},\ 5\to\{2,2,1\},\ 6\to\{2,1,2\},\ \dots$$

sind injektiv und surjektiv (Veranschaulichung anhand von Skizzen).

Lösung A.1.10: Es werden zunächst 6 Zahlen und danach als 7. die Zusatzzahl gezogen. Die Anzahl der Möglichkeiten, 6 verschiedene Zahlen (in beliebiger Reihenfolge) aus 49 Zahlen zu ziehen, ist (nach Text) $\binom{49}{6}$. Damit ein Tip von 6 Zahlen der Gewinnstufe „5 Richtige mit Zusatzzahl" angehört, muss irgendeine der getippten 6 Zahlen gleich der

Zusatzzahl sein, und die verbleibenden 5 müssen in irgend einer Reihenfolge unter den 6 als erste gezogenen Zahlen vorkommen. Dafür gibt es dann $\binom{6}{5}$ Möglichkeiten. Also ist die Chance für diesen Tip

$$\frac{\binom{6}{5}}{\binom{49}{6}} = \frac{6}{13.983.816}.$$

Lösung A.1.11: Der Beweis ist durch vollständige Induktion nach k bei festem n.
i) Zunächst wird gezeigt, dass die Behauptung richtig ist für ein Glied a_1 sowie für zwei Glieder a_1, a_2. Es ist

$$a_1^n = \frac{n!}{n!} a_1^n = \sum_{\nu_1=n} \frac{n!}{\nu_1!} a_1^{\nu_1}.$$

Weiter ist

$$(a_1 + a_2)^n = \sum_{\nu_1+\nu_2=n} \frac{n!}{\nu_1 \nu_2!} a_1^{\nu_1} a_2^{\nu_2}.$$

Die Richtigkeit der binomischen Formel wird angenommen. Es gilt also:

$$(a_1 + a_2)^n = a_1^n + \binom{n}{1} a_1^{n-1} a_2 + \binom{n}{2} a_1^{n-2} a_2^2 + \ldots + \binom{n}{n-1} a_1 a_2^{n-1} + a_2^n.$$

Dies lässt sich in der folgenden Form schreiben:

$$\sum_{\nu_1+\nu_2=n} \frac{n!}{\nu_1!\nu_2!} a_1^{\nu_1} a_2^{\nu_2},$$

wobei $n!/(\nu_1!\nu_2!)$ den jeweiligen Koeffizienten der Summanden entspricht. Daraus folgt die Richtigkeit der Behauptung für zwei Glieder a_1, a_2:

$$(a_1 + a_2)^n = \sum_{\nu_1+\nu_2=n} \frac{n!}{\nu_1!\nu_2!} a_1^{\nu_1} a_2^{\nu_2}.$$

ii) Wir nehmen an, dass die Behauptung richtig ist für $k - 1 \geq 1$.
iii) Es ist zu zeigen, dass

$$(a_1 + \ldots + a_k)^n = \sum_{\nu_1+\ldots+\nu_k=n} \frac{n!}{\nu_1!\ldots\nu_k!} a_1^{\nu_1} \ldots a_k^{\nu_k}.$$

Zur Abkürzung wird gesetzt:

$$\begin{aligned} \nu &:= \nu_1 + \ldots + \nu_{n-1}, \\ a &:= a_1 + \ldots + a_{k-1}, \\ a^\nu &:= (a_1 + \ldots + a_{k-1})^\nu. \end{aligned}$$

Damit ist $a_1 + \ldots + a_k = a + a_k$. Wir wenden nun die binomische Formel auf $(a + a_k)^n$ an. Nach Teil (i) gilt:

$$(a_1 + \ldots + a_k)^n = (a + a_k)^n = \sum_{\nu+\nu_k=n} \frac{n!}{\nu!\nu_k!} a^\nu a_k^{\nu_k}$$

und weiter unter Verwendung der Induktionsannahme:

$$(a_1 + \ldots + a_k)^n = \sum_{\nu_1+\ldots+\nu_k=n} \frac{n!}{\nu!\nu_k!} a_k^{\nu_k} \sum_{\nu_1+\ldots+\nu_{k-1}=\nu} \frac{\nu!}{\nu_1!\ldots\nu_{k-1}!} a_1^{\nu_1}\ldots a_{k-1}^{\nu_{k-1}}$$

Da bei Multiplikation jedes Gliedes der ersten Summe mit der zweiten Summe der Faktor $\nu!$ gekürzt werden kann, ergibt sich

$$(a_1 + \ldots + a_k)^n = \sum_{\nu_1+\ldots+\nu_k=n} \frac{n!}{\nu_1!\ldots\nu_k!} a_1^{\nu_1}\ldots a_k^{\nu_k},$$

was zu zeigen war.

A.2 Kapitel 2

Lösung A.2.1: a) Für rationale Zahlen gelten konstruktionsgemäß die von den natürlichen Zahlen her bekannten arithmetischen Rechenregeln (Peanosche Axiome), d. h. die Kommutativität, Assoziativität und Distributivität von Addition und Multiplikation. Damit folgt analog wie im Fall einer natürlichen Zahl $a \in \mathbb{N}$, $a \neq 1$, auch für $a \in \mathbb{Q}$, $a \neq 1$:

$$(1-a)\sum_{k=0}^{n} a^k = \sum_{k=0}^{n} a^k - \sum_{k=1}^{n+1} a^k = 1 - a^{n+1}.$$

b) Durch Anwendung der geometrischen Summenformel erhalten wir:

$$s_n = \sum_{k=0}^{n} \frac{1}{2^k} = \sum_{k=0}^{n} \Big(\frac{1}{2}\Big)^k = \frac{1-(\frac{1}{2})^{n+1}}{1-\frac{1}{2}} = 2 - \Big(\frac{1}{2}\Big)^n = 2 - \frac{1}{2^n} \to 2 \quad (n\to\infty),$$

$$s_n = \sum_{k=0}^{n} \frac{(-1)^k}{2^k} = \sum_{k=0}^{n} \Big(-\frac{1}{2}\Big)^k = \frac{1-(-\frac{1}{2})^{n+1}}{1+\frac{1}{2}} = \frac{2+(-\frac{1}{2})^n}{3} \to \frac{2}{3} \quad (n\to\infty),$$

Man versuche, den Limes $\frac{2}{3}$ der zweiten Partialsummenfolge auf direktem Wege zu ermitteln.

Lösung A.2.2: i) Bei der „direkten“ Argumentation wird zunächst die rechte Seite mit $a-b$ multipliziert,

$$(a-b)(a^{n-1} + a^{n-2}b + \cdots + ab^{n-2} + b^{n-1}) = a^n - b^n,$$

und dann das Resultat ausmultipliziert. Dies ergibt offenbar die Behauptung für beliebiges $n \in \mathbb{N}$. In dieser Argumentation ist aber im Kern doch wieder das Induktionsprinzip enthalten, da die Multiplikation für beliebiges n induktiv definiert ist; das Arbeiten mit "…" ist nur eine abgekürzte Schreibweise für diesen Prozess. Alternativ kann der Beweis auch mit vollständiger Induktion geführt werden: Für $n = 2$ ist die Behauptung wegen $a^2 - b^2 = (a-b)(a+b)$ evident. Sei sie als richtig angenommen für ein $n \ge 2$. Dann gilt

$$\begin{aligned} a^{n+1} - b^{n+1} &= a(a^n - b^n) + (a-b)b^n \\ &= a(a-b)\{a^{n-1} + a^{n-2}b + \dots + ab^{n-2} + b^{n-1}\} + (a-b)b^n \\ &= (a-b)\{a^n + a^{n-1}b + \dots + ab^{n-1} + b^n\}, \end{aligned}$$

was zu zeigen war.

ii) Für $r \in \mathbb{N}$ gilt nach Teil i):

$$a^r - b^r = (a-b)(a^{r-1} + a^{r-2}b + \dots + ab^{r-2} + b^{r-1)}.$$

Wegen $a, b > 0$ impliziert dies für $a > b$ auch $a^r > b^r$ und im Fall $a \ge b$ auch $a^r \ge b^r$.

Lösung A.2.3: Die Konvergenz $a_n \to a$ $(n \to \infty)$ bedeutet nach Definition, dass für beliebiges $\varepsilon > 0$ ein $n_\varepsilon \in \mathbb{N}$ existiert, so dass $|a_n - a| < \varepsilon$ ist für alle $n \ge n_\varepsilon$, oder in Kurzform:

$$\forall \varepsilon > 0 \ \exists n_\varepsilon \in \mathbb{N} \ \forall n \ge n_\varepsilon : \ |a_n - a| < \varepsilon.$$

Die formale Negation dieser Aussage lautet:

$$\exists \varepsilon > 0 \ \forall n \in \mathbb{N} \ \exists n_\varepsilon \ge n : \ |a_{n_\varepsilon} - a| \ge \varepsilon,$$

d. h.: Es existiert ein $\varepsilon > 0$, so dass es zu jedem $n \in \mathbb{N}$ ein $n_\varepsilon \ge n$ gibt mit $|a_{n_\varepsilon} - a| \ge \varepsilon$. Dies impliziert (nicht trivial!), dass es ein $\varepsilon > 0$ und eine Teilfolge $(a_{n_k})_{k\in\mathbb{N}}$ gibt mit $|a_{n_k} - a| \ge \varepsilon$.

Lösung A.2.4: i) Für zwei Cauchy-Folgen $(a_n)_{n\in\mathbb{N}}$ und $(b_n)_{n\in\mathbb{N}}$ mit Limiten a bzw. b ist auch die Produktfolge $(a_n b_n)_{n\in\mathbb{N}}$ Cauchy-Folge mit Limes ab. Damit erschließt man durch Induktion nach r, dass für $r \in \mathbb{N}$ die Potenzfolge $(a_n^r)_{n\in\mathbb{N}}$ Cauchy-Folge ist mit dem Limes a^r.

ii) Mit der binomischen Formal folgt

$$|\sqrt{a_n} - \sqrt{a}| = \frac{|a_n - a|}{|\sqrt{a_n} + \sqrt{a}|} \le \frac{|a_n - a|}{|\sqrt{a}|} \quad \to \quad 0 \quad (n \to \infty).$$

Lösung A.2.5: i) Mit Hilfe der 3. binomischen Formel sieht man

$$\sqrt{n+1} - \sqrt{n} = \frac{(\sqrt{n+1})^2 - (\sqrt{n})^2}{\sqrt{n+1} + \sqrt{n}} = \frac{1}{\sqrt{n+1} + \sqrt{n}} > 0.$$

Hieraus folgt aber noch nicht die strikte Divergenz der Folge $(\sqrt{n})_{n\in\mathbb{N}}$, wie das Gegenbeispiel der Folge $(1 - 1/n)_{n\in\mathbb{N}}$ zeigt. Stattdessen verwenden wir ein Widerspruchsargument: Angenommen, die Folge $(\sqrt{n})_{n\in\mathbb{N}}$ ist nicht strikt divergent, dann besitzt sie eine beschränkte Teilfolge $(\sqrt{n_k})_{k\in\mathbb{N}}$, d. h.: $\sqrt{n_k} \le N$, $k \in \mathbb{N}$, mit einem $N \in \mathbb{N}$. Für diese gilt dann $n_k \le N^2$, $k \in \mathbb{N}$, was der strikten Divergenz von $(n_k)_{k\in\mathbb{N}}$ widerspricht.

ii) Wie in (i) gilt

$$\sqrt{n+1} - \sqrt{n} = \frac{1}{\sqrt{n+1} + \sqrt{n}} < \frac{1}{\sqrt{n}}.$$

Es konvergiert $\sqrt{n} \to \infty$ $(n \to \infty)$. Zu jedem $\varepsilon > 0$ gibt es daher ein $n_\varepsilon \in \mathbb{N}$, so dass für alle $n \ge n_\varepsilon$ gilt: $1/\sqrt{n} < \varepsilon$. Folglich ist die gegebene Folge eine Nullfolge (und damit notwendig auch Cauchy-Folge).

iii) Analog zu (i) erhalten wir durch Kürzen:

$$a_n := \sqrt{n}\big(\sqrt{n+1} - \sqrt{n}\big) = \frac{\sqrt{n}}{\sqrt{n} + \sqrt{n-1}} = \frac{1}{1 + \sqrt{1 - 1/n}} \to \frac{1}{2} \quad (n \to \infty).$$

Lösung A.2.6: Im Text wurde die Aussage der Aufgabe bezogen auf Summen, Produkte sowie Quotienten von Cauchy-Folgen sowie, was etwas einfacher ist, für konvergente Folgen in $\mathbb{Q}$ behandelt. Die verwendeten Argumente funktionieren natürlich auch für derartige Folgen in $\mathbb{R}$. Der Zweck der Übung ist, diese Argumentation nochmals zu rekapitulieren; insbesondere, dass aus $b \neq 0$ auch $b_n \neq 0$ für fast alle n folgt.

i) Konvergente Folgen sind beschränkt. Für eine konvergente Folge $(a_n)_{n\in\mathbb{N}}$ mit Limes a konvergiert auch die Folge $(\alpha a_n)_{n\in\mathbb{N}}$ gegen den Limes αa. Zum Beweis der Behauptung genügt es also, die Konvergenz der Summen-, der Produkt sowie der Reziprokenfolge zu zeigen. Ersteres ergibt sich aus (beachte $|a_n| \le K$):

$$|a_n + b_n - a - b| \le |a_n - a| + |b_n - b| \to 0 \quad (n \to \infty),$$
$$|a_n b_n - ab| \le |a_n|\,|b_n - b| + |b|\,|a_n - a| \to 0 \quad (n \to \infty).$$

ii) Wegen der Konvergenz $b_n \to b$ $(n \to \infty)$ gibt es ein $N \in \mathbb{N}$ mit $|b_n - b| \le \frac{1}{2}|b|$ für $n \ge N$. Für solche n ist dann $|b_n| \ge |b| - |b_n - b| \ge \frac{1}{2}|b| > 0$, und es gilt:

$$\Big|\frac{1}{b_n} - \frac{1}{b}\Big| = \frac{|b - b_n|}{|b_n|\,|b|} \le \frac{|b - b_n|}{\frac{1}{2}|b|^2} \to 0 \quad (n \to \infty).$$

Lösung A.2.7: i) Es kann verwendet werden, dass Summen, Produkte und (unter den üblichen Bedingungen) auch Quotienten konvergenter Folgen in $\mathbb{R}$ konvergent sind.

a) Durch Kürzen mit n^2 erhalten wir

$$a_n = \frac{2n^2 - n}{2n^2 + 1} = \frac{2 - n^{-1}}{2 + n^{-2}}$$

und damit nach den Regeln der Folgenkonvergenz $a_n \to 1$ $(n \to \infty)$.

b) Mit $b_n = 1 + h_n$, $h_n > 0$, ergibt die Bernoullische Ungleichung:

$$10 = (1 + h_n)^n \ge 1 + nh_n \quad \Rightarrow \quad h_n \le \frac{9}{n} \to 0 \quad (n \to \infty).$$

Folglich gilt $b_n \to 1$ $(n \to \infty)$.

ii) Hier soll das Gefühl für Folgenwachstum gestärkt werden. Es ist dabei nicht verlangt (aber auch nicht verboten), den ε-Kalkül zu verwenden.

a) Für $n \geq 11$ gilt

$$\frac{n^{10}}{n!} \leq \frac{n^{10}}{n(n-1)\cdot\ldots\cdot(n-10)} = \frac{1}{n}\,\frac{1}{(1-\frac{1}{n})\cdot\ldots\cdot(1-\frac{10}{n})} \leq \frac{1}{n}\,\frac{1}{(\frac{1}{11})^{10}} \to 0 \quad (n\to\infty).$$

b) Für $n \geq 11$ gilt

$$\frac{10^n}{n!} = \frac{10}{n}\,\frac{10^{n-1}}{(n-1)!} = \frac{10}{n}\,\frac{1}{\frac{1}{10}\cdot\ldots\cdot\frac{9}{10}\cdot\frac{10}{10}\cdot\ldots\cdot\frac{n-1}{10}} \leq \frac{1}{n}\,\frac{1}{(\frac{1}{10})^{10}} \to 0 \quad (n\to\infty).$$

Lösung A.2.8: Bei dieser einfachen Aufgabe ist besonders auf Korrektheit der Argumentation (Handhabung der Absolutstriche usw.) zu achten.

i) Die binomische Formel ergibt

$$0 \leq \big(\varepsilon^{1/2}|a| - \varepsilon^{-1/2}|b|\big)^2 = \varepsilon a^2 - 2|ab| + \varepsilon^{-1}b^2 \quad \text{bzw.} \quad |ab| \leq \tfrac{\varepsilon}{2}a^2 + \tfrac{1}{2\varepsilon}b^2.$$

ii) Aus

$$0 = x^2 + xy + y^2 \geq x^2 - |xy| + y^2 \geq x^2 - \tfrac{1}{2}x^2 - \tfrac{1}{2}y^2 + y^2 = \tfrac{1}{2}(x^2+y^2)$$

folgt $x = y = 0$. Weiter folgt aus

$$0 = x^3 + y^3 = (x+y)(x^2 - xy + y^2)$$

und

$$x^2 - xy + y^2 \geq x^2 - |xy| + y^2 \geq \tfrac{1}{2}(x^2+y^2)$$

wegen der Nullteilerfreiheit des Körpers $\mathbb{R}$, dass $x + y = 0$.

Lösung A.2.9: a) Die „Vollständigkeit" von R bedeutet, dass es zu jeder Cauchy-Folge $(a_n)_{n\in\mathbb{N}}$ in $\mathbb{R}$ einen Limes $a \in \mathbb{R}$ gibt: $a = \lim_{n\to\infty} a_n$.

b) Äquivalenz zur Trennungseigenschaft:

i) Es sei die Vollständigkeitseigenschaft angenommen. Dann gilt nach Satz 2.3 auch die Intervallschachtelungseigenschaft. Seien nun $A, B \subset \mathbb{R}$ Teilmengen mit $a < b$ für $a \in A$, $b \in B$. Wir greifen zwei beliebige Zahlen $a_1 \in A$ und $b_1 \in B$ heraus und betrachten das Intervall $I_1 := [a_1, b_1]$. Gilt für dessen Mittelpunkt $c_1 = \frac{1}{2}(a_1 + b_1) \notin A \cup B$ und gibt es keine Zahlen $a_1' \in A$ oder $b_1' \in B$ mit $c_1 < a_1' < b_1$ bzw. $a_1 < b_1' < c_1$, so ist mit $s = c_1$ eine trennende Zahl gefunden. Andernfalls setzen wir mit diesen $a_1' \in A$ oder $b_1' \in B$:

$$I_2 = [a_2, b_2] := \begin{cases} [a_1, c_1] & \text{für } c_1 \in B, \\ [c_1, b_1] & \text{für } c_1 \in A, \\ [a_1, b_1'] & \text{für } a_1 < b_1' < c_1, \\ [a_1', b_1] & \text{für } c_1 < a_1' < b_1. \end{cases}$$

In allen vier Fällen gilt dann offenbar $|b_2 - a_2| \le \frac{1}{2}|b_1 - a_1|$. Durch Fortsetzung dieses Konstruktionsprozesses erhalten wir entweder nach n Schritten eine trennende Zahl $s = c_{n+1}$, oder es ergibt sich eine Folge von Intervallen $I_n = [a_n, b_n]$, $n \in \mathbb{N}$, mit den Eigenschaften $a_n \in A$, $b_n \in B$ und

$$I_{n+1} \subset I_n, \quad |b_n - a_n| \le 2^{1-n}|b_1 - a_1|.$$

Die Folge $(I_n)_{n\in\mathbb{N}}$ bildet also eine Intervallschachtelung und besitzt einen gemeinsamen Punkt $s \in \cap_{n\in\mathbb{N}} I_n$. Wegen $a_n \le s \le b_n$ und $|a_n - b_n| \to 0 \ (n \to \infty)$ kann es dann keine Punkte $a \in A$ oder $b \in B$ geben mit $s < a$ oder $b < s$. Es gilt also $a \le s \le b$ für alle $a \in A$ und $b \in B$, d.h.: s ist die gesuchte trennende Zahl.

ii) Sei nun die Trennungseigenschaft angenommen, und sei $(a_n)_{n\in\mathbb{N}}$ eine Cauchy-Folge. Da die Cauchy-Folge beschränkt ist, sind die folgenden Mengen nicht leer:

$$A := \{a \in \mathbb{R} |\ a < a_n \text{ für fast alle } n \in \mathbb{N}\}, \quad B := \{b \in \mathbb{R} |\ b > a_n \text{ für fast alle } n \in \mathbb{N}\}.$$

Offenbar ist dann $a < b$ für alle $a \in A$, $b \in B$. Gemäß der Trennungseigenschaft gibt es also ein $s \subset \mathbb{R}$ mit $a \le s \le b$ für alle $a \in A$, $b \in B$. Für beliebiges $\varepsilon > 0$ muss dann für fast alle $n \in \mathbb{N}$ gelten $|a_n - s| < \varepsilon$, d. h.: s ist Limes der Folge $(a_n)_{n\subset\mathbb{N}}$.

Lösung A.2.10: a) Es wird die folgende Eigenschaft reeller Zahlen $a, b \ge 0$ verwendet:

$$a^k < b^k \ \Leftrightarrow \ a < b, \qquad a^k \le b^k \ \Leftrightarrow \ a \le b, \quad k \in \mathbb{N},$$

was man leicht mit Hilfe der Beziehung $b^k - a^k = (b-a)(a^{k-1}b^0 + a^{k-2}b^1 + \dots + a^1b^{k-2} + a^0b^{k-1})$ gewinnt. Gemäß Text genügt es, die k-te Wurzel für Zahlen $x \in \mathbb{R}_+$ mit $0 < x < 1$ zu konstruieren. Denn für $x = 1$ ist trivialerweise $a = 1$ k-te Wurzel und der Fall $x > 1$ kann über die Setzung $x' := 1/x$ auf den Fall $0 < x' < 1$ zurückgeführt werden:

$$\sqrt[k]{x} := \frac{1}{\sqrt[k]{x'}}, \qquad (\sqrt[k]{x})^k = \Big(\frac{1}{\sqrt[k]{x'}}\Big)^k = \frac{1}{(\sqrt[k]{x'})^k} = \frac{1}{x'} = x.$$

Sei nun $x \in \mathbb{R}, 0 < x < 1$, beliebig aber fest. Dann gibt es ein größtes $d_1 \in \{0, 1, \dots, 9\}$, so dass

$$a_1 := 0, d_1 < b_1 := 0, (d_1 + 1), \quad a_1^k \le x < b_1^k.$$

i) Wir betrachten nun zwei Fälle:
Fall a) Es liege für ein $n \in \mathbb{N}$ eine Einschließung

$$a_n = 0, d_1 d_2 \dots d_{n-1} d_n < b_n = 0, d_1 d_2 \dots d_{n-1}(d_n + 1), \quad a_n^k \le x < b_n^k,$$

mit $d_k \in \{0, 1, \dots, 9\}$, $k = 1, \dots, n-1$ und $d_n \le 8$ vor. Die nächste Einschließung gewinnen wir dann durch den Ansatz $a_{n+1} := 0, d_1 \dots d_n d_{n+1}$ mit Hilfe der Bedingung:

$$d_{n+1} \in \{0, 1, \dots, 9\} \text{ möglichst groß, aber } a_{n+1}^k \le x,$$

und setzen

$$b_{n+1} := \begin{cases} 0, d_1 \dots d_n(d_{n+1} + 1) & \text{für } d_{n+1} \le 8, \\ 0, d_1 \dots (d_n + 1)0 & \text{für } d_{n+1} = 9. \end{cases}$$

Nach Konstruktion ist dann

$$a_n \le a_{n+1} < b_{n+1} \le b_n, \quad a_{n+1}^k \le x < b_{n+1}^k.$$

Fall b) Es liege für ein $n \in \mathbb{N}$ eine Einschließung

$$a_n = 0,d_1d_2\dots d_{n-1}d_n < b_n = 0,d_1d_2\dots d_{m-1}(d_m+1)0\dots 0, \quad a_n^k \le x < b_n^k,$$

mit $d_k \in \{0,1,\dots,9\}$, $k = 1,\dots,m-1$, $d_m \le 8$ und $d_{m+1} = \dots = d_n = 9$ vor. Die nächste Einschließung gewinnen wir dann durch den Ansatz $a_{n+1} := 0,d_1\dots d_n d_{n+1}$ mit Hilfe der Bedingung:

$$d_{n+1} \in \{0,1,\dots,9\} \text{ möglichst groß, aber } a_{n+1}^k \le x\,,$$

und setzen

$$b_{n+1} := \begin{cases} 0,d_1\dots d_n(d_{n+1}+1) & \text{für } d_{n+1} \le 8, \\ 0,d_1\dots(d_m+1)0\dots 0 & \text{für } d_{n+1} = 9. \end{cases}$$

Nach Konstruktion gilt dann in beiden Fällen:

$$a_n \le a_{n+1} < b_{n+1} \le b_n, \quad a_{n+1}^k \le x < b_{n+1}^k, \quad b_n - a_n \le 10^{-n}, \quad n \in \mathbb{N}.$$

Zum Nachweis, dass dadurch eine reelle Zahl $a \in \mathbb{R}$ als k-te Wurzel von x definiert ist, kann wie folgt argumentiert werden:

ii) Verwendung der Intervallschachtelungseigenschaft (Satz aus dem Text): Die erzeugten Folgen von Partialbrüchen $(a_n)_{n\in\mathbb{N}}$ und $(b_n)_{n\in\mathbb{N}}$ definieren offensichtlich eine Intervallschachtelung $([a_n,b_n])_{n\in\mathbb{N}}$, welche wegen der Vollständigkeit von $\mathbb{R}$ einen gemeinsamen Punkt a besitzt. Dieser ist dann wegen $a_n^k \le x < b_n^k$ und

$$\lim_{n\to\infty} a_n = a = \lim_{n\to\infty} b_n, \quad \lim_{n\to\infty} a_n^k = a^k = \lim_{n\to\infty} b_n^k,$$

die gesuchte k-te Wurzel von x.

iii) Verwendung der Vollständigkeit von $\mathbb{R}$: Man zeigt, dass die Folge $(a_n)_{n\in\mathbb{N}}$ eine Cauchy-Folge mit Limes $a \in \mathbb{R}$ ist. Dieser Limes ist dann wegen der obigen Identitäten gerade die gesuchte k-te Wurzel von x. Sei $\varepsilon > 0$ beliebig gewählt. Für Indizes $m \ge n+1$ gilt nach Konstruktion

$$|a_m - a_n| = a_m - a_n = b_m - a_n \le b_n - a_n \le 10^{-n}.$$

Hieraus folgt die Cauchy-Folgeneigenschaft der Folge $(a_n)_{n\in\mathbb{N}}$ (Man mache sich dies nochmal klar.).

b) Es wird verwendet, dass die s-te Wurzel von $a \in \mathbb{R}_+$ als (eindeutig bestimmte) positive Lösung der Gleichung $x^s = a$ existiert, und dass für Potenzen die Rechenregel $a^{rs} = (a^s)^r = (a^r)^s$ gilt. Die Beziehung

$$\big((\sqrt[s]{a})^r\big)^s = (\sqrt[s]{a})^{rs} = \big((\sqrt[s]{a})^s\big)^r = a^r = \big(\sqrt[s]{a^r}\big)^s.$$

impliziert dann, dass $(\sqrt[s]{a})^r$ und $\sqrt[s]{a^r}$ beide positive s-te Wurzel von a^r sind. Wegen deren Eindeutigkeit folgt die behauptete Gleichheit. Die anderen Rechenregeln ergeben sich unmittelbar aus den Definitionen der Potenz- und Wurzelbildung.

Lösung A.2.11: Gemäß der Bedingungen für einen Körper ist zu zeigen:

a) die Kommutativ-, das Assoziativ- und das Distributivgesetze für Addition und Multiplikation (Nachrechnen);

b) die Existenz der „neutralen“ Elemente Null $= \{0,0\}$ für die Addition sowie Eins $= \{1,0\}$ für die Multiplikation sowie die Lösbarkeit der Gleichungen $a + z = \{0,0\}$ und $az = \{1,0\}$ $(a \neq \{0,0\})$ für beliebig gegebenes $a \in \mathbb{C}$. Lösungen sind:

$$z = \{-a_1, -a_2\}, \qquad z = \frac{1}{a} = \Big\{\frac{a_1}{a_1^2 + a_2^2}, \frac{-a_2}{a_1^2 + a_2^2}\Big\}.$$

Lösung A.2.12: Die Ausdrucksweise „verträglich“ bedeutet in diesem Fall, dass für je zwei komplexe Zahlen in den beiden Schreibweisen $z = \{x, y\} = x + iy$ und $z' = \{x', y'\} = x' + iy'$ mit den jeweils festgelegten arithmetischen Rechenregeln gilt:

$$\{x, y\} + \{x', y'\} = z + z' = (x + iy) + (x' + iy'),$$
$$\{x, y\} \cdot \{x', y'\} = zz' = (x + iy) \cdot (x' + iy').$$

a) Für $z = x + iy$, $z' = x' + iy' \in \mathbb{C}$ folgt aus $z = z'$, daß $|z - z'| = 0$. Dies impliziert

$$(x - x')^2 + (y - y')^2 = 0$$

und somit $x = x'$ und $y = y'$.

b) Die Behauptung besagt die Nullteilerfreiheit des Körpers $\mathbb{C}$. Dies genügt bereits als Argument. Alternativ kann auch gerechnet werden. Man hat mit Hilfe von (a):

$$(x + iy)(x' + iy') = xx' - yy' + i(xy' + x'y) = 0 \quad \Rightarrow \quad xx' - yy' = 0, \; xy' + x'y = 0.$$

Gilt nun $x' \neq 0$, so folgt durch Multiplikation mit x bzw. y und anschließender Addition:

$$x^2x' - xyy' = 0, \; xy'y + x'y^2 = 0 \quad \Leftrightarrow \quad 0 = x^2x' + x'y^2 = x'(x^2 + y^2),$$

d. h.: $x = y = 0$. Für $y' \neq 0$ wird mit y bzw. x multipliziert, und Subtraktion ergibt

$$yxx' - y^2y' = 0, \; x^2y' + xx'y = 0 \quad \Leftrightarrow \quad 0 = x^2y' + y^2y' = (x^2 + y^2)y',$$

was wiederum $x = y = 0$ impliziert.

Lösung A.2.13: Diese Aufgabe sieht schwierig aus, ist aber im Grunde einfach. Die algebraischen Zahlen sind definiert als die Menge der Lösungen aller algebraischen Gleichungen bzw. der Nullstellen aller Polynome mit Koeffizienten aus $\mathbb{Z}$.

i) Verwendet werden kann die Aussage von Aufgabe 1.5, dass mit $\mathbb{N}$ auch $\mathbb{N}\times\mathbb{N}$ sowie die Aussage der Vorlesung, dass mit $\mathbb{N}$ und $\mathbb{Z}$ auch $\mathbb{Z}\times\mathbb{N} \sim \mathbb{Q}$ abzählbar sind. Jetzt kommt der „harte“ Kern der Aufgabe: Diese Schlussweise überträgt sich auf beliebige abzählbare Mengen A und B, so dass auch $A \times B$ abzählbar ist. Mit Hilfe eines Induktionsschlusses folgt dann, daß auch beliebige endliche Produkte von $\mathbb{N}$ und $\mathbb{Z}$ abzählbar sind.

ii) Die Menge der algebraischen Gleichungen (bzw. der Polynome) $a_0 + a_1x + a_2x^2 + \cdots +$

$a_n x^n = 0$ ($a_k \in \mathbb{Z}$) hat offenbar dieselbe Mächtigkeit wie eine solche Produktmenge. Nun hat jedes Polynom höchstens endlich viele Nullstellen. Durch einen diagonalen Abzählprozeß analog wie beim Nachweis der Abzählbarkeit von $\mathbb{N} \times \mathbb{N}$ erhält man dann auch die Abzählbarkeit der Menge aller dieser Nullstellen, d. h. der Menge der *algebraischen* Zahlen. Dazu ist es nicht erforderlich, diesen Abzählprozess explizit in Indexschreibweise anzugeben; er sollte aber graphisch beschrieben sein.

A.3 Kapitel 3

Lösung A.3.1: a) O.B.d.A sei $a > 0$; ansonsten ersetze man die untere Schranke durch 0. Für fixiertes $\varepsilon > 0$ gibt es ein $n_\varepsilon \in \mathbb{N}$, so dass $a - \varepsilon < \frac{a_{n+1}}{a_n} < a + \varepsilon$ für $n > n_\varepsilon$. Mit

$$a_n = \frac{a_n}{a_{n-1}} \frac{a_{n-1}}{a_{n-2}} \cdots \frac{a_{n_\varepsilon+1}}{a_{n_\varepsilon}} a_{n_\varepsilon}$$

folgt dann

$$a_{n_\varepsilon}(a-\varepsilon)^{n-n_\varepsilon} < a_n < a_{n_\varepsilon}(a+\varepsilon)^{n-n_\varepsilon}.$$

Wurzelziehen ergibt

$$(a-\varepsilon)\sqrt[n]{\frac{a_{n_\varepsilon}}{(a-\varepsilon)^{n_\varepsilon}}} < \sqrt[n]{a_n} < (a+\varepsilon)\sqrt[n]{\frac{a_{n_\varepsilon}}{(a+\varepsilon)^{n_\varepsilon}}}.$$

Da die Wurzeln auf der linken und rechten Seite für $n \to \infty$ gegen 1 konvergieren und ε beliebig gewählt war, folgt die Behauptung. Im Fall $\lim_{n\to\infty} \frac{a_{n+1}}{a_n} = \infty$ ergibt diese Argumentation durch Anwendung auf die positive Folge $(a_n^{-1})_{n\in\mathbb{N}}$, dass $\lim_{n\to\infty} \sqrt[n]{a_n} = \infty$.

b) Wir zeigen nun für die drei Folgen deren Konvergenz oder Divergenz:

i) $\sqrt[n]{n!} \to \infty$, denn

$$\frac{(n+1)!}{n!} = n+1 \to \infty \quad (n \to \infty);$$

ii) $\sqrt[n]{\frac{n^n}{n!}} \to e > 1$, denn

$$\frac{(n+1)^{n+1}}{(n+1)!}\frac{n!}{n^n} = \frac{(n+1)^n}{n^n}\frac{n! \cdot (n+1)}{(n+1)!} = \left(1 + \frac{1}{n}\right)^n \to e \quad (n \to \infty);$$

iii) $\frac{n^n}{n!} \to \infty$, denn sonst gäbe es eine konvergente Teilfolge $(a_{n_k})_{k\in\mathbb{N}}$ und es folgte wegen $\frac{n^n}{n!} > 1$:

$$\sqrt[n_k]{a_{n_k}} \to 1 \quad (n_k \to \infty),$$

im Widerspruch zu (ii). Alternativ kann auch direkt wie folgt argumentiert werden:

$$\frac{n^n}{n!} = \frac{n \cdot \ldots \cdot n}{1 \cdot 2 \cdot \ldots \cdot n} > n \to \infty \quad (n \to \infty).$$

Lösung A.3.2: a) Ein „Häufungswert" einer Folge $(a_n)_{n\in\mathbb{N}}$ in $\mathbb{K}$ ist ein $a\in\mathbb{K}$, zu dem für jedes $\varepsilon>0$ unendlich viele Folgenelemente a_n existieren mit $|a_n-a|<\varepsilon$. Ein „Häufungspunkt" einer unendlichen Teilmenge $A\subset\mathbb{K}$ ist ein $a\in\mathbb{K}$, zu dem für jedes $\varepsilon>0$ unendlich viele Punkte $x\in A,\ x\neq a$, existieren mit $|x-a|<\varepsilon$. Wegen der Bedingung $x\neq a$ kann eine endliche Teilmenge $A\subset\mathbb{K}$ klarerweise keinen Häufungspunkt haben.

b) Nach Definition eines Häufungspunktes gibt es zu jedem $n\in\mathbb{N}$ (mindestens) ein $a_n\in A,\ a_n\neq a$, so dass

$$|a_n-a|<1/n.$$

Wir wählen sukzessive für $n=1,2,3,\dots$ solche Elemente $a_n\in A$ aus und erhalten so eine gegen a konvergierende Folge $(a_n)_{n\in\mathbb{N}}$.

c) Widerspruchsbeweis: Die Nichtkonvergenz der Folge gegen a impliziert die Existenz eines $\varepsilon>0$ und einer Teilfolge $(a_{n_k})_{k\in\mathbb{N}}$, so dass

$$|a_{n_k}-a|\geq\varepsilon,\qquad k\in\mathbb{N}.$$

Da die Folge nach Voraussetzung beschränkt ist, hat diese Teilfolge nach dem Satz von Bolzano-Weierstraß wiederum eine Teilfolge $(a_{n'_k})$, deren Limes wegen der Voraussetzung gleich a sein muss. Es gilt also $|a_{n'_k}-a|\to 0\ (k\to\infty)$, was der Annahme widerspricht.

Eine *unbeschränkte* Folge enthält eine Teilfolge, die gegen $+\infty$ oder $-\infty$ divergiert, kann aber noch weitere konvergente Teilfolgen enthalten. In diesem Fall ist die Aussage also offenbar nicht richtig. Ein Beispiel ist die Folge $(a_n)_{n\in\mathbb{N}}$ in $\mathbb{R}$ mit den folgenden Elementen

$$a_n:=\begin{cases}1 & \text{für } n \text{ gerade},\\ n & \text{für } n \text{ ungerade}.\end{cases}$$

Lösung A.3.3: Wir verwenden, dass eine monoton wachsende, beschränkte Folge konvergent ist. Da die Reihe $s_\infty=\sum_{n=1}^\infty a_n$ nach Voraussetzung konvergent ist, muss $a_n\to 0\ (n\to\infty)$ konvergieren. Es gibt also neben einer Schranke K für alle a_n ein $n_1\in\mathbb{N}$, so daß $|a_n|\leq 1$ ist für $n\geq n_1$. Also gilt für die Partialsummen der Reihe der k-ten Potenzen für $n\geq n_1$:

$$\sum_{n=1}^{n}a_n^k=\sum_{n=1}^{n_1}a_n^k+\sum_{n=n_1+1}^{n}a_n^k\leq n_1K^k+\sum_{n=n_1+1}^{n}a_n\leq n_1K^k+s_\infty.$$

Die Folge der Partialsummen ist also beschränkt. Da sie wegen $a_n^k\geq 0$ auch monoton wachsend ist, folgt ihre Konvergenz.

Alternativ lässt sich die Behauptung auch direkt durch Betrachtung von Partialsummen und Anwendung des Cauchyschen Konvergenzkriteriums beweisen.

Lösung A.3.4: Seien $(a_n)_{n\in\mathbb{N}}$ und $(b_n)_{n\in\mathbb{N}}$ Folgen in $\mathbb{R}$ jeweils mit den kleinsten und größten Häufungswerten $\underline{a}:=\liminf_{n\to\infty}a_n\leq\overline{a}:=\limsup_{n\to\infty}a_n$ und $\underline{b}:=\liminf_{n\to\infty}b_n\leq\overline{b}:=\limsup_{n\to\infty}b_n$. Die entsprechenden Größen für die Summen- und Produktfolgen

$(a_n+b_n)_{n\in\mathbb{N}}$ und $(a_nb_n)_{n\in\mathbb{N}}$ seinen mit $\underline{a+b} \le \overline{a+b}$ bzw. $\underline{ab} \le \overline{ab}$ bezeichnet. Für Teilfolgen $(a_{n_k})_{k\in\mathbb{N}}$ einer Folge $(a_n)_{n\in\mathbb{N}}$ gilt stets

$$\liminf_{n\to\infty} a_n \le \liminf_{k\to\infty} a_{n_k}, \qquad \limsup_{k\to\infty} a_{n_k} \le \limsup_{n\to\infty} a_n.$$

a) Sei $(a_{n_k}+b_{n_k})_{k\in\mathbb{N}}$ eine Teilfolge mit $a_{n_k}+b_{n_k} \to \underline{a+b}$. Ferner seien $(a_{n'_k})_{k\in\mathbb{N}}$ eine Teilfolge von $(a_{n_k})_{k\in\mathbb{N}}$ mit $a_{n'_k} \to \liminf_{k\to\infty} a_{n_k}$ $(k\to\infty)$ sowie $(b_{n''_k})_{k\in\mathbb{N}}$ eine Teilfolge von $(b_{n'_k})_{k\in\mathbb{N}}$ mit $b_{n''_k} \to \liminf_{k\to\infty} b_{n'_k}$ $(k\to\infty)$. Dann konvergiert auch $a_{n''_k}+b_{n''_k} \to \underline{a+b}$ $(k\to\infty)$, und es folgt:

$$\underline{a}+\underline{b} \le \liminf_{k\to\infty} a_{n''_k} + \liminf_{k\to\infty} b_{n''_k} = \lim_{k\to\infty} a_{n''_k} + \lim_{k\to\infty} b_{n''_k} = \lim_{k\to\infty}(a_{n''_k}+b_{n''_k}) = \underline{a+b}.$$

Zum Beweis der nächsten Ungleichung seien $(a_{n_k})_{k\in\mathbb{N}}$ eine Teilfolge von $(a_n)_{n\in\mathbb{N}}$ mit $a_{n_k} \to \liminf_{n\to\infty} a_n = \underline{a}$, $(b_{n'_k})_{k\in\mathbb{N}}$ eine Teilfolge von $(b_{n_k})_{n\in\mathbb{N}}$ mit $b_{n'_k} \to \limsup_{k\to\infty} b_{n_k}$ und $(a_{n''_k}+b_{n''_k})_{k\in\mathbb{N}}$ eine Teilfolge von $(a_{n'_k}+b_{n'_k})_{k\in\mathbb{N}}$ mit $a_{n''_k}+b_{n''_k} \to \liminf_{k\to\infty}(a_{n'_k}+b_{n'_k})$. Damit folgt:

$$\underline{a+b} \le \liminf_{k\to\infty}(a_{n'_k}+b_{n'_k}) = \lim_{k\to\infty}(a_{n''_k}+b_{n''_k}) = \lim_{k\to\infty} a_{n''_k} + \lim_{k\to\infty} b_{n''_k} = \underline{a}+\overline{b}.$$

Als nächtes seien $(b_{n_k})_{k\in\mathbb{N}}$ eine Teilfolge von $(b_n)_{n\in\mathbb{N}}$ mit $\overline{b} = \lim_{k\to\infty} b_{n_k}$ und $(a_{n'_k})_{k\in\mathbb{N}}$ eine Teilfolge von $(a_{n_k})_{k\in\mathbb{N}}$ mit $\liminf_{k\to\infty} a_{n_k} = \lim_{k\to\infty} a_{n'_k}$. Dann folgt:

$$\underline{a}+\overline{b} \le \liminf_{k\to\infty} a_{n_k} + \overline{b} = \lim_{k\to\infty} a_{n'_k} + \lim_{k\to\infty} b_{n'_k} = \lim_{k\to\infty}(a_{n'_k}+b_{n'_k}) \le \overline{a+b}.$$

Schließlich seien $(a_{n_k}+b_{n_k})_{k\in\mathbb{N}}$ eine Teilfolge von $(a_n+b_n)_{n\in\mathbb{N}}$ mit $\overline{a+b} = \lim_{k\to\infty}(a_{n_k}+b_{n_k})$, $(a_{n'_k})_{k\in\mathbb{N}}$ eine Teilfolge von $(a_{n_k})_{k\in\mathbb{N}}$ mit $\limsup_{k\to\infty} a_{n_k} = \lim_{k\to\infty} a_{n'_k}$ und $(b_{n''_k})_{k\in\mathbb{N}}$ eine weitere Teilfolge von $(b_{n'_k})_{k\in\mathbb{N}}$ mit $\limsup_{k\to\infty} b_{n'_k} = \lim_{k\to\infty} b_{n''_k}$. Damit folgt:

$$\overline{a+b} = \lim_{k\to\infty}(a_{n''_k}+b_{n''_k}) = \lim_{k\to\infty} a_{n''_k} + \lim_{k\to\infty} b_{n''_k} \le \overline{a}+\overline{b},$$

was noch zu beweisen war.

b) Im Falle $a_n, b_n \ge 0$ kann ganz analog wie in a) argumentiert werden.

Lösung A.3.5: In dieser Aufgabe geht es um die kombinierte Anwendung verschiedener Techniken, die im Zusammenhang mit der Folgen- und Reihenkonvergenz erlernt worden sind.

a) Das Leibnizsche Kriterium besagt, dass eine „alternierende“ Reihe $\sum_{n=1}^{\infty} a_n$ in $\mathbb{R}$, d. h. $a_na_{n+1} \le 0$, deren Elemente betragsmäßig eine monotone Nullfolge bilden, konvergent ist.

b) Mit der Setzung $a_k := (-1)^k$ impliziert das Dirichletsche Kriterium das Leibnizsche Kriterium.

c) Es ist

$$s_n = \sum_{k=1}^{n}(a_k-a_{k+1}) = (a_1-a_2)+(a_2+a_3)+\cdots+(a_n-a_{n+1}) = a_1-a_{n+1}$$

und folglich $s_\infty = \lim_{n\to\infty} s_n = a_1 - \lim_{n\to\infty} a_n$.
Setzen wir $A_0 := 0$, so ist $a_k = A_k - A_{k-1}$, $k = 1, \ldots, n$ und $A_0 b_1 = 0$. Damit folgt:

$$\begin{aligned}\sum_{k=1}^{n} a_k b_k &= \sum_{k=1}^{n} (A_k - A_{k-1}) b_k = \sum_{k=1}^{n} A_k b_k - \sum_{k=1}^{n} A_{k-1} b_k = \sum_{k=1}^{n} A_k b_k - \sum_{k=1}^{n-1} A_k b_{k+1} \\ &= \sum_{k=1}^{n} A_k b_k - \sum_{k=1}^{n} A_k b_{k+1} + A_n b_{n+1} = \sum_{k=1}^{n} A_k (b_k - b_{k-1}) + A_n b_{n+1}.\end{aligned}$$

Aufgrund der Voraussetzung ist die Folge $(b_n)_{n\in\mathbb{N}}$ konvergent und die Folge $(A_n)_{n\in\mathbb{N}}$ beschränkt. Folglich konvergiert auch die Produktfolge $(A_n b_{n+1})_{n\in\mathbb{N}}$. Dies folgt leicht mit Hilfe des Cauchyschen Konvergenzkriteriums für Reihen. Ferner konvergiert nach dem eben Gezeigten die Teleskopreihe $\sum_{k=1}^{\infty} (b_k - b_{k+1})$, diese sogar absolut, da ihre Glieder alle $b_k - b_{k+1} \geq 0$ oder $b_k - b_{k+1} \leq 0$ erfüllen. Da die Folge $(A_n)_{n\in\mathbb{N}}$ beschränkt ist, ist dann auch die Reihe $\sum_{k=1}^{\infty} A_k (b_k - b_{k+1})$ konvergent. Im Hinblick auf obige Identität ergeben die Regeln der Folgenkonvergenz, daß die Produktreihe $\sum_{k=1}^{n} a_k b_k$ konvergiert.

Lösung A.3.6: a) Das Problem ist die Kombination einer divergenten Folge mit einer Nullfolge. Umformung mit Hilfe des „Tricks“ von früheren Aufgaben ergibt

$$a_n = n\Big(\sqrt{1+\tfrac{1}{n}} - 1\Big) = n\,\frac{1 + \frac{1}{n} - 1}{\sqrt{1+\frac{1}{n}} + 1} = \frac{1}{\sqrt{1+\frac{1}{n}} + 1}.$$

Nach den Regeln der „Folgenarithmetik“ impliziert $\frac{1}{n} \to 0$ auch $\sqrt{1+\frac{1}{n}} + 1 \to 2$ und folglich $a_n \to \frac{1}{2}$ $(n \to \infty)$.

b) Das Konvergenzverhalten der Folge $(a_n)_{n\in\mathbb{N}}$ ist für verschiedene $x \in \mathbb{R}$ möglicherweise unterschiedlich. Für beliebiges $x \in \mathbb{R}$ gilt wegen $x^2 \geq 0$:

$$0 < \frac{2}{1+x^2} \leq 2$$

und somit

$$\left|\frac{1-x^2}{1+x^2}\right| = \left|\frac{1+x^2}{1+x^2} - \frac{2}{1+x^2}\right| = \left|1 - \frac{2}{1+x^2}\right| \leq q \leq 1$$

mit einem geeigneten $q = q(x) \in \mathbb{R}$. Dies impliziert für $q < 1$, d.h. für $x \neq 0$:

$$|a_n| = \left|\frac{1-x^2}{1+x^2}\right|^n \leq q^n \;\to\; 0 \quad (n \to \infty).$$

Im Fall $x = 0$ ist $\lim_{n\to\infty} a_n = \lim_{n\to\infty} 1^n = 1$.

Lösung A.3.7: Zweck der Aufgabe ist das Üben der Anwendung von Konvergenzkriterien.

a) Wegen

$$a_k a_{k+1} = \frac{(-1)^k}{\sqrt{k}}\,\frac{(-1)^{k+1}}{\sqrt{k+1}} = \frac{(-1)^{2k+1}}{\sqrt{k}\sqrt{k+1}} < 0$$

und der monotonen Konvergenz der Absolutbeträge (beachte $\sqrt{k+1} > \sqrt{k}$),

$$|a_k| = \frac{1}{\sqrt{k}} > \frac{1}{\sqrt{k+1}} = |a_{k+1}| \to 0 \quad (k \to \infty),$$

ist das Leibnizsche Kriterium anwendbar und liefert die Konvergenz der Reihe $s_\infty^{(a)}$. Diese Konvergenz ist aber *nicht absolut*, da nach der Vorlesung

$$\sum_{k=1}^{n} \frac{1}{\sqrt{k}} \ge \sum_{k=1}^{n} \frac{1}{k} \to \infty \quad (k \to \infty).$$

b) Es ist $1/k \le 1$ und somit

$$\sqrt[k]{|a_k|} \le \frac{1}{2} < 1.$$

Folglich ist die Reihe $s_\infty^{(a)}$ nach dem Wurzelkriterium absolut konvergent.

c) Wegen

$$\left|\frac{a_{k+1}}{a_k}\right| = \frac{(k+1)^3}{3^{k+1}} \frac{3^k}{k^3} = \frac{(k+1)^3}{k^3} \frac{1}{3} \to \frac{1}{3} < 1 \quad (k \to \infty)$$

ist das Quotientenkriterium erfüllt, und die Reihe $s_\infty^{(c)}$ ist demnach absolut konvergent.

Lösung A.3.8: Zweck der Aufgabe ist u. a. das Erlernen des Umgangs mit parameterabhängigen Reihen als Vorbereitung auf Funktionenreihen (z. B.: Potenzreihen).

i) Für beliebiges festes $|x| < 1$ gilt $|x| \le q < 1$ und

$$|1 + x^k| \ge 1 - |x|^k \ge 1 - q^k =: c(q) > 0.$$

Somit

$$\left|\sum_{k=1}^{\infty} \frac{x^k}{1+x^k}\right| \le \sum_{k=1}^{\infty} \left|\frac{x^k}{1+x^k}\right| \le \frac{1}{c(q)} \sum_{k=1}^{\infty} q^k.$$

Also ist in diesem Fall die geometrische Reihe Majorante für $s_\infty(x)$, was die absolute Konvergenz der Reihe impliziert.

ii) Für $|x| \ge q > 1$ konvergiert $|x|^{-k} \to 0 \ (k \to \infty)$, und es gilt

$$|1 + x^k| \le 1 + |x|^k.$$

Dies impliziert

$$\left|\frac{x^k}{1+x^k}\right| \ge \frac{|x|^k}{1+|x|^k} = \frac{1}{|x|^{-k}+1} \to 1 \quad (k \to \infty),$$

d. h.: Die Folgenglieder bilden keine Nullfolge, und die Folge selbst kann somit nicht konvergent sein.

Lösung A.3.9: a) Eine „Potenzreihe" ist eine Reihe der Form

$$\sum_{k=0}^{\infty} c_k(x-x_0)^k.$$

Ihr „Konvergenzradius" ist das Supremum aller $\rho \geq 0$, für das die Reihe für $|x-x_0| < \rho$ absolut konvergiert. Für diesen gelten die Formeln (die Existenz des Limes vorausgesetzt):

$$\frac{1}{\rho} = \limsup_{k\to\infty} \sqrt[k]{|c_k|} = \lim_{k\to\infty} \frac{|c_{k+1}|}{|c_k|}.$$

bi) Es ist $\rho = 1/2$, da (bei Setzung $c_k := 0$ für k ungerade)

$$\sum_{k=1}^{\infty} 2^{2k}x^{2k} = \sum_{k=1}^{\infty} (2)^{2k}x^{2k}, \qquad \sqrt[2k]{|c_{2k}|} = \sqrt[2k]{2^{2k}} = 2.$$

bii) Es ist $\rho = 1$, da

$$\sqrt[k]{|c_k|} = \sqrt[k]{\frac{1}{\sqrt{k}}} = \Big(\frac{1}{\sqrt[k]{k}}\Big)^{1/2} \to 1 \quad (k\to\infty).$$

iii) Es ist $\rho = \infty$, da

$$\sqrt[k]{|c_k|} = \sqrt[k]{\frac{1}{k!}} = \frac{1}{\sqrt[k]{k!}} \to 0 \quad (k\to\infty).$$

Lösung A.3.10: a) Widerspruchsbeweis: Im Fall $\liminf_{n\to\infty} a_n = \limsup_{n\to\infty} a_n$ ist nichts zu zeigen. Sei also $s_* := \liminf_{n\to\infty} a_n < \limsup_{n\to\infty} a_n =: s^*$. Gemäß ihrer Definition sind $\liminf_{n\to\infty} a_n$ und $\limsup_{n\to\infty} a_n$ Häufungswerte der Folge, d. h.: Es gibt Teilfolgen $(a_{n_k})_{k\in\mathbb{N}}$ und $(a_{n'_k})_{k\in\mathbb{N}}$ mit $s_* = \lim_{k\to\infty} a_{n_k}$ und $s^* = \lim_{k\to\infty} a_{n'_k}$. Sei nun angenommen, dass es ein a gibt mit $s_* < a < s^*$, welches kein Häufungswert ist. Dann gibt es ein $\varepsilon \in \mathbb{R}_+$, so dass das Intervall $I_\varepsilon(a) := \{x\in\mathbb{R} \mid |x-a| < \varepsilon\}$ höchstens endlich viele Elemente der Folge enthält. Nach Voraussetzung gibt es nun ein $n_\varepsilon \in \mathbb{R}_+$, so dass für alle $n \geq n_\varepsilon$ gilt: $|a_n - a_{n-1}| < \varepsilon$. Dann liegen von n_ε ab alle Folgenelemente entweder im Intervall $(-\infty, a-\varepsilon]$ oder im Intervall $[a+\varepsilon, \infty)$. Dies ist ein Widerspruch dazu, dass sowohl s_* als auch s^* Häufungswerte sind.
Wir betrachten die Menge der rationalen Zahlen im Intervall $[0,1]$. Aus diesen bilden wir eine Folge $(q_n)_{n\in\mathbb{N}}$ nach dem Prinzip:

$$q_1 := \tfrac{1}{1}, \quad q_2 := \tfrac{1}{2}, \quad q_3 = \tfrac{2}{2}, \quad q_4 := \tfrac{1}{3}, \quad q_5 := \tfrac{2}{3}, \quad q_6 := \tfrac{3}{3}, \quad q_7 := \tfrac{1}{4}, \quad q_8 := \tfrac{2}{4} \quad \dots$$

Diese Folge hat u. a. die unterschiedlichen Häufungswerte 0 und 1, und es gilt offenbar $|q_{n+1} - q_n| \to 0 \ (n\to\infty)$.

b) Aus der rekursiven Definition $a_1 := a,\ a_2 := b,\ a_n := \frac{1}{2}(a_{n-1} + a_{n-2}),\ n \geq 3$, ergibt sich

$$a_n - a_{n-1} = \tfrac{1}{2}(a_{n-1} + a_{n-2} - 2a_{n-1}) = -\tfrac{1}{2}(a_{n-1} - a_{n-2}), \quad n \geq 3,$$

und folglich $|a_n - a_{n-1}| \leq 2^{2-n}|b-a|$, $n \geq 3$. Damit erschließen wir, dass für beliebiges $m \in \mathbb{N}$:

$$|a_{n+m} - a_n| \leq \sum_{k=1}^{m} |a_{n+k} - a_{n+k-1}| \leq \sum_{k=1}^{m} 2^{-k}|a_n - a_{n-1}| \leq 2^{2-n}|b-a| \sum_{k=1}^{m} 2^{-k} \leq 2^{2-n}|b-a|.$$

Also ist $(a_n)_{n\in\mathbb{N}}$ eine Cauchy-Folge mit einem Limes $\lim_{n\to\infty} a_n =: a_\infty \in [a,b]$. Zur bestimmung dieses Limes beachten wir, dass mit $h := b-a$ konstruktionsgemäß gilt:

$$\begin{aligned}
a_2 &= a_1 + 2^0 h, \\
a_3 &= a_2 - 2^{-1}h = a_1 + 2^0 h - 2^{-1}h, \\
a_4 &= a_3 + 2^{-2}h = a_1 + 2^0 h - 2^{-1}h + 2^{-2}h, \\
a_5 &= a_4 - 2^{-3}h = a_1 + 2^0 h - 2^{-1}h + 2^{-2}h - 2^{-3}h, \\
&\vdots \\
a_n &= a_{n-1} + (-1)^n 2^{2-n}h = a_1 + 2^0 h - 2^{-1}h + 2^{-2}h - 2^{-3}h + \cdots + (-1)^n 2^{2-n}h \\
&= a_1 + h \sum_{k=0}^{n-2} (-\tfrac{1}{2})^k .
\end{aligned}$$

Mit Hilfe der geometrischen Summenformel ergibt sich also

$$a_n = a_1 + h\,\frac{1-(-\frac{1}{2})^{n-1}}{1-(-\frac{1}{2})} \to a + \tfrac{2}{3}(b-a) =: a_\infty \quad (n \to \infty).$$

c) Die Menge $\mathbb{Q}$ liegt konstruktionsgemäß „dicht" in $\mathbb{R}$, d. h.: Jedes $a \in \mathbb{R}$ ist Limes einer Folge in $\mathbb{Q}$. Sei nun $\{q_k,\, k \in \mathbb{N}\}$ irgendeine Durchnummerierung aller rationalen Zahlen (s. Teil b). Da es zu jedem $\varepsilon > 0$ unendlich viele $q \in \mathbb{Q}$ gibt mit $|a-q| < \varepsilon$, kann man mit der üblichen Methode wieder eine Teilfolge von $(q_k)_{k\in\mathbb{N}}$ auswählen, welche gegen a konvergiert. Die Menge der Häufungswerte dieser Folge ist also ganz $\mathbb{R}$ und damit überabzählbar.

Lösung A.3.11: a) In der reduzierten harmonischen Reihe s_{red} treten im einstelligen Nennerbereich $1-9$ genau 9 Nenner auf; im zweistelligen Nennerbereich $10-99$ treten genau $9\cdot 9 = 9^2$ Nenner (neun Ziffern an der ersten Stelle mal neun Ziffern an der zweiten Stelle) auf; im dreistelligen Nennerbereich $100-999$ treten genau $9\cdot 9\cdot 9 = 9^3$ Nenner auf; usw.; allgemein treten im n-stelligen Nennerbereich $10^{n-1} - 10^n - 1$ genau 9^n Nenner auf.

Die 9 auftretenden einstelligen Nennerwerte sind allesamt ≥ 1; daher sind die Brüche in der Reihe jeweils ≥ 1; die 92 auftretenden zweistelligen Nenner sind alle ≥ 10; daher sind die entsprechenden Brüche alle $\leq \frac{1}{10}$; die 93 dreistelligen zulässigen Nenner sind jeweils ≥ 100; daher sind die entsprechenden Brüche allesamt $\leq \frac{1}{100}$; usw.

Das ergibt die obere Schranke

$$\begin{aligned} s_{\text{red}} &= \Big(\frac{1}{1}+\dots+\frac{1}{9}\Big)+\Big(\frac{1}{11}+\dots+\frac{1}{99}\Big)+\Big(\frac{1}{111}+\dots+\frac{1}{999}\Big)+\dots \\ &< \Big(\frac{1}{1}+\dots+\frac{1}{1}\Big)+\Big(\frac{1}{10}+\dots+\frac{1}{10}\Big)+\Big(\frac{1}{100}+\dots+\frac{1}{100}\Big)+\dots \\ &= 9\cdot\frac{1}{1}+9^2\cdot\frac{1}{10}+9^3\cdot\frac{1}{100}+\dots \\ &= 9\cdot\Big(1+\frac{9}{10}+\Big(\frac{9}{10}\Big)^2+\Big(\frac{9}{10}\Big)^3+\dots\Big) \\ &= \frac{9}{1-9/10}=90. \end{aligned}$$

Also ist die reduzierte harmonische Reihe konvergent mit einem Limes $s_{\text{red}} \le 90$.

Bemerkung: Bei der betrachteten Reihe handelt es sich um eine sog. „Kempner[1]-Reihe“; ihr Konstruktionsprinzip lässt sich noch wesentlich verallgemeinern; viele dieser reduzierten Reihen erweisen sich als konvergent. Das bekannteste Beispiel einer nicht konvergenten, reduzierten harmonischen Reihe erhält man, wenn nur Primzahlen als Nenner zugelassen sind.

b) Wir zeigen zunächst die Beschränktheit der Folge. Aus der Potenzreihenentwicklung von e^z entnehmen wir die Beziehung

$$e^{-x}=\sum_{k=0}^{\infty}(-1)^k\frac{x^k}{k!}\ge 1-x, \quad 0\le x\le 1,$$

bzw. wegen der Monotonie des Logarithmus $-x \ge \ln(1-x)$. Damit erhalten wir

$$\ln(n)-\ln(n+1)=\ln\Big(\frac{n}{n+1}\Big)=\ln\Big(1-\frac{1}{n+1}\Big)\le -\frac{1}{n+1}.$$

bzw.

$$\ln(n)+\frac{1}{n+1}\le \ln(n+1).$$

Damit erschließen wir nun durch Induktion, dass

$$\sum_{k=1}^{n}\frac{1}{k}\le \ln(n)+1.$$

Für $n=1$ ist offensichtlich $1\le \ln(1)+1=1$. Sei die Ungleichung nun richtig für ein $n\ge 1$. Dann gilt

$$\sum_{k=1}^{n+1}\frac{1}{k}=\sum_{k=1}^{n}\frac{1}{k}+\frac{1}{n+1}\le \ln(n)+1+\frac{1}{n+1}\le \ln(n+1)+1.$$

[1] Aubrey J. Kempner (1880-1973), US-amerikanischer Mathematiker, Promotion 1912 an der Univ. Göttingen, Prof.an der University of Colorado at Boulder

Dies impliziert

$$0 < a_n = \frac{1}{n} \exp\Big(\sum_{k=1}^{n} \frac{1}{k}\Big) \leq \frac{1}{n} \exp\big(\ln(n+1)\big) = \frac{n+1}{n} \leq 2,$$

d. h. die Beschränktheit der Folge $(a_n)_{n\in\mathbb{N}}$. Weiter gilt

$$\begin{aligned} a_{n+1}\frac{n+1}{n+2} &= \frac{1}{n+1} \exp\Big(\sum_{k=1}^{n+1} \frac{1}{k}\Big)\frac{n+1}{n+2} = \frac{1}{n} \exp\Big(\sum_{k=1}^{n} \frac{1}{k}\Big)\frac{n}{n+1} \exp\Big(\frac{1}{n+1}\Big)\frac{n+1}{n+2} \\ &= a_n \frac{n}{n+1} \exp\Big(\frac{1}{n+1}\Big)\frac{n+1}{n+2}. \end{aligned}$$

Wegen

$$\exp\Big(\frac{1}{n+1}\Big) \geq 1 + \frac{1}{n+1} = \frac{n+2}{n+1} \qquad \text{bzw.} \qquad \exp\Big(\frac{1}{n+1}\Big)\frac{n+1}{n+2} \geq 1$$

folgt

$$a_{n+1}\frac{n+1}{n+2} \geq a_n \frac{n}{n+1},$$

d. h. die Monotonie der beschränkten Folge $(a_n n/(n+1))_{n\in\mathbb{N}}$. Damit existiert der Limes $a := \lim_{n\to\infty} a_n n/(n+1) = \lim_{n\to\infty} a_n$.

$$a_n = \frac{1}{n} \exp\Big(\sum_{k=1}^{n} \frac{1}{k}\Big).$$

Zur Bestimmung dieses Limes nehmen wir an, dass es eine Konstante $\gamma \in \mathbb{R}$ gibt (sog. „Euler-Mascheroni[2]-Konstante") mit

$$\gamma = \lim_{n\to\infty} \Big\{\sum_{k=1}^{n} \frac{1}{k} - \ln(n)\Big\}.$$

Damit gilt dann

$$\begin{aligned} a_n &= \frac{1}{n} \exp\Big(\sum_{k=1}^{n} \frac{1}{k}\Big) = \frac{1}{n} \exp\Big(\sum_{k=1}^{n} \frac{1}{k} - \ln(n)\Big) \exp\big(\ln(n)\big) \\ &= \exp\Big(\sum_{k=1}^{n} \frac{1}{k} - \ln(n)\Big) \to e^{\gamma} \quad (n \to \infty). \end{aligned}$$

[2]Lorenzo Mascheroni (1750–1800): Italienischer Geistlicher und Mathematiker; lehrte Rhetorik, Physik und Mathematik am Seminar in Bergamo und danach als Prof. für Mathematik in Pavia, in seinem Werk *Adnotationes ad calculum integralem Euleri* (1790) findet sich eine Integraldarstellung der nach ihm benannten Zahl und ihre auf 32 Nachkommastellen genaue Berechnung; auch Beiträge zur Statik von Gewölben.

c) Wir versuchen das Quotientenkriterium: a)

$$\left|\frac{a_{n+1}}{a_n}\right| = \frac{(n+1)^{n+1}}{(2,7)^{n+1}(n+1)!}\frac{(2,7)^n n!}{n^n} = \frac{1}{2,7}\Big(\frac{n+1}{n}\Big)^n = \frac{1}{2,7}\Big(1+\frac{1}{n}\Big)^n$$

$$\lim_{n\to\infty}\left|\frac{a_{n+1}}{a_n}\right| = \frac{e}{2,7} > 1.$$

Die Reihe (a) ist also divergent. Dagegen ist die Reihe (b) wegen

$$\lim_{n\to\infty}\left|\frac{a_{n+1}}{a_n}\right| = \frac{e}{2,8} < 1$$

konvergent.

Lösung A.3.12: Die positiven Glieder der Reihe seien mit a_k und die negativen mit b_k bezeichnet. Da die Reihe konvergent aber nicht absolut konvergent ist, muss es von beiden Sorten von Gliedern jeweils unendlich viele geben. Ferner gilt für deren Summen notwendig $\sum_{k=1}^n a_k \to \infty$ $(n\to\infty)$ bzw. $\sum_{k=1}^n b_k \to -\infty$ $(n\to\infty)$; andernfalls wäre die Reihe, wie man sich leicht überlegt, absolut konvergent. Wir zitieren im Folgenden die originale knappe Beweisskizze von Riemann (1826-1866) (siehe W. Walter: Analysis I, Springer-Verlag, 1990): *Offenbar kann nun die Reihe durch geeignete Anordnung der Glieder einen beliebig gegebenen Werth C erhalten. Denn nimmt man abwechselnd so lange positive Glieder der Reihe, bis ihr Werth größer als C wird, und so lange negative, bis ihr Werth kleiner als C wird, so wird die Abweichung von C nie mehr betragen, als der Werth des dem letzten Zeichenwechsel voraufgehenden Gliedes. Da nun sowohl die Grössen a, als die Grössen b mit wachsendem Index zuletzt unendlich klein werden, so werden auch die Abweichungen von C, wenn man in der Reihe nur hinreichend weit fortgeht, beliebig klein werden, d. h. die Reihe wird gegen C konvergieren.*

Lösung A.3.13: Die Folge der Fibonacci-Zahlen a_n ist, was man leicht verifiziert, strikt monoton wachsend. Die Folge der Quotienten $x_n := a_{n+1}/a_n > 1$ ist dann wegen

$$1 < x_n = \frac{a_{n+1}}{a_n} = \frac{a_n + a_{n-1}}{a_n} = 1 + \frac{a_{n-1}}{a_n} = 1 + \frac{1}{x_{n-1}} \le 2$$

beschränkt. Der postulierte Limes $g = \frac{1}{2}(1+\sqrt{5})$ genügt der Gleichung (nachrechnen)

$$g = 1 + \frac{1}{g}.$$

Damit erhalten wir

$$|x_{n+1} - g| = \left|1 + \frac{1}{x_n} - 1 - \frac{1}{g}\right| = \left|\frac{1}{x_n} - \frac{1}{g}\right| = \frac{|x_n - g|}{g x_n},$$

und folglich durch Rekusion wegen $x_k \ge 1$ und $g > 1$:

$$|x_{n+1} - g| = \frac{|x_n - g|}{g x_n} = \frac{|x_{n-1} - g|}{g^2 x_n x_{n-1}} = \cdots = \frac{|x_1 - g|}{g^n x_n x_{n-1}\ldots x_1}$$
$$\le \frac{|x_1 - g|}{g^n} \to 0 \quad (n\to\infty).$$

Lösung A.3.14: Die Folgenelemente genügen der rekursiven Beziehung

$$a_{n+1} = \sqrt{a + a_n}, \quad n \in \mathbb{N}.$$

i) Wir zeigen zunächst die Beschränktheit der Folge. Man verifiziert durch Quadrieren und Ausnutzung der Ungleichungsregeln für rationale Potenzen, dass

$$\sqrt{1+a} \le 1 + \sqrt{a}, \quad \sqrt{a + 1 + \sqrt{a}} \le 1 + \sqrt{a};$$

(Dreiecksungleichung für den euklidischen Abstand im $\mathbb{R}^2$). Im Hinblick auf die obige rekursive Beziehung behaupten wir also versuchsweise, dass

$$\sqrt{a} \le a_n \le 1 + \sqrt{a}.$$

Dies wird mit Induktion bewiesen. Zunächst ist offenbar $0 \le a_1 = \sqrt{a} \le 1 + \sqrt{a}$. Ist die Abschätzung für a_n richtig, so folgt mit obiger Ungleichung (und der „Monotonie" der Wurzeloperation)

$$0 \le a_{n+1} = \sqrt{a + a_n} \le \sqrt{a + 1 + \sqrt{a}} \ \le \ 1 + \sqrt{a},$$

so dass sie für die ganze Folge richtig ist.

ii) Die Folge ist monoton wachsend, was wir wieder durch Induktion zeigen. Zunächst ist $a_2 = \sqrt{a + a_1} = \sqrt{a + \sqrt{a}} \ge \sqrt{a} = a_1$. Aus $a_n \ge a_{n-1}$ (und der „Monotonie" der Wurzeloperation) folgt

$$a_{n+1} = \sqrt{a + a_n} \ge \sqrt{a + a_{n-1}} = a_n$$

und damit die Monotonie der ganzen Folge. Die beschränkte monotone Folge $(a_n)_{n\in\mathbb{N}}$ hat nun einen Limes $x \in \mathbb{R}_+$. Für diesen gilt wegen der obigen rekursiven Beziehung unter Beachtung der bekannten Regeln der Folgenkonvergenz

$$x = \lim_{n\to\mathbb{N}} a_{n+1} = \lim_{n\to\mathbb{N}} \sqrt{a + a_n} = \sqrt{a + x}.$$

Also ist $x \in \mathbb{R}_+$ positive Lösung der quadratischen Gleichung

$$x^2 - x - a = 0 \quad \Rightarrow \quad x = \tfrac{1}{2} + \sqrt{\tfrac{1}{4} + a}.$$

Lösung A.3.15: Wir haben nach Definition unendlicher Dezimalbrüche:

$$0,\overline{d_1 \dots d_s} = \lim_{n\to\infty} \Big(\sum_{k=0}^{n} \Big(10^{-ks} \sum_{j=1}^{s} d_j\, 10^{-j} \Big) \Big) = \lim_{n\to\infty} \Big(\sum_{k=0}^{n} \Big(10^{-s-ks} \sum_{j=1}^{s} d_j\, 10^{s-j} \Big) \Big)$$

Bei Beachtung von

$$d_1 \dots d_s = \sum_{j=1}^{s} d_j\, 10^{s-j}$$

erhalten wir

$$0,\overline{d_1 \dots d_s} = d_1 \dots d_s \lim_{n\to\infty} \left(\sum_{k=0}^{n} 10^{-(k+1)s} \right) = d_1 \dots d_s \lim_{n\to\infty} \left(10^{-s} \sum_{k=0}^{n} \left(10^{-s}\right)^k \right)$$

Mit Hilfe der „geometrischen Summenformel" (s. Text) folgt daraus

$$0,\overline{d_1 \dots d_s} = d_1 \dots d_s \lim_{n\to\infty} 10^{-s} \frac{1-10^{-s(n+1)}}{1-10^{-s}} = \frac{d_1 \dots d_s}{10^s - 1} = \frac{d_1 \dots d_s}{\underbrace{9\dots9}_{s \text{ mal}}}.$$

Lösung A.3.16: Der Konvergenzradius einer Potenzreihe ist definiert als das Supremum aller $\rho \in \mathbb{R}$, für welches die Reihe für alle $x \in \mathbb{K}$ mit $|x-x_0| < \rho$ absolut konvergiert; dabei sind die Grenzfälle $\rho = 0$ und $\rho = \infty$ sinngemäß eingeschlossen. Nach der Vorlesung gilt:

$$\frac{1}{\rho} = \limsup_{k\to\infty} \sqrt[k]{|c_k|}.$$

Zur Ermittlung der Konvergenz der Potenzreihe wenden wir das Quotientenkriterium an: *Mit einem* $q \in (0,1)$ *gilt für fast alle* $k \in \mathbb{N}$ *:*

$$\frac{|c_{k+1}(x-x_0)^{k+1}|}{|c_k(x-x_0)^k|} = \frac{|c_{k+1}|}{|c_k|}|x-x_0| \leq q.$$

i) Es wird zunächst der Fall $0 < A_+ < \infty$ betrachtet. Für

$$\frac{1}{|x-x_0|} > A_+ = \limsup_{k\to\infty} \frac{|c_{k+1}|}{|c_k|} \quad \text{bzw.} \quad |x-x_0| < A_+^{-1}.$$

liegt absolute Konvergenz vor. Dies bedeutet im Hinblick auf die Definition von ρ, dass $\rho \geq A_+^{-1}$ bzw. $\rho^{-1} \leq A_+$. Der zweite Teil der Behauptung wird durch ein Widerspruchsargument bewiesen. Angenommen, es wäre

$$0 < \frac{1}{\rho} < A_- = \liminf_{k\to\infty} \frac{|c_{k+1}|}{|c_k|}.$$

Dann gibt es ein $r < \rho$ mit

$$\frac{1}{\rho} < \frac{1}{r} < \liminf_{k\to\infty} \frac{|c_{k+1}|}{|c_k|}, \quad \text{und} \quad \frac{|c_{k+1}|}{|c_k|} \leq \frac{1}{r}$$

kann für höchstens endlich viele $k \in \mathbb{N}$ gelten. Folglich gilt für fast alle $k \in \mathbb{N}$:

$$1 < \frac{|c_{k+1}|}{|c_k|} r = \frac{|c_{k+1}| r^{k+1}}{|c_k| r^k}.$$

Gemäß dem Quotientenkriterium ist die Reihe $\sum_{k=1}^{\infty} c_k r^k$ also divergent. Dies widerspricht aber der Beziehung $r < \rho$.

ii) Im Fall $A_+ = 0$ ist auch $A_- = 0$ und $\rho = \infty$. Im Fall $A_+ = \infty$ ist $\rho = 0$. In beiden Grenzsituationen ist die Behauptung also sinngemäß richtig.

Lösung A.3.17: Die Exponentialfunktion ist auf $\mathbb{R}$ definiert durch die (absolut) konvergente Exponentialreihe,

$$e^x = \sum_{k=0}^{\infty} \frac{x^k}{k!}.$$

a) Nach Definition gilt für $n \in \mathbb{N}$ und $x \in \mathbb{R}_+$:

$$e^x = \sum_{k=0}^{\infty} \frac{x^k}{k!} = 1 + \frac{x}{1!} + \frac{x^2}{2!} + \cdots > 1 + \frac{x^n}{n!}.$$

b) Für $n \in \mathbb{N}$ und $x < 0$ gilt nach (a):

$$\big(1 + (-x)^n/n!\big)e^x < e^{-x}e^x = 1 \quad \text{bzw.} \quad e^x < \frac{1}{1+(-x)^n/n!}.$$

c) Für $x \in \mathbb{R}_+$ gilt (Begründung für die Konvergenz der Reihen durch Indexshift):

$$\frac{e^x}{x^n} = \sum_{k=0}^{\infty} \frac{x^{k-n}}{k!} \ge \sum_{k=0,\, k\neq n+1}^{\infty} \frac{x^{k-n}}{k!} + \frac{x}{(n+1)!} \ge \frac{x}{(n+1)!} \to \infty \quad (x \to \infty).$$

A.4 Kapitel 4

Lösung A.4.1: Die maximalen Definitionsbereiche sind:

a) $D = \{x \in \mathbb{R} | -\sqrt{2} \le x \le \sqrt{2}\}$,

b) $D = \mathbb{R} \setminus \{-1\}$,

c) $D = \mathbb{R}$.

Die zugehörigen Graphen kann man sich selbst überlegen.

Lösung A.4.2: ai) Wegen $f(x) = x$ für $x < 1$ ist f stetig in $x_0 < 1$. Analog ist f wegen $f(x) = 1$ für $x > 1$ stetig in $x_0 > 1$. Zur Behandlung des Grenzpunktes $x_0 = 1$ verwenden wir die ε/δ- Definition der Stetigkeit. Für ein beliebiges $\varepsilon \in \mathbb{R}_+$ gilt für jedes $x \in \mathbb{R}$ mit $|x-1| \le \delta_\varepsilon := \varepsilon$:

$$|f(x) - f(x_0)| = |f(x) - 1| \le \left\{ \begin{array}{ll} 0 & \text{für } x \ge 1 \\ |x-1| & \text{für } x < 1 \end{array} \right\} < \varepsilon,$$

d. h.: die Funktion ist auch stetig in $x_0 = 1$. Alternativ kann man die gegebene Funktion auch in der Form (nachrechnen!)

$$f(x) = \tfrac{1}{2}(x + 1 - |x-1|)$$

schreiben und dann ihre Stetigkeit aus der des Absolutbetrags und der Summe stetiger Funktionen folgern.

aii) Die Funktion $f(x) = |x|^q$ kann für $q = r/s \in \mathbb{Q}_+$ als Komposition der drei stetigen Funktionen $f_1(x) := |x|$ auf $\mathbb{R}$, $f_2(x) := x^r$ auf $\mathbb{R}$ und $f_3(x) := x^{1/s}$ auf $\mathbb{R}_+$ aufgefasst werden:

$$f(x) = (|x|^r)^{1/s} = f_3(f_2(f_1(x))),$$

und ist damit selbst stetig.

b) Sei $x_0 \in \mathbb{R} \setminus \mathbb{Q}$ und $(x_n)_{n\in\mathbb{N}}$ eine beliebige Folge in $\mathbb{R}$ mit $x_0 = \lim_{n\to\infty} x_n$. Im Fall $x_n \in \mathbb{R}\setminus\mathbb{Q}\cup\{0\}$ ist definitionsgemäß $f(x_n) = 0$ und im Fall $x_n = r_n/s_n \in \mathbb{Q}\setminus\{0\}$ (teilerfremd) $f(x_n) = 1/s_n$. Da x_0 als irrationale Zahl als (echt) unendlicher Dezimalbruch darstellbar ist, müssen die approximierenden $x_n = r_n/s_n \in \mathbb{Q}$ streng divergierende Nenner s_n haben, d. h.: $s_n \to \infty \; (n \to \infty)$. (Andernfalls gäbe es eine Teilfolge mit beschränkten Nennern, welche dann notwendig selbst wieder eine Teilfolge enthielte, die entweder streng divergiert oder gegen eine rationale Zahl konvergiert, beides im Widerspruch zur Annahme $\lim_{n\to\infty} x_n = x_0 \neq \mathbb{Q}$.). Also gilt entweder $f(x_n) = 0$ oder $f(x_n) = 1/s_n \to 0 \; (n \to \infty)$. Die Funktion ist also stetig in x_0.

ii) Für $x_0 = r/s \in \mathbb{Q}\setminus\{0\}$ sei $(x_n)_{n\in\mathbb{N}}$ die Folge mit den Elementen $x_n = r/s+e/n \in \mathbb{R}\setminus\mathbb{Q}$ (mit der irrationalen Eulerschen Zahl e). Dann gilt $x_n \to x \; (n \to \infty)$, aber

$$0 = f(x_n) \not\to 1/s = f(x_0),$$

d. h.: Die Funktion ist also in x_0 nicht stetig. Im Fall $x_0 = 0$ gilt mit der analog gebildeten Folge ebenfalls $0 = f(x_n) \not\to 1 = f(x_0)$.

Lösung A.4.3: a) Sei $L \in \mathbb{R}_+$ die L-Konstante von f. Für beliebiges $x_0 \in D$ und $\varepsilon \in \mathbb{R}_+$ wählen wir $\delta := \varepsilon/L$. Dann gilt für $x \in D$ mit $|x - x_0| < \delta$:

$$|f(x) - f(x_0)| \le L|x - x_0| < \varepsilon.$$

b) Die Funktion $f(x) = \sqrt{|1-x|}$ ist als Zusammensetzung der stetigen Funktionen $g(x) = |1-x|$ und $h(y) = \sqrt{y}$ ebenfalls stetig auf ihrem gesamten Definitionsbereich $\mathbb{R}$. Nach der Vorlesung ist sie dann auf jedem kompakten Intervall $I \subset \mathbb{R}$, insbesondere also dem Intervall $[0,2]$ gleichmäßig stetig. Für $x \in [0,1)$ ist

$$|f(x) - f(1)| = \sqrt{|1-x|} = \frac{|1-x|}{\sqrt{|1-x|}}.$$

Es kann also keine L-Konstante für f geben, da für $x \to 1$ gilt:

$$\frac{|f(x) - f(1)|}{|x-1|} = \frac{1}{\sqrt{|x-1|}} \to \infty.$$

c) Die gleichmäßige Stetigkeit von f auf $D = (0,1]$ würde für beliebig kleines $\varepsilon > 0$ die Existenz eines $\delta_\varepsilon > 0$ implizieren, so dass für alle $x, y \in D$ mit $|x-y| = \delta_\varepsilon$ gilt:

$$\left|\frac{1}{x} - \frac{1}{y}\right| = \left|\frac{y-x}{xy}\right| = \frac{\delta_\varepsilon}{|xy|} \le \varepsilon.$$

Dies kann aber für Punkte mit $|xy| \to 0$ nicht erfüllt sein.

Lösung A.4.4: a) Die stetige Funktion f bilde das abgeschlossene Intervall I_D auf das abgeschlossenen Intervall I_B ab. Dann gilt:

i) Jeder Wert $c \in \mathbb{R}$ mit $f(a) < c < f(b)$ ist in I_B und damit Bild eines $x \in I_D$, d.h.: $f(x) = c$ (Zwischenwertsatz).

ii) Da I_B beschränkt ist, gilt $\sup_{x \in I_D} |f(x)| \le \sup_{y \in I_B} |y| < \infty$ (Beschränktheit).

iii) Das abgeschlossene Intervall I_B besitzt einen maximalen Punkt, den rechten Endpunkt. Dieser ist wegen der Surjektivität von f auch Bildpunkt eines $x \in I_D$, und in diesem x nimmt f sein Maximum an.

b) Sei nun die Gültigkeit der Sätze vom Zwischenwert, der Beschränktheit und vom Maximum angenommen. Zunächst ist der Bildbereich $B_f \subset \mathbb{R}$ von f beschränkt. Weiter existieren $x_{\min}, x_{\max} \in I_D$ mit $f(x_{\min}) = \inf_{x \in I_D} f(x)$ und $f(x_{\max}) = \sup_{x \in I_D} f(x)$. Schließlich gibt es zu jedem $y \in [f(x_{\min}), f(x_{\max})]$ ein $x \in I_D$ mit $y = f(x)$. Also ist der Bildbereich von f beschränkt, „zusammenhängend“ und enthält den linken und rechten Endpunkt, d. h.: B_f ist ein abgeschlossenes Intervall.

Lösung A.4.5: i) Für $x < -2$ und $x > 2$ ist f als lineare Funktion stetig; in $x = 0$ (isolierter Punkt) ist f trivialerweise stetig. Die Umkehrfunktion f^{-1} ist in $x = 0$ unstetig, da für die Folge $(\frac{1}{n})_{n \in \mathbb{N}}$ gilt:

$$f^{-1}\big(\tfrac{1}{n}\big) = 2 + \tfrac{1}{n} \to 2 \neq 0 = f^{-1}(0) \quad (n \to \infty).$$

Bei diesem Beispiel ist der Definitionsbereich $D_f = M$ der Funktion f nicht abgeschlossen.

Lösung A.4.6: a) Als Polynom ist p stetig. Wegen $p(-1) = -7$ und $p(1) = 1$ existiert nach dem Zwischenwertsatz ein $x \in (-1, 1)$ mit $p(x) = 0$.

b) Die Funktion $h(x) = \frac{e^{(x^2)}-1}{e-x}$ ist stetig auf $[0,1]$ und erfüllt $h : [0,1] \to [0,1]$. Stetigkeit ist klar als Komposition stetiger Funktionen. Da für $0 \le x < y \le 1$ gilt

$$\big(e^{(x^2)} - 1\big)(e - y) < \big(e^{(x^2)} - 1\big)(e - x) < \big(e^{(y^2)} - 1\big)(e - x),$$

ist h monoton wachsend und somit $h([0,1]) = [h(0), h(1)] = [0,1]$. Aus der Monotonie und Stetigkeit von $\sqrt{\cdot}$ auf R_+ folgt, dass damit auch die Funktion $g(\cdot) := \sqrt{h(\cdot)} : [0,1] \to [0,1]$ wohldefiniert und stetig ist. Dasselbe gilt dann auch für die gegebene Funktion $f(\cdot) = 1 - g(\cdot)$, die folglich einen Fixpunkt $x \in [0,1]$ besitzt, d. h. $f(x) = x$.

Lösung A.4.7: a) Wir definieren für $x \in \mathbb{R}$ mit $x = k + \hat{x}$ für ein $k \in \mathbb{Z}$, $\hat{x} \in [0,1)$:

$$\tilde{f}(x) = \begin{cases} \hat{x}, & k \in 2\mathbb{Z}, \\ 1 - \hat{x}, & \text{sonst.} \end{cases}$$

Dann ist klarerweise $\tilde{f}(x)$ periodisch mit Periode $\omega = 2$. Ferner ist $\tilde{f}(x) = f(x)$ für $x \in [0,1]$. Die stetigkeit von $\tilde{f}$ auf den Intervallen $[k, k+1)$ ist klar nach Konstruktion.

Es bleibt die Stetigkeit in den Punkten $k \in \mathbb{Z}$ zu zeigen. Sei also $x_n < k$ eine Folge mit $x_n \to k$ $(n \to \infty)$; o.B.d.A sei $x_n > k-1$, d.h. $x_n = (k-1) + \hat{x}_n$ mit $\hat{x}_n \to 1$. Dann gilt

$$\tilde{f}(x_n) \to f(k) = \begin{cases} 0, & k \in 2\mathbb{Z}, \\ 1, & \text{sonst.} \end{cases}$$

Da aus der Periode $\omega = 1$ notwendig $f(0) = f(0+\omega) = f(1)$ folgt, und $f(0) = 0 \neq 1 = f(1)$, kann dies nicht gehen.

a) Wir zeigen die Behauptung durch ein Widerspruchsargument. Sei $f \not\equiv 0$ eine periodische, rationale Funktion mit Periode ω. Dann gibt es eine Konstante $c \in \mathbb{R}$, so daß $f + c$ eine Nullstelle x_0 hat. Mit f ist auch $f + c$ periodisch mit derselben Periode ω. Folglich hat $f + c$ unendlich viele Nullstellen $x_n = x_0 \pm n\omega$, $n \in \mathbb{N}$. Dies bedeutet einen Widerspruch, denn die rationale Funktion

$$f(x) = \frac{a_n x^n + \ldots a_1 x + a_0}{b_m x^m + \ldots + b_1 x + b_0} + c = \frac{a_n x^n + \ldots a_1 x + a_0 + c(b_m x^m + \ldots + b_1 x + b_0)}{b_m x^m + \ldots + b_1 x + b_0}$$

kann höchstens $\max\{n, m\}$ Nullstellen haben.

b) Wir zeigen die Behauptung wieder durch ein Widerspruchsargument. Sei $f \not\equiv 0$ eine periodische Exponentialsumme mit Periode ω. Dann gibt es eine Konstante $c \in \mathbb{R}$, so dass $f + c$ eine Nullstelle x_0 hat. Mit f ist auch $f + c$ periodisch mit derselben Periode ω. Folglich hat $f + c$ unendlich viele Nullstellen $x_n = x_0 \pm n\omega$, $n \in \mathbb{N}$. Dies führt aber auf einen Widerspruch, denn

$$f(x) = \sum_{k=-m}^{m} a_k e^{kx} = e^{-mx} \sum_{k=0}^{2m} a_{k-m} (e^x)^k.$$

Das Polynom

$$p(y) := \sum_{k=0}^{2m} a_{k-m} y^k$$

kann aber nur endlich viele Nullstellen haben und die Abbildung $x \mapsto y = e^x$ ist injektiv auf $\mathbb{R}$.

Lösung A.4.8: i) $f(x) = e^x$ und ii) $f(x) = \ln(x)$:

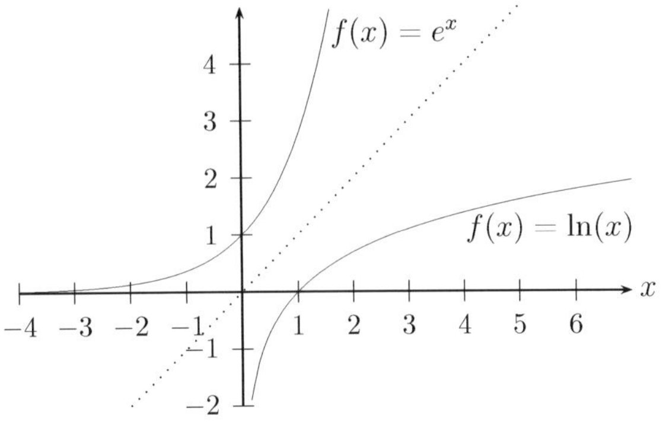

iii) $f(x) = \sin(1/x)$ und iv) $f(x) = \sqrt{x}$:

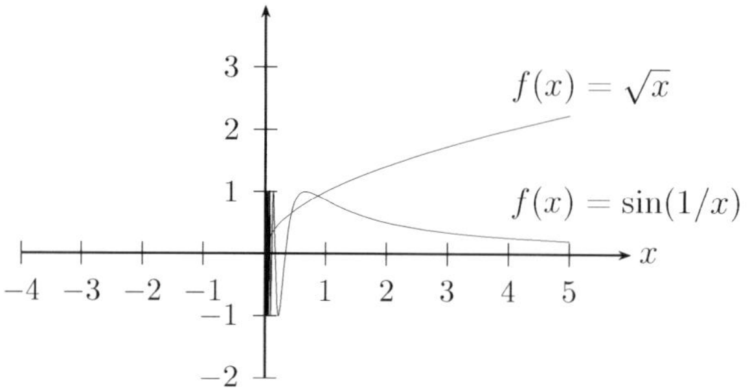

Lösung A.4.9: a) Aus der Potenzreihendarstellung des Sinus und der Abschätzung für das zugehörige Reihenrestglied

$$\sin(x) = \sum_{k=0}^{n} (-1)^k \frac{x^{2k+1}}{(2k+1)!} + r_{2n+3}, \qquad |r_{2n+3}| \le \frac{|x|^{2n+3}}{(2n+3)!}, \quad |x| \le 2n+4,$$

folgt für $n = 0$ zunächst:

$$\lim_{x\to 0} \frac{\sin(x)}{x} = 1 + \lim_{x\to 0} \frac{r_3}{x} = 1\,.$$

Dies impliziert dann für allgemeines $a \in \mathbb{R}_+$:

$$\begin{aligned} \lim_{x\to 0} \frac{\sin(x)}{x^a} &= \lim_{x\to 0} \Big\{ \frac{\sin(x)}{x} x^{1-a} \Big\} \\ &= \lim_{x\to 0} \frac{\sin(x)}{x} \lim_{x\to 0} x^{1-a} = \lim_{x\to 0} x^{1-a} = \begin{cases} 0 & \text{für} \quad 0 < a < 1, \\ 1 & \text{für} \quad a = 1, \\ \infty & \text{für} \quad a > 1. \end{cases} \end{aligned}$$

b) Wegen $|\sin(x)| \le 1,\ x \in \mathbb{R}$, gilt $|\lim_{x\to 0} \big(x^a \sin(1/x)\big)| \le \lim_{x\to 0} |x|^a = 0$.

Lösung A.4.10: Wir verwenden mehrere bekannte Beziehungen für Sinus und Kosinus.

i) Zunächst ist $T_1 = \sin(\pi) = 0$. Für $n \ge 2$ gilt definitionsgemäß:

$$\begin{aligned} \sqrt{2n^2 - 2n\sqrt{n^2 - T_n^2}} &= \sqrt{2n^2 - 2n\sqrt{n^2 - n^2 \sin^2\Big(\frac{\pi}{n}\Big)}} = \sqrt{2n^2 - 2n\sqrt{n^2\cos^2\Big(\frac{\pi}{n}\Big)}} \\ &= \sqrt{2n^2 - 2n^2\cos\Big(\frac{\pi}{n}\Big)} = 2n\sqrt{\frac{1}{2}\Big(1 - \cos\Big(\frac{\pi}{n}\Big)\Big)} \\ &= 2n \sin\Big(\frac{\pi}{2n}\Big) = T_{2n}, \end{aligned}$$

da $\sin(x) \ge 0$ für $0 \le x \le \pi$. Die letzte Identität ergibt sich mit Hilfe von

$$\begin{aligned} 1 - \cos(x) &= 1 - \cos\Big(\frac{x}{2} + \frac{x}{2}\Big) = 1 - \cos^2\Big(\frac{x}{2}\Big) + \sin^2\Big(\frac{x}{2}\Big) \\ &= \sin^2\Big(\frac{x}{2}\Big) + \sin^2\Big(\frac{x}{2}\Big) = 2\sin^2\Big(\frac{x}{2}\Big). \end{aligned}$$

In obigem Argument wird verwendet, dass $\cos(\pi/n) = \sqrt{\cos^2(\pi/n)}$, was aber wegen $\cos(\pi) = -1$ erst ab $n = 2$ gilt.

ii) Zum Nachweis der Konvergenz $T_n \to \pi\ (n \to \infty)$ beachten wir, dass

$$\lim_{x\to 0} \frac{\sin(x)}{x} = 1.$$

Dies impliziert

$$T_n = n\sin(\pi/n) = \pi\Big(\frac{1}{\pi/n}\sin(\pi/n)\Big) \to \pi \quad (n \to \infty).$$

Lösung A.4.11: a) Für $x \in (0,\pi)$ ist $|\cos(x)| < 1$ und $\cos(0) = 1$ sowie $\cos(\pi) = -1$. Folglich konvergiert

$$|\cos^n(x)| \to f(x) := \begin{cases} 0, & x \in (0,\pi), \\ 1, & x \in \{0,\pi\}, \end{cases} \qquad (n \to \infty).$$

Die Konvergenz ist *nicht* gleichmäßig, da es wegen $\lim_{x\to\pi}\cos(x) = 1$ zu jedem $\varepsilon \in \mathbb{R}_+$, $\varepsilon < 1$, ein $x_\varepsilon \in (0,\pi)$ gibt, so dass

$$|\cos(x_\varepsilon)| > \sqrt[n]{\varepsilon} \qquad \text{bzw.} \qquad |\cos^n(x_\varepsilon)| > (\sqrt[n]{\varepsilon})^n = \varepsilon.$$

b) Auf dem kompakten Teilintervall $I = [\frac{1}{4}\pi, \frac{3}{4}\pi]$ ist die Konvergenz gleichmäßig, da hier $|\cos(x)| < 1$ ist.

Lösung A.4.12: Zur Beantwortung der Frage beachten wir, dass für $x > 0$:

$$e^x = \sum_{k=0}^{\infty} \frac{1}{k!} > 1 + x.$$

Wegen $\pi > e$ ist $\pi/e > 1$ und somit $x := \pi/e - 1 > 0$. Also folgt

$$\frac{e^{\pi/e}}{e} = e^x > 1 + x = \frac{\pi}{e}$$

bzw. $e^{\pi/e} > \pi$. Wegen der Monotonie der Exponentialfunktion folgt $e^\pi > \pi^e$.

Lösung A.4.13: Nach einer bekannten Formel gilt:

$$\frac{x^n - a^n}{x - a} = x^{n-1} + x^{n-2}a + \cdots + xa^{n-2} + a^{n-1}.$$

Da n fest ist, konvergiert die rechte Seite für $x \to a$ gegen na^{n-1}, d. h.:

$$\lim_{x\neq a,\, x\to a} \frac{x^n - a^n}{x - a} = na^{n-1}.$$

Lösung A.4.14: a) Sei die Funktion $f : D \subset \mathbb{K} \to \mathbb{K}$ stetig gemäß der „Folgendefinition". Seien $x_0 \in D$ und $\varepsilon \in \mathbb{R}_+$ beliebig. Wir haben zu zeigen, dass es ein $\delta \in \mathbb{R}_+$ gibt, so daß $|x - x_0| < \delta$ für $x \in D$ auch $|f(x) - f(x_0)| < \varepsilon$ impliziert. Angenommen, es gibt kein solches δ. Dann gibt es zu jedem $n \in \mathbb{N}$ ein $x_n \in D$, so dass $|x_n - x_0| < 1/n$ und $|f(x_n) - f(x_0)| \geq \varepsilon$. Die entstehende Folge $(x_n)_{n\in\mathbb{N}}$ konvergiert also gegen x_0; es gilt aber $\inf_{n\in\mathbb{N}} |f(x_n) - f(x_0)| \geq \varepsilon$. Dies widerspricht der angenommenen Eigenschaft der Funktion f.

b) Sei die Funktion nun stetig gemäß der ε/δ-Definition. Sei $x_0 \in D$ und $(x_n)_{n\in\mathbb{N}}$ eine Folge aus D mit $x_0 = \lim_{n\to\infty} x_n$. Dann gibt es zu beliebigem $\varepsilon \in \mathbb{R}_+$ und dem zugehörigen $\delta \in \mathbb{R}_+$ ein $n_\delta \in \mathbb{N}$, so dass $|x_n - x_0| < \delta$ für $n \geq n_\delta$ und folglich:

$$|f(x_n) - f(x_0)| < \varepsilon.$$

Also konvergiert $f(x_n) \to f(x_0)\ (n \to \infty)$.

Lösung A.4.15: Es ist zu zeigen, dass eins der beiden Kriterien aus Aufgabe 8.1 erfüllt ist. Der wohl einfachste Weg führt über das „Folgen"-Kriterium. Sei $x_0 \in D$ beliebig. Da nach Voraussetzung $f(x) = f(x+0)f(0)$ gilt, folgt für jede Folge $(x_n)_{n\in\mathbb{N}}$ mit $\lim_{n\to\infty} = x_0$:

$$|f(x_n) - f(x_0)| = |f(x_n - x_0)f(x_0) - f(x_0)f(0)| = |f(x_0)|\,|f(x_n - x_0) - f(0)|.$$

Da f nach Voraussetzung stetig bei $x = 0$ ist, folgt für $n \to \infty$:

$$|f(x_n) - f(x_0)| \to |f(x_0)|\,|f(0) - f(0)| = 0,$$

was zu zeigen war.

Lösung A.4.16: a) Nach Definition des Tangens gilt formal:

$$f(x) = \tan\Big(\frac{\pi x}{x^2 - 1}\Big) = \frac{\sin\big(\frac{\pi x}{x^2-1}\big)}{\cos\big(\frac{\pi x}{x^2-1}\big)}.$$

Dieser Ausdruck ist definiert für alle $x \in \mathbb{R}$, in denen der Zähler sowie der Nenner definiert sind und in denen der Nenner ungleich Null ist. Zähler und Nenner sind definiert für $x^2 \neq 1$, d. h. für $x \notin \{-1, 1\}$. Der Nenner gleich Null für

$$\frac{\pi x}{x^2 - 1} \in \{(k + \tfrac{1}{2})\pi,\ k \in \mathbb{Z}\}.$$

bzw. für

$$x^2 - \frac{2}{2k-1}x - 1 = 0 \quad \Leftrightarrow \quad x_\pm(k) = \frac{1 \pm \sqrt{2 + 4k^2 - 4k}}{2k - 1}.$$

Die Funktion f ist also definiert für

$$x \in \mathbb{R} \setminus \Big\{ -1, 1, \frac{1 \pm \sqrt{2 + 4k^2 - 4k}}{2k - 1},\ k \in \mathbb{Z}\Big\},$$

und dort als Komposition stetiger Funktionen auch selbst stetig.

Lösung A.4.17: a) Nach Voraussetzung ist

$$|f_n(x) - f_n(y)| \leq L|x - y|, \quad x, y \in I,\ n \in \mathbb{N}.$$

Sei $\varepsilon \in \mathbb{R}_+$. Mit $\delta_\varepsilon := \varepsilon/L$ gilt dann für $|x - y| < \delta_\varepsilon$:

$$|f(x) - f(y)| \leq L|x - y| < \varepsilon,$$

d. h.: Die Folge $(f_n)_{n\in\mathbb{N}}$ ist gleichgradig stetig.

b) Ist zusätzlich $A := \sup_{n\in\mathbb{N}} |f_n(a)| < \infty$, so folgt für beliebiges $x \in I$:

$$|f_n(x)| \leq |f_n(x) - f(a)| + |f(a)| \leq L|x - a| + |f(a)| \leq L|b - a| + A.$$

c) Die Funktionen $f_n \equiv n$ sind offensichtlich gleichgradig stetig, da ihre Lipschitz-Konstanten gleich Null sind. Ihre Normen verhalten sich aber wie $\|f_n\|_\infty \to \infty\ (n \to \infty)$. Die Folge $(f_n)_{n\in\mathbb{N}}$ kann also keine konvergente Teilfolge haben.

Lösung A.4.18: Wir haben zu zeigen, dass die Folge $(f_n)_{n\in\mathbb{N}}$ sowohl gleichgradig stetig (Lipschitz-stetig) als auch gleichmäßig beschränkt ist. Die auf $I = [0, \pi]$ definierten Funktionen

$$f_n(x) := \sin(x + n\pi)$$

sind differenzierbar mit den Ableitungen $f_n'(x) = \cos(x + n\pi)$. Diese sind gleichmäßig beschränkt auf I, so dass die f_n gleichmäßig Lipschitz-stetig und folglich auch gleichgradig stetig sind. Daher folgt dann aus

$$|f_n(0)| = |\sin(n\pi)| = 0, \quad n \in \mathbb{N},$$

auch die gleichmäßige Beschränktheit der f_n. (Bem.: Die Folge hat wegen der Periodizität des Sinus die beiden Häufngspunkte $f(x) = \sin(x)$ und $g(x) = -\sin(x)$.)

Zusatz: Die auf dem Intervall $[-\frac{1}{2}\pi, \frac{1}{2}\pi]$ definierten Funktionen

$$f_n(x) := n \sin\left(\frac{1}{n}x\right) \cos(x + n\pi)$$

haben die Ableitungen

$$f_n'(x) = \cos(x/n)\cos(x + n\pi) - n\sin(x/n)\sin(x + n\pi).$$

Für diese gilt:

$$|f_n'(x)| \leq 1 + |n\sin(x/n)|.$$

Mit Hilfe der Reihenentwicklung des Sinus haben wir für $n \geq \frac{1}{2}\pi$:

$$|n\sin(x/n)| = \left|n\sum_{k=0}^{\infty}(-1)^k\frac{(x/n)^{2k+1}}{(2k+1)!}\right| \leq \left|\sum_{k=0}^{\infty}(-1)^k\frac{x(x/n)^{2k}}{(2k+1)!}\right| \leq \tfrac{1}{2}\pi\, e.$$

Die Funktionen f_n sind folglich gleichmäßig Lipschitz-stetig und damit auch gleichgradig stetig. Wegen $|f_n(0)| = 0$ sind sie auch gleichmäßig beschränkt.

A.5 Kapitel 5

Lösung A.5.1: Für differenzierbare Funktionen f, g gilt:

$$(fg)' = f'g + fg', \qquad \left(\frac{f}{g}\right)' = \frac{f'g - fg'}{g^2} \quad (g \neq 0), \qquad f(g)' = f'(g)g'.$$

a) Die Ableitung existiert für $x \in (1, \infty)$, da die Funktion $f(x) = x\ln(x)$ aus den differenzierbaren Funktionen $f_1(x) = x$ und $f_2(x) = \ln(x)$ zusammengesetzt ist. Die Ableitung ist:

$$f'(x) = \frac{d}{dx}\big(x\ln(x)\big) = \ln(x) + 1.$$

b) Wegen $f(x) = x^{(x^{-2})} := e^{x^{-2}\ln(x)}$ ist f aus den differenzierbaren Funktionen $f_1(x) = x^{-2}$, $f_2(x) = \ln(x)$ und $f_3(x) = e^x$ zusammengesetzt. Die Ableitung ist:

$$f'(x) = e^{x^{-2}\ln(x)}\frac{d}{dx}\big(x^{-2}\ln(x)\big) = x^{(x^{-2})}\big(-2x^{-3}\ln(x) + x^{-3}\big) = x^{(x^{-2}-3)}\big(1 - 2\ln(x)\big).$$

Lösung A.5.2: a) Die Funktion $f_1(x) = x\sin(1/x)$ ist für $x \neq 0$ offenbar stetig. Sie besitzt auch einen „regulären Limes" bei $x = 0$: $\lim_{x\to 0} x\sin(1/x) = 0$, und ist damit für alle $x \in \mathbb{R}$ stetig. Für $h \neq 0$ ist

$$\frac{f_1(h) - f_1(0)}{h} = \frac{h\sin(1/h)}{h} = \sin(1/h).$$

Diese Funktion ist aber nicht für $h \to 0$ stetig fortsetzbar, da z. B. für $h_n = 1/(n\pi)$ und $h'_n = 1/((2n + \frac{1}{2})\pi)$ gilt

$$\sin(1/h_n) \to 0 \ (n \to \infty), \qquad \sin(1/h_{n'}) \to 1 \ (n' \to \infty).$$

Folglich ist f_1 in $x = 0$ nicht differenzierbar.

b) Für $h \neq 0$ ist

$$\frac{f_2(h) - f_2(0)}{h} = \frac{h^2\sin(1/h)}{h} = h\sin(1/h).$$

Diese Funktion konvergiert für $h \to 0$ gegen Null (wegen $|\sin(x)| \leq 1$). Folglich ist f_2 in $x = 0$ differenzierbar mit der Ableitung $f_2'(0) = 0$. Für $x \neq 0$ ist die Ableitung

$$f_2'(x) = 2x\sin(1/x) - \cos(1/x).$$

Diese Funktion ist für $x \to 0$ nicht konvergent (mit einem ähnlichen Argument wie in (a)), d. h.: f_2' ist in $x = 0$ nicht stetig (und damit auch nicht differenzierbar).

c) Für $h \neq 0$ ist

$$\frac{f_3(h) - f_3(0)}{h} = \frac{h^3\sin(1/h)}{h} = h^2\sin(1/h).$$

Diese Funktion konvergiert für $h \to 0$ gegen Null (wegen $|\sin(x)| \leq 1$). Folglich ist f_3 in $x = 0$ differenzierbar mit der Ableitung $f_3'(0) = 0$. Für $x \neq 0$ ist die Ableitung

$$f_3'(x) = 3x^2\sin(1/x) - x\cos(1/x).$$

Diese Funktion konvergiert für $x \to 0$ gegen Null (wegen $|\sin(x)| \le 1$), d. h.: f_3' ist in $x = 0$ stetig. Für $h \neq 0$ ist

$$\frac{f_3'(h) - f_3'(0)}{h} = \frac{3h^2 \sin(1/h) - h\cos(1/h)}{h} = 3h\sin(1/h) - \cos(1/h).$$

Diese Funktion ist für $h \to 0$ nicht konvergent, d.h.: Die Ableitung f_3' ist in $x = 0$ nicht differenzierbar.

Lösung A.5.3: a) Wegen der Identität $\sin(x)\cos(x) = \frac{1}{2}\sin(2x)$ gilt

$$\frac{d^{10}}{dx^{10}}\big(\sin(x)\cos(x)\big) = \frac{d^{10}}{dx^{10}}\big(\tfrac{1}{2}\sin(2x)\big) = \tfrac{1}{2}2^{10}(-1)^5\sin(2x) = -2^{10}\sin(x)\cos(x).$$

b) Es gilt

$$\frac{d}{dx}\Big(\frac{1+x}{1-x}\Big) = \frac{1-x+1+x}{(1-x)^2} = \frac{2}{(1-x)^2}$$

und folglich

$$\frac{d^{10}}{dx^{10}}\Big(\frac{1+x}{1-x}\Big) = \frac{2(-1)^{10}(10!)}{(1-x)^{11}}.$$

Lösung A.5.4: a) Wegen $f'' > 0$ auf I ist die Ableitung f' streng monton wachsend. Seien nun $x, y \in I$ mit (o.B.d.A.) $x < y$ und $\lambda \in (0,1)$. Wir setzen $x_\lambda := \lambda x + (1-\lambda)y$. Nach dem Mittelwertsatz gibt es dann $\xi \in (x, x_\lambda)$ und $\eta \in (x_\lambda, y)$ mit

$$\frac{f(x_\lambda) - f(x)}{x_\lambda - x} = f'(\xi) < f'(\eta) = \frac{f(y) - f(x_\lambda)}{y - x_\lambda}.$$

Wegen

$$x_\lambda - x = \lambda x + (1-\lambda)y - x = (1-\lambda)(y-x),$$
$$y - x_\lambda = y - \lambda x - (1-\lambda)y = \lambda(y-x),$$

ergibt sich somit

$$\frac{f(x_\lambda) - f(x)}{1-\lambda} < \frac{f(y) - f(x_\lambda))}{\lambda},$$

bzw.

$$f(x_\lambda) = \lambda f(x_\lambda) + (1-\lambda)f(x_\lambda) < \lambda f(x) + (1-\lambda)f(y).$$

Die Funktion ist also konvex.

b) Es ist $\cos''(x) = -\cos(x)$. Die Funktion $\cos(x)$ ist also genau dort strikt konvex, wo $\cos(x) < 0$ ist. Dies ist der Fall für die offenen Intervalle $((2k + \frac{1}{2})\pi, (2k + \frac{3}{2})\pi)$, $k \in \mathbb{Z}$. Wegen der 2π-Periodizität des Cosinus genügt es, das Intervall $(0, 2\pi)$ zu betrachten. Die einzigen Nullstellen des Cosinus sind hier $x = \frac{1}{2}\pi$ und $x = \frac{3}{2}\pi$. Wegen $\cos(0) = 1$ und $\cos(\pi) = -1$ muss also $\cos(x) < 0$ sein auf $(\frac{1}{2}\pi, \frac{3}{2}\pi)$, da der Zwischenwertsatz sonst die Existenz einer weiteren Nullstelle im Intervall $(0, 2\pi)$ implizieren würde. Damit ist dann $-\cos(x) > 0$ auf $(\frac{1}{2}\pi, \frac{3}{2}\pi)$ und somit f dort strikt konvex.

Lösung A.5.5: a) Die erste und zweite Ableitung von $f(x) = x^x = e^{x\ln(x)}$ sind

$$f'(x) = e^{x\ln(x)}\big(xx^{-1} + \ln(x)\big) = x^x\big(1 + \ln(x)\big),$$
$$f''(x) = e^{x\ln(x)}x^{-1} + e^{x\ln(x)}\big(1 + \ln(x)\big)^2 = x^x\big(x^{-1} + \big(1 + \ln(x)\big)^2\big).$$

Die einzige Nullstelle von f' ist bei $x = 1/e$. Da dort

$$f''(1/e) = e^{-1/e}\big(e + \big(1 + \ln(1/e)\big)^2\big) > 0$$

ist, liegt ein striktes Minimum vor.
b) Die erste und zweite Ableitung von $f(x) = x^{x^{-1}} = e^{x^{-1}\ln(x)}$ sind

$$f'(x) = e^{x^{-1}\ln(x)}\big(x^{-1}x^{-1} - x^{-2}\ln(x)\big) = e^{(x^{-1}-2)\ln(x)}\big(1 - \ln(x)\big),$$
$$f''(x) = e^{(x^{-1}-2)\ln(x)}(-x^{-1}) + e^{(x^{-1}-2)\ln(x)}\big(-x^{-2}\ln(x) + (x^{-1} - 2)x^{-1}\big)\big(1 - \ln(x)\big)$$
$$= -x^{x-3} + x^{x-4}\big(1 - \ln(x) - 2x\big)\big(1 - \ln(x)\big).$$

Die einzige Nullstelle von f' ist bei $x = e$. Da dort

$$f''(e) = -e^{e-3} + e^{e-4}\big(1 - \ln(e) - 2e\big)\big(1 - \ln(e)\big) < 0$$

ist, liegt ein striktes Maximum vor.

Lösung A.5.6: Die Funktion $f(x) = x^n e^{-x}$ ist auf dem gegebenen Definitionsbereich $\mathbb{R}_+$ zweimal stetig differenzierbar. Ihre Ableitungen sind

$$f'(x) = (nx^{n-1} - x^n)e^{-x}, \qquad f''(x) = \big(n(n-1)x^{n-2} - 2nx^{n-1} + x^n\big)e^{-x}.$$

Nullstellen hat f' im Fall $n = 1$ in $x_0 = 1$ und im Fall $n \geq 2$ in $x_0 \in \{0, n\}$. In $x_0 = 0$ ist aber $f(0) = 0 < f(1) = e^{-1}$, so dass hier kein globales Maximum vorliegen kann. In der Nullstelle $x_0 = n$

$$f''(n) = \big(n(n-1)n^{n-2} - 2nn^{n-1} + n^n\big)e^{-n} = -n^{n-1}e^{-n} < 0,$$

so dass hier ein (lokales) striktes Maximum vorliegt. Wegen $f(x) > 0$ und $\lim_{x\to\infty} f(x) = 0$ ist dies sogar ein globales Maximum auf $\mathbb{R}_+$.

Lösung A.5.7: Die Fläche des einbeschriebenen Trapezes ist gegeben durch

$$F = H\,\frac{2R + 2x}{2} = H(R + x)$$

Nach dem Satz von Pythagoras gilt $H = \sqrt{R^2 - x^2}$. Daraus folgt für die Trapezfläche in Abhängigkeit von x:

$$F(x) = \sqrt{R^2 - x^2}(R + x).$$

Zur Bestimmung von Extrema suchen wir zunächst Nullsstellen der Ableitung

$$F'(x) = \frac{1}{2}\frac{-2x}{\sqrt{R^2-x^2}}(R+x) + \sqrt{R^2-x^2} = \frac{R^2-Rx-2x^2}{\sqrt{R^2-x^2}}.$$

Diese sind

$$x_{\pm} = -\frac{R}{4} \pm \sqrt{\frac{R^2}{16}+\frac{R^2}{2}} = -\frac{R}{4} \pm \frac{3R}{4}$$

Wegen der Positivität der Fläche ist $x_+ = \frac{1}{2}R$ die „richtige" Lösung. Der Nenner in $F'(x_+)$ ist offensichtlich ungleich Null. Um zu entscheiden, ob bei x_+ wirklich ein Minimum der Trapezfläche vorliegt, betrachten wir die zweite Ableitung von $F(x)$:

$$F''(x) = \frac{(-R-4x)\sqrt{R^2-x^2} - (R^2-Rx-2x^2)(R^2-x^2)^{-1/2}\frac{1}{2}(-2x)}{R^2-x^2}.$$

Bei $x_+ = \frac{1}{2}R$ ist

$$\begin{aligned} F''(\tfrac{1}{2}R) &= \frac{(-3R)\sqrt{R^2-\frac{1}{4}R^2} - (R^2-\frac{1}{2}R^2-\frac{1}{2}R^2)(R^2-\frac{1}{4}R^2)^{-1/2}\frac{1}{2}(-R)}{R^2-\frac{1}{4}R^2} \\ &= \frac{-\frac{3}{2}R^2\sqrt{3}}{\frac{3}{4}R^2} < 0. \end{aligned}$$

Daraus folgt, dass die Trapezfläche für $x = \frac{1}{2}R$ ein Maximum besitzt.

Lösung A.5.8: a) Wegen der Stetigkeit (und Differenzierbarkeit) des Sinus gilt für festes $x \in I := [-\pi, \pi]$:

$$f_n(x) = \sin(\tfrac{1}{n}x) \quad\to\quad \sin(0) = 0 \quad (n \to \infty).$$

Die Funktionenfolge konvergiert also punktweise gegen Null. Nach dem 1. Mittelwertsatz gibt es zu jedem $x \in I$ ein $\xi_x \in (0, x)$ oder $\xi_x \in (x, 0)$ mit

$$|\sin(\tfrac{1}{n}x) - \sin(0)| = \left|\cos(\tfrac{1}{n}\xi_x)\,\tfrac{1}{n^2}x\right| \le \tfrac{\pi}{n^2} \to 0 \quad (n \to \infty).$$

Dies bedeutet, daß die Funktionen f_n gleichmäßig gegen Null konvergieren.

b) Wegen $nq^n \to 0\ (n \to \infty)$ für $0 \le q < 1$ konvergiert für festes $x \in I := [0, 1)$

$$f_n(x) = nx(1-x)^n \to 0 \quad (n \to \infty).$$

Ferner ist $f_n(0) = 0$. Die Funktionenfolge konvergiert also punktweise gegen Null. Die Ableitungen sind

$$f_n'(x) = n(1-x)^n - n^2x(1-x)^{n-1} = n(1-x)^{n-1}(1-x-nx) = n(1-(n+1)x)(1-x)^{n-1}.$$

Für festes $n \in \mathbb{N}$ und $x \in [0, \frac{1}{2n}]$ gilt

$$f_n'(x) = n\big(1-(n+1)x\big)(1-x)^{n-1} \ge n\Big(1-\frac{n+1}{2n}\Big)\Big(1-\frac{1}{2n}\Big)^{n-1}.$$

Nach dem 1. Mittelwertsatz gibt es nun zu jedem $x \in I$ ein $\xi_x \in (0,x)$ mit

$$f_n(x) - f(x) = f_n(x) - f_n(0) = f'(\xi_x)x\,.$$

Für die Punkte $x_n := \frac{1}{2n}$ gilt dann

$$\begin{aligned}|f_n(x_n) - f(x_n)| &= f_n(x_n) - f_n(0) = f'(\xi_{x_n} x_n \\ &\ge n\Big(1 - \frac{n+1}{2n}\Big)\Big(1 - \frac{1}{2n}\Big)^{n-1}\frac{1}{2n} \\ &\ge \frac{1}{2}\Big(1 - \frac{n+1}{2n}\Big)\Big(1 - \frac{1}{2n}\Big)^{2n} \to \frac{1}{4e} \quad (n \to \infty),\end{aligned}$$

d. h.: Die Konvergenz der Funktionenfolge ist **nicht** gleichmäßig.

Lösung A.5.9: Mit den Ableitungen der Funktion $f(x) = (1+x)^{-1}$,

$$f^{(k)}(x) = \frac{(-1)^k k!}{(1+x)^{k+1}}, \qquad K \in \mathbb{N}$$

ergibt sich zunächst die formale Taylor-Reihe

$$\frac{1}{1+x} = \sum_{k=0}^{\infty} \frac{f^{(k)}(0)}{k!}\,x^k = \sum_{k=0}^{\infty}(-1)^k x^k.$$

Diese Reihe konvergiert absolut für $|x| < 1$ und divergiert für $|x| \ge 1$. Zum Nachweis, dass diese Taylor-Reihe die Funktion für $|x| < 1$ auch darstellt, betrachten wir das Restglied der zugehörigen n-ten Taylor-Summe:

$$R_n(0,x) = \frac{(-1)^n}{(1+\xi_n)^{n+1}}\,x^n\,.$$

Für $0 \le x < 1$ ist $0 < \xi_n < x$ und folglich:

$$|R_n(0,x)| \le |x|^n \to 0 \quad (n \to \infty).$$

Für $-1 < x < 0$ folgt mit Hilfe der geometrischen Summenformel

$$|R_n(0,x)| = \Big|\frac{1}{1-|x|} - \sum_{k=0}^{n}|x|^k\Big| = \Big|\frac{1}{1-|x|} - \frac{1-|x|^{n+1}}{1-|x|}\Big| = \frac{|x|^{n+1}}{1-|x|} \to 0 \quad (n \to \infty).$$

Lösung A.5.10: Zur Bestimmung der Taylor-Reihe

$$f(x) = \sum_{k=0}^{\infty} \frac{f^{(k)}(x_0)}{k!}\,(x-x_0)^k$$

müssen die Ableitungen der Funktion $f(x) = \sin^2(x)$ in $x_0 = 0$ berechnet werden. Es ist

$$\begin{aligned}
f'(x) &= 2\sin(x)\cos(x),\\
f''(x) &= 2\cos^2(x) - 2\sin^2(x) = 2\big(\cos^2(x) - \sin^2(x)\big),\\
f^{(3)}(x) &= -4\cos(x)\sin(x) - 4\sin(x)\cos(x) = -8\sin(x)\cos(x),\\
f^{(4)}(x) &= -8\cos^2(x) + 8\sin^2(x) = -8\big(\cos^2(x) - \sin^2(x)\big).\\
f^{(5)}(x) &= 16\sin(x)\cos(x) + 16\sin(x)\cos(x) = 32\sin(x)\cos(x),\\
f^{(6)}(x) &= 32\cos^2(x) - 32\sin^2(x)) = 32\big(\cos^2(x) - \sin^2(x)\big),\\
&\vdots
\end{aligned}$$

woraus wir die allgemeine Form der Ableitungen für $k = 1, 2, \dots$ ablesen:

$$f^{(2k-1)}(x) = (-1)^{(k-1)}2^k \sin(x)\cos(x), \qquad f^{(2k)}(x) = (-1)^k 2^{k-1}\big(\cos(x)^2 - \sin^2(x)\big).$$

Für $x = 0$ ergibt sich $f^{2k-1}(0) = 0$ und $f^{2k}(0) = (-1)^k 2^{k-1}$ und damit:

$$\sin^2(x) = \sum_{k=0}^{\infty} (-1)^k \frac{2^{k-1}}{(2k)!} x^{2k}.$$

Diese Potenzreihe hat wegen

$$\limsup_{k\to\infty} \sqrt[k]{\frac{2^{k-1}}{(2k)!}} \le \lim_{k\to\infty} \frac{2}{\sqrt[k]{(2k)!}} = 0$$

den Konvergenzradius $\rho = \infty$ und ist folglich für alle $x \in \mathbb{R}$ absolut konvergent. Für das Restglied des n-ten Taylor-Polynoms gilt bei fest gehaltenem x:

$$|R_n(0,x)| = \left| \frac{f^{n+1}(\xi)}{(n+1)!} x^{n+1} \right| \le \frac{2^{n+1}}{(n+1)!} |x|^{n+1} \to 0 \quad (n \to \infty),$$

d. h.: Die Reihe stellt die Funktion f auch in jedem $x \in \mathbb{R}$ dar.

Lösung A.5.11: a) Die Taylor-Entwicklung des 1. Differenzenquotienten um x_0 bis zum Restglied 2. Ordnung ergibt unter Verwendung der Notation $f_0 := f(x_0)$, $f_0' := f'(x_0)$, $f_0'' := f''(x_0)$:

$$D_h^{(1)} f(x_0) = \frac{1}{h}\big(f_0 + f_0'h + \tfrac{1}{2}f''(\xi)h^2 - f_0\big) = f_0' + \tfrac{1}{2}h2f''(\xi), \quad \xi \in (a,b).$$

Dies impliziert

$$|D_h^{(1)} f(x_0) - f_0'| \le \tfrac{1}{2}h \sup_{x\in(a,b)} |f''(x)|.$$

b) Taylor-Entwicklung des 2. Differenzenquotienten um x_0 bis zum Restglied 3. Ordnung ergibt:

$$\begin{aligned}
D_h^{(2)} f(x_0) &= \frac{1}{h^2}\big(f_0 + 2hf_0' + 2h^2 f_0'' + \tfrac{8}{6}h^3 f^{(3)}(\xi_1) - 2f_0 - 2hf_0' - h^2 f_0'' - \tfrac{2}{6}h^3 f_0^{(3)}(\xi_2) + f_0\big)\\
&= f_0'' + \tfrac{8}{6}hf^{(3)}(\xi_1) - \tfrac{2}{6}hf^{(3)}(\xi_2), \quad \xi_1, \xi_2 \in (a,b).
\end{aligned}$$

Dies impliziert

$$|D_h^{(2)} f(x_0) - f_0''| \le \tfrac{5}{3} h \sup_{x\in(a,b)} |f^{(3)}(x)|.$$

Lösung A.5.12: a) Die Taylor-Entwicklung des 1. Differenzenquotienten um x_0 bis zum Restglied 3. Ordnung ergibt unter Verwendung der Notation $f_0' := f'(x_0)$, $f_0'' := f''(x_0)$ und allgemein $f_0^{(k)} := f^{(k)}(x_0)$:

$$\begin{aligned} D_h^{(1)} f(x_0) &= \frac{1}{2h}\Big(f_0 + f_0'h + \tfrac{1}{2} f_0'' h^2 + \tfrac{1}{6} f^{(3)}(\xi_-)h^3 - f_0 + f_0'h - \tfrac{1}{2} f_0'' h^2 + \tfrac{1}{6} f^{(3)}(\xi_+)h^3\Big) \\ &= f_0' + \tfrac{1}{12}\big(f^{(3)}(\xi_-) + f^{(3)}(\xi_+)\big)h^2, \quad \xi_-, \xi_+ \in (a,b). \end{aligned}$$

Dies impliziert

$$|D_h^{(1)} f(x_0) - f_0'| \le \tfrac{1}{6} h^2 \sup_{x\in(a,b)} |f^{(3)}(x)|.$$

b) Taylor-Entwicklung des 2. Differenzenquotienten um x_0 bis zum Restglied 4. Ordnung ergibt:

$$\begin{aligned} D_h^{(1)} f(x_0) &= \frac{1}{h^2}\Big(f_0 + f_0'h + \tfrac{1}{2} f_0'' h^2 + \tfrac{1}{6} f_0^{(3)} h^3 + \tfrac{1}{24} f^{(4)}(\xi_-)h^4 - 2f_0 \\ &\qquad + f_0 - f_0'h + \tfrac{1}{2} f_0'' h^2 - \tfrac{1}{6} f_0^{(3)} h^3 + \tfrac{1}{24} f^{(4)}(\xi_+)h^3\Big) \\ &= f_0'' + \tfrac{1}{24}\big(f^{(4)}(\xi_-) + f^{(4)}(\xi_+)\big)h^2, \quad \xi_-, \xi_+ \in (a,b). \end{aligned}$$

Dies impliziert

$$|D_h^{(2)} f(x_0) - f_0''| \le \tfrac{1}{12} h^2 \sup_{x\in(a,b)} |f^{(4)}(x)|.$$

Lösung A.5.13: Anwendung der L'Hospitalschen Regel erfordert die folgenden Schritte:

1. Überprüfung, welche Art von Grenzprozess überhaupt vorliegt: „0/0“, „∞/∞“, ...;
2. Überprüfung der Differenzierbarkeit der Ausdrücke im Zähler und Nenner;
3. Überprüfung der Konvergenz der Ausdrücke im Zähler und Nenner sowie ihrer jeweiligen Ableitungen.

Wenn dies alles gegeben ist, kann die L'Hospitalschen Regel angewendet werden. Bei den folgenden „Lösungsvorschlägen“ werden diese Schritte zu Abkürzung in einen zusammengefasst, also quasi „von hinten“ argumentiert. Die formal korrekte Argumentation erfordert aber die vorherige Durchführung der drei o. a. Einzelschritte.

a) Es handelt sich um einen Grenzprozess der Art „0/0“. Die Quotienten der 1. und 2. Ableitungen sind konvergent und es gilt

$$\lim_{x\to 0} \frac{\ln(1+x) - \sin(x)}{x^2} = \lim_{x\to 0} \frac{(1+x)^{-1} - \cos(x)}{2x} = \lim_{x\to 0} \frac{-(1+x)^{-2} + \sin(x)}{2} = -\frac{1}{2}.$$

b) Nach Transformation $y := x^{-1}$ handelt es sich um einen Grenzprozess der Art „0/0“. Zunächst gilt

$$\lim_{y\to 0} \frac{\ln(1+y)}{y} = \lim_{y\to 0} \frac{(1+y)^{-1}}{1} = 1$$

und folglich

$$\lim_{y\to 0} (1+y)^{y^{-1}} = \lim_{y\to 0} e^{y^{-1}\ln(1+y))} = e.$$

Weiter gilt

$$\frac{d}{dy} e^{y^{-1}\ln(1+y)} = (1+y)^{y^{-1}}\big(-y^{-2}\ln(1+y) + y^{-1}(1+y)^{-1}\big).$$

und somit (bei Konvergenz von Zähler und Nenner)

$$\begin{aligned}
\lim_{x\to\infty} x\big((1+x^{-1})^x - e\big) &= \lim_{y\to 0} \frac{(1+y)^{y^{-1}} - e}{y} = \lim_{y\to 0} \frac{e^{y^{-1}\ln(1+y)} - e}{y} \\
&= \lim_{y\to 0} \frac{(1+y)^{y^{-1}}\big(-y^{-2}\ln(1+y) + y^{-1}(1+y)^{-1}\big)}{1} \\
&= \lim_{y\to 0} \frac{(1+y)^{y^{-1}}\big(y - (1+y)\ln(1+y)\big)}{y^2(1+y)} \\
&= \lim_{y\to 0} \frac{(1+y)^{y^{-1}}}{1+y} \lim_{y\to 0} \frac{y - (1+y)\ln(1+y)}{y^2} \\
&= e \lim_{y\to 0} \frac{y - (1+y)\ln(1+y)}{y^2} \\
&= e \lim_{y\to 0} \frac{1 - \ln(1+y) - (1+y)(1+y)^{-1}}{2y} \\
&= \frac{e}{2} \lim_{y\to 0} \frac{-\ln(1+y)}{y} = \frac{e}{2} \lim_{y\to 0} \frac{-(1+y)^{-1}}{1} = -\frac{e}{2}.
\end{aligned}$$

c) Die L'Hospitalsche Regel ist nicht anwendbar, da offensichtlich zwar der Nenner aber wegen $\lim_{x\to 0} e^{-x} = 1$ der Zähler nicht gegen Null konvergiert:

$$\lim_{x\to 0} \big(\ln(1+x) - e^{-x}\big) \to -1 \quad (x \to 0),$$

und damit

$$\frac{\ln(1+x) - e^{-x}}{x} \to -\infty \quad (x \to 0).$$

Unkritische Anwendung der L'Hospitalschen Regel ergibt das falsche Resultat

$$\lim_{x\to 0} \frac{\ln(1+x) - e^{-x}}{x} =_{\text{(falsch!)}} \lim_{x\to 0} \frac{(1+x)^{-1} + e^{-x}}{1} = 2.$$

Lösung A.5.14: a) Die L'Hospitalsche Regel ist nicht anwendbar, da zwar der Nenner, aber wegen $\lim_{x\to 0} \cos(x) = 1$ der Zähler nicht gegen Null konvergiert:

$$\lim_{x\downarrow 0} \frac{\sin(x) + \cos(x)}{x} = \infty = -\lim_{x\uparrow 0} \frac{\sin(x) + \cos(x)}{x}.$$

Unkritische Anwendung der L'Hospitalschen Regel liefert den Quotienten

$$\lim_{x\to 0} \frac{\cos(x) - \sin(x)}{1} = 1.$$

b) Für $\alpha \in \mathbb{R}_+$ gilt:

$$\lim_{x\to\infty} \frac{\ln(x)}{x^\alpha} = \lim_{x\to\infty} \frac{\frac{1}{x}}{\alpha x^{\alpha-1}} = \lim_{x\to\infty} \frac{1}{\alpha}\frac{1}{x^\alpha} = 0\,.$$

Lösung A.5.15: Die gegebenen Ausdrücke werden zunächst durch Logarithmieren und Reziprokenbildung in Quotientenform überführt. Sind auf diese die Regeln von L'Hospital anwendbar, so ergeben sich die gesuchten Limiten durch Exponentieren und Ausnutzung der Stetigkeit der e-Funktion.

a) Es ist

$$\lim_{x\uparrow\frac{1}{2}\pi} \tan(x) = \lim_{x\uparrow\frac{1}{2}\pi} \frac{\sin(x)}{\cos(x)} = \infty, \qquad \lim_{x\uparrow\frac{1}{2}\pi} \cot(x) = \lim_{x\uparrow\frac{1}{2}\pi} \frac{\cos(x)}{\sin(x)} = 0\,;$$

wir haben es also mit einem Grenzprozess des Typs „∞^0“ zu tun. Logarithmieren ergibt:

$$\ln\big(\tan(x)^{\cot(x)}\big) = \cot(x)\ln\big(\tan(x)\big) = \frac{\ln\big(\tan(x)\big)}{\tan(x)}.$$

Für $x \uparrow \frac{1}{2}\pi$ gehen Zähler und Nenner beide gegen ∞. Es ist $\tan'(x) = \cos(x)^{-2}$. Der Quotient der Ableitungen konvergiert, so dass gemäß der L'Hospitalschen Regeln gilt:

$$\lim_{x\uparrow\frac{1}{2}\pi} \ln\big(\tan(x)^{\cot(x)}\big) = \lim_{x\uparrow\frac{1}{2}\pi} \frac{\cos(x)^2}{\tan(x)\cos(x)^2} = \lim_{x\uparrow\frac{1}{2}\pi} \frac{1}{\tan(x)} = \lim_{x\uparrow\frac{1}{2}\pi} \cot(x) = 0\,.$$

Durch Exponenzierung folgt

$$\lim_{x\uparrow\frac{1}{2}\pi} \tan(x)^{\cot(x)} = 1\,.$$

b) Es ist

$$\lim_{x\downarrow 0} \big(1 + \sin(x)\big) = 1, \qquad \lim_{x\downarrow 0} \frac{1}{\sin(x)} = \infty\,;$$

wir haben es also mit einem Grenzprozess des Typs „1^∞“ zu tun. Logarithmieren ergibt:

$$\ln\Big(\big(1 + \sin(x)\big)^{1/\sin(x)}\Big) = \frac{\ln\big(1 + \sin(x)\big)}{\sin(x)}.$$

Zähler und Nenner gehen wegen $\lim_{x\to 1}\ln(x) = 0$ für $x \to 0$ beide gegen Null. Der Quotient der Ableitungen konvergiert, so dass gemäß der L'Hospitalschen Regeln gilt:

$$\lim_{x\to 0} \ln\Big(\big(1 + \sin(x)\big)^{1/\sin(x)}\Big) = \lim_{x\to 0} \frac{\cos(x)}{\big(1 + \sin(x)\big)\cos(x)} = 1.$$

Durch Exponenzierung folgt

$$\lim_{x\to 0} \big(1 + \sin(x)\big)^{1/\sin(x)} = \exp\Big(\lim_{x\to 0} \ln\big((1 + \sin(x))^{1/\sin(x)}\big)\Big) = e\,.$$

Lösung A.5.16: a) Sei $1 \le a < 10$. Das Newton-Verfahren zur Berechnung von $1/a$ lautet

$$x_{n+1} = x_n - \frac{f(x_n)}{f'(x_n)} = x_n - \frac{\frac{1}{x_n} - a}{-\frac{1}{x_n^2}} = 2x_n + ax_n^2.$$

Zur Durchführung dieser Iteration werden nur Addition und Multiplikationen verwendet. Mit $x_n \in \mathbb{R}_+$ ist dann auch $x_{n+1} \in \mathbb{R}_+$, d. h.: Die Newton-Iteration ist für alle Startwerte $x_0 \in \mathbb{R}_+$ durchführbar.

b) Der Beziehung

$$|x_{n+1} - a^{-1}| = |2x_n - ax_n^2 - a^{-1}| = |a^{-1}(2ax_n - x_n^2 - a^{-2})| = |a^{-1}|(x_n - a^{-1})^2$$

bzw.

$$\left|\frac{x_{n+1} - a^{-1}}{a}\right| = \left|\frac{x_n - a^{-1}}{a}\right|^2$$

entnehmen wir, dass diese Iteration für alle Startwerte mit der Eigenschaft $|x_0 - a^{-1}| < a$ quadratisch gegen $x_* = a^{-1}$ konvergiert.

c) Für den Startwert $x_0 = 0,5$ ist wegen $1 \le a < 10$:

$$|x_0 - a^{-1}| = \left|\frac{1}{2} - \frac{1}{a}\right| = \frac{a-1}{2a} \le \frac{1}{2} < a,$$

so dass die Newton-Iteration gemäß Teil (b) quadratisch konvergiert. Im Hinblick auf die a priori Fehlerabschätzung

$$|x_n - a^{-1}| \le a\, q^{2^n}, \quad q := \frac{|x_0 - a^{-1}|}{a} \le \frac{1}{2a} \le \frac{1}{2}$$

ergibt sich die Anzahl n von Iterationsschritten zur Erreichung einer garantierten Genauigkeit von $\varepsilon = 10^{-16}$ aus

$$2^n \approx \beta := \frac{\ln(a^{-1} \cdot 10^{-16})}{\ln(q)} \approx \frac{\ln(10^{-17})}{\ln(0,5)} \approx 57, \qquad n \approx \frac{\ln(\beta)}{\ln(2)} \approx 5,7.$$

Es sind also maximal etwa 6 Iterationsschritte zur Erlangung der geforderten 16 Stellen Genauigkeit erforderlich.

Lösung A.5.17: a) Die Reihe

$$s_\infty := \sum_{k=0}^{\infty} e^{-kx}$$

hat nach der geometrischen Summenformel den Limes

$$f(x) := \lim_{n\to\infty} \sum_{k=0}^{n} e^{-kx} = \lim_{n\to\infty} \frac{1 - e^{-(n+1)x}}{1 - e^{-x}} = \frac{1}{1 - e^{-x}}.$$

Die Konvergenz der Partialsummen ist gleichmäßig für $x \in (\delta, \infty)$ mit beliebig kleinem $\delta > 0$; die Limesfunktion ist stetig auf $(0, \infty)$.

b) Die formalen Ableitungen der Reihe (gliedweise Ableitung) sind

$$s_\infty^{(n)} = \sum_{k=0}^{\infty} (-1)^n k^n e^{-kx}.$$

Diese Reihen sind wegen

$$\limsup_{k\to\infty} \sqrt[k]{k^n e^{-kx}} = \limsup_{k\to\infty} \left(\sqrt[k]{k}\right)^n e^{-x} = e^{-x} < 1$$

nach dem Wurzelkriterium absolut konvergent. Die Partialsummen konvergieren gleichmäßig für $x > \delta$ mit beliebigem $\delta > 0$. Folglich stellen alle Ableitungsreihen stetige Funktionen dar, und die Funktion f ist beliebig oft differenzierbar mit

$$f^{(n)}(x) = \sum_{k=0}^{\infty} (-1)^n k^n e^{-kx}.$$

Lösung A.5.18: a) Vektorraum: Mit f, g sind auch die Summe $f+g$ sowie das Produkt λf, $\lambda \in \mathbb{R}$ L-stetig. Folglich ist $C^{0,1}[a,b]$ ein Vektorraum.

b) Norm: Es sind die Normeigenschaften nachzuprüfen. Zunächst definiert $\|\cdot\|_{\mathrm{Lip}}$ offensichtlich eine Abbildung von $C^{0,1}[a,b]$ nach $\mathbb{R}_+ \cup \{0\}$. Weiter gilt:

$$\|f\|_{\mathrm{Lip}} = 0 \quad\Rightarrow\quad \|f\|_\infty = 0 \quad\Rightarrow\quad f \equiv 0,$$

sowie für $\lambda \in \mathbb{R}$:

$$\|\lambda f\|_{\mathrm{Lip}} = \|\lambda f\|_\infty + \sup_{x,y\in I, x\neq y} \frac{|\lambda f(x) - \lambda f(y)|}{|x-y|} = |\lambda|\, \|f\|_{\mathrm{Lip}},$$

und schließlich

$$\begin{aligned}
\|f+g\|_{\mathrm{Lip}} &= \|f+g\|_\infty + \sup_{x,y\in I, x\neq y} \frac{|(f+g)(x) - (f+g)(y)|}{|x-y|} \\
&\le \|f\|_\infty + \|g\|_\infty + \sup_{x,y\in I, x\neq y} \frac{|f(x)-f(y)|}{|x-y|} + \sup_{x,y\in I, x\neq y} \frac{|g(x)-g(y)|}{|x-y|} \\
&= \|f\|_{\mathrm{Lip}} + \|g\|_{\mathrm{Lip}}.
\end{aligned}$$

c) Vollständigkeit: Es ist zu zeigen, dass jede Cauchy-Folge $(f_n)_{n\in\mathbb{N}}$ von Funktionen $f_n \in C^{0,1}[a,b]$ einen Limes $f \in C^{0,1}[a,b]$ hat. Wegen

$$\|g\|_\infty \le \|g\|_{\mathrm{Lip}}, \quad k = 1, \dots, m,$$

ist die Folge $(f_n)_{n\in\mathbb{N}}$, $k = 1, \dots, m$, Cauchy-Folge im Banach-Raum $C[a,b]$. und besitzt folglich einen Limes $f \in C[a,b]$:

$$\|f_n - f\|_\infty \to 0 \quad (n\to\infty), \quad k = 0, \dots, n.$$

Für $x, y \in I$, $x \neq y$ und $m, n \in \mathbb{N}$, $m \geq n$, gilt dann

$$\|f_m - f_n\|_{\text{Lip}} \geq \frac{|(f_m - f_n)(x) - (f_m - f_n)(y)|}{|x - y|} \to \frac{|(f - f_n)(x) - (f - f_n)(y)|}{|x - y|} \quad (m \to \infty).$$

Folglich ist

$$\sup_{x,y \in I, x \neq y} \frac{|(f - f_n)(x) - (f - f_n)(y)|}{|x - y|} \leq \liminf_{m \to \infty} \|f_m - f_n\|_{\text{Lip}} \to 0 \quad (n \to \infty).$$

Hieraus folgt $f \in C^{0,1}[a,b]$ und $\|f_n - f\|_{\text{Lip}} \to 0 \ (n \to \infty)$.

Lösung A.5.19: a) Vektorraum: Mit f, g sind auch die Summe $f + g$ sowie das Produkt λf, $\lambda \in \mathbb{R}$ stetig und differenzierbar. Sukzessive Anwendung dieser Eigenschaft auf die Ableitungen von f, g impliziert dann, dass mit f, g auch $f + g$ sowie λf, $\lambda \in \mathbb{R}$ m-mal stetig differenzierbar sind. Folglich ist $C^m[a,b]$ ein Vektorraum.

b) Norm: Es sind die Normeigenschaften nachzuprüfen. Zunächst definiert $\|\cdot\|_{m;\infty}$ offensichtlich eine Abbildung von $C^m[a,b]$ nach $\mathbb{R}_+ \cup \{0\}$. Weiter gilt:

$$\|f\|_{m;\infty} = 0 \quad \Rightarrow \quad \|f\|_\infty = 0 \quad \Rightarrow \quad f \equiv 0,$$

sowie für $\lambda \in \mathbb{R}$:

$$\|\lambda f\|_{m;\infty} = \max_{k=1,\dots m} \|(\lambda f)^{(k)}\|_\infty = |\lambda| \max_{k=1,\dots m} \|f^{(k)}\|_\infty = |\lambda| \, \|f\|_{m;\infty},$$

und schließlich

$$\begin{aligned} \|f + g\|_{m;\infty} &= \max_{k=1,\dots m} \|(f + g)^{(k)}\|_\infty \leq \max_{k=1,\dots m} \|f^{(k)}\|_\infty + \max_{k=1,\dots m} \|g^{(k)}\|_\infty \\ &= \|f\|_{m;\infty} + \|g\|_{m;\infty}. \end{aligned}$$

c) Vollständigkeit: Es ist zu zeigen, dass jede Cauchy-Folge $(f_n)_{n \in \mathbb{N}}$ von Funktionen $f_n \in C^m[a,b]$ einen Limes $f \in C^m[a,b]$ hat. Wegen

$$\|g^{(k)}\|_\infty \leq \|g\|_{m;\infty}, \qquad k = 1, \dots, m,$$

ist jede der Ableitungsfolgen $(f_n^{(k)})_{n \in \mathbb{N}}$, $k = 1, \dots, m$, für sich genommen eine Cauchy-Folge im Banach-Raum $C[a,b]$ und besitzt einen Limes $f_k \in C[a,b]$:

$$\|f_n^{(k)} - f_k\|_\infty \to 0 \quad (n \to \infty), \qquad k = 0, \dots, n.$$

Wir setzen $f := f_0$. Wegen der gleichmäßigen Konvergenz der jeweiligen Ableitungsfolgen

$$\|\tfrac{d}{dx} f_n^{(k)} - f_k\|_\infty \to 0 \quad (n \to \infty), \qquad k = 0, \dots, n-1,$$

sind dann auch die jeweiligen Limesfunktionen f_k stetig differenzierbar, und es gilt $f_k = f'_{k-1}$, $k = 1, \dots, m$, bzw. $f_k = f_0^{(k)} = f^{(k)}$, $k = 1, \dots, m$. Die gegebene Cauchy-Folge konvergiert also in $C^m[a,b]$ gegen den Limes f.

A.6 Kapitel 6

Lösung A.6.1: i) Sei u eine Lösung der Anfangswertaufgabe. Integration der Differentialgleichung ergibt dann gemäß des Fundamentalsatzes

$$u(t) - u(0) = \int_0^t u'(s)\,ds = \int_0^t f(s,u(s))\,ds,$$

d. h.: u ist auch Lösung der Integralgleichung.

ii) Sei $u \in C[0,\infty)$ eine Lösung der Integralgleichung. Dann ist wegen der Stetigkeit von $u(t)$ auch die zusammengesetzte Funktion $f(t,u(t))$ stetig und nach dem Fundamentalsatz die integrierte Funktion

$$u(t) - u_0 = \int_0^t f(s,u(s))\,ds$$

stetig differenzierbar, d. h.: $u \in C^1[0,\infty)$. Differentiation ergibt

$$u'(t) = f(t,u(t)), \quad t \geq 0.$$

Zum Zeitpunkt $t = 0$ gilt $u(0) = u^0$, d. h.: Die Funktion $u \in C^1[0,\infty)$ ist Lösung der Anfangswertaufgabe.

Lösung A.6.2: Die Stammfunktionen sind

$$a) \quad F(x) = \ln^2(x) + c,$$

wegen $2\sin(x)\cos(x) = \sin(2x)$,

$$b) \quad F(x) = -\tfrac{1}{4}\cos(2x) + c,$$

$$c) \quad F(x) = -\frac{1}{2}\frac{1}{(1+x)^2} + c,$$

und unter Verwendung der Beziehungen (Partialbruchzerlegung)

$$\frac{2}{1-x^2} = \frac{1}{1+x} + \frac{1}{1-x}, \qquad \ln(1+x) - \ln(1-x) = \ln\Big(\frac{1+x}{1-x}\Big).$$

$$d) \quad F(x) = \ln\Big(\frac{1+x}{1-x}\Big) + c\,, \quad |x| < 1,$$

mit beliebigen Konstanten $c \in \mathbb{R}$. Eine alternative Darstellung der Lösung zu (d) ist

$$F(x) = 2\,\mathrm{arc\,tanh}(x) + c\,.$$

Lösung A.6.3: a) Das Integral wird zerlegt gemäß

$$\begin{aligned}\int_0^{2\pi} |\sin(x)|\,dx &= \int_0^{\pi} |\sin(x)|\,dx + \int_{\pi}^{2\pi} |\sin(x)|\,dx\\ &= \int_0^{\pi} \sin(x)\,dx - \int_{\pi}^{2\pi} \sin(x)\,dx = -\cos(x)\Big|_0^{\pi} + \cos(x)\Big|_{\pi}^{2\pi}\\ &= -\cos(\pi) + \cos(0) + \cos(2\pi) - \cos(\pi) = 4.\end{aligned}$$

b) Die Stammfunktion des Integranden ist $F(x) = \ln\big(\ln(x)\big)$:

$$\int_e^{e^2} \frac{dx}{x\ln(x)} = \ln\big(\ln(x)\big)\Big|_e^{e^2} = \ln\big(\ln(e^2)\big) - \ln\big(\ln(e)\big) = \ln(2).$$

Dasselbe Ergebnis liefert die Taylor-Reihe der Funktion $f(x) = \ln(1+x)$ für $x = 1$ (alternierende harmonische Reihe):

$$\sum_{k=1}^{\infty} \frac{(-1)^{k-1}}{k} = \ln(2).$$

Lösung A.6.4: a) Partielle Integration ergibt

$$\int_0^{\pi/2} \sin^2(x)\,dx = -\sin(x)\cos(x)\Big|_0^{\pi/2} + \int_0^{\pi/2} \cos^2(x)\,dx = \int_0^{\pi/2} \big(1 - \sin^2(x)\big)\,dx.$$

Dies liefert dann

$$\int_0^{\pi/2} \sin^2(x)\,dx = \frac{1}{2}\int_0^{\pi/2} dx = \frac{\pi}{4}.$$

b) Partielle Integration ergibt

$$\int_0^{\pi} x\sin(x)\,dx = -x\cos(x)\Big|_0^{\pi} + \int_0^{\pi} \cos(x)\,dx = -x\cos(x)\Big|_0^{\pi} = \pi.$$

Lösung A.6.5: a) Das uneigentliche Integral existiert nicht, denn es ist zwar

$$\int_0^{2n\pi} \sin(x)\,dx = \sum_{k=0}^{n-1} \int_{2k\pi}^{2(k+1)\pi} \sin(x)\,dx = 0,$$

aber für $2n\pi < x < 2(n+1)\pi$ wird im Hinblick auf

$$\int_{2n\pi}^{x} \sin(x)\,dx = -\cos(x) + 1$$

jeder Wert in $[-1, 1]$ angenommen.

b) Durch die Substitution $x := \sqrt{y}$ mit $dx = \frac{1}{2}dy/\sqrt{y}$ erhalten wir:

$$\int_0^{b} \sin(x^2)\,dx = \frac{1}{2}\int_0^{b^2} \frac{\sin(y)}{\sqrt{y}}\,dy.$$

Dies ist ein „normales“ Riemann-Integral, da der Integrand $g(y) = \sin(y)/\sqrt{y}$ auf dem Intervall $[0, b^2]$ mit $g(0) := 0$ als stetige Funktion definiert ist. Wir betrachten den Grenzprozeß $b \to \infty$ und können daher o.B.d.A. annehmen, dass $b^2 \in [m\pi, (m+1)\pi)$ für ein $m \in \mathbb{N}$. Das Integral wird entsprechend aufgespalten gemäß

$$\int_0^b \sin(x^2)\,dx = \frac{1}{2}\sum_{k=1}^{m} \underbrace{\int_{(k-1)\pi}^{k\pi} \frac{\sin(y)}{\sqrt{y}}\,dy}_{=:\,A_k} + \frac{1}{2}\underbrace{\int_{m\pi}^{b^2} \frac{\sin(y)}{\sqrt{y}}\,dy}_{=:\,A(b)}.$$

Aufgrund des oszillierenden Verhaltens der Sinus-Funktion ist

$$A_k > 0, \quad k \text{ gerade}, \qquad A_k < 0, \quad k \text{ ungerade},$$

d. h.: $A_k A_{k+1} < 0$. Da die Funktion $1/\sqrt{y}$ monoton fällt, ist wegen der 2π-Periodizität des Sinus und $|\sin(x)| \le 1$ auch die Folge der Absolutbeträge $|A_k|$ monoton gegen Null fallend. Nach dem Leibnizschen Konvergenzkriterium für alternierende Reihen konvergiert die Reihe $\sum_{k=1}^{\infty} A_k$. Es bleibt zu zeigen, dass $A(b) \to 0$ für $b \to \infty$. Dazu schätzen wir wie folgt ab:

$$|A(b)| \le |A_{m+1}| \to 0 \quad (b^2 \to \infty).$$

Lösung A.6.6: Sei $\varepsilon > 0$ beliebig klein. Die Substitution $x = \sin(y)$ ergibt mit $dx = \cos(y)\,dy$ und $\delta := \frac{1}{2}\pi - \arcsin(1-\varepsilon)$:

$$\int_{-1+\varepsilon}^{1-\varepsilon} \frac{dx}{\sqrt{1-x^2}} = \int_{-\frac{1}{2}\pi+\delta}^{\frac{1}{2}\pi-\delta} \frac{\cos(y)}{\sqrt{1-\sin(y)^2}}\,dy = \int_{-\frac{1}{2}\pi+\delta}^{\frac{1}{2}\pi-\delta} \frac{\cos(y)}{\cos(y)}\,dy \;\to\; \pi \quad (\varepsilon \to 0).$$

Lösung A.6.7: a) Wir zeigen, dass für $x \in \mathbb{R}_+$ die beiden uneigentlichen Integrale

$$I_1(x) := \int_0^1 e^{-t} t^{x-1}\,dt, \quad I_2(x) := \int_1^{\infty} e^{-t} t^{x-1}\,dt$$

existieren. Zunächst ist wegen $e^{-t} \le 1$:

$$I_1(x) \le \int_0^1 t^{x-1}\,dt = \frac{1}{x} t^x \Big|_0^1 = \frac{1}{x}.$$

Wegen

$$t^{x-1} e^{-t} = t^{-2}\big(t^{x+1} e^{-t}\big) \to 0 \quad (t \to \infty)$$

gilt weiter mit einem $t_0 \ge 1$:

$$I_2(x) \le \int_1^{t_0} t^{x-1} e^{-t}\,dt + \int_{t_0}^{\infty} t^{-2}\,dt.$$

Da diese beiden Integrale existieren, existiert auch $I_2(x)$ als uneigentliches Riemann-Integral.

b) Zum Nachweis der Funktionalgleichung schreiben wir unter Verwendung von partieller Integration für $x \geq 1$:

$$\begin{aligned}\Gamma(x) &= \int_0^\infty e^{-t}t^{x-1}\,dt = \lim_{\varepsilon\downarrow 0}\int_\varepsilon^{1/\varepsilon} e^{-t}t^{x-1}\,dt \\ &= \lim_{\varepsilon\downarrow 0}\left(-e^{-t}t^{x-1}\Big|_{t=\varepsilon}^{t=1/\varepsilon} + (x-1)\int_\varepsilon^{1/\varepsilon} e^{-t}t^{x-2}\,dt\right) \\ &= (x-1)\int_0^\infty e^{-t}t^{x-2}\,dt = (x-1)\Gamma(x-1).\end{aligned}$$

c) Die letzte Behauptung zeigen wir durch vollständige Induktion. Zunächst ist

$$\Gamma(1) = \int_0^\infty e^{-t}\,dt = [-e^{-t}]_0^\infty = 1.$$

Sei nun $\Gamma(n) = (n-1)!$ richtig. Dann folgt mit Hilfe der Funktionalgleichung $\Gamma(n+1) = n\Gamma(n) = n!$.

Lösung A.6.8: Die Normeigenschaften folgen unmittelbar aus den Eigenschaften des Absolutbetrags und der Linearität und Definitheit des Riemann-Integrals:

1. Definitheit:

$$\|f\|_1 = 0 \quad\Rightarrow\quad |f| \equiv 0 \quad\Rightarrow\quad f \equiv 0;$$

2. Homogenität ($\alpha \in \mathbb{R}$):

$$\|\alpha f\|_1 = \int_c^d |\alpha f(x)|\,dx = |\alpha| \int_c^d |f(x)|\,dx = |\alpha|\,\|f\|_1;$$

3. Dreiecksungleichung:

$$\|f+g\|_1 = \int_c^d |f(x)+g(x)|\,dx \leq \int_c^d \big(|f(x)| + |g(x)|\big)\,dx \leq \|f\|_1 + \|g\|_1.$$

Aus der Abschätzung

$$\|f\|_1 = \int_c^d |f(x)|\,dx \leq \max_{x\in[c,d]} |f(x)|\,(d-c)$$

folgt unmittelbar, dass jede bzgl. der Maximum-Norm konvergente Folge auch bzgl. der L^1-Norm konvergiert.

A.7 Kapitel 7

Lösung A.7.1: Nach Definition ist

$$\int_a^b f(x)\,dx := \int_a^b \mathrm{Re} f(x)\,dx + i\int_a^b \mathrm{Im} f(x)\,dx,$$

und folglich

$$\begin{aligned}\int_a^b \overline{f(x)}\,dx &= \int_a^b \mathrm{Re}\overline{f(x)}\,dx + i\int_a^b \mathrm{Im}\overline{f(x)}\,dx\\ &= \int_a^b \mathrm{Re} f(x)\,dx - i\int_a^b \mathrm{Im} f(x)\,dx = \overline{\int_a^b f(x)\,dx}.\end{aligned}$$

Lösung A.7.2: Mit $R[a,b]$ wird der Vektorraum der über dem Intervall $[a,b]$ Riemann-integrierbaren Funktionen bezeichnet. Er wird mit der L^2-Norm versehen zu einem (nicht vollständigen) normierten Raum. Mit $C[a,b]$ wird dagegen der Vektorraum der auf $[a,b]$ stetigen Funktionen, üblicherweise versehen mit der Maximumnorm, verstanden. Er ist dann vollständig, d. h. ein „Banach-Raum". Der $C[a,b]$ ist ein echter Untervektorraum von $R[a,b]$; versehen mit der L^2-Norm ist dieser dann ebenfalls nicht abgeschlossen (bzw. „nicht vollständig" als normierter Raum).

Eine Folge von Funktionen $f_n \in R[a,b], n \in \mathbb{N}$, konvergiert für $n \to \infty$ gegen eine Funktion $f \in R[a,b]$
i) punktweise, wenn $f_n(x) \to f(x)$, $x \in [a,b]$;
ii) gleichmäßig, wenn $\sup_{[a,b]} |f_n(x) - f(x)| \to 0$;
iii) im quadratischen Mittel, wenn $\int_a^b |f_n(x) - f(x)|^2\,dx \to 0$.

a) Wegen der Stetigkeit (und Differenzierbarkeit) des Sinus gilt für festes $x \in I := [-\pi,\pi]$:

$$f_n(x) = \sin(\tfrac{1}{n}x) \quad\to\quad \sin(0) = 0 \quad (n \to \infty).$$

Die Funktionenfolge konvergiert also punktweise gegen $f(x) \equiv 0$. Nach dem 1. Mittelwertsatz gibt es zu jedem $x \in I$ ein $\xi_x \in (0,x)$ oder $\xi_x \in (x,0)$ mit

$$|\sin(\tfrac{1}{n}x) - \sin(0)| = \big|\cos(\tfrac{1}{n}\xi_x)\,\tfrac{1}{n}x\big| \le \frac{\pi}{n} \to 0 \quad (n \to \infty).$$

Dies bedeutet, dass die Funktionen f_n auch gleichmäßig gegen Null konvergieren. Dies impliziert mit der Ungleichung

$$\int_{-\pi}^{\pi} |f_n(x) - f(x)|^2\,dx \le 2\pi \max_{[-\pi,\pi]} |f_n - f|^2 \le \frac{2\pi^3}{n^2}$$

auch die Konvergenz im quadratischen Mittel.

b) Wegen $nq^n \to 0$ $(n \to \infty)$ für $0 \le q < 1$ konvergiert für festes $x \in I := [0,1)$

$$f_n(x) = nx(1-x)^n \to 0 \quad (n \to \infty).$$

Ferner ist $f_n(0) = 0$. Die Funktionenfolge konvergiert also punktweise gegen $f(x) \equiv 0$. Die Ableitungen sind

$$f_n'(x) = n(1-x)^n - n^2x(1-x)^{n-1} = n(1-x)^{n-1}(1-x-nx) = n(1-(n+1)x)(1-x)^{n-1}.$$

Für festes $n \in \mathbb{N}$ und $x \in [0, \frac{1}{2n}]$ gilt

$$f_n'(x) = n\big(1-(n+1)x\big)(1-x)^{n-1} \geq n\Big(1 - \frac{n+1}{2n}\Big)\Big(1-\frac{1}{2n}\Big)^{n-1}.$$

Nach dem 1. Mittelwertsatz gibt es nun zu jedem $x \in I$ ein $\xi_x \in (0,x)$ mit

$$f_n(x) - f(x) = f_n(x) - f_n(0) = f_n'(\xi_x)x\,.$$

Für die Punkte $x_n := \frac{1}{2n}$ gilt dann

$$\begin{aligned} |f_n(x_n) - f(x_n)| &= f_n(x_n) - f_n(0) = f_n'(\xi_{x_n})x_n \\ &\geq n\Big(1-\frac{n+1}{2n}\Big)\Big(1-\frac{1}{2n}\Big)^{n-1}\frac{1}{2n} \\ &\geq \frac{1}{2}\Big(1-\frac{n+1}{2n}\Big)\Big(1-\frac{1}{2n}\Big)^{2n} \to \frac{1}{4e} \quad (n \to \infty), \end{aligned}$$

d. h.: Die Konvergenz der Funktionenfolge ist **nicht** gleichmäßig. Dagegen impliziert

$$\begin{aligned} \int_0^1 |f_n(x)|^2\,dx &= n^2 \int_0^1 x^2(1-x)^{2n}\,dx \\ &= n^2\Big\{\int_0^1 2x\frac{1}{2n+1}(1-x)^{2n+1}\,dx - x^2\frac{1}{2n+1}(1-x)^{2n+1}\Big|_0^1\Big\} \\ &= \frac{2n^2}{2n+1}\int_0^1 x(1-x)^{2n+1}\,dx \\ &= \frac{2n^2}{2n+1}\Big\{\int_0^1 \frac{1}{2n+2}(1-x)^{2n+2}\,dx - x\frac{1}{2n+2}(1-x)^{2n+2}\Big|_0^1\Big\} \\ &= \frac{2n^2}{(2n+1)(2n+2)}\int_0^1 (1-x)^{2n+2}\,dx \\ &= -\frac{2n^2}{(2n+1)(2n+2)(2n+3)}(1-x)^{2n+3}\Big|_0^1 \\ &= \frac{2n^2}{(2n+1)(2n+2)(2n+3)} \end{aligned}$$

die Konvergenz im quadratischen Mittel.

c) Beispiele zur Demonstration der (paarweisen) Nichtäquivalenz der drei Konvergenzbegriffe sind etwa:

– Punktweise aber nicht gleichmäßig konvergent (s. o.):

$$f_n(x) := nx(1-x)^n, \quad x \in [0,1].$$

- Punktweise aber nicht im quadratischen Mittel konvergent (s. o.):

$$f_n(x) := n^2x(1-x)^n, \quad x \in [0,1].$$

- Im quadratischen Mittel aber nicht punktweise konvergent: Die Folge $(f_n)_{n\in\mathbb{N}}$ ist eine Folge von „Peaks“ auf dem Intervall $[0,1]$ der Höhe Eins, deren Träger die Länge $1/n$ haben und die periodisch im Intervall $[0,1]$ hin und her wandern.

Lösung A.7.3: a) Die Folge der Funktionen $f_n(x) := \cos(\frac{1}{n}x)$ konvergiert im L^2-Sinne gegen Eins. Dazu berechnen wir mit Hilfe partieller Integration

$$\begin{aligned}\int_0^{2\pi} \big|\cos(\tfrac{1}{n}x) - 1\big|^2\,dx &= \int_0^{2\pi} \cos(\tfrac{1}{n}x)^2\,dx - 2\int_0^{2\pi} \cos(\tfrac{1}{n}x)\,dx + 2\pi \\ &= \cos(\tfrac{1}{n}x)n\sin(\tfrac{1}{n}x)\Big|_0^{2\pi} + \int_0^{2\pi} \sin(\tfrac{1}{n}x)^2\,dx - n\sin(\tfrac{1}{n}x)\Big|_0^{2\pi} + 2\pi \\ &= \cos(\tfrac{2}{n}\pi)n\sin(\tfrac{2}{n}\pi) - \int_0^{2\pi} \cos(\tfrac{1}{n}x)^2\,dx - n\sin(\tfrac{2}{n}\pi) + 4\pi\end{aligned}$$

und erhalten wegen $\lim_{x\to 0}\sin(x)/x = 1$:

$$\int_0^{2\pi} \big|\cos(\tfrac{1}{n}x) - 1\big|^2\,dx = \big(\tfrac{1}{2}\cos(\tfrac{2}{n}\pi) - 1\big)\frac{n}{2\pi}\sin(\tfrac{2}{n}\pi)2\pi + 2\pi \to 0 \quad (n\to\infty).$$

b) Die Folge der Funktionen $f_n(x) := (x+\frac{1}{n})^{-1/2}$ konvergiert *nicht* im L^2-Sinne. Dazu betrachten wor die Normen $\|f_n\|$:

$$\int_0^{2\pi} |f_n(x)|^2\,dx = \int_0^1 (x+\tfrac{1}{n})^{-1}\,dx = \ln(x+\tfrac{1}{n})\Big|_0^{2\pi} = \ln(2\pi+\tfrac{1}{n}) - \ln(\tfrac{1}{n}) \to \infty \quad (n\to\infty).$$

Bemerkung: Es konvergiert aber sehrwohl $f_n \to x^{-1/2}$ $(n\to\infty)$ im schwächeren L^1-Sinne:

$$\begin{aligned}\int_0^{2\pi} |f_n(x) - x^{-1/2}|\,dx &= \int_0^{2\pi} \{x^{-1/2} - (x+\tfrac{1}{n})^{-1/2}\}\,dx = \tfrac{1}{2}x^{1/2}\Big|_0^{2\pi} - \tfrac{1}{2}(x+\tfrac{1}{n})^{1/2}\Big|_0^{2\pi} \\ &= \tfrac{1}{2}(2\pi)^{1/2} - \tfrac{1}{2}(2\pi+\tfrac{1}{n})^{1/2} + \tfrac{1}{2}(\tfrac{1}{n})^{1/2} \to 0 \quad (n\to\infty).\end{aligned}$$

Lösung A.7.4: 0) Auf dem Funktionenraum $R[a,b]$ sind die L^2- und die L^1-Normen definiert durch

$$\|f\|_{L^2} := \Big(\int_a^b |f(x)|^2\,dx\Big)^{1/2}, \qquad \|f\|_{L^1} := \int_a^b |f(x)|\,dx.$$

i) Die Folge der Funktionen $f_n(x) := \sin(\frac{1}{2}\pi + \frac{1}{n}x)$ konvergiert im L^2-Sinne gegen Eins. Dazu betrachten wir wegen $\sin(x+\frac{1}{2}\pi) = \cos(x)$:

$$\begin{aligned}\int_0^{2\pi} \big|\cos(\tfrac{1}{n}x) - 1\big|^2\,dx &= \int_0^{2\pi} \cos(\tfrac{1}{n}x)^2\,dx - 2\int_0^{2\pi} \cos(\tfrac{1}{n}x)\,dx + 2\pi \\ &= \int_0^{2\pi} \cos(\tfrac{1}{n}x)^2\,dx - 2n\sin(\tfrac{1}{n}x)\Big|_0^{2\pi} + 2\pi \\ &= \int_0^{2\pi} \cos(\tfrac{1}{n}x)^2\,dx - 2n\sin(\tfrac{2}{n}\pi) + 2\pi.\end{aligned}$$

Mit Hilfe partieller Integration gilt

$$\int_0^{2\pi} \cos(\tfrac{1}{n}x)^2\,dx = \cos(\tfrac{1}{n}x)n\sin(\tfrac{1}{n}x)\Big|_0^{2\pi} + \int_0^{2\pi} \sin(\tfrac{1}{n}x)^2\,dx$$
$$= \cos(\tfrac{2\pi}{n})n\sin(\tfrac{2\pi}{n}) + 2\pi - \int_0^{2\pi} \cos(\tfrac{1}{n}x)^2\,dx$$

und folglich

$$\int_0^{2\pi} \cos(\tfrac{1}{n}x)^2\,dx = \pi + \tfrac{1}{2}\cos(\tfrac{2\pi}{n})n\sin(\tfrac{2\pi}{n}).$$

Dies oben eingesetzt impliziert dann

$$\int_0^{2\pi} \Big|\cos(\tfrac{1}{n}x) - 1\Big|^2\,dx = \tfrac{1}{2}n\cos(\tfrac{2\pi}{n})\sin(\tfrac{2\pi}{n}) - 2n\sin(\tfrac{2\pi}{n}) + 3\pi.$$

Wegen $\lim_{x\to 0}\cos(x) = 1$ und $\lim_{x\to 0}\sin(x)/x = 1$ folgt dann schließlich

$$\int_0^{2\pi} \Big|\cos(\tfrac{1}{n}x) - 1\Big|^2\,dx = \tfrac{n}{2\pi}\cos(\tfrac{2\pi}{n})\sin(\tfrac{2\pi}{n})\pi - \tfrac{n}{2\pi}\sin(\tfrac{2\pi}{n})4\pi + 3\pi \to 0 \quad (n\to\infty).$$

Die L^2-Konvergenz impliziert dann über die Höldersche Ungleichung

$$\int_0^{2\pi} |f_n - f|\,dx \le \Big(\int_0^{2\pi} |f_n - f|^2\,dx\Big)^{1/2}\Big(\int_0^{2\pi} dx\Big)^{1/2}$$

direkt auch die L^1-Konvergenz.

ii) Die Folge der Funktionen $f_n(x) = \frac{\sqrt{x}}{(x^2+1/n^2)^{1/2}}$ konvergiert *nicht* im L^2-Sinne. Dazu betrachten wir die Normen $\|f_n\|_{L^2}$:

$$\int_0^{2\pi} |f_n(x)|^2\,dx = \int_0^1 \frac{x}{x^2+1/n^2}\,dx = \frac{1}{2}\ln\big(x^2+1/n^2\big)\Big|_0^1$$
$$= \frac{1}{2}\ln\big((1+1/n^2\big) - \frac{1}{2}\ln\big(1/n^2\big) \to \infty \quad (n\to\infty).$$

Es konvergiert aber sehr wohl $f_n \to f := x^{-1/2}$ $(n\to\infty)$ im schwächeren L^1-Sinne (Dabei wird $f(x) = x^{-1/2}$ auf dem Intervall $[0,1]$ als „uneigentlich" R-integrierbar betrachtet.). Wir spalten das Integral auf gemäß

$$\int_0^1 \Big|\frac{x^{1/2}}{(x^2+1/n^2)^{1/2}} - \frac{1}{x^{1/2}}\Big|\,dx = \int_0^{1/n} \Big|\ldots\Big|\,dx + \int_{1/n}^1 \Big|\ldots\Big|\,dx.$$

Für das erste Integral gilt

$$\int_0^{1/n} \Big|\ldots\Big|\,dx \le \int_0^{1/n} \frac{2}{x^{1/2}}\,dx \le x^{1/2}\Big|_0^{1/n} \to 0 \quad (n\to\infty).$$

Für $x\in[0,1]$ ist

$$x^2 + 1/n^2 \le x^2 + 2x/n + 1/n^2 = (x+1/n)^2 \quad\Rightarrow\quad (x^2+1/n^2)^{1/2} - x \le 1/n.$$

Für das zweite Integral folgt damit ebenfalls

$$\int_{1/n}^{1} \Big|\dots\Big|\,dx = \int_{1/n}^{1} \left|\frac{x-(x^2+1/n^2)^{1/2}}{\sqrt{x}(x^2+1/n^2)^{1/2}}\right| dx \le \frac{1}{n}\int_{1/n}^{1} \frac{dx}{x^{3/2}} = \frac{2}{n}\frac{1}{x^{1/2}}\Big|_{1/n}^{1} \to 0 \quad (n\to\infty).$$

Lösung A.7.5: Für $k=l$ gilt:

$$\int_0^{2\pi} e^{ikx}e^{-ilx}\,dx = \int_0^{2\pi} dx = 2\pi,$$

und für $k\neq l$ nach der Eulerschen Formel:

$$\int_0^{2\pi} e^{ikx}e^{-ilx}\,dx \int_0^{2\pi} e^{i(k-l)x}\,dx = \int_0^{2\pi} \big\{\cos((k-l)x) + i\sin((k-l)x)\big\}\,dx$$
$$= \int_0^{2\pi} \cos((k-l)x)\,dx + i\int_0^{2\pi} \sin((k-l)x)\,dx = 0.$$

Lösung A.7.6: Die Fourier-Koeffizienten können statt über $[0,2\pi]$ auch über $[-\pi,\pi]$ berechnet werden.

a) Für gerades f gilt, da $\sin(kx)$ ungerade ist:

$$b_k = \frac{1}{\pi}\int_{-\pi}^{\pi} f(x)\sin(kx)\,dx = \frac{1}{\pi}\int_{-\pi}^{0} f(x)\sin(kx)\,dx + \frac{1}{\pi}\int_0^{\pi} f(x)\sin(kx)\,dx$$
$$= -\frac{1}{\pi}\int_0^{\pi} f(x)\sin(kx)\,dx + \frac{1}{\pi}\int_0^{\pi} f(x)\sin(kx)\,dx = 0.$$

Die Fourier-Reihe von f hat also die Form

$$F_\infty^f(x) = \frac{1}{2}a_0 + \sum_{k=1}^{\infty} a_k\cos(kx).$$

b) Für ungerades f gilt analog, da $\cos(kx)$ gerade ist:

$$a_0 = \frac{1}{\pi}\int_{-\pi}^{\pi} f\,dx = -\frac{1}{\pi}\int_0^{\pi} f\,dx + \frac{1}{\pi}\int_0^{\pi} f\,dx = 0,$$
$$a_k = \frac{1}{\pi}\int_{-\pi}^{\pi} f(x)\cos(kx)\,dx = -\frac{1}{\pi}\int_0^{\pi} f(x)\cos(kx)\,dx + \frac{1}{\pi}\int_0^{\pi} f(x)\cos(kx)\,dx = 0.$$

Die Fourier-Reihe von f hat also die Form

$$F_\infty^f(x) = \sum_{k=1}^{\infty} b_k\sin(kx).$$

Lösung A.7.7: Die Fourier-Koeffizienten der durch $f(x) = |x|$, $-\pi \le x \le \pi$, definierten 2π-periodischen Funktion sind

$$\begin{aligned} a_0 &= \frac{1}{\pi}\int_{-\pi}^{\pi} |x|\,dx = -\frac{1}{\pi}\int_{-\pi}^{0} x\,dx + \frac{1}{\pi}\int_{0}^{\pi} x\,dx \\ &= -\frac{1}{2\pi}x^2\Big|_{-\pi}^{0} + \frac{1}{2\pi}x^2\Big|_{0}^{\pi} = \frac{1}{2\pi}\pi^2 + \frac{1}{2\pi}\pi^2 = \pi, \end{aligned}$$

$$\begin{aligned} a_k &= \frac{1}{\pi}\int_{-\pi}^{\pi} |x|\cos(kx)\,dx = -\frac{1}{\pi}\int_{-\pi}^{0} x\cos(kx)\,dx + \frac{1}{\pi}\int_{0}^{\pi} x\cos(kx)\,dx \\ &= \frac{2}{\pi}\int_{0}^{\pi} x\cos(kx)\,dx = \frac{2}{k\pi}x\sin(kx)\Big|_{0}^{\pi} - \frac{2}{k\pi}\int_{0}^{\pi}\sin(kx)\,dx \\ &= \frac{2}{k^2\pi}\cos(kx)\Big|_{0}^{\pi} = \frac{2}{k^2\pi}\big(\cos(k\pi) - \cos(0)\big) \\ &= \frac{2}{k^2\pi}\begin{cases} -2, & k \text{ gerade} \\ 0, & k \text{ ungerade} \end{cases} \end{aligned}$$

Da f gerade ist, gilt ferner:

$$b_k = \frac{1}{\pi}\int_{-\pi}^{\pi} |x|\sin(kx)\,dx = 0, \quad k \in \mathbb{N}.$$

Die Fourier-Reihe von f ist demnach

$$F_\infty^f(x) = \frac{\pi}{2} - \frac{4}{\pi}\sum_{k=0}^{\infty}\frac{\cos((2k+1)x)}{(2k+1)^2}.$$

Diese Reihe konvergiert absolut. Da f stetig und stückweise stetig differenzierbar ist, stellt sie die Funktion f auch für alle $x \in \mathbb{R}$ dar.

Lösung A.7.8: a) Die allgemeine (reelle) Form der Fourier-Reihe ist

$$F_\infty(x) = \frac{a_0}{2} + \sum_{k=1}^{\infty}\big(a_k\cos(kx) + b_k\sin(kx)\big)$$

mit den Koeffizienten

$$a_0 = \frac{1}{\pi}\int_0^{2\pi} f(x)\,dx, \quad a_k = \frac{1}{\pi}\int_0^{2\pi} f(x)\cos(kx)\,dx, \quad b_k = \frac{1}{\pi}\int_0^{2\pi} f(x)\sin(kx)\,dx.$$

b) Die Fourier-Koeffizienten können statt über $[0, 2\pi]$ auch über $[-\pi, \pi]$ berechnet werden. Für gerades f gilt, da $\sin(kx)$ ungerade ist:

$$\begin{aligned} b_k &= \frac{1}{\pi}\int_{-\pi}^{\pi} f(x)\sin(kx)\,dx = \frac{1}{\pi}\int_{-\pi}^{0} f(x)\sin(kx)\,dx + \frac{1}{\pi}\int_{0}^{\pi} f(x)\sin(kx)\,dx \\ &= -\frac{1}{\pi}\int_{0}^{\pi} f(x)\sin(kx)\,dx + \frac{1}{\pi}\int_{0}^{\pi} f(x)\sin(kx)\,dx = 0. \end{aligned}$$

Die Fourier-Reihe von f hat also die Form

$$F_\infty^f(x) = \frac{1}{2}a_0 + \sum_{k=1}^{\infty} a_k \cos(kx).$$

Für ungerades f gilt analog, da $\cos(kx)$ gerade ist:

$$a_0 = \frac{1}{\pi}\int_{-\pi}^{\pi} f\,dx = -\frac{1}{\pi}\int_0^{\pi} f\,dx + \frac{1}{\pi}\int_0^{\pi} f\,dx = 0,$$
$$a_k = \frac{1}{\pi}\int_{-\pi}^{\pi} f(x)\cos(kx)\,dx = -\frac{1}{\pi}\int_0^{\pi} f(x)\cos(kx)\,dx + \frac{1}{\pi}\int_0^{\pi} f(x)\cos(kx)\,dx = 0.$$

Die Fourier-Reihe von f hat also die Form

$$F_\infty^f(x) = \sum_{k=1}^{\infty} b_k \sin(kx).$$

c) Die reellen Fourier-Koeffizienten der durch

$$f(x) = x, \quad x \in [-\pi, \pi),$$

definierten, ungeraden 2π-periodische Funktion $f : \mathbb{R} \to \mathbb{R}$ sind nach Teil (b) $a_0 = a_k = 0$ und

$$\begin{aligned} b_k &= \frac{1}{\pi}\int_{-\pi}^{\pi} f(x)\sin(kx)\,dx = \frac{1}{\pi}\int_{-\pi}^{\pi} x\sin(kx)\,dx \\ &= \frac{1}{k\pi}\int_{-\pi}^{\pi}\cos(kx)\,dx - \frac{1}{k\pi}x\cos(kx)\Big|_{-\pi}^{\pi} = -\frac{\cos(k\pi)+\cos(-k\pi)}{k} = -\frac{2\cos(k\pi)}{k} \\ &= -\frac{2(-1)^k}{k}. \end{aligned}$$

Die Fourier-Reihe von f ist demnach

$$F_\infty^f(x) = -\sum_{k=1}^{\infty} \frac{2(-1)^k}{k}\sin(kx).$$

Diese Reihe konvergiert im quadratischen Mittel gegen f. Sie stellt f in allen Punkten dar, in denen f stetig differenzierbar ist. In den Sprungstellen $x = \pm k\pi$, $k \in \mathbb{N}$, konvergiert sie gegen den Mittelwert Null der benachbarten Grenzwerte. Die Funktion f wird also überall in $[-\pi, \pi]$ durch ihre Fourier-Reihe dargestellt.

Lösung A.7.9: a) Für jedes $x \in [0, 2\pi]$ haben die beiden Reihen nach dem Quotientenkriterium absolut konvergente Majoranten ($r = 2, 3$):

$$\Big|\sum_{k=1}^{\infty} \frac{\cos(kx)}{k^r}\Big| \le \sum_{k=1}^{\infty} \frac{1}{k^r}.$$

Die Partialsummen sind offenbar stetige und 2π-periodische Funktionen, welche auf $[0,2\pi]$ gleichmäßig konvergieren. Wegen der Vollständigkeit von $C[0,2\pi]$ existieren also die Limiten

$$f_{r-1}(x) := \lim_{n\to\infty}\sum_{k=1}^{n}\frac{\cos(kx)}{k^r},\quad x\in[0,2\pi].$$

Diese sind dann offenbar ebenfalls 2π-periodisch mit Werten $f_i(0)=f_i(2\pi)$ und somit in $R[0,2\pi]$.

b) Die abgeleitete Reihe (i) hat ebenfalls eine nach dem Quotientenkriterium gleichmäßig für $x\in[0,2\pi]$ absolut konvergente Majorante:

$$\Big|\sum_{k=1}^{\infty}\frac{\sin(kx)}{k^2}\Big| \le \sum_{k=1}^{\infty}\frac{1}{k^2};$$

sie konvergiert also gleichmäßig auf $[0,2\pi]$. Die abgeleitete Reihe (ii) ist nach Vorlesung für jedes $\delta>0$ auf $[\delta,2\pi-\delta]$ gleichmäßig konvergent, und es gilt:

$$\sum_{k=1}^{\infty}\frac{\sin(kx)}{k} = \frac{\pi-x}{2}.$$

Nach dem Satz zur Vertauschbarkeit von Differentiation und Summation sind daher beide Funktionen auf $(0,2\pi)$ stetig differenzierbar, und es gilt $(r=2,3)$

$$f'_{r-1}(x) = \frac{d}{dx}\Big(\sum_{k=1}^{\infty}\frac{\cos(kx)}{k^r}\Big) = \sum_{k=1}^{\infty}\frac{-\sin(kx)}{k^{r-1}},$$

c) Aufgrund der Orthogonalitätseigenschaften der trigonometrischen Funktionen gilt wegen der gleichmäßigen Konvergenz der beiden Reihen $(r=2,3)$:

$$\begin{aligned}
a_k &= \frac{1}{\pi}\int_0^{2\pi} f(x)\cos(kx)\,dx = \frac{1}{\pi}\int_0^{2\pi}\Big(\lim_{n\to\infty}\sum_{l=1}^{n}\frac{\cos(lx)}{l^r}\Big)\cos(kx)\,dx\\
&= \frac{1}{\pi}\lim_{n\to\infty}\Big(\sum_{l=1}^{n}\frac{1}{l^r}\int_0^{2\pi}\cos(lx)\cos(kx)\,dx\Big) = \frac{1}{k^r},\quad k\in\mathbb{N}_0,\\
b_k &= \frac{1}{\pi}\int_0^{2\pi} f(x)\sin(kx)\,dx = \frac{1}{\pi}\int_0^{2\pi}\Big(\lim_{n\to\infty}\sum_{l=1}^{n}\frac{\cos(lx)}{l^r}\Big)\sin(kx)\,dx\\
&= \frac{1}{\pi}\lim_{n\to\infty}\Big(\sum_{l=1}^{n}\frac{1}{l^r}\int_0^{2\pi}\cos(lx)\sin(kx)\,dx\Big) = 0,\quad k\in\mathbb{N}.
\end{aligned}$$

Lösung A.7.10: a) Durch partielle Integration ergibt sich

$$\int_0^{2\pi} f(x)\cos(kx)\,dx = \frac{1}{k}f(x)\sin(kx)\Big|_0^{2\pi} - \frac{1}{k}\int_0^{2\pi} f'(x)\sin(kx)\,dx$$

und somit

$$\Big|\int_0^{2\pi} f(x)\cos(kx)\,dx\Big| \le \frac{2\pi}{k}\max_{x\in[0,2\pi]}|f'(x)| \to 0 \quad (k\to\infty).$$

b) Für allgemeines $f \in R[0,2\pi]$ (d.h., f nicht notwendig differenzierbar) kann die obige Argumentation offensichtlich nicht verwendet werden. In diesem Fall verwenden wir L^2-Konvergenz der Fourier-Reihe von f und die Vollständigkeitsrelation („Parsevalsche Gleichung“):

$$\|f\|^2 = \frac{a_0^2}{2} + \sum_{k=1}^{\infty}\{a_k^2 + b_k^2\}.$$

Die Konvergenz dieser Reihe bedingt nun notwendig, dass

$$\Big|\int_0^{2\pi} f(x)\cos(kx)\,dx\Big|^2 + \Big|\int_0^{2\pi} f(x)\sin(kx)\,dx\Big|^2 = \pi^2(a_k^2+b_k^2) \to 0 \quad (k\to\infty).$$

Lösung A.7.11: a) i) Für die Fourier-Koeffizienten der gegebenen Funktion gilt

$$\begin{aligned}
\pi a_k &= \int_0^{2\pi} e^x\cos(kx)\,dx = \frac{1}{k}e^x\sin(kx)\Big|_0^{2\pi} - \frac{1}{k}\int_0^{2\pi} e^x\sin(kx)\,dx\\
&= \frac{1}{k}e^x\sin(kx)\Big|_0^{2\pi} + \frac{1}{k^2}e^x\cos(kx)\Big|_0^{2\pi} - \frac{1}{k^2}\int_0^{2\pi} e^x\cos(kx)\,dx\\
&= \frac{1}{k^2}(e^{2\pi}-1) - \frac{1}{k^2}\int_0^{2\pi} e^x\cos(kx)\,dx,
\end{aligned}$$

und folglich

$$\int_0^{2\pi} e^x\cos(kx)\,dx = \frac{1}{k^2}(e^{2\pi}-1)\Big(1+\frac{1}{k^2}\Big)^{-1} = \frac{e^{2\pi}-1}{k^2+1}.$$

Dies impliziert

$$a_k = \frac{e^{2\pi}-1}{\pi}\frac{1}{k^2+1}, \qquad k\in\mathbb{N}_0.$$

Analog ergibt sich dann

$$\begin{aligned}
\pi b_k &= \int_0^{2\pi} e^x\sin(kx)\,dx = -\frac{1}{k}e^x\cos(kx)\Big|_0^{2\pi} + \frac{1}{k}\int_0^{2\pi} e^x\cos(kx)\,dx\\
&= -\frac{1}{k}(e^{2\pi}-1) + \frac{1}{k}\int_0^{2\pi} e^x\cos(kx)\,dx\\
&= -\frac{1}{k}(e^{2\pi}-1) + \frac{1}{k}\frac{e^{2\pi}-1}{k^2+1} = -(e^{2\pi}-1)\frac{k}{k^2+1},
\end{aligned}$$

und folglich

$$b_k = -\frac{e^{2\pi}-1}{\pi}\frac{k}{k^2+1}, \qquad k\in\mathbb{N}.$$

Die Fourier-Reihe ist also in reeller Darstellung:

$$f(x) = \frac{e^{2\pi}-1}{2\pi} + \frac{e^{2\pi}-1}{\pi}\sum_{k=1}^{\infty}\frac{1}{k^2+1}\cos(kx) - \frac{e^{2\pi}-1}{\pi}\sum_{k=1}^{\infty}\frac{k}{k^2+1}\sin(kx).$$

ii) Die komplexen Fourier-Koeffizienten ergeben sich damit zu

$$c_0 = \tfrac{1}{2}a_0 = \frac{e^{2\pi}-1}{2\pi},$$
$$c_k = \tfrac{1}{2}(a_k - ib_k) = \frac{e^{2\pi}-1}{2\pi(k^2+1)}(1+ik) = \frac{e^{2\pi}-1}{2\pi(1-ik)},$$
$$c_{-k} = \tfrac{1}{2}(a_k + ib_k) = \frac{e^{2\pi}-1}{2\pi(k^2+1)}(1-ik) = \frac{e^{2\pi}-1}{2\pi(1+ik)}.$$

Also ist die Fourier-Reihe in komplexer Darstellung:

$$f(x) = \sum_{-\infty}^{\infty} c_k e^{ikx} = \frac{1}{2\pi}\sum_{-\infty}^{\infty} \frac{e^{2\pi}-1}{1-ik}\, e^{ikx}.$$

b) Die Fourier-Reihe konvergiert im L^2-Sinne, auf ganz $[0,2\pi]$ punktweise und auf jedem Teilintervall $[\varepsilon, 2\pi-\varepsilon]$, $\varepsilon > 0$, gleichmäßig gegen f.

Lösung A.7.12: a) Die Fourier-Summen (in komplexer Darstellung)

$$F_n^f(x) = \sum_{-n}^{n} c_k e^{ikx}$$

sind stetige Funktionen. Ihre *gleichmäßige* Konvergenz würde dann die Stetigkeit der Limesfunktion f implizieren, im Widerspruch zur vorausgesetzten Unstetigkeit von f. Dieses Argument funktioniert auch für jede Teilfolge $(F_{n_k}^f)_{k\in\mathbb{N}}$, da jede den selben Limes hat.

b) O.B.d.A. sei $\xi \in (0,2\pi)$ die einzige Unstetigkeitsstelle von f. Nach dem Satz der Vorlesung konvergieren dann die Fourier-Summen auf dem Intervall $[\xi, 2\pi]$ punktweise und auf jedem Teilintervall $[\xi+\delta, 2\pi]$, $0 < \delta < 2\pi - \xi$, gleichmäßig gegen f. Da es auf dem Intervall $[\xi, 2\pi]$ keine gleichmäßig konvergente Teilfolge $(F_{n_k}^f)_{k\in\mathbb{N}}$ geben kann, gibt es ein $c_\xi > 0$ und ein $n_\xi \in \mathbb{N}$, so dass

$$\sup_{x\in[\xi,2\pi]} |f(x) - F_n^f(x)| \geq c_\xi > 0, \quad n \geq n_\xi.$$

Dagegen gibt es für jedes $\delta > 0$ ein $n_\delta \in \mathbb{N}$, so dass

$$\sup_{x\in[\xi+\delta,2\pi]} |f(x) - F_n^f(x)| < c_\xi > 0, \quad n \geq n_\delta.$$

Hieraus folgern wir die Existenz einer Folge von Punkten $x_n \in [\xi, 2\pi]$, so dass

$$|x_n - \xi| \to 0 \ (n\to\infty), \quad |f(x_n) - F_n^f(x_n)| \geq c_\xi > 0.$$

Index

FSC
www.fsc.org
MIX
Papier | Fördert gute Waldnutzung
FSC® C083411

Kolibri 360 GmbH
Ferdinand-Jühlke-Straße 7
99095 Erfurt, Deutschland
produktsicherheit@kolibri360.de